载人航天出版工程

总主编：周建平
总策划：邓宁丰

联盟号飞船

SOYUZ：A UNIVERSAL SPACECRAFT

［英］R·D·霍尔　D·J·谢勒　著

周晓飞　张柏楠　尚　志　等　译

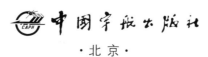

中国宇航出版社

·北京·

Translation from the English language edition：

Soyuz：A Universal Spacecraft by R. D. Hall and D. J. Shayler © Copyright，2003

All Rights Reserved

著作权合同登记号：图字：01－2012－5666 号

版权所有　侵权必究

图书在版编目（CIP）数据

联盟号飞船/（英）霍尔（Hall，R. D.），（英）谢勒（Shayler，D. J.）著；周晓飞等译．--北京：中国宇航出版社，2013.12

书名原文：Soyuz, a universal spacecraft

国家出版基金项目

ISBN 978－7－5159－0585－3

Ⅰ.①联… Ⅱ.①霍… ②谢… ③周… Ⅲ.①宇宙飞船－概况－俄罗斯 Ⅳ.①V476.2

中国版本图书馆 CIP 数据核字（2013）第 296149 号

责任编辑 曹晓勇	**封面设计** 姜　旭

出　版
发　行　**中国宇航出版社**

社　址　北京市阜成路 8 号　　　邮　编　100830

　　　　（010）68768548

网　址　www. caphbook. com

经　销　新华书店

发行部　（010）68371900　　　　（010）88530478（传真）

　　　　（010）68768541　　　　（010）68767294（传真）

零售店　读者服务部　　　　　　北京宇航文苑

　　　　（010）68371105　　　　（010）62529336

承　印　北京画中画印刷有限公司

版　次　2013 年 12 月第 1 版　　2013 年 12 月第 1 次印刷

规　格　880×1230　　　　　　开　本　1/32

印　张　18.375　　　　　　　　字　数　512 千字

书　号　ISBN 978－7－5159－0585－3

定　价　88.00 元

本书如有印装质量问题，可与发行部联系调换

《载人航天出版工程》总序

  中国载人航天工程自 1992 年立项以来，已经走过了 20 多年的发展历程。经过载人航天工程全体研制人员的锐意创新、刻苦攻关、顽强拼搏，共发射了 10 艘神舟飞船和 1 个目标飞行器，完成了从无人飞行到载人飞行、从一人一天到多人多天、从舱内实验到出舱活动、从自动交会对接到人控交会对接、从单船飞行到组合体飞行等一系列技术跨越，拥有了可靠的载人天地往返运输的能力，实现了中华民族的千年飞天梦想，使中国成为世界上第三个独立掌握载人航天技术的国家。我国载人航天工程作为高科技领域最具代表性的科技实践活动之一，承载了中国人民期盼国家富强、民族复兴的伟大梦想，彰显了中华民族探索未知世界、发现科学真理的不懈追求，体现了不畏艰辛、大力协同的精神风貌。航天梦是中国梦的重要组成部分，载人航天事业的成就，充分展示了伟大的中国道路、中国精神、中国力量，坚定了全国各族人民实现中华民族伟大复兴中国梦的决心和信心。

  载人航天工程是十分复杂的大系统工程，既有赖于国家的整体科学技术发展水平，也起到了影响、促进和推动着科学技术进步的重要作用。载人航天技术的发展，涉及系统工程管理，自动控制技术，计算机技术，动力技术，材料和结构技术，环控生保技术，通信、遥感及测控技术，以及天文学、物理学、化学、生命科学、力学、地球科学和空间科学等诸多科学技术领域。在我国综合国力不断增强的今天，载人航天工程对促进中国科学技术的发展起到了积极的推动作用，是中国建设创新型国家的标志性工程之一。

  我国航天事业已经进入了承前启后、继往开来、加速发展的关键时期。我国载人航天工程已经完成了三步走战略的第一步和第二步第一阶段的研制和飞行任务，突破了载人天地往返、空间出舱和空间交会对接技术，建立了比较完善的载人航天研发技术体系，形成了完整配套的研制、生产、试验能力。现在，我们正在进行空间站工程的研制工作。2020 年前后，我国将建造由 20 吨级舱段为基本模块构成的空间站，这将使我国载人航天工程进入一个新的发展阶段。建造具有中国特色和时代特征的中国空间站，和平开发和利用太空，为人类文明发展和进步做出新的贡献，是我们航天人肩负的责任和历史使命。要实现这一宏伟目标，无论是在科学技术方面，还是在工程组织方面，都对我们提出了新的挑战。

以图书为代表的文献资料既是载人航天工程的经验总结，也是后续任务研发的重要支撑。为了顺利实施这项国家重大科技工程，实现我国载人航天三步走的战略目标，我们必须充分总结实践成果，并充分借鉴国际同行的经验，形成具有系统性、前瞻性和实用性的，具有中国特色的理论与实践相结合的载人航天工程知识文献体系。

《载人航天出版工程》的编辑和出版就是要致力于建设这样的知识文献体系。书目的选择是在广泛听取参与我国载人航天工程的各专业领域的专家意见和建议的基础上确定的，其中专著内容涉及我国载人航天科研生产的最新技术成果，译著源于世界著名的出版机构，力图反映载人航天工程相关技术领域的当前水平和发展方向。

《载人航天出版工程》凝结了国内外载人航天专家学者的智慧和成果，具有较强的工程实用性和技术前瞻性，既可作为从事载人航天工程科研、生产、试验工作的参考用书，亦可供相关专业领域人员学习借鉴。期望这套丛书有助于载人航天工程的顺利实施，有利于中国航天事业的进一步发展，有益于航天科技领域的人才培养，为促进航天科技发展、建设创新型国家做出贡献。

2013 年 10 月

译　序

从 1962 年 3 月 10 日科罗廖夫签署文件正式命名起，苏联/俄罗斯的联盟号飞船已经走过 44 年的历程。经过了 1966 年 11 月 28 日联盟系列飞船第一次无人飞行，1967 年 4 月 24 日联盟 1 号飞船第一次载人飞行回收失败，1971 年 6 月 30 日联盟 11 号飞船失压事故等一系列失利的考验和改进后，联盟系列飞船安全飞行了 35 年，成为当今世界上仍在使用的、最可靠的载人运输飞船。联盟号飞船取得的非凡成就说明其设计可靠，适应目前载人航天发展的需要。

本书系统地介绍了联盟系列飞船的发展历史和系统设计，我们可以从中学习总结很多经验教训，这对我国载人飞船的设计有重大的借鉴意义。

中国航天科技集团公司载人航天办公室主任周晓飞、中国空间技术研究院张柏楠和尚志组织了本书的翻译与统稿工作。前言等由方方翻译，第一章由徐小平翻译，第二章由孙峻、梁建辉翻译，第三章由王翔翻译，第四章由吴静、汤溢、石泳翻译，第五章由陈晓光翻译，第六章由程天然翻译，第七章由夏奕、张辉、石泳、汤溢翻译，第八章由盛培杰翻译，第九章由郑伟翻译。

本书在翻译过程中得到了中国宇航出版社的帮助，邓宁丰、苏敏、易新、舒承东、曹晓勇等参加了译校工作，在此表示衷心的感谢。

参加本书翻译、译校与统稿的都是在一线工作的同志，他们都有繁重的工作，在时钟的催促声中，终于完成了全书的翻译、出版工作。如果由于他们的疏忽给读者带来了不便，敬请批评、谅解。

译　者
2006 年 4 月

谨以此书献给 OKB—1 设计局的总设计师——
S·P·科罗廖夫 (1917 年～1966 年)

献给并纪念作为先驱者的联盟号飞船的航天员——

V·M·科马罗夫(V. M. Komarov)(1927 年～1967 年)

G·T·多布罗沃尔斯基(G. T. Dobrovolsky)(1928 年～1971 年)

V·N·沃尔科夫(V. N. Volkov)(1935 年～1971 年)

V·I·帕察耶夫(V. I. Patsayev)(1933 年～1971 年)

　　献给 40 多年来参加每一次联盟号飞船非凡的设计、规划、建造、飞行准备和地面支持的千千万万个默默无闻的工作者们。

序

联盟号(Soyuz)飞船诞生已 40 年，它是在 1962 年首先由第一试验设计局(OKB－1)研制和生产的(随后 OKB－1 设计局重组为科研生产联合体 NPO，后又并入科罗廖夫能源联合体 （RKK Znergiya))。由于种种原因上升 3 号(Voskhod 3)飞船的飞行计划取消了，我没能参加完这次飞行的全部训练。之后，我的主要工作是成功完成联盟号飞船的飞行任务和参加飞行试验。

1969 年我作为指令长参加了联盟 4 号飞船的飞行，并与联盟 5 号载人飞船成功地完成首次对接。作为规划中的月球计划，该次对接使联盟号飞船完成了转移两名航天员的任务。在联盟 6 号、联盟 7 号和联盟 8 号飞船的飞行中同样完成了交会和对接试验。在我的第三次飞行，即联盟 10 号飞船的飞行中我们进行了为礼炮号(Salyut)空间站设计的新对接组件的对接试验。

从 1971 年到 1991 年，我负责航天员的选拔、训练和队伍组建工作，负责航天员教学和训练设备的改造，以及所有与航天员活动相关的事务。我当过空军司令的助手，后来我担任加加林航天员训练中心的主任。

联盟号是一艘非凡的飞船，它使我们创造了许多难忘的第一。事实证明它可以满足许多不同的任务需求，现在联盟号飞船用于支持国际空间站(ISS)计划。

我为苏联/俄罗斯在空间领域的成就感到骄傲，也为我自己在联盟计划中担当的角色感到自豪，并为本书包含了这些内容感到非常欣慰。

V・A・沙塔洛夫
2002 年 9 月 18 日

空军中将 V·A·沙塔洛夫（V. A. Shatalov），

苏联航天员，曾两次荣获苏联英雄称号

Космическому кораблю Союз уже около 40 лет. Первые разработки Проводились в конструкторском бюро ОКБ-1 (позже преобразованном в НПО, а затем в РКК Энергия имени академика С.П. Королева), начиная с 1962 года. Мне не довелось пройти весь объем подготовки к полету на корабле Восход-3, который в силу ряда причин так и не состоялся. После закрытия этой Программы вся моя деятельность была связана с испытаниями и обеспечением дальнейшей эксплуатации кораблей Союз.

Так в 1969 г. в качестве командира корабля Союз-4 была выполнена первая стыковка в космосе с пилотируемым кораблем Союз-5, что позволило осуществить внешний переход двух космонавтов, как это предусматривалось нашей лунной программой. Эти же задачи предусматривались во втором полете трех кораблей Союз-6,-7,-8. В третьем полете на корабле Союз-10 в 1971 г. проводились испытания нового стыковочного узла, предназначенного для обеспечения внутреннего перехода из транспортного корабля на борт орбитальной станции Салют.

С 1971 года по 1991 год я отвечал за отбор космонавтов, их подготовку, формирование экипажей, постоянное совершенствование учебно-тренировочной базы и деятельности космонавтов вначале как помощник Главнокомандующего ВВС страны, а затем совместив эту должность и обязанности начальника ЦПК им. Ю.А. Гагарина.

Союз – прекрасный космический корабль, позволивший нам установить многочисленные выдающиеся приоритеты в космосе. Он доказал прекрасную возможность стыковки с различными типами космических объектов. В настоящее время он используется для обеспечения работ на МКС.

Я горжусь достижениями советской и российской космонавтики и своей ролью в этих успехах. Высоко ценю роль, которую сыграл космический корабль Союз, и рад быть действующим лицом в этой книге.

Владимир Александрович Шаталов
Дважды Герой Советского Союза
летчик – космонавт СССР
генерал-лейтенант авиации

18.09.2002

作者的话

自从 1961 年 4 月尤里·加加林乘坐东方号（Vostok）载人飞船绕地飞行 108 分钟，人类开始了对太空的探索。1961 年～1965 年间，又有其他 10 名航天员乘坐东方系列飞船完成了人类在地球轨道的飞行。1967 年诞生了新一代的载人飞船——联盟号。联盟号载人飞船具有多种用途，它还能将航天员送入月球轨道。

在美国，1961 年～1963 年间研制了能载 1 人的水星号（Mercury）飞船，到 1965 年～1966 年被能载 2 人的双子星座号（Gemini）飞船替代，随后又被能载 3 人的阿波罗号（Apollo）飞船替代（1968 年～1975 年）。自 1981 年后，除了 3 名美国航天员外，其余都是乘坐美国第四代载人航天器——航天飞机进入太空的。相反，苏联/俄罗斯的航天飞机暴风雪号（Buran）从未进行过载人飞行，所以大多数苏联/俄罗斯航天员仅仅是依靠他们的第二代多用途载人飞船——联盟号进入太空的。近 40 年，联盟号飞船一直是苏联/俄罗斯航天员进入太空的主要载体，只有少部分航天员参加过美国航天飞机的飞行试验。作为在冷战高峰和太空时代黎明期间诞生的联盟号飞船，将继续是人类探索太空的一个独立部分，同时又是国际空间站系统的一个重要组成部分，并将是服役超过 40 年的唯一的飞船。

本书讲述了这一非凡的联盟号飞船的历史故事，包括在东方号飞船设计研究基础上的发展及其不断改进以满足担当多用途角色的需要，例如：载人和不载人、军用和民用、近地轨道飞行和探月飞行、独立飞行和作为往返运输飞船为空间站提供补给。

本书从开创俄罗斯的载人太空飞行的东方号和上升号（Voskhod）飞船（如《坐在火箭上的人》（2001 年）一书中描述的）开始讲述，介绍了俄罗斯新一代载人飞船的设计和发展，以及地面支持系统和运载器如何改进以满足新一代飞船的需要，也包括为完成这些任务对新的乘员组的筛选和训练。

联盟号飞船的发展是一个复杂的过程，它可以划分为几个不同的阶段。首先是 20 世纪 60 年代早期的设计研制阶段，然后是初期不顺利的验证试验飞行阶段和军事应用研制阶段，到 60 年代末期发展为同样受挫的载人登月计划研制阶段。从 1971 年开始，联盟号飞船主要用作空间站的天地往返运输飞行器，最初为礼炮号空间站服务，1986 年开始为和平号（Mir）空间站服务，2000 年开始为国际空间站服务。

在应用过程中，联盟号飞船的船上系统和设备经历了几次改进设计，在本书的相关章节对其主要变化进行了讨论和介绍，它包括早期的试验飞行、单独的科学试验任务、初期的双人空间站运输飞船、可载 3 人的飞船、无人货运飞船，以及近期对国际空间站的支持计划。与上升号飞船一样，联盟号飞船也可用于无人飞行，这些在书中都有介绍。书后附录中列出了联盟系列飞船全部的飞行数据和全体乘员的飞行经历等。

"联盟"（Soyuz）的字母组合表示两个运输工具的物理对接，它也是那个时代所蕴含的一个政治术语。总之，联盟号飞船经受了长期的各种飞行考验，成功地实现了所有的改进设计，最重要的是，证明了联盟号是一艘值得信赖的宇宙飞船。

R·D·霍尔

D·J·谢勒

2003 年 2 月

致　谢

　　像苏联所有早期的航天计划一样，西方媒体最初对联盟号飞船的首次飞行任务报道极少。研究者要了解联盟号飞船的情况，只能依靠新闻出版物或一些小册子、《苏联周刊》和《苏联新闻》中的文章、莫斯科广播电台的广播、偶尔在《真理报》和《消息报》刊登的一些文章以及苏联出版的几本书。这与来自美国国家航空航天局（NASA）和主要承包商对阿波罗计划的丰富信息形成鲜明对比。

　　作者本人的知识来源于对早期报道和出版物的研究，以及翻译西方早年的《航空周刊》、《国际飞行》和英国星际学会的出版物。随着联盟号飞船计划的发展，从 20 世纪 70 年代起联盟号飞船开始为礼炮号空间站服务，并可运送来自其他国家的航天员，从而可以获得更多、更详细的关于联盟号飞船的信息（下面将列出一些主要来源）。这些信息包括 NASA 提供的阿波罗—联盟号联合试验项目（the Apollo—Soyuz Test Project，ASTP）的资料、前国际空间小组成员以及与欧洲和亚洲国家的商业合作项目提供的资料。1991 年随着苏联的解体，其航天计划逐渐变得开放，容易获得更多信息。联盟号在俄罗斯的应用主要是为和平号空间站服务，近几年主要用于国际空间站计划，取得了丰硕的成果。

　　通过与多年对苏联/俄罗斯的航天计划进行跟踪的人员的广泛交流，获得了联盟号飞船大量的信息和分析结果。这些信息的收集者主要有 C·伯格斯（C. Burgess）、M·卡萨特（M. Cassutt）、P·克拉克（P. Clark）、B·哈维（B. Harvey）、B·亨德里克斯（B. Hendrickx）、G·胡珀（G. Hooper）、N·基德格（N. Kidger）、J·奥伯格（J. Oberg）、A·萨蒙（A. Salmon）、C·维克（C. Vick）

和 B·维斯（B. Vis）。

本书很大程度上得益于 B·亨德里克斯先生的对俄罗斯庞大的航天计划有关的知识、经验和大量的译文，包括卡曼宁（Kamanin）的日记（1960 年～1971 年）。B·亨德里克斯对本书的编写给予了无私的帮助，在对联盟号飞船许多方面的研制工作进行确认时给予了指导。

感谢 V·A·沙塔洛夫空军中将为本书写序，感谢星城（Star City）博物馆馆长 E·埃辛纳（E. Esina），也感谢俄罗斯在太空探索方面的顶级期刊《宇航新闻》的员工以及他们的工作。

感谢英国星际学会及其员工，感谢他们的合作。不可否认，卡特林小组先期的开创性研究工作，美国国会研究部门的 G·佩里（G. Perry）、C·谢尔登（C. Sheldon）和 M·史密斯（M. Smith）的工作，对本书的编写给予了帮助。

以下人员多次提供咨询，并对进一步的研究提出了很好的建议，他们是 W·P·巴里（W. P. Barry)(《导弹设计局和苏联载人航天政策》，1953 年～1970 年)、P·克拉克（《苏联载人航天项目》）、N·L·约翰逊（N. L. Johnson）（《苏联载人航天飞行手册》）、D·S·F·波特里（D. S. F. Portree)(《和平号空间站的硬件》)、A·西季奇（A. Siddiqi)(《对阿波罗的挑战——苏联和太空竞赛》，1945 年～1974 年）和 T·瓦福洛梅耶夫（T. Varfolomeyev)(《征服太空的苏联火箭》)。

感谢位于得克萨斯州休斯敦的约翰逊航天中心的公共事务办公室的帮助，感谢 NASA 档案馆的员工，感谢休斯敦的 Clear Lake 大学，感谢他们在作者收集联盟号飞船、天空实验室（Skylab）、航天飞机和空间站的资料时提供的 NASA 的有关档案。

感谢 R·吉本斯（R. Gibbons）、C·维克、D·伍兹（D. Woods）的艺术才能以及友好地同意引用他们的成果。除非特别说明，所有图片都来自于作者的收集或 NASA。进一步的信息可查阅 M·韦德（M. Wade）的网址（www. astronautix. com）和 S·格兰（S. Grahn）的网址（www. svengrahn）。

特别感谢 L·凯特博恩（L. Kelterborn）对起草本书给予的关注和最初提出的建议，特别感谢 M·谢勒（M. Shayler）对提交的手稿进行编辑之前无数小时的准备。感谢 B·马里奥特（B. Marriott）主编在准备正文和插图出版时所进行的努力。感谢 C·霍伍德（C. Horwood）和他在施普林格出版社的同事于 2003 年完成本书所经历的漫长的过程和给予的长期的耐心工作。

D·J·谢勒（1927 年~-2002 年），在他整个家庭的努力支持下，对于太空探索的毕生爱好、支持和鼓励，将被我们永远铭记。

前　言

与乘坐美国的航天飞机不同，乘坐联盟号飞船往返于太空的旅行既有传统性、高技术性，又激动人心。发射当天，住在哈萨克斯坦列宁斯克宾馆的乘员组成员由随队医生叫醒。在离开房间前的最后 10 分钟进行身体检查，每位乘员组成员给他们的亲属留一封信，并且从精神上作好完成任务的准备。穿上轻便的训练服离开宾馆房间前，乘员组成员在门后签上他们的名字，这是他们的传统习惯，不管事情会多么复杂，他们都将保持轻松和有序，并且有充足的时间完成全部必要的程序。

很快他们离开航天员宾馆登上大巴，驶向航天员区，进入位于发射台附近的 MIK 飞行准备大楼的几间小屋。在这里进行酒精梳洗——准备飞行前的最后一次消毒；穿上带有心电图胸带的飞行内衣，以便在轨道上监视他们的心率和呼吸；然后穿上 Sokol 航天服——用于上升飞行段和返回飞行段，把手套扣到手臂上，关闭头盔和面罩，测重和测压。这些测试项目在面向采访区窗户（拉上窗帘）的坐椅上完成。测试完成后，拉开窗帘，乘员组成员穿着打开头盔和未加压的航天服，手套放在腿部的口袋里，召开记者见面会。

之后，他们走到 MIK 大楼外面，站在画有三个相邻白色正方形的水泥地上，每个正方形上站一位乘员：指令长 KK（Komandir Korablya）、飞行工程师 BI（Bort Inzhener）、载荷专家 KI（Kosmonavt Issledovatel）。乘组成员站在他们各自的方块中，面向站在标有 PGK 字样的方块中的国家委员会（the State Commission）主席，然后飞船指令长敬礼并报告所有乘员组成员已完成训练，并作好执行飞行任务的准备。国家委员会主席回礼,同意飞行,预祝飞行成功并安全返回（通常带有微笑）。大量的技术人员、政府官员、设计人员和热心群众参加该仪式。

在起程登车去发射台之前,联盟号飞船的乘员组成员
(站在三个白色正方形里)向国家委员会主席(站在第
四个正方形里,面向乘员组)汇报飞行任务的准备情况

　　满载着美好的祝福和老航天员对于失重情况的自我调节的经验,他们重新登上航天员大巴,开向发射台。沿路他们会停下来做一件事（由加加林开始的传统）：所有男性乘员将"尿湿"大巴轮胎。到达发射台后,穿着 Sokol 航天服的乘员组成员从大巴上下来,提着服装冷却设备走向发射台基座。在这里有更多的记者、政府要员和热心群众给予他们美好的祝福,但乘员组成员家属不允许进入该区域。随后他们一步一步登上台阶,停下来挥手,向在场各位致意。除了乘员组成员,只有两名工作人员可以乘电梯进入飞船平台。（这时另一个传统习惯是：有关人员同时说"祝好运"（"break a leg"）。俄罗斯人相信,如果有人祝你幸运,回答一定是"到地狱去"（"Go to Hell"）,否则你将不幸。）

联盟号飞船的运载火箭是在 R-7 导弹的基础上研制的。发射那天，它屹立在发射台上，指向蓝天，显得与众不同。加注完推进剂后，主发射架倾斜并打开，发射台下面浓密的白烟翻滚，发出吱吱声，仿佛告诉乘员组成员：发射系统正等待他们登上飞船。极冷的推进剂箱外表面结满了冰层。从发射台基座上看，火箭似乎很小，但走近它就会感受到它庞大的身躯。当乘员组成员登上飞船平台后，会感受到火箭在风中有些轻微摆动。

根据联盟号飞船的设计方案，乘员舱（返回舱）在飞船三舱结构的中间，发射时位于整流罩里面。乘员舱唯一的进入舱门位于该舱的前端，与轨道舱相连，直到任务末期再入前它才与轨道舱分离。因此轨道舱有三个舱门，前舱门供在太空进行乘员转移使用，发射时由对接设备封闭；侧舱门是发射时乘组成员唯一的进入通道，也可用于从联盟号飞船进行舱外活动（EVA）。随着整流罩上侧板的移开，轨道舱侧舱门打开，两位发射台上的技术人员拿着一个支架爬进去，将支架固定在舱门到乘员舱底部之间。乘组成员一个接一个进入飞船：首先，去掉头盔上的防擦保护层，坐在轨道舱舱门边缘，让技术人员脱掉其外面的防护鞋；然后头先进，身体再滑入。在轨道舱里，在两名技术人员帮助下乘员组成员手扶支架下到乘员舱里。飞行工程师第一个到达乘员舱，他的任务是在坐入左手旁的座位前，完成乘员舱发射前的最后检查（包括乘员坐椅的正确安装）；下一个是载荷专家，他挪动自己坐在右手位置上。最后，在同伴和返回舱门处的一位技术人员的帮助下，指令长沿支架下来，系好束缚带。在狭窄的乘员舱里，当乘员想抬起双腿呈半躺的发射体位时十分困难。当他们进舱和试图降低航天服的压力时，手肘碰撞和互相影响是不可避免的。只有当最后他们躺在坐椅上膝盖朝上，才会感到在航天服里很舒服。当所有人员确信通过控制中心已与乘员组建立起通信联系（包括一路电视图像）后，舱门才铿锵一声关上，整流罩盖扣上，发射台上的人员撤离，只留下乘员组成员。位于运载火箭上部的乘员舱处于密封状态。

乘员组成员一般提前 2 小时进舱，在这期间将完成一系列检查和测试，对飞船进行增压和密封性检查。每隔 10 分钟，读一次压力数据以检查返回舱的密封性。然而，在大部分时间里，乘员组成员是坐着等待，思考他们的训练和即将到来的任务。

在进入发射倒计时的过程中，每位乘员都有自己的任务，核对飞行程序和记录在航天日志上的测量值，在如此狭窄的空间里还需要用手动泵来调节湿度。经过一段紧张的调节后，乘员组成员主要做分散彼此烦躁情绪的工作，使自己平静下来，比如将纪念品挂起来。在倒计时的最后阶段完成最后的检查后，乘员组成员处于较好状态，舱内播放着音乐以帮助他们放松。

通常在发射前 5～6 小时对助推器进行加注，在发射前 30 分钟把发射支撑结构从运载火箭移开。逃逸塔解除保险，逃逸救生装置处于自动模式。在发射前 15 分钟乘员组成员打开舱内磁带记录器，并保证当自动飞行指令程序器工作时他们的安全带已系紧。当液氧加注完成后关闭排气活门和安全阀，在贮箱增压、氧化剂进入涡轮泵后，火箭一、二级燃烧室的保护盖由氮气吹开。

在发射前 40 秒钟，运载火箭开始自身供电，供电脐带与地面供电系统断开。在发射前 20 秒钟，发出"发射"指令时，移开脐带摆杆，启动发动机，让推进剂进入一、二级燃烧室，为点火作准备。当达到预定的推力时，将火箭四周的支撑架松开，联盟号飞船开始离开地面。没有美国人的程序中的倒计时，只用一些简短语言来表示倒计时的不同阶段，然后发射起飞。

在离地升空时刻，乘员主动式任务程序启动，火箭向预定的发射方位飞行，大约经过 9 分钟后进入轨道。乘员能听到下面的火箭发动机点火时发出的轰鸣声。随着推力的增大，火箭开始摇摆，推力逐渐接近离地要求。接着，乘员感觉到已没有支撑，大约 2～3 秒钟后，火箭起飞。

　　许多年来，航天员从发射台进入联盟号飞船的具体方法一直鲜为人知。在这张图中整流罩的侧门盖清楚可见，轨道舱的侧舱门也开着以便让航天员从发射台上进去。图为联盟 21 号乘员组成员在 MIK 完成飞船的相关检查

大约在 46 km 高度出现最大动压，起飞 115 秒钟后抛弃逃逸塔，在 49 km 高度 4 个一级捆绑助推器推进剂用完并分离。起飞 165 秒钟后到达 85 km 的飞行高度，这时火箭已穿过稠密大气层，抛掉头部整流罩，露出了乘员舱的两个窗口。

在发射后 288 秒钟二级火箭分离，再过 238 秒钟后三级发动机点火。三级火箭停止工作后，过载消失，乘员开始进入微重力状态。4 秒钟以后，飞船与三级火箭分离，进入 240 km×200 km 的初始轨道，飞行控制权从拜科努尔移交到莫斯科。这时从电视屏幕上可以看到悬挂的纪念品飘了起来，说明飞船进入了"无重力"飞行。实际上乘员们早就知道已经进入轨道，准备开始工作了。因为他们不再被压向坐椅，而是有一种自由下落的感觉。

在初始轨道上有许多工作要做，包括太阳电池阵的展开供电以及空间通信，飞船和各舱段的压力全面检查，对交会和对接雷达、无线通信、电视系统和飞行控制系统的进一步检查。随着联盟号飞船安全入轨，乘员们开始解开束缚带，脱掉 Sokol 航天服（穿着时可提供短期生命保障）。然后，乘员舱和轨道舱之间的舱门打开，乘员组开始准备好执行未来几天飞船在轨任务及至未来几个月在空间站的任务。

飞行任务的末期，联盟号飞船与美国航天飞机返回地球的方式完全不同。如果是执行空间站任务，飞船大约在返回前 3 小时从空间站上撤离，接着在 30 分钟再入飞行开始前预先规定的时刻点燃飞船的制动发动机，以减小飞行的速度。正常情况下联盟号飞船进行自动再入和下降，但在整个下降过程中乘员组成员必须监视仪表板上显示的数据，如果出现某些"非正常"情况他们时刻准备进行人工干预。制动发动机点火后不久，飞船的飞行姿态横向转动 90°，以便在 140 km 高度附近进行三舱分离时，各舱段沿着自己的下降轨迹进入大气层，避免相互碰撞。没有防护的轨道舱和推进舱在再入过程中被烧毁，但位于中间的返回舱表面覆盖了防热层，以保证舱结构的完整和人员的安全，保证再入时不被灼热的气动热烧毁。

返回舱返回过程中，通过进行气动外形设计来提供足够的升力使其过载减小到 $3\sim4$ g。如果返回舱的再入角太陡，将产生更高的过载，会使乘员无法忍受，舱体也可能在再入过程中毁坏；如果再入角太平缓，返回舱可能会像石头子儿掠过水面一样跳出大气层，可能使返回舱进入一个不能返回地面的轨道。返回舱的外形保证了其返回地球时可能达到的最小过载。但是，经过在漫长的太空微重力环境下执行任务后，即使 1 g 的过载也会使乘员感觉其身体比实际体重重数百磅。当联盟号飞船穿过大气层，像石头一样落下时，其质心在舱体的后部并稍微偏心。分离后，返回舱发动机将防热底调整到朝前的方向，通过发动机控制其下降的速度。

在 80 km 高度附近，由于舱体表面防热层的温度增高，致使返回舱周围开始产生等离子鞘使飞船与地面的无线通信中断，该现象在接下来的 40 km 飞行中一直持续着。在径直落向地球的过程中，返回舱内的乘员可以观察到舱外有紫色的闪光在跳跃，能感觉到舱外的灼热。在通过稠密大气层的过程中，返回舱的下降速度渐渐减小，大约在 $10\sim12$ km 高度飞行速度降到 $240\sim250$ m/s，而进入大气层之前数分钟的飞行速度是 7.8 km/s。在 10 km 高度，舱上的空气静压传感器发出弹射伞舱盖的信号，伞舱盖上附带着引导伞和减速伞被依次拖出。这些伞打开后使伞舱组合体的下降速度降至 90 m/s，大约 20 秒钟后在 7.5 km 高度主伞弹出。主伞弹出初期呈收口状态，在预先设定的时间延迟后，大约在 5.5 km 高度火工切割刀切断收口绳使主伞完全展开。接着是防热底与返回舱分离，露出缓冲着陆系统。如果主伞系统出现故障将转入启动备份伞系统。

在继续下降过程中，用于平衡舱内和舱外压力的阀门一直开着，返回控制系统的发动机也一直工作着。大约 20 秒钟后，γ 射线高度

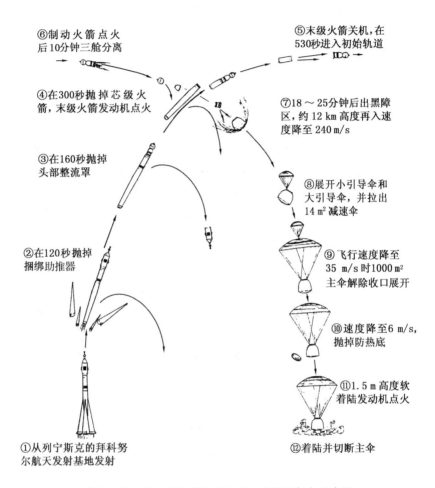

⑥制动火箭点火
后10分钟三舱分离

⑤末级火箭关机，在
530秒进入初始轨道

④在300秒抛掉芯级火
箭，末级火箭发动机点火

⑦18～25分钟后出黑障
区，约12 km高度再入速
度降至240 m/s

③在160秒抛掉
头部整流罩

⑧展开小引导伞和
大引导伞，并拉出
14 m² 减速伞

②在120秒抛掉
捆绑助推器

⑨飞行速度降至
35 m/s时1000 m²
主伞解除收口展开

⑩速度降至6 m/s,
抛掉防热底

⑪1.5 m高度软
着陆发动机点火

①从列宁斯克的拜科努
尔航天发射基地发射

⑫着陆并切断主伞

典型的联盟号飞船发射阶段和再入阶段的任务示意图

计开始工作，乘员的航天服自动充气，坐椅缓冲系统处于工作状态
以避免乘员在着陆时受到伤害。γ射线高度计用于测量舱体到地面
的距离，当测量距离到达 1.5 m 时触发软着陆发动机工作以使舱体
的落地速度降到 2～3 m/s，落地时坐椅缓冲系统也将吸收部分冲击
能量。尽管着陆减速系统工作相当正常，然而一些航天员回想起来

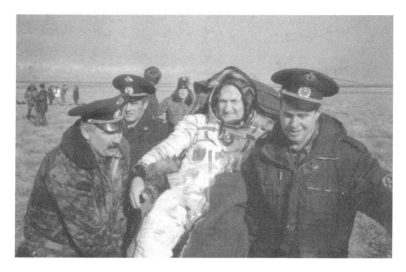

一名航天员经过长期在轨执行任务后返回地球，
很快就从返回舱被抬到临时搭建的体检棚

仍然感觉"软着陆"并不"软"。乘联盟号飞船返回的航天员平时训练和执行飞行任务时，都希望是在干燥的陆地上着陆，当软着陆发动机工作时激起地面的尘埃、碎石和雪块，这被形象地称为"尘落"（该方法优于美国的"溅落"）。

　　舱体落地后常常会被弹起，停下来后舱体并不是成正直位置放置。由于风和侧向速度的影响，有几艘飞船的返回舱落地时跳跃和滚动不止一次才停下来，在这几分钟航天员感觉很不舒服。着陆区是预先选定的，因此搜寻返回舱的直升机和搜救人员都在预定区域附近。

　　当搜救队到达落点，返回舱已经立在那儿了，上面的舱门也已经打开。搜救队员竖起一个架子，帮助每位乘员按与发射前进舱时相反的程序离开并坐在恢复椅上，接着举行一个简短的欢迎仪式，按传统习惯送一些面包、盐和鲜花之类的礼物，并在一个临时搭建的建筑物里进行初步身体检查。按惯例，乘员组成员在被送往当地机场回到莫斯科的航天员培训中心进行一系列任务汇报之前，在他们乘坐过的返回舱上签名。着陆场清理完后，返回舱被包装好后运往机场，用飞机运到能源联合体设计局，在那里进行一些测试后存放在一个大的库房里。对于乘员组成员来说，本次任务已载入史册——1967 年以来的联盟系列飞船飞行的最新纪录。

目　录

第1章　联盟号飞船的诞生 ………………………………………… 1

1.1　东方号飞船之后的苏联载人航天 ……………………………… 1

  1.1.1　设计要求 …………………………………………………… 1

  1.1.2　Sever 和 1L：联盟号的诞生 …………………………… 4

  1.1.3　东方 7 号/1L 联盟号组合体 ……………………………… 5

  1.1.4　早期联盟号组合体的系列任务 ………………………… 7

1.2　联盟 7K 组合体 ………………………………………………… 8

  1.2.1　联盟 7K（联盟 A）的设计特点 ………………………… 9

  1.2.2　美国通用电气公司（GE）的设想 …………………… 11

  1.2.3　联盟 9K 和联盟 11K ……………………………………… 13

  1.2.4　联盟号组合体任务概况 ………………………………… 13

  1.2.5　合同、资金和进度 ……………………………………… 14

  1.2.6　联盟号飞船奔向月球 …………………………………… 15

  1.2.7　联盟号飞船重新定向 …………………………………… 16

  1.2.8　N1/L3 登月任务 ………………………………………… 17

1.3　联盟号飞船的潜力开发 ………………………………………… 18

  1.3.1　联盟 7K－P：有人驾驶反卫星拦截器 ……………… 18

  1.3.2　联盟 7K－R：载人侦察空间站 ………………………… 19

  1.3.3　联盟 VI：军用研究飞船星辰号（Zvezda） ………… 20

1.4　针对月球任务的联盟号飞船适应性改造 ……………………… 23

  1.4.1　飞船的设计变更 ………………………………………… 24

  1.4.2　执行绕月任务的乘员组 ………………………………… 26

1.5　Zond 任务 ……………………………………………………… 26

1.5.1　苏联月球计划的结束 ·················· 38

1.5.2　月球轨道模块（7K－LOK） ·············· 39

1.5.3　方向的改变 ························· 41

第2章　系统构成和支持系统 ················· 43

2.1　硬件和系统组成 ··················· 43

2.2　飞船 ·························· 45

2.2.1　推进舱（PM） ················· 45

2.2.2　返回舱（DM） ················· 47

2.2.3　轨道舱（OM） ················· 48

2.2.4　火工装置 ··················· 50

2.3　飞船子系统 ····················· 51

2.3.1　交会、对接和转移系统 ············ 52

2.3.2　电源系统 ··················· 59

2.3.3　热控系统 ··················· 60

2.3.4　生命保障系统 ················· 60

2.3.5　居住环境系统 ················· 64

2.3.6　推进和姿态控制系统 ············· 66

2.3.7　主（KTDU）、备份发动机系统 ········ 67

2.3.8　姿态控制系统 ················· 68

2.3.9　微调发动机系统 ················ 68

2.3.10　再入姿态控制系统 ·············· 69

2.3.11　飞船控制系统 ················ 69

2.3.12　通信系统 ·················· 70

2.3.13　仪表显示和控制系统 ············· 71

2.3.14　回收系统 ·················· 75

2.4　地面支持系统 ···················· 83

2.5　飞行计划 ······················ 84

2.6　航天员训练 ……………………………………… 85

2.6.1　冬季训练 …………………………………… 86

2.6.2　沙漠训练 …………………………………… 87

2.6.3　山地训练 …………………………………… 87

2.6.4　海上救生 …………………………………… 88

2.6.5　潜水训练 …………………………………… 89

2.6.6　跳伞训练 …………………………………… 89

2.6.7　零重力训练 ………………………………… 89

2.6.8　对地观测训练 ……………………………… 89

2.6.9　模拟器 ……………………………………… 90

2.6.10　轨道仿真器 ………………………………… 91

2.6.11　空间站运行模拟器 ………………………… 91

2.6.12　中性浮力实验室 …………………………… 93

2.6.13　离心机 ……………………………………… 94

2.6.14　真空—压力舱 ……………………………… 94

2.6.15　外语训练 …………………………………… 95

2.6.16　考核 ………………………………………… 95

2.6.17　去往拜科努尔 ……………………………… 95

2.7　联盟号运载火箭 ……………………………… 96

2.7.1　R－7 洲际弹道导弹 8K71 …………………… 97

2.7.2　R－7 的动力系统 ……………………………… 97

2.7.3　8K71 的基本设计特点 ……………………… 98

2.7.4　R－7 改造后用于发射联盟号飞船 ………… 100

2.7.5　11A55 和 11A56——早期用于发射联盟号飞船的
运载火箭 …………………………………… 100

2.7.6　11A511——标准的运载火箭 ……………… 101

2.7.7　11A511U 运载火箭 ………………………… 102

2.7.8　11A511U2 运载火箭 ………………………… 102

2.7.9 联盟 FG 运载火箭 ……………………………… 103

2.7.10 联盟 2 号运载火箭 ……………………………… 104

2.8 位于拜科努尔的联盟号设施 ……………………… 106

2.8.1 1 号场区：发射工位（PU）5 ……………… 106

2.8.2 2 号场区：运载火箭准备区和 MI 厂房 ……… 107

2.8.3 2B 场区：运载火箭准备区和 MIK 2A 厂房 … 108

2.8.4 31 号场区：发射工位（PU）或 17P32－6 ……… 108

2.8.5 32 号场区：R－7 住宅区 ………………………… 109

2.8.6 112 号场区：运载火箭总装厂房 ……………… 110

2.8.7 254 号场区：飞船总装厂房 …………………… 110

2.9 联盟号飞船的生产 ……………………………… 111

2.9.1 地面试验 ………………………………………… 112

2.9.2 飞行试验 ………………………………………… 116

2.9.3 联盟号飞船系统模拟和试验范围 …………… 119

2.10 在拜科努尔发射基地的联盟号飞船 ………… 122

2.10.1 发射准备 ……………………………………… 122

2.10.2 发射场测试与测试流程 ……………………… 126

2.10.3 发射阶段 ……………………………………… 128

2.10.4 驾驶"成套装置" …………………………… 128

2.11 飞行控制中心 …………………………………… 129

2.11.1 叶夫帕托里亚：最初的联盟号任务控制 …… 129

2.11.2 加里宁格勒：莫斯科任务控制 ……………… 130

2.12 回收部队 ………………………………………… 133

第 3 章 对接任务（1966 年～1970 年）…………………… 137

3.1 初始型联盟号飞船 ……………………………… 137

3.2 首次飞行的准备 ………………………………… 138

3.2.1 早期的联盟号飞船航天员分配 ……………… 139

　3.2.2　宇宙 133 号：第一艘进入轨道的联盟号飞船 ········ 142

　3.2.3　31 号发射台的大火 ············ 145

　3.2.4　宇宙 140 号任务 ············ 147

3.3　联盟 1 号飞船的悲剧 ············ 151

　3.3.1　对飞行的担心 ············ 152

　3.3.2　发射准备 ············ 153

　3.3.3　联盟 1 号任务 ············ 154

　3.3.4　事故调查 ············ 159

3.4　联盟号/宇宙号无人对接任务 ············ 161

　3.4.1　宇宙 186/188 号任务 ············ 162

　3.4.2　宇宙 212/213 号任务 ············ 165

3.5　联盟 2 号与联盟 3 号飞船：成功与挫折 ········ 167

　3.5.1　宇宙 238 号无人试验任务 ············ 167

　3.5.2　载人飞行概述 ············ 168

3.6　对接与转移 ············ 172

　3.6.1　飞行计划的修正 ············ 172

　3.6.2　两艘载人飞船间的首次对接 ············ 174

　3.6.3　走出联盟号飞船 ············ 177

　3.6.4　危险的再入 ············ 181

3.7　三套车飞行任务 ············ 184

　3.7.1　Kontakt 试验的人选和任务 ········ 185

　3.7.2　飞船的准备 ············ 186

　3.7.3　接二连三的发射 ············ 186

　3.7.4　对接的挫折 ············ 187

　3.7.5　3 天内的 3 次着陆 ············ 189

　3.7.6　Igla 系统为何失灵 ············ 190

3.8　联盟号飞船上的科学试验 ············ 192

3.9　联盟 6 号飞船上的科学试验 ············ 193

3.10 联盟 9 号飞船：太空马拉松 ·················· 195

    3.10.1 飞翔的猎鹰 ································ 196

    3.10.2 在轨评价 ································· 198

3.11 小结 ··· 199

第 4 章 联盟号飞船的天地往返运输任务（1971 年～1981 年） ··· 202

4.1 礼炮号空间站的往返运输器 ···················· 202

4.2 礼炮号空间站的运输任务（1971 年）·············· 203

    4.2.1 礼炮 1 号空间站的乘员组 ················ 204

    4.2.2 联盟 10 号：首次运输任务 ··············· 205

    4.2.3 联盟 11 号：成功与灾难 ················· 207

4.3 联盟号飞船、礼炮号空间站和航天服（1971 年～1973 年）··· 212

    4.3.1 新的礼炮号空间站的训练队伍 ············· 213

    4.3.2 消失的礼炮号空间站 ··················· 214

    4.3.3 钻石号空间站的乘员组 ················· 214

    4.3.4 轨道操作（1973 年）··················· 215

    4.3.5 一次两天飞行试验 ···················· 216

    4.3.6 Sokol（Falcon）航天服················· 218

4.4 礼炮 3 号空间站的运输任务（1974 年）············· 220

    4.4.1 礼炮 3 号空间站的乘员组 ··············· 220

    4.4.2 联盟 15 号飞船对接失败 ················ 221

4.5 礼炮 4 号空间站的运输任务（1975 年）············· 223

    4.5.1 礼炮 4 号空间站的乘员组 ··············· 223

    4.5.2 迈向长期驻留 ······················· 223

    4.5.3 4 月 5 日异常 ······················· 224

    4.5.4 一次替代任务 ······················· 229

4.6 礼炮 5 号空间站的运输任务（1976 年～1977 年）······ 231

    4.6.1 礼炮 5 号空间站的乘员组 ··············· 231

4.6.2　出现异常的飞行 ……………………………………… 231

4.6.3　飞行计划的调整 ……………………………………… 233

4.6.4　联盟号飞船的溅落 …………………………………… 234

4.6.5　回收联盟号飞船结冰的返回舱 ……………………… 237

4.6.6　最后一组军人联盟号飞船的乘员组 ………………… 240

4.7　联盟号飞船的单独飞行任务（1973 年～1976 年）………… 241

4.7.1　早期的科学实验任务 ………………………………… 242

4.7.2　联盟 13 号飞船的乘员组 …………………………… 242

4.7.3　联盟 13 号任务 ……………………………………… 244

4.8　联盟－阿波罗号联合试验飞行（1969 年～1975 年）… 245

4.8.1　早期的提议 …………………………………………… 246

4.8.2　飞行 …………………………………………………… 250

4.8.3　EPAS 的乘员组 ……………………………………… 250

4.8.4　宇宙 638 号和宇宙 672 号 ………………………… 251

4.8.5　联盟 16 号飞船进行 EPAS 演练 …………………… 252

4.8.6　联盟 19 号飞船：太空中的握手 …………………… 254

4.8.7　今后的合作 …………………………………………… 258

4.9　联盟 22 号飞船：最后一次单独飞行 ……………………… 260

4.9.1　联盟 22 号飞船的乘员组 …………………………… 260

4.9.2　联盟 22 号任务 ……………………………………… 262

4.9.3　一个单独的联盟系列 ………………………………… 263

4.10　联盟号飞船执行礼炮 6 号空间站的运输任务 ………… 264

4.10.1　礼炮 6 号空间站的乘员组 ………………………… 264

4.10.2　访问礼炮 6 号空间站的任务 ……………………… 265

4.10.3　联盟 25 号飞船对接失败 ………………………… 267

4.10.4　从成功走向成功 …………………………………… 270

4.10.5　建立标准 …………………………………………… 271

4.10.6　新的开始 …………………………………………… 273

4.10.7　在轨飞行 6 个月 ‥‥‥‥‥‥‥‥‥‥‥‥‥ 275

4.10.8　发动机的一次故障 ‥‥‥‥‥‥‥‥‥‥‥ 276

4.10.9　一个时代的结束 ‥‥‥‥‥‥‥‥‥‥‥‥ 280

4.11　小结 ‥‥‥‥‥‥‥‥‥‥‥‥‥‥‥‥‥‥‥ 282

第 5 章　进步号货运飞船（1978 年～　）‥‥‥‥‥‥‥ 285

5.1　进步号飞船的发展 ‥‥‥‥‥‥‥‥‥‥‥‥‥ 285

5.1.1　军用货运飞船 ‥‥‥‥‥‥‥‥‥‥‥‥ 286

5.1.2　自动对接试验 ‥‥‥‥‥‥‥‥‥‥‥‥ 287

5.1.3　进步号飞船早期的飞行试验 ‥‥‥‥‥ 288

5.1.4　进步号飞船的角色 ‥‥‥‥‥‥‥‥‥ 288

5.1.5　进步号飞船的改型 ‥‥‥‥‥‥‥‥‥ 289

5.2　进步号飞船的硬件 ‥‥‥‥‥‥‥‥‥‥‥‥‥ 291

5.2.1　货舱（CM）‥‥‥‥‥‥‥‥‥‥‥‥‥ 292

5.2.2　装载和卸载过程 ‥‥‥‥‥‥‥‥‥‥ 293

5.2.3　对接系统 ‥‥‥‥‥‥‥‥‥‥‥‥‥ 295

5.2.4　燃料补给舱（RM）‥‥‥‥‥‥‥‥‥ 296

5.2.5　推进舱（服务舱）‥‥‥‥‥‥‥‥‥‥ 298

5.2.6　进步 M 号飞船的升级 ‥‥‥‥‥‥‥ 299

5.2.7　彩虹号（Raduga）回收舱 ‥‥‥‥‥‥ 300

5.2.8　进步 M1 号飞船的升级 ‥‥‥‥‥‥‥ 302

5.2.9　进步号飞船的自毁 ‥‥‥‥‥‥‥‥‥ 303

5.3　进步号飞船的飞行操作 ‥‥‥‥‥‥‥‥‥‥‥ 303

5.4　进步号飞船执行礼炮 6 号空间站的运输任务 ‥‥ 304

5.4.1　变化的货物运输 ‥‥‥‥‥‥‥‥‥‥ 304

5.4.2　KRT－10 天线试验 ‥‥‥‥‥‥‥‥‥ 305

5.5　进步号飞船执行礼炮 7 号空间站的运输任务 ‥‥ 306

5.6　进步号飞船执行和平号空间站的运输任务 ‥‥‥ 307

5.6.1　第一代进步号飞船 ·························· 307

5.6.2　暴风雪号航天飞机的弹射坐椅试验 ·········· 308

5.6.3　进步 M 号飞船的接任 ···················· 309

5.6.4　计划和挫折 ······························ 310

5.6.5　其他硬件、实验和研究目标 ·············· 311

5.6.6　小卫星 ································ 314

5.6.7　彩虹号任务 ···························· 315

5.6.8　交会和对接操作及事故 ·················· 316

5.6.9　进步 M—34 号飞船碰撞 ·················· 318

5.6.10　和平号空间站的离轨 ···················· 319

5.7　进步 M1 号飞船的运行 ···················· 320

5.8　进步号飞船硬件的应用 ···················· 323

5.8.1　Gamma 号卫星 ························ 323

5.8.2　Aelita 号卫星 ························ 325

5.8.3　地球观测卫星 ························ 325

5.8.4　苏联的星球大战计划 ·················· 325

5.9　国际空间站的对接舱 ······················ 326

5.9.1　1 号对接舱 ·························· 326

5.9.2　2001 年～2002 年国际空间站基于 Pirs 舱的舱外

活动 ································ 328

5.9.3　进步号飞船的货运量 ·················· 329

5.10　小结 ·································· 332

第 6 章　联盟 T 号飞船（1979 年～1986 年）··············· 334

6.1　联盟 T 号飞船的作用 ······················ 334

6.2　联盟 T 号飞船的起源 ······················ 334

6.3　有关飞行试验（1974 年～1980 年）·········· 336

6.4　联盟 T 号飞船的升级 ···················· 339

6.4.1 轨道舱 ……………………………………………… 339

6.4.2 返回舱 ……………………………………………… 340

6.4.3 推进舱 ……………………………………………… 342

6.5 联盟 T 号飞船的训练组（1973 年～1981 年）

（为礼炮 6 号空间站） …………………………… 342

6.6 联盟 T 号飞船的训练组（1981 年～1986 年）

（为礼炮 7 号空间站） …………………………… 345

6.7 联盟 T 号飞船的飞行情况（1980 年～1981 年）……… 350

6.7.1 联盟 T—2 号飞船：首次载人任务 …………… 350

6.7.2 联盟 T—3 号飞船：3 人维修任务 …………… 352

6.7.3 联盟 T—4 号飞船：长期试验任务 …………… 352

6.8 联盟 T 号飞船的飞行情况（1982 年） …………… 354

6.8.1 联盟 T—5 号飞船：首次业务飞行任务 …… 355

6.8.2 联盟 T—6 号飞船：手动对接 ……………… 355

6.8.3 联盟 T—7 号飞船：全新的飞船 …………… 357

6.8.4 在暴风雪中着陆 ……………………………… 359

6.9 联盟 T 号飞船的飞行情况（1983 年） …………… 360

6.9.1 联盟 T—8 号飞船：被取消的一次对接 …… 360

6.9.2 联盟 T—9 号飞船：太阳电池阵失效 ……… 364

6.9.3 联盟 T—10—1 号飞船：短期飞行 ………… 365

6.9.4 与联盟 T—10—1 号飞船故障有关的其他信息 …… 368

6.10 联盟 T 号飞船的飞行情况（1984 年） …………… 370

6.10.1 联盟 T—10 号飞船：修理和记录 ………… 370

6.10.2 对空间站的访问及联盟 T—10 号飞船的着陆 …… 371

6.11 联盟 T 号飞船的飞行情况（1985 年～1986 年）…… 372

6.11.1 联盟 T—13 号飞船：一次救援任务 ……… 373

6.11.2 联盟 T—14 号飞船：首次部分乘员交换 ……… 375

6.11.3　联盟 T—15 号飞船：一个时代的结束，另一个
时代的开端 ……………………………………… 377

6.12　小结 ……………………………………………… 379

第 7 章　联盟 TM 号飞船（1986 年～2002 年）………… 381

7.1　联盟 TM 号飞船的产生 ……………………………… 381

7.2　联盟 TM 号飞船的改进 ……………………………… 384

7.2.1　交会和对接系统 ……………………………… 384

7.2.2　轨道舱 …………………………………………… 386

7.2.3　着陆系统 ………………………………………… 386

7.2.4　推进系统 ………………………………………… 387

7.2.5　船载子系统 …………………………………… 388

7.2.6　乘员组准备 …………………………………… 388

7.3　和平号空间站的首次驻留任务：联盟 TM—1 号～联盟
TM—7 号 ……………………………………………… 389

7.3.1　联盟 TM 号飞船的乘员组 …………………… 389

7.3.2　联盟 TM 号飞船处女航 ……………………… 391

7.3.3　长期服役的开始 ……………………………… 392

7.3.4　为期 1 年的太空生活 ………………………… 394

7.3.5　环境的综合影响 ……………………………… 396

7.3.6　和平号空间站暂时无人看管 ………………… 401

7.4　苏联解体：联盟 TM—8 号～联盟 TM—13 号任务 …… 402

7.5　新时期的开始 ……………………………………… 404

7.5.1　和平号空间站的再次启用 …………………… 404

7.5.2　隔热层脱落 …………………………………… 405

7.5.3　出舱维修联盟 TM 号飞船 …………………… 406

7.5.4　把联盟 TM—9 号飞船送回家 ………………… 408

7.5.5 国际访问者 ……………………………………… 409

7.6 俄罗斯的航天活动 ………………………………… 411

7.6.1 1990 年～1994 年联盟 TM 号飞船的乘员组 ……… 411

7.6.2 俄罗斯的国际合作任务 ……………………… 414

7.6.3 新的停靠点 ……………………………… 415

7.6.4 联盟 TM－17 号飞船撞击和平号空间站 ……… 417

7.6.5 硬件的短缺 ……………………………… 420

7.6.6 1994 年～2000 年联盟 TM 号飞船的乘员组 ……… 422

7.7 国际空间站第一阶段任务的开始 ………………… 423

7.7.1 美国首位乘坐俄罗斯飞船的航天员 …………… 424

7.7.2 短期驻留和长期驻留 …………………… 427

7.7.3 1B 阶段的工作 ………………………… 427

7.7.4 "在飞船上一个下午的旋转" ………………… 429

7.7.5 着火和碰撞 ……………………………… 431

7.7.6 和平号空间站上最后一个美国人 …………… 435

7.7.7 最后的居住者 …………………………… 439

7.7.8 Mir Corp 和最后到和平号空间站的联盟 TM 任务 …… 441

7.8 执行国际空间站任务的联盟 TM 号飞船：联盟
TM－31 号～联盟 TM－34 号 ………………… 442

7.8.1 国际空间站的救生船 …………………… 443

7.8.2 联盟 TM 号飞船/国际空间站的乘员组 ………… 445

7.8.3 "我们出发！" ………………………… 446

7.8.4 出租飞行和旅行者 ……………………… 450

7.8.5 Andromède：法国的出租飞行任务 …………… 452

7.8.6 最后一艘联盟 TM 号飞船和首位南非航天员 …… 453

7.8.7 最后一艘联盟 TM 号飞船的返回 …………… 454

7.9 小结 ……………………………………… 455

第 8 章　联盟 TMA 号飞船（2002 年～　）　……………… 457

8.1　联盟 TM 号飞船与和平 2 号空间站 …………………… 457

8.1.1　联盟 TM 号飞船的升级 …………………………… 458

8.1.2　曙光号：一个放大的联盟号飞船 ………………… 459

8.2　联盟 TM 号飞船和自由号空间站 ……………………… 463

8.2.1　倾角与持续时间 ……………………………………… 463

8.2.2　联盟 TM/ACRV 可行性研究 ……………………… 464

8.2.3　联盟逃逸轨道分析 …………………………………… 465

8.2.4　乘员设施 ………………………………………………… 466

8.2.5　医疗和紧急撤离 ……………………………………… 468

8.2.6　对乘员和乘客的训练 ………………………………… 469

8.2.7　联盟 TM 号飞船作为自由号空间站的救生艇 …… 470

8.3　联盟号飞船的乘员：资格问题 ………………………… 471

8.3.1　航天飞机/和平号空间站，1A 阶段 ……………… 471

8.3.2　航天飞机/和平号空间站，1B 阶段 ……………… 472

8.3.3　联盟 TMA 系列飞船的开始 ………………………… 475

8.4　联盟 TMA 号飞船在设计上的改进 …………………… 476

8.4.1　对联盟 TMA 号飞船的具体改进 ………………… 477

8.4.2　联盟 TMA—1 号飞船的乘员组 …………………… 480

8.4.3　联盟 TMA 号飞船的首航 …………………………… 481

8.4.4　2003 年执行联盟 TMA 号任务的乘员组 ………… 481

8.5　展望未来 …………………………………………………… 482

8.5.1　联盟 TMM 号飞船的改进 …………………………… 483

8.5.2　联盟 TMS 号飞船：一个折中的方案 …………… 484

8.5.3　供与求 …………………………………………………… 485

第 9 章　总结　………………………………………………… 488

附录 ··· 492

附表 A　月球任务和硬件 ································· 492

附表 B　联盟系列飞船：对接任务和硬件 ·············· 495

附表 C　联盟系列飞船：天地往返运输任务和硬件·········· 497

附表 D　进步号任务和硬件 ····························· 501

附表 E　联盟系列飞船：联盟 T 号任务和硬件 ·········· 510

附表 F　联盟系列飞船：联盟 TM 号任务和硬件 ········· 512

附表 G　联盟系列飞船：联盟 TMA 号任务和硬件 ········· 517

附表 H　联盟系列飞船（1961 年～2000 年）·············· 518

附表 I　联盟系列飞船的乘员组任务列表（按飞行顺序）······ 523

附表 J　乘联盟系列飞船飞行的乘员名单

（1967 年～2002 年）······························· 543

第1章 联盟号飞船的诞生

联盟号飞船最初起源于苏联 20 世纪 50 年代末的载人航天飞行计划。从那时起，提出了送航天员环绕月球并最终登陆其表面的建议。同时，联盟号飞船也被应用于军事目的，并在 20 世纪 60 年代末，发展为往返空间站的运输飞船。1971 年以来，联盟号飞船作为世界上最早而且至今仍在运转的载人飞船，一直是苏联/俄罗斯的支柱，承担着人员运输和救援、无人补给的任务并继续积累着经验。

1.1 东方号飞船之后的苏联载人航天

在确定要继承早期苏联载人飞船——东方号的设计时，设计者们重新回顾了苏联宇航之父 K·齐奥尔科夫斯基在 20 世纪初所做的工作。一旦实现载人太空飞行，下一个明确的飞行目标就是月亮和火星。齐奥尔科夫斯基曾预言，为了掌握太空飞行，多个飞行器的交会和对接是实现绕地球以及月球或者更远的轨道进行探测的关键。由于联盟号飞船是在东方号飞船的基础上发展而来，并克服了东方号飞船不能够进行交会和对接的缺陷，新一代载人飞船——联盟号具有交会和对接特性也成为其主要的特色。

1.1.1 设计要求

新飞船的设计工作开始于科罗廖夫的 OKB－1 设计局的第 9 部门，由 M·K·季洪拉沃夫（M. K. Tikhonravov）和 K·P·费奥季斯托夫（K. P. Feoktistov）领导。从 1958 年到 1959 年，该部门提出了东方号飞船改进之后的各项参数，使之能承担多种任务。按照计划，改进后的飞船将具有载人绕月能力以及对地球轨道上的空间站的支持能力。初期研究主要集中在飞船的地球轨道飞行能力方面，设计了两种不同形式的飞船，这些早期的设计对后来的联盟号飞船，产生了深远的影响。

所有设计都考虑在飞船任务结束后着陆于苏联国土上，而溅落水中的提法最初没有被考虑过。其中设计的关键是优化再入轨道和再入飞行器的外形。当时设计了以下两种形式：

1）利用航空设计的丰富经验，飞船被设计为具有空气动力学的外形并能在飞机跑道上着陆；

2）飞行器采用弹道再入方式并利用降落伞完成着陆。

对于第一种形式，当时（1961 年）多数人认为飞船设计成有机翼不好，因为这种形式的飞船质量太大并需要较多的防热层。对于第二种形式，设计者起初发展了一种"掠过式再入"（glancing re-entries）的概念，以减小飞船的再入过载。若直接采用弹道式再入，飞船在再入大气层时将承受巨大的过载。进一步研究表明，从月球返回时飞船的再入速度会更大。季洪拉沃夫领导的小组设计了一种"双浸入"的再入轨迹，这不仅减小了再入速度，而且减小了航天员承受的过载。它覆盖了从南到北跨越地球大约 3 000～7 000 km 的再入走廊在苏联领土上着陆，需承受 3～4 g 过载，落点精度大约为±50 km。

一旦确定了再入轨道，就能确定再入飞行器的外形了。OKB－1的工程师以及 NII－I（空气动力学中心）和 NII－88 的科学家研究了三种飞行器的外形，即分段球形、带针状物的球形和切开的球形。指南要求针对气动特性、再入轨道的效用结构制造方法以及防热系统选择等进行研究。最有希望的设计来自 OKB－1 的第 11 部门中的 V·罗辛（V. Roshchin）领导的小组，该设计的特征为分段的球形且重心偏置。在 1962 年，这种飞行器发展成一种不对称设计，类似于汽车前灯，底座直径与舱体长度相等。工程师们发现，这种形状会增加再入时的升力，并能避免弹道再入时产生高温和较大过载。

一旦确定了飞船的外形设计，就可以确定其着陆方式了。科罗廖夫对着陆于苏联国土的备选方案感兴趣，并有多个组织对回收着陆方式献计，比如使用类似于直升机式的螺旋桨、涡轮风扇发动机、液体推进火箭发动机、可控的降落伞、弹射坐椅、吸收冲击的可膨胀气球。这些回收技术的研究工作开始于 1961 年，直到 1966 年尚未正式完成，每种回收方法都影响飞船的设计。在 1963 年，科罗廖夫最终采纳了第 11 部门的建议，回收着陆方式组合了降落伞减速和使用固体火箭软着陆两种方法。

回收着陆方式确定后，就可以确定其他技术问题了。当时，利用 N1 火箭发射大载荷直接到月球上仍然仅停留在制图板上，多年后才能生产。但是，根据齐奥尔科夫斯基的先导性的理论，在地球轨道进行飞行器的交会和对接可以在苏联实现，因为 R－7 火箭能够发射一定质量的载荷进入地球轨道。通过几次发射，将几个不同飞行器送入轨道，并在轨道上组装。因此，OKB－1 的第 27 部门在 B·劳申巴赫（B. Raushenbakh）的领导下，动手处理交会和对接问题。显然，单纯依靠发射，使得两个飞行器对接被认为不可靠；同时，精度也不能满足利用飞控中心进行的对接控制。此外，在 1960 年年初，计算机技术处于萌芽状态；计算单元体积很大，但内存很小，全部在轨测量也超出了苏联当时的技术水平。劳申巴赫的部门因此发展了并行逼近方法。在该方法中，主动飞行器沿着一条轨迹去逼近可视范围内的被动飞行器。为了允许两个飞行器从远距离接近，使用了机载雷达，该操作的完成具有自动对接能力（尽管航天员与空军很自然倾向于手动对接操作）。最后从四种对接方案中选取了两种，即莫斯科动力研究院的实验设计局提交的"对接"（Kontakt）系统，和 NII－648 设计部门提出的"针"（Igla）系统。通过对这两种系统进行深入评价，最终选择了 Igla 系统，放弃了 Kontakt 系统。

1.1.2　Sever 和 1L：联盟号的诞生

Sever（北方）是一个两舱结构的地球轨道飞船，分为前端乘员舱和后端非密封圆柱形设备舱。乘员舱的设计具有汽车前灯形状的特征，舱内有乘员物品、生命保障和控制、着陆降落伞等分系统；设备舱装备了导航和控制、推进以及电源等分系统（俄罗斯从未公布该设计的详细说明）。

Sever 本应作为空间站的运输飞行器，而在 T·瓦福洛梅耶夫有关太空飞行的文章中指出，Sever 是空间站的名字，而不是运输飞行器的名字。根据他的说法，运输器被称为 5K，空间站有两个舱：5KA——居住舱，5KB——仪器舱（这些从未在俄罗斯公开的文献中出现，很奇怪，Sever 在能源联合体的历史上根本未提及过，这反映出了其军用特性）。

另外一种飞船称为 1L，用于完成远距离探月任务（尽管不是在月球着陆）。由于这是很复杂的任务，设计者考虑了舒适性，并研究了大量的飞船气动布局。在 1960 年，第 11 部门提出了增加第三个舱（即密封舱）的建议，该舱允许在向月球飞行中有更多的居住空间，称为轨道舱（OM），这就是最后采用的三舱设计，尽管该轨道舱的位置一直是争论的主题。最初，乘员返回舱（DM）在飞船的头部，接着是轨道舱和推进舱（PM）。从返回舱到轨道舱通过返回舱防热底上的舱门，类似于以后发展为美国空军载人轨道实验室（Manned Orbiting Laboratory，MOL）计划中的结构，在双子星座号飞船的防热底上有舱门。不久研究表明，这不是轨道舱的最佳位置，在返回舱防热底上有舱门会产生很多结构和安全问题。因此，舱段被移位，轨道舱被放在飞船的前部，接着是返回舱和推进舱。在这种结构中，为了进入轨道舱，在返回舱鼻部和轨道舱底部设置了舱门。这种变化改变了航天员在交会和对接时的前向观察能力，因此为指令长（中心坐椅）预备了一个潜望镜以避开轨道舱对视线的阻挡。1L 的设计不同于 Sever，轨道舱更像圆柱形（像返回舱），不同于 Sever 的汽车前灯形状。此外，在飞船的前部特别装备了一小型推进系统，用于地球轨道机动时的姿态控制。推进舱仍然是圆柱形，但已改为裙状，每侧伸展了环箍以安装电源系统的太阳电池阵。Sever 和 1L 的要素后来被发展为联盟号的基本设计。

1.1.3 东方 7 号/1L 联盟号组合体

在 1962 年 1 月 26 日，当 Sever 和 1L 设计处于最终阶段时，科罗廖夫自己提出了一个设计，组合了 Sever 和 1L 的要素，并且保留了东方号，即齐奥尔科夫斯基的"宇宙列车"修正后的设计。科罗廖夫计划飞行器至少有 4 个模块，采用三段模块火箭，总质量为 15～25 t（每个模块质量为 4.8～6 t）。在 1962 年 3 月 10 日，科罗廖夫签署了名为"人造地球卫星轨道上的空间飞行器对接成组合体"的科学技术计划说明书。整个计划被命名为 Soyuz（意为联盟，发音为"sah-yooss"，而不是"Soy-uz"）。新计划提出了 3 个基本目标：创造一个"军用任务的有人轨道站"；制造出一艘具有完成绕月任务能力的飞船；建造一个全球通信的卫星系统。

基于公开的资料，有两个独立的地基对接组装计划（1962 年 3 月 10 日）：一个需要有"火箭列车"，另外一个则不需要。这在科罗廖夫的文件中多少得到了证实，在该文件中他提到对接组装空间站与"火箭列车"是不同的任务。根据最近公布的 1962 年 3 月 5 日科罗廖夫的文件，空间站要基本上实现对"帝国主义国家"的军事侦察作用。根据其他资料来源，空间站由两个模块组成，航天员由 Sever 送入空间站。东方 7 号组合体（参见图 1—1）大概要求对接两个空间站模块。空间站大概不需要"火箭列车"，因为它只需在低轨道上执行侦察任务。

还有其他的"火箭列车"计划，用于进入更高的地球轨道或月球轨道。在 1962 年 3 月 5 日的文件中提到，这种"火箭列车"有 3 个可能的有效载荷，即地球同步轨道的通信卫星、能够进行重要的演习并与敌对卫星战斗的拦截卫星，以及绕月球或其他深空探测的载人飞船。

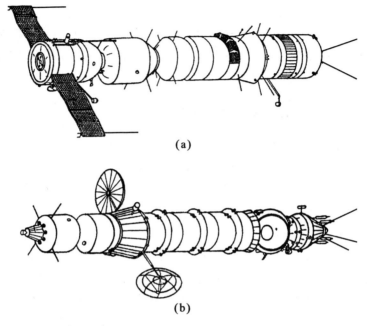

(a)

(b)

图 1—1　1L 联盟号组合体（a）和东方 7 号组合体（b）

　　简言之，看起来有两个独立的地球轨道交会计划，东方 7 号飞船作为通用单元。Sever 被特别设计为低轨道空间站的运输飞行器，1L 特别设计为绕月飞行器。但不清楚的是，这些空间飞行器有多少特征是共享的。但是表面上，至少有些最基本的差别。根据瓦福洛梅耶夫的文章，东方 7 号也称为 7K，火箭模块称为 9K。随后，设计者继承了绕月飞行器和火箭模块用于联盟号组合体的第二型。

　　对于探月任务，增加火箭的级数可以实现从地球轨道转移到月球轨道。整个设计的前部是 1L，是赴月球飞行的基本载荷。1L 上的后对接端口仅和发射入轨的火箭末级相连，东方 7 号与发射入轨的火箭初级连接。每级火箭都具有分离能力。

　　东方 7 号是在 1961 年到 1963 年间飞行的单人飞船东方号的另外一个派生物，在 1964 年到 1965 年间它也被改为多人飞船，命名为上升号。东方号飞船的基本设计后来发展为天顶号（Zenit）无人侦察卫星。从基本的东方号飞船开始，进行了改进，包括交会和对接设备、可重启动轨道机动系统和姿态控制发动机，质量从 1 100 kg 提高到 1 300 kg。每级火箭的质量为 4 800 kg，基本上是圆柱形，第一级火箭发动机为 TL1 提供补充的推力，第二级为 8K72K 助推器，第三级为 8K78 助推器，第四级则由轨道载荷代替。

1.1.4　早期联盟号组合体的系列任务

在轨组合过程顺序如下：首先，东方 7 号发射，携带一名航天员。在适当的时间，无人火箭上面级被发射入地球轨道，载人的东方号与该火箭上面级交会和对接。然后，抛弃火箭下部的环状保护结构，露出对接系统准备与第二个火箭对接。交会和对接一直继续，直到在轨组装完四段式"火箭列车"——东方 7 号和 3 个火箭块。再利用这种方法，发射 1L 并携带 1 名、2 名或 3 名航天员。1L 和东方 7 号对接在"火箭列车"的两侧，东方 7 号在 1L 到达后分离。火箭接着一级一级点火，推动 1L 奔向月球进入绕月轨道。航天员在任务结束后利用返回舱返回。

当时还提出了几项其他的任务，比如以地球静止轨道通信卫星替代 1L 月球载荷，甚至是以用于军用目的的军用空间武器构型替代。

在 1962 年 1 月，科罗廖夫要求空军支持在 20 世纪 60 年代中期制造 8 艘东方 7 号飞船。但是，组合好几艘东方 7/联盟号的舱段很复杂，东方号飞船不能轻易改造为适合交会和对接的飞行器。尽管东方 7/联盟号组合很有希望，但在 1962 年 4 月 16 日，苏联政府发布命令，"发展联盟号组合体，实现载人飞往月球"。问题是该命令是否关系到第一型或第二型的联盟号组合体。在《太空飞行》中瓦福洛梅耶夫的解释是，被批准的是第二型（7K/9K/11K），但这不大可行。科罗廖夫仅仅在月前才完成东方 7/1L 的设计，因此，这个命令大概是联盟号组合体第一型的认可标志。这一点也由以下事实所印证，7K/9K/11K 的基本草案直到 1962 年 12 月才完成，政府直到

1963 年 12 月才批准 7K/9K/11K。A·西季奇的解释是 1962 年 4 月 16 日的命令主要是针对东方 7 号飞船的军事应用，但这并没有在苏联的原始资料中特别指出。1962 年中，东方 7 号计划最终因 7K/9K/11K 的利用而被撤销。

苏联航天的转折点是决定并改进东方 7/1L 的薄弱环节，将东方号作为绕月任务的基本部件来使用。基于这个想法，为实现绕月任务，应对美国的阿波罗登月计划，苏联放弃了 Sever 的设计方案。当然 Sever 和 1L 的设计方案持续影响了第二代苏联/俄罗斯载人航天器的设计。

1.2　联盟 7K 组合体

随着 1962 年 OKB−1 对未来计划的重新定向，东方号飞船之后的空间飞行器的设计显得更加详细。工程师们吸取了 Sever 和 1L 舱段设计的成功经验，提出了 7K 新设计，即简单的联盟号。根据 Sever 的经验，设计者保留了汽车前灯形状的返回舱和圆柱形推进舱，根据 1L 的经验，保留了三舱设计。然而，为了降低总质量以节约发射质量，返回舱直径从 Sever 早期的 2.2 m 减小到 2 m（不计防热层）。当提出这个设计思想时，持怀疑态度的科罗廖夫邀请新建议中的一个设计者在整个讨论期间留在了他的办公室。这个工程师不断地强调该设计的正确性，最后科罗廖夫确信狭窄的返回舱内部布局是可行的，在 1962 年年底该设计方案被批准。具有讽刺意义的是，要求联盟号降低 200 kg 质量的决定在 6 年后的 1968 年被证明是无意义的，所以直径的减小变得无关紧要了。然而，此时该设计已完成多时，协调一个主要的设计更改已太迟了。从此，联盟号飞船满员（3 人）时舱内非常狭窄。

对于绕月飞行任务，仍然要求新的飞行器在地球轨道上交会和对接。在 1962 年 12 月 24 日，科罗廖夫签署了一个初步的草案，重新设计联盟号飞船。其特点是包括了载两人的联盟 7K、月球轨道外入射级 9K 以及推进级 11K。尽管有来自内部的反对意见，但在 1963 年 3 月 7 日，科罗廖夫最后签署了联盟/7K 草案，OKB-1 推动了联盟号飞船的发展。在随后的两个月内，讨论了有关的细节和绕月任务。国家委员会的很多人支持了该计划，但也有来自切洛梅 (Chelomei) 和格卢什科 (Glushko) 关于实现该计划困难性的反对意见。尽管有这些警告，但科罗廖夫有来自其他主要设计者足够的支持，并乐观地认为在 1964 年夏天可以进行首次试飞。尽管缺少政府的支持，科罗廖夫对他的新计划被官方认可充满信心。在 1963 年 5 月 10 日，OKB-1 为新计划发布了题为"地球卫星轨道上的对接空间飞行器"的 7K/9K/11K 的外形（现在称为"联盟号组合体"），被期望先于美国把航天员送上月球。

1.2.1　联盟 7K（联盟 A）的设计特点

载人空间飞行器联盟 7K 的主要部件长 7.7 m，为三舱结构，即圆柱形"设备舱"、汽车前灯形乘员舱和圆柱形生活舱（参见图 1-2）。

非密封设备舱位于飞行器后部，分 4 个部分。第一部分是飞行器最底部的圆环形舱段，包括多个分系统，即交会和对接、无线电轨道控制、导航指令、热控、自动导航和跟踪分系统。第二部分是包括用于交会和对接的轨道修正发动机和电源系统备用太阳电池组的设备舱段。第三部分是仪器舱段，包含所有的用于往返月球飞行的分系统，比如远距离通信、姿态控制火箭、热控、仪器电源和导航控制分系统。最后一部分是转移舱段，包括外表面携带的姿态控制发动机和内部的推进剂贮箱。该舱段为整个飞行器在太空飞行提供基本的服务和设备的支持。在阿波罗计划中，具有相同功能的是服务舱（SM），而在改进的联盟号飞船中，是推进舱（PM）或设备舱（PAO，Priborno Agregatnyy Otsek；Instrument Aggregate Compartment）。

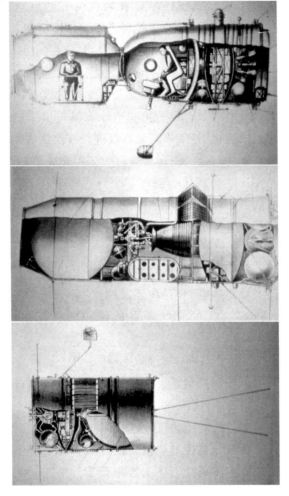

图 1－2　联盟号组合体的截面图

在 PM 上面是密封的乘员舱，包括再入大气层的生命保障系统
（LSS）、热控系统、用于观察和引导航天员控制的潜望和电视系统、
显示盘和有关的转接和引导设备、一个计时器，以及包括防热底和
软着陆系统在内的回收降落伞系统。在阿波罗号飞船中，相同的舱
段是指令舱（CM），在联盟号飞船上就是返回舱（DM）。

　　最上面是圆柱形居住舱，直径为 2 m。其中包括用于返回前执行任务期间的生命保障系统、热控系统、通信系统、电视和摄影系统、支持硬件、特殊的试验设备。更详细的有关 7K 的俄文资料没有指出轨道舱能用作气闸舱，比如后来的 7K－OK 型，7K 仅有的官方图纸中没有显示有舱门。然而，必须有侧舱门让航天员进入，尽管这不必意味着轨道舱可用于舱外活动（舱外活动在绕月任务中没有被要求）。在 1963 年 9 月的文件中，科罗廖夫描述了 L3（登月任务母船），称之为"L1（绕月船）的改型，不同之处是它有气闸舱门（后者的任务由轨道舱执行）"。在计划中，L3"联盟号"本身登陆月球，航天员必须减压以便在月球实施舱外活动，因此，气闸舱门是必需的。以上科罗廖夫的文件指出联盟号组合体绕月型 7K 不具备舱外活动能力，而具备舱外活动能力的轨道舱没有被引入，直到载人登月计划出现，继承了 7K－OK 型。在这个舱段的顶部，是对接设备。在阿波罗号飞船上没有同样的舱段（尽管早期研究包括了一个从未发展的试验任务舱段），而在联盟号飞船中就是轨道舱（OM）或生活舱（BO，Bytovoy Otsek；Living Compartment）。

　　联盟 7K 的总质量是 5 500～5 800 kg。当 1963 年第一次透露这些多用途飞行器组合体设计时，该飞行器也称为联盟 A。联盟 A、联盟 B、联盟 V 的设计一直被保密，直到 1980 年联盟号组合体第一次在苏联文献中出现。当时，7K/9K 和 11K 名称仍然被应用，可见，在 60 年代联盟 A、联盟 B 和联盟 V 不是正式名称。

1.2.2　美国通用电气公司（GE）的设想

　　联盟号早期的设计类似于 NASA 考虑的载 3 人的阿波罗号飞船。通用电气公司有关飞船的建议、论文或演示模型在当时的宇航杂志中广泛报道；苏联，特别是科罗廖夫和他的小组，能完全接触西方技术出版物，并注意到了美国人的想法。在这个时期的文献中，出现了联盟号飞船早期设计的有关信息，因此正如克拉克和吉本斯指出的那样，早期的联盟号飞船，特别是返回舱，很像 GE 的建议（见图 1－3）。

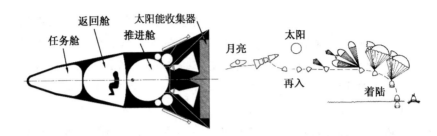

图 1－3　GE 关于阿波罗号飞船的建议（NASA 报告 1960 年～1961 年）
和着陆程序（该设计具有三舱结构特征，为联盟号飞船所采纳）

GE 建议飞船设计为总长是 10.2 m 的三舱结构，由土星号（Saturn）火箭发射。后部的推进舱长 4.6 m，直径 3.0 m，在土星号火箭上有 5.4 m 直径的整流罩。返回舱位于推进舱上，长 2.4 m，直径 2.9 m（后改为长 2.5 m，直径 2.8 m）。最前面的是一个"梨形"的任务舱（MM），长 3.1 m，最大直径 1.7 m。

在 GE 的建议中飞船总质量为 7 473 kg，其中返回舱是 2 184 kg。阿波罗号飞船的服务舱为了进入月球轨道、地球转移轨道和进行轨道修正，所需比冲 314 s，而克拉克和吉本斯为 GE 设计计算出所需比冲为 315 s。这要求"燃料质量 4 035 kg 和空负载 3 435 kg"，故得出任务舱和推进舱"总质量 1 350 kg，非常小"。这些数据大概仅代表了一个早期绕月的概念。

仅与联盟号飞船相同的是，GE 的建议提出了再入时三舱分离，推进舱和任务舱再入时燃尽；与联盟号飞船不同的是，GE 的建议中返回舱使用降落伞溅落入水，并使用一个类似水星号的漂浮袋进行打捞。尽管 GE 的建议除了概念设计之外未能实施，在 1961 年 11 月由北美航空公司（North American Aviation）夺得了阿波罗合同，但该设计清楚表明了一个舱段具有多任务目的的设想，同样存在于美国设计者和苏联设计者心中。在那个特定的时期，两个国家关于新一代飞行器的概念是类似的，但是最终选择了不同的配置。

1.2.3　联盟 9K 和联盟 11K

在联盟号组合体系列中其余的两个飞行器为 9K 和 11K。9K 长 7.8 m，质量 5 700 kg，无人单级火箭，分为两个部分：大的火箭模块（9KM）包括月球转移发动机（推力 4.5 kN），小的为可分离舱（9KN）包括轨道修正发动机、辅助控制系统、交会和对接设备，以及用于推进剂转送的贮箱。

11K 是无人圆柱形，长 4.2 m，载满推进剂时总质量 6 100 kg。该飞行器也有两个舱，11KA 储存氧化剂，11KB 携带燃料；其余部分携带姿态控制发动机、导航电子设备、地球通信系统和连接在 9K 上的对接单元，可从 9K 的推进剂贮箱上自动抽取推进剂，以供绕月飞行。这三部分由相应的 R－7 运载火箭（11A55 和 11A56 火箭）发射。

1.2.4　联盟号组合体任务概况

载人绕月任务是联盟号组合体的主要任务。第一步是发射 9K 单元，一旦到达其指定轨道，就立即发射 11K 并提供的 4 155 kg 额外的推进剂。当 9K 经过航天发射基地时，11K 被发射进入离 9K 轨道 20 km 距离的轨道。如果距离太大，9K 可以缩短此距离。主动飞行器 9K 和被动飞行器 11K 对接，通过对接器（这套系统从 1978 年一直使用到现在）的推进剂转移管，转移推进剂。推进剂转移完毕后，推进剂贮箱脱离，废弃，11K 利用保留的 490 kg 推进剂，实现可控制的再入。要加满 9K 所需的 25 t 推进剂，至少需要 4 个 11K。一旦完全装满 TLI 所需的推进剂，由三人或两人驾驶的飞船 7K 将发射升空，使用轨道舱的对接设备在 9K 前端对接。最后，由 9K 可分离级执行轨道机动，一旦飞船到达准确位置，9K 便分离并废弃。这些机动由 9K 火箭级的主发动机执行，为 TL1 点火，使联盟号飞船飞向月球。修正使用 7K 推进系统。在 1 000～20 000 km 之间绕月飞行，航天员使用相机和科学仪器记录月表面数据。完成绕月后，返回地球飞行，7K 的三个部分将分离，返回舱再入大气层，伞降于苏联国土上，其他两个部分在大气层内燃尽。总飞行时间为 7～8 天。另一种交会和对接的顺序是，9K 首先如常发射，但是载人 7K 飞行器紧随发射，由航天员手工对接 9K，而 11K 的对接可通过遥控完成。

1.2.5　合同、资金和进度

实施这种类型的载人计划，掌握交会和对接技术很明显是关键点，但不是必需的，因为若有足够的大推力火箭（比如 N1 大推力运载器），就不必实现多次交会和对接了（这就是为何美国选择土星 5 号（Saturn V）火箭进行低轨道交会和对接，替代用较小的多个土星 1B 号或多个土星 5 号火箭进行地球轨道交会和对接的原因）。尽管有风险，但仍然得到设计局有关领导人物的强力支持（大概因为他们收到可观的合同支持多次发射/飞行器途径）。好几个苏联设计局竞争大合同，苏联的月球计划不仅仅是和美国的阿波罗计划竞争，而且是自己设计局内的竞争，因此削弱了一个机构所具有的集中努力（如 NASA）来达到计划的最大目标，即靠一国之力将人送到月球上。在东方号飞船仍然飞行期间，联盟号组合体在大推力 N1 运载器研制成功之前是月球计划中可实现的下一步。

在 1963 年年底，联盟 7K 计划几乎包括 4 个飞行器，耗资 8 000 万卢布，超出了官方仅为 3 000 万卢布的预算。尽管计划的基本技术和目标被证实了，但资金没有落实。科罗廖夫不断抱怨他的联盟计划的资金短缺。在 1963 年 12 月 3 日，由苏联共产党和苏联部长会议发布命令，批准了 7K/9K/11K 组合体用作载人绕月飞行。在这个命令中，主要的"用户"是战略导弹部队，空军部队和空军防御部队仅仅是参加技术和战术性试验飞行，但未参加绕月计划。在这个计划中，首次飞行在 1964 年 8 月，第二、第三次在 9 月，飞行试验大概开始于 1964 年年底或 1965 年年初。联盟计划被官方批准是双刃剑，有向月球进军的授权，但东方号飞船仍然在飞行，需要大量的资源。科罗廖夫想结束东方号飞船的任务，全力推动联盟计划以同美国的计划竞争，特别是双子星座计划，该计划从 1964 年到 1966 年实现交会和对接训练，完成长达 14 天的飞行，实现太空漫步，为阿波罗号飞船进行地球轨道试验飞行铺路，最早于 1966 年年底完成。显然，双子星座号飞船在联盟号飞船准备好之前会飞行，因此苏联需要知晓美国在空间的潜在收获是多少。科罗廖夫曾试图得到支持，扩展东方计划，超出其最初的 6 项任务，但未获支持。于是，在 1964 年 2 月 4 日东方计划停止后，他把所有的精力投入到联盟计划。他接到一个较高级别的命令，在一年内美国双子星座号飞船飞行前，对保留的 4 艘东方号飞船的内部结构进行了重新设计，以适应 3 名航天员乘坐（超过双子星座号飞船），包括舱外活动能力。这个计划产生了上升号飞船。

1.2.6　联盟号飞船奔向月球

在 1963 年，一些设计者想扩展他们的月球计划，比绕月飞行更进一步，部分是为实现齐奥尔科夫斯基的梦想，部分是为回应美国的阿波罗登月计划，更甚者，可让公众对美国的计划满不在乎或不关注。N1 大推力运载器作为登月任务潜在的运载工具，开始具有了吸引力，同时使用月球轨道交会方法和像阿波罗登月计划一样的分立登月舱。

在 1963 年 9 月 23 日，科罗廖夫和他 OKB－1 的同事写了一份详细的技术文件《研究和熟悉月球建议》，包括载人、无人及机器人月球探测。为在 1967 年或 1968 年实现载人登月，计划包括 5 个主题，每个主题具有特定的目标，但都与较大的项目相联系。L1 主题是联盟组合体绕月计划，实现这个目标要进行 6 次发射；L2 主题是设计配置自动月球车（设计为 13K），使用联盟号组合体 9K 和 11K 再进行 6 次发射；L3 是载人登月，7K 被修改并有分立的登月舱，需要发射 1 枚 R－7 火箭和 3 枚 N1 火箭；L4 是改进后的 7K 飞行器沿月球轨道飞行，由 N1 火箭单独发射；L5 是用 1 枚 N1 火箭发射 1 个先进的月球车。

该计划不仅需要资金，而且更需要来自克里姆林宫的官方支持。在 1963 年 6 月 13 日与总理赫鲁晓夫会晤时，科罗廖夫指出，如果有政府适当的财政和政治支持，N1 计划能够打败阿波罗计划，并能在 1969 年把人送上月球。赫鲁晓夫回答："我考虑一下，你准备好你的建议，我们在中央委员会常委会上讨论决定。"这并不是科罗廖夫所需的回答，时间不容拖延。科罗廖夫强调，美国之所以能够用阿波罗号飞船实施绕月飞行，主要是基于他们从双子星座计划中得到的经验。不幸的是，尽管 OKB—1 花了数年制定了同样的计划，但从未得到官方的支持和克里姆林宫的鼓励，正如科罗廖夫指出，"如果对联盟计划不采取补充的加急措施，苏联将在这一领域落后于美国"。

1.2.7 联盟号飞船重新定向

在 1964 年年初，OKB—1 的第 11 部门，重新设计了联盟 7K 的内部结构，使之能容纳 2 名或 3 名航天员。同年春天，第一台样机在加里宁格勒工厂生产。当科罗廖夫看见结果时这样评论：这实际上是苏联未来的宇宙飞船。1964 年 2 月，在诺金斯克，联盟 7K 第一个全尺寸航天员训练器安装在 TsNII—30 上，同时安装了联盟 9K 和联盟 11K 飞船 1/30 缩比模型，以便航天员演习交会和对接。在 1964 年 9 月 26 日，OKB—1 工程师从卡普斯京亚尔的老试验场发射了一个联盟号飞船的模型，进行亚轨道演示飞行，确定飞船的空气动力学特性。不幸的是，因为在结构表面的气动负载过大，在发射后 33～39 秒，飞船裂解了。

1964 年 7 月苏共中央授权切洛梅设计局（OKB—52）实施绕月计划，并于一个月后发布了第 655—268 号命令，阻止了联盟计划的实施。然而，科罗廖夫和 OKB—1 开始追求另一个目标，即 N1/L3 载人登月计划。至于为何选择 OKB—52，而不是 OKB—1，原因尚不清楚。可能是由于切洛梅的单载人 LK—1 一次只发射一个改进的 UR—500ICBM，而 7K/9K/11K 单元多次对接太复杂。不管什么原因，L1（科罗廖夫负责研制的飞行器）被正式撤销，而倾向于 LK—

1（切洛梅设计局的飞行器）。OKB－1 改变了其计划，倾向于一应用性更强的目标，抵抗美国阿波罗计划。在 1964 年 12 月 25 日，科罗廖夫公布了其从 1967 年到 1968 年登陆月球表面的初步计划。然而，OKB－1 仍在继续实施绕月计划，使用四级质子号（Proton）火箭一次发射，并支持由 N1 发射的登陆任务。

L1 计划使用了联盟 7K 的简化型，由质子号火箭发射进行绕月飞行，最初是无人，然后是载人，这就是众所周知的 Zond（探测器）计划。L2 任务是释放月球车（以后改进为 Lunokhod），着陆随着分立的登月舱 L3 的发展而实现。着陆任务飞行框架类似于阿波罗计划中正在研究的月球轨道交会模式，OKB－1 同样为了实现载人登月飞行简化研究了使用 R－7 火箭（带液氢上面级）的地球轨道交会和对接技术。

1.2.8　N1/L3 登月任务

该任务是用三级 N1 火箭将两人飞船送入地球轨道，在检查完组合体后，第四级（G 模块）完成向月球转移轨道点火，抛掉整流罩露出 D 模块。这一级被用作轨道修正，以射入月球轨道。一旦进入月球轨道，任务指令长从轨道器（LOK）向登月舱（LK）进行舱外转移。LK 经一名航天员检查后，从母船上分离。D 模块被用作有动力下降嵌入模块（PDI），进入 3 km 高度轨道，在此分离，允许 LK 发动机点火继续完成登陆。一旦登陆完成，指令长实施有限时间的月面舱外活动，收集样品，进行试验。24 小时后，LK 开始从月表面上升，与 LOK 接近、交会和对接。由于飞行器之间没有内部转移舱门（不同于美国的阿波罗号飞船，因为内部转移系统会增加太多质量），因此指令长携带着收集的样品，需实施从 LK 到母船的舱外转移。LOK 主发动机实施向地球轨道的点火，需经过进一步的轨道修正。接近地球时，LOK 的单元将分离，使返回舱着陆到苏联国土。

1.3　联盟号飞船的潜力开发

1964 年年底，B·切尔托克（B. Chertok）领导了一个由科罗廖夫建立的小组，探索早年的原创思想。联系到在东方号和上升号飞船的飞行结束后苏联计划的改变，切尔托克小组研究了联盟 7K 还能实现什么任务。其研究结果是：在地球轨道上对接两个联盟 7K 能够完成重新定位联盟计划的新任务；一些航天员能够实施联盟－联盟的舱外转移，模拟 N1/L3 指令长必须完成的登月任务中的两次转移；另外的优点是，能演示潜在的航天员营救，在实现绕月飞行前提供有价值的经验。在 1965 年 2 月，这个新计划提交到国家国防技术委员会（GKOT）的科学技术委员会。有关领导批准了这一新计划，由此联盟计划所有的工作集中到载人对接和舱外转移，并由 OKB－1 的第 93 部门负责。在 1965 年年初，联盟 7K 成为联盟 7OK（轨道船），通常称之为"初始型联盟号"。同时，这些飞船准备进行地球轨道试验飞行，另外从 1964 年到 1970 年，早期联盟号飞船有许多改型，但其中大部分并未发展到飞行阶段。

1.3.1　联盟 7K－P：有人驾驶反卫星拦截器

20 世纪 60 年代初，当科罗廖夫提出有关发展联盟号飞船的建议时，他深知这样一个野心勃勃的计划必须得到军方支持。因此，在他的建议草案中，包括了一对联盟 7K 的军用改型设计。当美国空军发展自己的载人轨道实验室计划时，苏联军方支持了这些改进计划。

联盟 7K－P（拦截器）使用了基本的联盟号设计的改型 7K－PPK（载人拦截空间飞行器）。在该建议提出 40 年后，对有关该飞行器的细节还知之甚少，所知道的只是运载器 11A514 R－7 是为此计划而发展的，这个飞行器在高轨道上拦截敌对卫星时使用了联盟 9K 火箭级和 11K 装载推进剂飞行器。在 1963 年，该计划提交到位于奎比舍夫由 D·科兹洛夫（D. Kozlov）领导的 OKB－1 的第 3 部门，当时科罗廖夫埋头于上升号飞船和 N1 计划。

从最近公开的科罗廖夫于 1962 年 3 月 5 日所写的文件中可知，卫星拦截器是科罗廖夫的包括东方 7 号在内的地球轨道对接组合计划中的一部分，它具有很好的机动能力，只要求一个或多个火箭块。提到 R－7 火箭的发展过程，T·瓦福洛梅耶夫指出 5KM 空间飞行器质量为 5.6 t。尽管 G·韦特罗夫（G. Vetrov）说，联盟 P 能达到6 000 km高度，但在转换到联盟号组合体第二代后，这些计划如何改变，尚不清楚。

在 1964 年，因为军方增加了对无人自动反卫星系统的兴趣和支持，该系在已经成功完成两次试验飞行后处于停顿。1963 年 11 月1 日发射的 Polet 成为第一颗轨道机动卫星。第二颗 Polet 在 1964 年发射。在 1965 年年初，联盟 P 被取消，以支持当时发展的无人自动军用空间飞行器的研制。

1.3.2　联盟 7K－R：载人侦察空间站

联盟 R（侦察）由两个独立的空间飞行器组成。联盟 7K 是运输飞船（11F72 7K－TK），为小型空间站（11F71）往返运输航天员。联盟 R 保留联盟号飞船的推进舱，但其轨道舱和返回舱被一单舱的光学侦察和电子侦察设备（ELINT）替代。其特征是有一个内部转移舱门，允许航天员在无需进行舱外活动和穿着舱外活动服的情况下进入站内。第 3 部门的科兹洛夫小组再次提交了此飞行器的发展计划。

1964 年 6 月 18 日，苏联国防部同意了军用航天五年计划（1964 年～1969 年），由国防部部长 R·马林诺夫斯基（R. Malinovsky）元帅签署。军用航天器基础结构计划包括联盟 R、基于东方号飞船平台的无人光学侦察卫星计划（Zenit）、海洋侦察卫星 Moryal（也称为 US1），以及军用航天器 Spiral。尽管后来得到了科学技术委员会对联盟 R 组合体预案的认可，但是联盟 R 计划，由于不能保证比其他设计局的建议更优越，也就难以得到完全支持。

例如，在 1964 年 10 月 12 日，切洛梅设计局开始发展大于联盟 R 的军用空间站。该空间站质量为 20 t，由带有 3 名航天员的 UR－500K 质子号火箭发射。很明显，在 1966 年，这个空间站的前景被看好同美国空军载人轨道实验室计划竞争，在 1966 年 3 月 30 日，联盟 R 计划被取消，以支持切洛梅的钻石号（Almaz）军用空间站。在 1966 年 1 月 14 日，当科罗廖夫出人意料地死在手术台上时，他的设计局 OKB－1 和相应的苏联航天计划失去了主要驱动力，却给其他设计局提供了机会，以保证其空间庞大预算计划的实施。随着联盟 R 计划的取消，科兹洛夫被指定将联盟 R 组合体的所有文件移交给切洛梅设计局，但仍继续研制支持钻石号军用空间站的 7K－TK 运输飞船。

1.3.3　联盟 VI：军用研究飞船星辰号（Zvezda）

1965 年 8 月 1 日，军事工业委员会（VPK）签署了一道命令，建议改进上升号和联盟号飞船用于军事。该项工作的重点之一就是联盟 R 和钻石号，但这项工作并没有马上开展，直到 1968 年美国空军载人轨道实验室计划实施后才正式展开。在科罗廖夫去世后，OKB－1 力图重组，OKB－1 的第 3 部门领导科兹洛夫接受任务，为钻石号空间站事先培训有经验的军用航天员。科兹洛夫重新设计了联盟号，设计代号为 7K－VI，也称为星辰号。但是，科罗廖夫的接班人米申（Mishin）开始有第二个想法，仅支持钻石号空间站，并提出了一个基于联盟号飞船的联盟 VI（VI－军用研究）军用空间站计划。存在如此多的载人军用计划（联盟 R、星辰号、钻石号、联盟 VI），没有人能提供一个清楚的解释，尽管出现钻石号和星辰号看起来是权宜之计，这仅仅是一个可能的解释，因为米申也想在完成钻石号的同时飞行星辰号。

在 1967 年 1 月，苏联有两个不同的军用载人航天计划，OKB－52 的钻石号空间站和 OKB－1 第 3 部门的 7K－VI。（1966 年 1 月在科罗廖夫去世后不久，通用机械制造部（the Ministry General Ma-

chine Building）进行了内部重组，改变了 OKB 的定位。因此在
1966 年 3 月 6 日，OKB－1 成为实验机械制造中央设计局（TsK-
BEM），OKB－52 成为机械制造中央设计局（TsKBM）。为简化起
见，本章中仍保留了最初 OKB 的名称。）1967 年 7 月 15 日，为响应
勃列日涅夫的号召，苏联国防委员会（USSR Defence Council）召开
了一个扩大空间军事活动的会议。在空军司令 K·韦尔申宁
（K. Vershinin）的授意下，建议送到了总参谋部以进一步研究。在
1967 年 9 月，明确提出了一个 8 年计划，即在 1968 年到 1975 年，
发射不少于 20 个钻石号空间站和 50 艘 7K－VI 飞船。如果每位航天
员按 15 天轮班，到 1975 年则需选择、训练和飞行 400 名航天员。
支持这个计划的费用需数十亿卢布，有趣的是，该计划还提出发展
可重复使用的空间运输系统以弥补费用不足。

　　1967 年年底，联盟 7K－VI 改变了技术设计。由于联盟号飞船
试验的多次失败，其设计被改为轨道舱在顶部，实验段在中间，推
进舱在后部，依靠两个放射性同位素发生器供电。在 1967 年 7 月 21
日决定于 1968 年飞行，但在 8 月末，又推迟到 1969 年。在 10 月，
米申严厉批评了该计划。N·卡曼宁（N. Kamanin）在 1967 年 10 月
间的日记中称，在联盟 7K－VI 与切洛梅的钻石号的竞争中，米申
已写信给军事工业委员会主席斯米尔诺夫和通用机械制造部部长阿
法纳西耶夫（Afanasyev），请求停止联盟 7K－VI 的研制并进行资
源重组，以便在 1968 年中完成 8～10 艘联盟 7K－OK 飞船的制造。
卡曼宁也记述了米申对科兹洛夫改变联盟号飞船的设计很不满，并
提出了一个联盟号基本型的竞争者，为支持钻石号空间站的设计提
出一个与其他 OKB 建议竞争的计划："发展中的 7K－VI 飞船的工
作正在轰轰烈烈地开展，它能保证比联盟号飞船更好。"米申显然没
有意识到 7K－VI 与联盟号基本型完全相同，但是，当他发现科兹
洛夫的设计完全不同而且事实上优于联盟号飞船时，他改变了他的
主意，撤销了科兹洛夫的飞船。在 1968 年 2 月，7K－VI 的工作被
OKB－1 停止了，进而，提出了发展一个较小的空间站的计划，并

由联盟 VI（11F730）支持。这是轨道研究站（OIK/11/F731）和运输船（11F732）的组合。

在最初的 7K－VI 设计中有两个主要的缺点：使用同位素发生器供电和再入防热底上有舱门。在新设计中，轨道块（OB－VI）是圆柱形，类似于联盟 R，能承载 700～1 000 kg 的科学/军用载荷，使用太阳电池阵代替星辰号飞船上的同位素电源。其设计的主要优点之一是采用一个锥形的对接系统，可通过内部对接舱口和通道，避免了像联盟 7K－OK 基本型那样必须通过舱外活动才能实现人员转移。从联盟 R 发展前景来看，这对未来联盟号飞船的运行则是一个重要的里程碑式的设计。

联盟 VI 在 250 km×270 km、倾角 51.6°的轨道上运行，任务为期约 30 天。作为对空间站的补充，还有单艘联盟号短期（7K S－I 或 11F733）和长期（7K S－II 或 11F734）飞行任务的计划，独立于联盟 VI 组合体计划。7K－S 或 11F732 航天员运输飞船（随同 7K－S－I 和 7K－S－II）形成联盟 T 号运输飞船的基础，自动货运船 7K－G（或 11F735）就是进步号（Progress）货运飞船。

在采用联盟 7K－OK 基本型设计时，OKB－1 的工程师们重新评估了在飞船研制过程中已确认的弱点，并试图通过更替多个分系统来消除这些缺点。据 OKB－1 设计局的官方史料记载，更新的目标是"提高设计和船上系统的战术技术性能、工艺和操作特征……一些影响发展进程的重要的改进最终导致新船的创造"。

在 1968 年 5 月，联盟 VI 计划随着一个新的战术技术要求文件的下发，正式得到了进一步的支持。同年夏天，当准备载人绕月飞行活动进行得热火朝天时，发现 TK－S 飞船存在理论缺陷，这在 1968 年 10 月 14 日被证实。好几名航天员后来从星辰号调到联盟 VI，其中许多人后来到了钻石号。

尽管计划在进一步深入，显然，人们对联盟 VI 的兴趣减弱了，特别是科兹洛夫自己，他的部门越来越潜心于更重要的无人光学侦察卫星的研制。米申推动发展 7K－S 是为了替代联盟号飞船而非空间站本身。在 1968 年苏联的载人航天计划首先是为了到达月球，而不是发展军用或民用空间站。联盟 VI 大概在 1970 年 2 月被废弃。

1.4 针对月球任务的联盟号飞船适应性改造

在 1965 年 12 月 15 日召开的总设计师会议上，科罗廖夫提交了 OKB−1 关于 L1 月球飞船的初步设计方案。在吸取联盟号和 N1 计划研究中的经验，并熟悉了切洛梅的 OKB−52 关于 UR500K 运载器和 LK−1 飞船的工作之后，科罗廖夫建议研制一个绕月飞行飞船，该飞船以轻型联盟号飞船为基础，由 UR500K 火箭发射。凭着他的权威、东方号的经验和联盟号飞船的预研工作，他保证了推行一系列载人绕月飞行任务的权威性。由于 OKB−52 的设计工作已严重拖期，1965 年 10 月 25 日，政府命令 OKB−1 设计的 L1 飞船取代 LK−1 的设计。不幸的是，科罗廖夫于 1966 年 1 月突然离世，他未能看到他的努力在联盟系列飞船上所取得的硕果。

7K−L1 实质上是一个没有轨道舱的联盟号飞船，但在质子号火箭上增加了上面级（BlokD）。1965 年 12 月 31 日，即在科罗廖夫提出初步设计后的两个星期，OKB−1 和 OKB−52 达成协议，建造 14 艘 L1 飞船。1 号飞船用于地面试验，装有 BlokD 上面级的 2 号和 3 号飞船用于地球轨道试验，4～10 号飞船用于执行无人绕月任务，11～14 号飞船执行载人绕月任务。

计划在 1966 年第三季度和第四季度各制造一艘飞船，其余飞船的制造工作将在 1967 年前三个季度开展。首次发射计划在 1966 年年底，首次无人绕月飞行计划在 1967 年 4 月 15 日，尽管不久就显示出在 1968 年前没有可能实施绕月任务。卡曼宁对政府对进度不满意的反应是："当十月革命 50 年庆典临近，大老板们需要引人注目的空间任务。但是，纸上的命令和咆哮无助于解决问题。太多的时间已经被浪费了。"

在 1966 年年底，飞行准备工作快速进行着，在尝试 1967 年 6

月 26 日的载人发射前，计划执行两次无人地球轨道任务和两次无人绕月任务。为了在载人飞行之前得到更多有关质子号火箭的经验（在 1966 年年底之前曾发射过 4 次，仅成功了 3 次），第一名航天员将会被单独发射，在地球轨道上与 BlokD 交会，通过舱外活动将航天员转移到绕月飞船上。计划调整为：使用双发射方式执行 5 次绕月飞行任务（飞行 6～10 号），采用单发射方式执行 4 次补充任务（飞行 11～14 号）。这些措施使苏联不仅实现了质子号火箭的载人飞行，而且保证了首次载人绕月飞行的领先地位。

一旦把航天员和飞船送入轨道，存在的问题就是如何在任务完成后回收飞船。传统上，苏联载人飞船应着陆于苏联国土，但从月球返回建议采用双跳跃（double skip）再入轨道，这可能会导致溅落在海洋中，甚至着陆在外国领土上。由于苏联空军没有海基搜救能力，在 1966 年 12 月 21 日，苏联海军和空军达成协议，由两家共同完成返回搜救任务，估计需要 12 000～15 000 人参加飞船在苏联境外着陆时的搜救活动。

1.4.1 飞船的设计变更

由于开发绕月飞船有严格的时间表，并受到质子号火箭发射能力的限制，这意味着，与阿波罗号飞船的登月舱类似，在选择和准备联盟号飞船绕月飞行设计中，减重是首要问题。绕月飞船的总质量不能超过 5.1～5.2 t，因此，最直接的减重方法就是舍去轨道舱，并减少乘员组成员至 2 人，即一位指令长和一位飞行工程师。再入飞行器的一些分系统，包括备份降落伞也去除了，并在联盟号飞船基本型的基础上对其余部件进行了改进和升级。联盟号飞船上许多用于地球轨道操作的仪器（如水平高度指示器）对绕月飞行来说没必要，而且没有了轨道舱，用于对接的前潜望镜也没用了。在推进舱的一对太阳电池阵上各去掉一块板，并改进了姿控系统和无线通信系统，包括安装大型定向天线，以实现月球距离的通信。由于从月球返回会增加更多的热量，因此在返回舱上附加了防热装置。由于没有计划让飞船进入或离开月球轨道，因此也不需要大型推进系统（如阿波罗号飞船的服务舱），无需安装备份的主发动机，航天员只能依靠携带了 400 kg 推进剂的联盟KTDU－35（或 S5.35）系统。

　　航天员穿行 L1 舱门仍然是个问题，有两个俄罗斯的信息来源提到过。能源联合体的史料表明，从联盟号飞船经过舱外活动转移到L1 上可从 L1 侧舱门进入。韦特罗夫指出，L1 与 7K－OK 不同之处是"缺少备份降落伞系统和用于进入的舱门"。俄语中"进入"意思是指在发射台上用于进入飞船的舱门。从这两个信息来源看，L1 上是有一个侧舱门，既用于从发射台进入飞船，又用于经过舱外活动后进入飞船。在能源联合体史料中的 L1 剖面图上的确显示某处可以解释为侧舱门。另外一方面，西季奇说，为了航天员经过舱外活动后进入飞船，使用一个"锥形支撑弯曲通道"。至今（2003 年），这个问题仍在公开争论中。

　　由于去掉了轨道舱，也去除了废物管理系统、食物准备区和附加的储藏柜，航天员在飞船中的生存条件只能维持在最基本的水平。准备进行绕月飞行的航天员评论说，新的显示器使用起来是多么容易，但他们抱怨他们必须在狭窄的空间环境中忍受 1 个星期。

　　由于去掉了轨道舱，对整流罩也必须进行相应的改变。整流罩装有发射逃逸系统（LES），以备发射失败时航天员逃生，它比用于地球轨道飞行的联盟号飞船的功能更强。返回舱由与其上舱门相连的锥形支撑通道连接到整流罩，航天员可以由侧舱门进入整流罩，然后穿过锥形支撑中心通道进入返回舱。

　　四级运载火箭质子号的前三级使用四氧化二氮和偏二甲肼（UDMH）推进剂，第四级（BlokD）使用煤油和液氧作为推进剂。对于 L1 任务，第四级火箭用于进入月球转移轨道，但对于登月任务，用于月球轨道射入，并帮助月球登陆器 L3 下降到月球表面。先期执行绕月任务可为登月任务提供宝贵的操作经验。

1.4.2　执行绕月任务的乘员组

1966 年，12 名航天员分配到了一个训练组，为执行登月任务和使用 Zond 飞船的绕月任务作准备。这些航天员是从 TsPK 基地的空军和设计 Zond 飞船的 OKB－1 人员中抽调出来的。他们是 A · A · 列昂诺夫（A. A. Leonov）　（小组指令长）、V · F · 贝科夫斯基（V. F. Bykovsky）、P · R · 波波维奇（P. R. Popovich）、P · I · 克利穆克（P. I. Klimuk）、V · A · 沃洛申（V. A. Voloshin）和 G · T · 多布罗沃尔斯基（G. T. Dobrovolsky）；来自 OKB－1 的 4 名飞行工程师分别是 O · G · 马卡罗夫（O. G. Makarov）、N · N · 鲁卡维什尼科夫（N. N. Rukavishnikov）、V · I · 谢瓦斯季扬诺夫（V. I. Sevastyanov）和 G · M · 格列奇科（G. M. Grechko）；来自 TsPK 空军基地的两名空军工程师分别是 Y · P · 阿尔秋欣（Y. P. Artyukhin）和 A · P · 沃罗诺夫（A. P. Voronov）。

训练组成员两人一组，但偶尔也有交换。列昂诺夫和马卡罗夫被选为首次执行登月任务，贝科夫斯基和谢瓦斯季扬诺夫被选为用 Zond 飞船执行绕月任务。有关训练组成员的详细情况尚不十分清楚。

训练组成员一直工作到 1969 年～1970 年，当他们解散后，被分配参加礼炮号和联盟号的训练。

1.5　Zond 任务

在 1967 年到 1970 年期间，Zond 绕月计划共进行了 13 次飞行试验。

宇宙 146 号。 宇宙 146 号（Cosmos146，设计代号为 2P－1P，用于地面试验计划）于 1967 年 3 月 10 日由质子号火箭发射。这是质子号火箭的第五次发射，其主要目的是试验 BlokD 上面级。L1P 是一个基本的"样板"设计，没有打算返回地球。在这个任务中，

BlokD 按计划实施了两次点火，因选用双发射任务方案，故在发射 24 小时后第二次点火，L1/BlokD 等候在对接轨道上，与载人联盟号飞船交会和对接。飞船被发射往高椭圆轨道，在此次任务期间，热控系统记录了一个非正常压力参数，无线电信标关闭失效。当时，仍在考虑双发射方案，由 1 名航天员实施舱外活动，以完成月球探测任务。该任务只反映了计划中的部分情况。返回舱没有被回收。

宇宙 154 号（3P）。 宇宙 154 号（3P）于 1967 年 4 月 8 日发射。第一次点火（轨道入射点点火，使飞船进入地球轨道）很顺利，但是，用于推进剂（BOZ－点火保险模块）沉底的火箭本应在第二次 BlokD 点火后才分离，却在入轨点意外抛掉了，从而使得 BlokD 在 24 小时后不可能重新点火。L1 上的自动计时器本应关闭以防止该错误发生，但程序上没有设计好。发射 11 天后，BlokD/L1 组合体再入大气层，这次高椭圆轨道试验任务以失败而告终。

4L 发射失败。 在联盟 1 号飞船事故之后，1967 年 6 月召开了 L1 国家委员会会议，正式决定放弃通过地球轨道交会以实现航天员绕月飞行的方案，而选用 UR－500K 质子号火箭发射运送航天员；会议也授权在尝试载人飞行之前的 4 次飞行后增加两次自动绕月飞行。下一次无人飞行任务（4L），计划在 1967 年 9 月 28 日发射，以完成首次绕月任务。如果发射拖期，绕月飞行就不可能完成，因此，将高远地点轨道飞行任务作为备选方案。这次飞行任务将绕月飞行作为第二目标，而将从月球距离返回再入地面作为首要目标。要在 10 月 4 日（伴侣－1 号（Sputnik－1）卫星发射 10 周年纪念日）着陆必须是在晚间回收，这有很大的困难，但在印度洋设有备用着陆点。不幸的是，4L 从未达到近地轨道高度，因为质子号火箭第一级的一个发动机点火失败，60 秒钟之后，飞船轨道开始偏离预定轨道。发现轨道改变后，发射逃逸系统点火，在爆炸发生几秒钟之前从火箭中推出了 L1 舱。飞船没有实现绕月飞行，其返回舱仅落在了拜科努尔以北 65 km 处（其他报道指出返回舱着陆在质子号火箭的残骸附近，搜救小组尝试回收时面临很大危险）。在 1 个星期内找出了失败原因，即 1965 年在彼尔姆制造火箭时将一个橡皮塞偶然遗留在燃料管道内。尽管发射台（81L）被破坏了，但另一个发射台（81P）仍然可用，这为 11 月底的另外一次绕月飞行扫清了障碍。

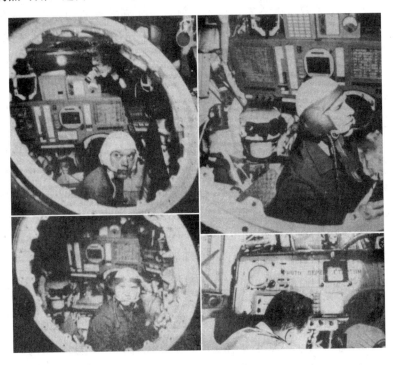

图 1－4　三幅 Zond 乘员舱仿真器的内部图像与联盟号飞船的图像比照
（注意仪表盘外观和位于仿真器左部的导航工作站的细节变化。图中航天员
为库巴索夫（Kubasov）和耶利谢耶夫（Yeliseyev））

5L 发射失败。4L 发射失败后，决定在载人之前至少成功发射质子号火箭 4～6 次；也讨论了再次引入备份降落伞，但这会使飞船质量增加 200 kg，超出了质子号火箭的运载能力。5L 的发射按计划于 1967 年 11 月 22 日进行。当第一级点火运行时显得一切均好。但当第二级点火后仅 4 秒钟，质子号火箭再次转向偏离轨道，

即刻激活发射逃逸系统，关闭了所有第二级火箭发动机。3 个月后此次失败的原因仍未找到，尽管认为是燃料的前期点火温度超高200℃。舱体被回收后，发现其自毁系统受到抑制；降落伞未能分离，返回舱被拖曳了 600 m；软着陆火箭在 4.5 km 处而不是设计的 1.2 km 处就点火了，导致了硬着陆；返回舱的情况很好，只有外部刮伤，舷窗粉碎。如果航天员在其中，将会严重受伤，甚至出现更差的情况。

Zond 4 (6L)。 计划从 1968 年 3 月开始，L1 每月飞行一次，并计划改善着陆条件，但因意外事故使得没有为此次任务作好相应的准备。在完成 4 次无人飞行任务之后，必须对载人飞行的能力进行评估。这次飞行计划不是飞往月球，而是到达 330 000 km 轨道并以从月球返回的速度返回。在执行绕月任务之前测试导航和再入技术，因此发射窗口非常灵活，允许有更多的时间进行飞行准备。此次发射时安排了 3 架飞机，从不同高度拍摄质子号火箭的发射过程，以观察异常情况，然而，1968 年 3 月 2 日的发射，非常成功，将 6L 飞船及其 BlokD 送入了预定的停泊轨道，BlokD 经过了 459 秒的燃烧把飞船送到远地点飞行。塔斯社说这次飞行任务命名为 Zond 4。用早期对金星和火星进行 3 次机器人探测的"行星探测"为幌子，隐瞒了本次任务的真实目的。

从克里米亚跟踪站对该任务进行监视的工作分配给 L1 训练小组的一些航天员。因 100K 星敏感器未能锁定天狼星，故 3 次轨道修正的首次没有进行。后来的几次尝试只能锁定该星仅几秒钟，而且通过控制器锁定金星的尝试也失败了。在调整滤波器后，敏感器能够锁定该星较长时间，以便进行 15 秒的轨道修正，并在 3 月 6 日把 Zond 4 带到最高远地点。这次点火很精确，因此计划于离地球160 000 km时的第三次修正不需要了。经过两天无故障自由飞行后，Zond 4 准备于 3 月 9 日着陆。计划的着陆过程是：在 45.8 km 高度掠入大气层，然后反跳飞回 145 km，再进行最后再入和着陆。然而，监视通信船报告 Zond 4 没有掠入大气层，而是承受了 20 g 的过载作弹道式再入。自毁系统被激活，Zond 4 在距西非海岸 150～200 km 的几内亚湾上空 10～15 km 处爆炸。卡曼宁很沮丧，飞船被毁坏了，失去了飞船和降落伞返回系统的有用数据，但整个任务被判定为成功。飞行后的分析指出，Zond 4 只偏离计划的再入轨道 2 km（允许偏差为 10 km），但 100K 星敏感器在首次再入之前失效，使得船上陀螺仪不可能保持准确定向并进行双跳跃再入飞行。显然，问题是敏感器光学表面污染造成的，下次飞行时必须给它安装防护罩。

7L 发射失败。1968 年 4 月 20 日，国家委员会确定在 4 月 23 日发射 7L。讨论的一个问题是，在未按计划再入时是否应摧毁飞船。卡曼宁和分配到该计划中的航天员自然很反对自毁，因为尽管自毁系统在载人飞行时不激活，他们也希望回收尽可能多的飞船以便作飞行后分析，以确定系统和飞船的可靠性，为载人飞行提供基础。考虑到海洋溅落的情况，已将 10 艘舰船派遣到印度洋，在太平洋上也安排了足够的搜救力量，以便在发射失败时有足够的搜救能力。发射按计划在 4 月 23 日进行，上升正常，直到发射后 3 分 14 秒，逃逸系统再次被激活，飞船返回舱落在距发射基地 520 km 处。这次失败与运载火箭无关，而与飞船有关，因短路导致飞船给火箭发了错误的紧急信号。飞行轨道改变导致了当抛掉整流罩时关闭了第二级火箭发动机。

8L 发射事故。这次任务计划为重复 Zond 4 的轨道，于 7 月 19 日发射。但是，7 月 14 日在发射台上进行发射准备时，未加燃料的 BlokD 氧化剂贮箱破裂，导致包括飞船在内的火箭头部倾斜，倒在了发射台的一个服务臂上。该事故是因地面电力系统故障，使贮箱超压所致。这次事故造成了 1 人死亡，1 人重伤。当时有 150 人在发射台上，如果该级加满了推进剂，则后果将不堪设想。经过发射工作人员好多天的"英雄壮举"，保证了火箭和飞船的安全，把组合体运回组装车间检查。发射台没有受损。尽管最初报告指出 8L 可以重新使用，但该飞船从未在 1L 计划中飞行。

Zond 5（9L）。 1968 年 9 月 14 日的这次发射没有出现事故，第三级火箭点火后，把 Zond 5 送往月球。9 月 16 日，100K 星敏感器的问题再次影响了轨道修正，但是过了一天又成功地点火。9 月 18 日，飞船飞到了月球背面离月球 1 950 km 处，并在开始返回地球之前拍摄了月表照片。由于 100K 星敏感器的问题，不可能将飞船引导到苏联上空再入，此外导航系统也影响了主发动机，需要有两个小定向发动机工作 20 小时以上将飞船保持在再入轨道上。飞船通过只有 13 km 宽的再入走廊进入大气层。飞船如期实现了与推进舱和天线的分离，进入了大气层，成功地返回了。降落伞在 7 km 高度展开，Zond 5 在 12 分钟后溅落在印度洋，位于南纬 32°38′，东经 65°33′，离最近的回收船 105 km，在几个小时后飞船被打捞回收。

在首次接近月球并返回地球的飞船上，搭载了一个海龟（返回时活着，状态很好），一些植物、昆虫和蠕虫，所有的试验都是为了研究宇宙射线对生物器官的影响。另外，还从 400 000 km 外传回地球一段录音。

Zond 6（12L）。 下一次的飞行计划包括将飞船导航到苏联境内再入，并证实是否需要两次进一步的无人飞行试验，以使系统能胜任载人飞行。在 1968 年 9 月和 10 月，得知了美国在这一年圣诞节期间载人绕月的计划细节。卡曼宁感觉到美国缺乏从月球返回的经验，在如此速度下，像苏联的 N1 一样，土星 5 号火箭载人发射是不适合的。尽管他不可能完全掌握美国人成功的可能性，但他认为美国的尝试纯粹是冒险，会失败。虽然他认为苏联已为载人绕月飞行作好了充分准备，但是他们仍不可能冒险尝试凭运气打败美国人。如果美国人接受冒险，卡曼宁承认没有办法可以阻止美国人"在月球竞赛中靠冒险冲动而跃居前列"。

11 月 10 日质子号火箭顺利地把 Zond 6 送往月球，但不久就发现高增益天线不能展开，导致 101K 地球敏感器失效。尽管使用低增益天线仍然可以进行通信，但很明显，从以前 Zond 4 和 Zond 5 上

100K 星敏感器的经验可知，成功导航再入的期望值不是很高。还有一种可能，高增益天线不能与返回舱分离，这也影响再入过程。第二天，航天员 A·列昂诺夫在地面完成了通信试验，成功发送了话音，通过 Zond 6 中继传送到控制中心。尽管通过低增益天线传送，声音也能听见而且很清楚。虽然 101K 地球敏感器失效，但是返回舱上的 100K 星敏感器工作正常，可以进行轨道修正，这提高了导航再入的可能性。

11 月 14 日，Zond 6 飞至月球背面，到达椭圆轨道的远地点，距月表面 2 420 km，并拍摄照片。在地球上，承担载人绕月任务的航天员与卡曼宁讨论了用 L1 载人任务应对阿波罗 8 号飞船的可能性。他们清楚，他们没为战胜阿波罗号飞船作好任务准备。但是，如果阿波罗 8 号飞船失败，苏联就可能在 1969 年 1 月以一种更加稳妥的方法把航天员送上月球；如果阿波罗 8 号飞船成功，这种应对措施已不可能在 1969 年 4 月前实施。在 Zond 6 飞船上，记录到过氧化氢贮箱（姿态控制系统的一部分）出现了问题，贮箱温度从 20℃ 大幅跌到 -5℃。如果这种趋势持续下去，用于升力再入的推进器则会失效。在 Zond 4 和 Zond 5 上，同样的问题是通过打开返回舱内部的灯来解决的，但在 Zond 6 上没有这些灯。飞船可以调整姿态使贮箱面向太阳，以保持正常的温度，但是，这样做的危险是使得 100K 星敏感器过热。因此，决定间歇调整飞船姿态，使得贮箱一次面对太阳 1 小时，大约 24 小时后，温度回升到了可接受的 +1℃；100K 星敏感器工作也满足要求，允许进行轨道修正。数据表明 Zond 6 稍微偏离轨道，再入点不是设定的 49 km 而是 25 km。11 月 17 日，KTDU-53 点火 3.3 秒，修正轨道后进入 13 km 宽的再入走廊。在返回舱内，压力从 718 mmHg 降低到 380 mmHg，使升力再入存在一定的风险，因为舱内失压易使自动系统发生故障。

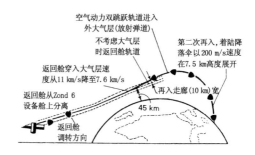

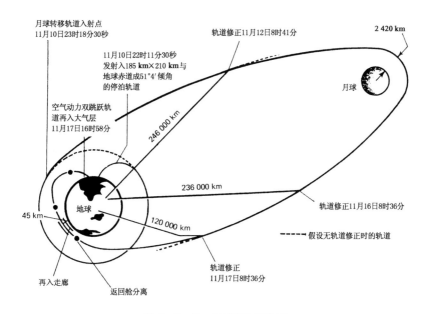

图 1-5　Zond 6 飞行示意图

再入按计划在苏联境内进行；但是尽管证实了返回舱的分离，但没有收到证实降落伞展开的信号。拜科努尔的目击报告说看见了红色带状物划过天空，但是没有接到预定回收区的报告。遥感数据显示舱内压从 380 mmHg 降到仅有 325 mmHg，这表示降落伞有可能没有打开。所能确定的是 Zond 6 返回到了苏联境内，落在方圆 500 km 的着陆区内，但其状态和确切位置未知。搜救小组花了 36 小时发现了降落伞和返回舱。11 月 19 日，在距计划着陆点 70 km

处，降落伞首先被发现；6 小时后，Zond 6 的返回舱的破碎物在距降落伞 3 km 处被找到。最终着陆点离拜科努尔的发射台仅 16 km。对残骸的初步检查表明，尽管返回舱被毁坏了，但 10 kg 的 TNT 自毁系统没有引爆，它被发现后在着陆点附近被安全销毁。这是苏联航天计划中一次最危险的操作。

在飞行后的检查中，确定了高增益天线实际上在再入时并未分离，这在很大程度上影响了飞船的返回轨迹。此外，过氧化氢推进器仅在短时间点火，导致返回舱在再入时有很大偏离。检查也表明围绕舱门的密封框在发射前没有被紧固，这大概是返回舱失压的原因。由于舱内高度计没有设计在真空下工作，在失压条件下给回收系统发送了不正确的信号，并启动了软着陆火箭，在 5.3 km 高度时便展开了降落伞。如果当时在飞船上有航天员，他们的航天服或许会保护他们抵制失压，但他们不可能在着陆冲击下存活。尽管出了许多问题，但在飞行期间拍摄的胶片却保留下来了。除了相机，与 Zond 5 一样 Zond 6 也携带了生物载荷，并携带了微流星探测器。尽管软着陆失败，但塔斯社的报道称"飞船成功地再入并降落在苏联境内，这是载人绕月飞行的先驱"。

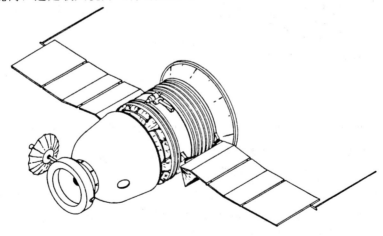

图 1-6　Zond 载人绕月飞船（1967 年～1970 年）

13L 发射失败。在阿波罗 8 号飞船成功从月球返回地球的日子里，L1 国家委员会决定计划中的下一次发射定在 1969 年 1 月 20 日或 21 日进行。当时有 4 艘其他飞船处于不同的制造阶段，对于 13L任务，使用了在 1968 年 4 月 7L 事故中回收后修复的飞船。发射开始时一切正常，但火箭发射 8 分 21 秒后，偏离了预定轨道，飞回地面。显然，第二级火箭的 4 号发动机因涡轮泵轴承失效提前 25 秒关闭（发射后 5 分 13 秒）。在发射后 8 分 20 秒，第三级火箭因气体发生器燃料供应管线损失而失效，因而不能补偿第二级的推力损失，以把飞船送入预定轨道。偏离情况发生后，自动逃逸系统被激活，把返回舱送入蒙古境内海拔 3 000 m 高山之间的峡谷内，距伊尔库茨克的西伯利亚市西南 350 km。

N1 3L 发射失败。下一个 Zond 载荷由第一枚 N1 运载火箭送往月球。计划用质子号火箭发射首枚 Ye－8 自动月球车，随后由 N1火箭发射 7K－L1S 飞船。7K－L1S 类似于 L1，但其系统已改为适用于 LOK 载人轨道飞船。在飞船的鼻部是定向发动机模块（DOK），加上燃料箱可将飞船推入月球轨道和进行轨道机动；离开月球时，这一模块首先被抛掉，飞船使用其推进舱上的主发动机进行进入地球转移轨道（TEI）点火。在 2 月 19 日，发射任务的第一部分（质子号火箭上的月球车）；但仅仅 51 秒钟后，整流罩和载荷分离，火箭爆炸，碎片散落在 24 km 半径内。

飞行后的分析表明，特别为月球车制造的整流罩在最大动压时引起了振动，致使整流罩和载荷分离；碎片撞击了质子号火箭，导致火箭被毁。N1 火箭的发射继续进行，但由于天气恶劣发射时间从 2 月 20 日推迟了 24 小时。在 2 月 21 日，第一枚 N1 火箭离开地球。由 30 个火箭组成的第一级发动机产生了约 45 028 kN 的推力，13 秒后足够大的推力把火箭推离发射台。多年的计划和推迟，几千小时的试验和模拟，月球火箭（苏联对高度成功的土星 5 号火箭的回应）终于横空出世了……但好景不长。首先，一级火箭中的两个发动机关闭，但另外 28 个发动机仍然工作，这还不是主要问题。接着，飞行 70 秒钟后，箭载发动机操作控制系统（KORD）突然关闭了其余的 28 个发动机。N1 火箭到达 27 km 高度后在地球引力的作用下，开始下落，此时，火箭上的应急系统启动了 7K－L1S 逃逸系统，飞船在离开发射台几分钟后再次回到了地球，着陆在距发射场 35 km 的地方，未造成伤亡。

飞行后的调查发现，KORD 系统在发射前未经过充分测试，在发动机点火和升空的几秒间它错误地识别出 12 号发动机和其对面的 24 号发动机有问题，并关闭了它们。飞行 55 秒钟后，过大的振动导致 12 号发动机燃料管道破裂并起火，飞行 69 秒钟后烧到了发动机控制系统，并关闭系统和所有的第一级发动机。米申显然对首次发射结果很失望，但他很有信心地指出："作为首次发射，这是正常现象。"（尽管有些小问题，但土星 5 号火箭的前两次发射都成功了，这就允许美国在第三次发射时开始执行阿波罗 8 号任务。）很明显，集成系统测试没有完全满足 N1 火箭的要求，在下次飞行前必须对系统测试和设计进行修正，并在 5L 生产线上安排飞行产品，以便协调配合所要进行的修改。

N1 5L 发射失败。在 1969 年 7 月初，第二枚 N1 火箭已准备发射。美国已成功在地球轨道飞行了阿波罗 9 号飞船，在月球轨道飞行了阿波罗 10 号飞船，对完整的阿波罗 CSM/LM/土星 5 号系统进行了测试，并在阿波罗 9 号飞船上进行了月球舱外活动服试验。这说明美国人已具备了到达月球的条件，他们已准备在同一个月里发射阿波罗 11 号飞船尝试首次载人登月。因此，苏联准备再次将 Zond 7K－L1S 送入月球轨道。这次，N1 的 30 个发动机成功点火，并把火箭推离发射台；但火箭刚刚飞离发射台后就跌落下来，爆炸的火球吞没了整个发射台。目击者回忆，当时整个地面在颤动，在巨大的声波扫过他们之前看着 N1 火箭默默地倒下了。

在 7 月 3 日凌晨，当 N1 火箭从发射台上飞起了 200 m 时，一个松动了的金属物卡在第一级 8 号发动机的氧化剂泵上，引起了爆炸，毁坏了几个邻近的发动机，削弱了 N1 火箭的推力，导致了发射台巨大的破坏。幸运的是没有造成人员伤亡，估计这次爆炸相当于 250 t TNT 的威力，大量的热融化金属块从天空跌落下来，碎片在距发射台 10 km 处都能找到，冲击波损坏了 40 km 以外的窗户，一个 400 kg 的球形贮箱被炸飞了 7 km，落到安装测试楼的屋顶上。工作人员在 24 小时后返回发射场检查损失。任务唯一成功之处是返回舱发射中止系统在发射后 14.5 秒的成功启动，再次使飞船逃过了爆炸，安全着陆在距发射台 2 km 处。不到两个星期后，土星 5 号火箭携带阿波罗 11 号飞船，从佛罗里达的肯尼迪航天中心发射，奔向月球，完成了历史性的任务。1969 年 7 月 20 日，当航天员阿姆斯特朗和奥尔德林从静海收集月球岩石的样品时，苏联正在收集他们第二次月球火箭事故的碎片，持续了将近 5 个月。7 月 21 日，苏联的无人采样飞行器 Luna 15 坠落在月球的危海上。

Zond 7 (11L)。 随着阿波罗 11 号飞船的成功，苏联奔月的动力消逝了。月球竞赛失败后，苏联虽有飞行产品，但却没有明确的目标。当局继续执行绕月任务，进行了两次以上的 Zond 飞船的飞行。L1 载人方面的计划在 1969 年 3 月被搁置，但是，在 8 月，倒数第二艘 Zond 飞船准备发射。飞船于 8 月 7 日发射升空，这大概是整个系列中最成功者。飞船在月球背面 3 200 km 处飞行，在此过程中进行了拍摄。拍摄程序开始于 8 月 8 日，其照相机从 70 000 km 处拍摄了地球的照片；接着在 8 月 11 日，当飞船绕月飞行时，又完成了两个进一步的拍摄过程。Zond 7 也携带了一定的生物样品，包括 4 只雄性的草原龟。所记录的唯一问题是因安全电缆卡住使得主抛物面天线未能展开，但这无碍任务的完成。在 8 月 14 日的再入包括进入双跳跃轨道和成功在苏联境内着陆，降落伞在 7.5 km 高度打开，软着陆火箭按计划在离地面 1 m 处启动，着陆点位于哈萨克斯坦的库斯坦内南部，离计划中的着陆点仅 50 km。终于，圆满完成了一个 7K—L1 任务，尽管比计划晚了两年，但它支持了在未来运送航天员到月球的意见。

在 1969 年 9 月 19 日 L1 国家委员会的会议上，讨论如何使用剩下的 3 艘飞船的问题。无人飞船最早能够于 1969 年 12 月发射，紧随其后的 4 月可进行第一次载人飞行，同年年底可进行第二次载人飞行。然而，该计划从政治上来讲收益很小。有消息说，美国于 1969 年 11 月发射阿波罗 12 号飞船，将在第二年春天发射阿波罗 13 号飞船，并计划于 1973 年或 1974 年进行 10 次阿波罗登月飞行，而且准备把阿波罗号飞船上的硬件用于载人空间站（1970 年 2 月的天空实验室）。虽然阿波罗计划的预算面临着大削减，看起来在 1970 年再送航天员到月球的收获甚少，但是从该计划中获得了更多的技术学习能力而不只是运行经验。

Zond 8（12L）。 Zond 8 在 1970 年 10 月 20 日发射，完成了 Zond 绕月计划。当其飞到月球远侧时，拍摄了很多照片，尽管是黑白照片但使用的都是飞船上的彩色照相机和电视摄像机。虽然姿态控制系统出现过故障，但飞船仍从北极上空再入，作弹道式返回，如期落入印度洋（该轨道可以用于应付 L3 任务中出现的类似情况）。Zond 8 在 10 月 27 日溅落在查戈斯群岛东南 730 km，被带到孟买港后用飞机运往莫斯科。这艘飞船是 7K－L1 14 号。总计有 7 艘 7K－L1 飞船自主飞行累计为 44 天，包括 5 次深空试验，其中有 4 次进行了绕月飞行。最后两艘 L1 从未飞行过。

1.5.1 苏联月球计划的结束

尽管 Zond 绕月计划结束了，但苏联仍计划发射 N1 火箭，并计划在 1974 年进行载人探月。下一枚 N1 火箭在 1971 年 6 月 27 日发射，但因滚转速率过大，火箭在大约 19 km 的高空裂解了。也是在 1971 年期间，苏联在地球轨道上对载人月球登陆单元进行了试飞，但并没有载人（同美国阿波罗 5 号飞船在 1968 年的 LM 试验一样）。1972 年 11 月 23 日，在最后一艘阿波罗号飞船（阿波罗 17 号）飞往月球前不到两个星期，苏联进行了 N1 火箭的第四次发射。火箭升空时没出现问题，但在第一级火箭飞行末期，在 40 km 高度毁坏了。空中的碎片撒落在哈萨克斯坦草原上，打破了苏联飞往月球的梦想。

N1 火箭的第五次飞行计划在 1974 年 8 月，但该计划因苏联航天计划重新组织和调整方向而被取消了。

苏联一共生产了 13 枚 N1 火箭，其中 3 枚用于地面试验，4 枚在飞行中破坏了，其他 6 枚从未飞行过。苏联继续进行 1959 年开始的无人探月计划，包括采样返回飞船、月球轨道器和月球车等。这个计划在 1976 年结束，苏联转向建立永久载人空间站。尽管联盟号飞船的变体 Zond 在尝试把航天员送上月球的努力中起了一定作用，但联盟号地球轨道运输飞船在用于空间站时变得更为重要了。

1.5.2 月球轨道模块（7K—LOK）

虽然苏联没有冒险将航天员送到月球，但他们已拥有了能够将人送到月球的飞船。L1 为航天员提供了进入绕月轨道的机会，但载人登月计划的要求是飞船必须具有进入轨道、在月球探测器登陆阶段进行在轨停留并返回地球的能力。7K—LOK 具有在太空飞行超过 13 天的能力。

两名航天员能乘坐在 N1 火箭顶部的 7K—LOK（包括 L3 月球登陆器、模块 G 和模块 D——统称为月球火箭系统）进入月球轨道。另外有命名为 T1K 的试验飞行方案，但因倾向于使用 N1 火箭而被取消。LOK 的质量估计为 9.85 t，长为 10 m，标准直径为 2.2～2.3 m，尾部横截面为 3.5 m，居住空间约 9 m^2，因其任务的复杂性船上系统据说比地球轨道的联盟号飞船先进很多。T1K 自身已在地球轨道进行过试验。

飞船的推进舱直径 2.2 m，长 2.82 m，分为 3 个部分，即密封的仪器室（包括必要的飞行仪器、遥测和无线电通信系统、支持对接的姿态控制系统）、非密封的过渡室、集成室。一个巨大的球形推进剂贮箱位于推进舱上，是主发动机的推进剂源，这不同于联盟号飞船推进舱的主发动机。这个发动机直到月球登陆器（L3）和模块 D 在月球轨道上为着陆分离后才使用，在月面着陆后开始返回地球以及返回期间进行轨道修正，也用于 TEI 点火。偏二甲肼和四氧化二氮在同一个 1.9 m 直径的贮箱内，由隔膜分开，一部分在集成室，一部分在裙部。后裙部也与位于月球火箭系统（一个具有两个室、推力约 33.2 kN 的可重新启动单元）尾部的 L3 登陆器和模块级相连。此外，有一个分离的联盟号发动机，具有约 4 090.8 N 推力和 35 次重启能力，在月球轨道操作时允许变轨；在裙部还有 16 个小反作用控制发动机用于姿态控制，由相同的贮箱供应燃料。在飞船改进型上用 Volna20 电池（装备到苏联载人飞船上的第一个氢－氧电池）取代了太阳电池阵，其质量是 70 kg，可提供 27 V、1.5 kW 的电源 500 小时。

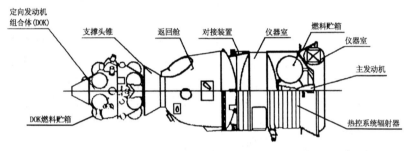

图 1－7　采用绕月飞船和 LOK 轨道舱的 7K－L1S 飞船

（有两艘飞船在 1969 年 2 月和 7 月的 N1 火箭的发射失败中损失，其使命包括进入月球轨道拍摄联盟 LK 月球登陆器着陆地点的详细照片）

　　飞船的返回舱外形类似于联盟号，像汽车前灯形状，因载荷增加了，而且从月球返回速度也增加了，故在其上装备了更厚的烧蚀防热层。返回舱长 2.19 m，直径 2.2 m，可载两人。舱内有两个航天员坐椅，以及操作飞船的控制显示设备、船上计算机、生命保障系统，也有前向内部舱门，可以让航天员进入轨道舱。其防热层和降落伞回收系统与联盟 7K－OK 相同。

　　最重要的模块是生活舱，与地球轨道上的联盟号飞船的轨道舱相同，装备了储藏室，可供应水和食物，设有食物准备区和废物处理系统，以及存放 Orlan 月球舱外活动服的地方。此外，在球形前部有一小的控制单元，飞行工程师可以在月球轨道交会和对接期间控制飞船。在 2.26 m 长的舱段前部是质量 800 kg、长 1.5 m 的定向发动机组合体，包括 6 个球形贮箱，内含 300 kg 可储藏的偏二甲肼，以及附加的 4 个圆柱体，可以超量填注。该系统服务于 4 套发动机，用于月球轨道关键操作时的姿态控制。

在轨道舱的侧面是舱门（大于联盟 7K－OK），但是，没有内部对接转移舱门，因此从 LOK 转移到 L3 并返回，航天员需要进行舱外活动。飞船前部是主动对接系统。系统的主动单元是一个设计为插入和抓住 L3 登陆器头部被动单元的弹簧探针。该单元是蜂窝结构，在每次执行任务时使用一次。当登陆器离开月球表面返回轨道时，LOK 中的航天员要迅速对接 Kontakt 系统的两个部分。由于两个飞行器紧密连接后，足以使从月球返回的航天员通过舱外活动转移到返回飞船上，所以，精度要求不高。LOK 由第四枚 N1 火箭发射。

1.5.3　方向的改变

到 1971 年为止，加上 5 次 Zond 任务，初始型联盟号飞船共飞行了 9 次。尽管没有航天员冒险到达月球，但联盟号飞船作为空间站运输工具开始出演了一个新角色——以 4 种载人飞船和 1 种无人补给飞船的形式，保持了 30 多年。

参 考 文 献

〔1〕　Oberg，James，　'There's no Soy Fuzz in Soyuz'，*Spaceflight*，37 （1995），157.

〔2〕　Hall，Rex D. and Shayler，David J.，*The Rocket Men*，Springer－Praxis （2001）.

〔3〕　Clark，Phillip S. and Gibbons，Ralph F.，'The Evolution of the Soyuz Programme'，*Journal of the British Interplanetary Society*，36 （1983），434－452.

〔4〕　Oberg，J.，　'Russia Meant to Win the Moon Race'，*Spaceflight*，17 （1975），163－171，200；and 'The Hidden History of the Soyuz Project', *Spacflight*, 17 (1975), 282—289.

[5]　　Ertel, Ivan, and Morse, Mary, *The Apollo Spacecraft: A Chronology*, 1, NASA SP—4009 (1969).

[6]　　Hall, Rex D. and Shayler, David J., *The Rocket Men*, Springer—Praxis (2001), pp. 214—262.

[7]　　Siddiqi, Asif, *Challenge to Apolllo*, NASA SP—4408 (2000).

[8]　　Varfolomeyev, Timothy, 'Soviet Rocketry that Conquered Space', pt. 12, *Spaceflight*, 43 (2001), 28—31.

[9]　　*Ibid.*, pt. 9, *Spaceflight*, 41 (1999), 207.

[10]　　Vetrov, G., *Sergei Korolyov I ego delo*.

[11]　　Siddiqi, Asif, *Challenge to Apollo*, NASA SP—4408 (2000), 517—521.

[12]　　Hendrickx, Bart, 'The Kamanin Diaries', *Journal of the British Interplanetary Society*, 53 (2000), 409.

[13]　　Siddiqi, Asif, *Challenge to Apollo*, NASA SP—4408 (2000), 559.

第 2 章　系统构成和支持系统

在 20 世纪 60 年代，围绕联盟号飞船开展了各种研究，引出各种改进型；但有一点是不变的，即联盟号飞船的三舱结构。下面讨论载人飞行器的基本配置和子系统组成，另外介绍将联盟号飞船发射入地球轨道的运载工具和地面支持设备。很明显，与美国载人飞船的数据相比，相对而言，作者缺乏联盟号飞船的物理硬件组成和子系统的详细信息。

2.1　硬件和系统组成

联盟号飞船的基本设计和配置在 40 年中几乎没有变化。自从 1966 年首次设计完成以来，经过数次升级和更改，其核心设计——三舱设计保持不变，甚至进步号无人货运飞船也继承了有人飞船的这种设计。过去的几年，乘员舱段的设计得到改进，子系统得到升级，但基本的样子并没有改变。这期间，显然缺乏一个大的飞船代表性标记或国家性标志（与美国的载人飞船不同）。

在一段时期里，人们对早期飞船的详细设计特点知之甚少，但自从 1972 年美国/苏联 ASTP 的诞生，西方首次获得了飞船的详细设计资料。因为美国关心联盟号飞船的安全（如联盟 1 号和联盟 2 号飞船的事故，联盟 15 号飞船对接失败，联盟 18－1 号飞船发射中止），所以 NASA 根据苏联的有关数据和 ASTP 美国/苏联工作组的分析结果，提供了一系列安全性评估报告，以保证联盟号飞船与阿波罗号飞船的安全对接和美国航天员成功进入苏联飞船。

随着苏联的解体、与其他国家合作以及政府文件的有限公开，有关联盟号飞船的工作越来越公开了。下面的介绍作为本章的一个引言，基于 1975 年 ASTP 会议公开的信息，简单介绍了联盟号飞船主要系统的组成，根据近年获得的资料相应增加了一些细节。下面介绍联盟号飞船乘员组的一些情况。

根据任务，联盟号飞船可以搭载 3 名航天员，一般为 2～3 名。在发射阶段通常采用自动控制，乘员组成员除了休息并希望一切正常外，几乎没什么要做的。应急程序自动启动，交会和对接大体上也是自动进行的。当然，如果发生问题指令长将采取行动。在这种情况下，飞行工程师帮助读取速度和距离数据；着陆过程通常也是自动进行的。

第一乘员（中间坐椅）：联盟指令长（KK）。尽管库巴索夫和鲁卡维什尼科夫是平民飞行员，但指令长一般是空军飞行员。对于国际空间站，已允许来自欧空局（ESA）具有乘员资格的非飞行员航天员在应急情况下担任这一角色。一些能源联合体的飞行工程师已经取得了国际空间站的再对接和紧急返回操作资格，例如探险 2 号的乌萨切夫（Usachev）和探险 6 号的布达林（Budarin）。

第二乘员（左边坐椅）：飞行工程师（BI）。在联盟 12 号～联盟 40 号飞船上，这个位置被支持设备代替，飞行工程师或国际乘员（Interkosmos）占据右面的位置。从联盟 T 号飞船开始，飞行工程师占据了左面的位置。

第三乘员（右边坐椅）：载荷专家（KI）。在联盟 4/5 号、联盟 10 号和联盟 11 号飞船，该位置被研究工程师占据。当乘员减至 2 人时，飞行工程师占据该位置，而不是左边的位置。一旦联盟 T 号、联盟 TM 号和联盟 TMA 号飞船的乘员人数恢复到 3 名，这个位置就留给商业乘客。

代号：从东方号任务开始，每一位指令长为自己指定一个呼叫用的代号，通常源于一个几何图形、天体、矿石、气象条件或现象等。指令长一般在他的每一次任务中都采用统一代号，其余的乘员也用这一代号加上"2"或"3"作为个人识别代号。因此，由于跟随不同的指令长执行任务，一些航天员会采用不同的代号。

2.2　飞　船

从船尾算起，联盟号飞船的三舱依次是：非密封的推进舱，为飞船的服务舱；密封的返回舱，承载航天员并作为飞船的指挥中心；轨道舱，包括居住设施、存物间、舱外活动的通道、两船间的转移舱段。根据能源联合体提供的材料，从 1961 年至 1963 年，分别研究过用钛、铍、铝合金做舱体结构材料，最终选择了用铝合金。舱体隔热层有两层，上层是石棉，下层是"轻型隔热材料"。

2.2.1　推进舱（PM）

推进舱呈圆柱形结构，装满仪器，分为中间段、仪器段和装配段三部分（参见图 2-1）。推进舱质量一般为 2 560 kg，全长为 2.3 m，直径为 2.2 m，尾裙段的法兰直径为 2.72 m，与 R-7 火箭上面级连接。

（1）中间段

中间段（一般译为过渡段）这是推进舱的最前部分，是与返回舱的交接面，是安装接近与定向发动机及其燃料贮箱和其子系统的地方。其外壁安置了两个小型热控辐射器。

（2）仪器段

在这一密封部分放置热控系统的热交换器、辅助设备，遥测、通信设备，电源系统，导航与交会设备。

（3）装配段

在这一非密封部分安放推进系统的主要设备、附加的接近与定向发动机、在轨储存电池。其外壁安置两个大型热控辐射器。这一段的尾部是一个圆环，用于与 R-7 火箭上面级紧密配合。在绕月飞船的早期设计中，在装配部分的底部有一环形，包括在轨交会和对接电子设备，在 TLI 之前抛弃。初始型联盟号飞船保留了该部件，在飞行过程中不抛弃。

对联盟 1 号～联盟 11 号、联盟 13 号、联盟 16 号、联盟 19 号和联盟 22 号（除联盟 12 号外）和所有联盟 T 号、联盟 TM 号和联盟 TMA 号飞船，两副翅膀状的太阳电池阵对称安装在仪器－装配段。再入返回前，推进舱分离，在大气层内烧毁。

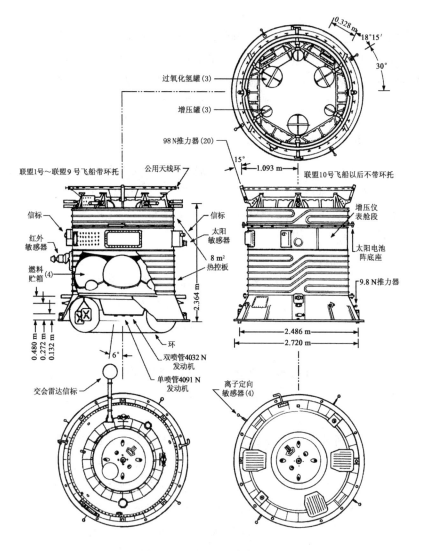

图 2－1　联盟号飞船推进舱

2.2.2　返回舱（DM）

返回舱是联盟号飞船中唯一可被回收的部分，在推进舱的上部（参见图 2－2 和图 2－3）。在发射、变轨、对接、撤离、再入返回和着陆时航天员在返回舱内。有数个舱门，如在前面的舱门（1 号舱门），用于航天员进入轨道舱，也用于在任务的开始和结束时航天员进出飞船；还有一对分开的主、备份降落伞舱口。返回舱的外壁有一层烧蚀防热层，在再入返回段保护返回舱；还有一个底部防热层，在任务末期分离露出软着陆发动机。有关防热底结构和烧蚀防热层的厚度的细节尚不清楚。N·约翰逊描述它"与东方号飞船用的材料相似，是一种抗高温烧蚀材料"。A·西季奇也有类似的解释。月球探测器 Zond 的返回舱所用的烧蚀材料和防热底设计的细节也不清楚，这些防热设计已经受了从月球距离返回的考验，对于联盟号飞船又进行了适当的研究，在厚度和结构组成上进行了少量的改进。返回舱的标称质量是 2 800 kg，长为 2.2 m，底部最大直径为 2.2 m。返回舱设计成两个主要部分：工作区，包括航天员坐椅、控制和显示设备及其安装支架；仪器区，包括生命保障系统、姿态控制系统和着陆返回系统。

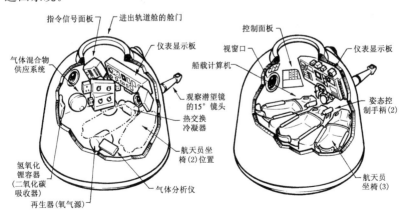

图 2－2　联盟号飞船返回舱剖面图

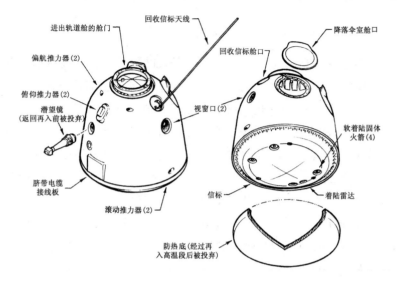

图 2－3　联盟号飞船返回舱细节图
（显示分离的防热底与其下面的软着陆系统）

2.2.3　轨道舱（OM）

这是最上端的舱段，是在轨工作期间的居住舱（参见图 2－4 和图 2－5）。轨道舱前端安置对接机构或内部转移舱门（2 号舱门）和通道（2 号通道）（除联盟 6 号、联盟 9 号、联盟 13 号和联盟 22 号飞船外），或放置科学仪器（联盟 13 号和联盟 22 号飞船）。轨道舱包括一个侧舱门，用于航天员从发射台上进出并用于在舱外活动期间进行增压和泄压（仅对联盟 5/4 号飞船）。还有一个后部通道（1 号），航天员可通过舱门（1 号舱门）进入返回舱。最初设计有两个舷窗，一个面向侧舱门用于地球观测，一个在相反的方向用于对天观测。从联盟 TM 号飞船开始，安装了向前观测的窗口供飞行工程师在与空间站对接时使用。与推进舱一样，轨道舱在再入返回前分离，在大气层内烧毁。西方媒体在报道联盟号飞船的情况时曾推断在早期联盟 T 号飞船的任务中（1980 年～1982 年），轨道舱留轨附加在空间站外作为一个小的组成部分，但苏联官方从未证实或公开这一功能的细节。轨道舱的标称质量为

1 200 kg，最大直径 2.25 m。轨道舱内设置了观测舷窗、储藏食品及衣物的柜子和航天员铺位，舱外活动、试验、导航和无线电设备，照相机、电视摄像机，其他附加设备和支持系统。执行空间站运输任务时，轨道舱可以运送附加的物品到空间站，并可作为任务末期存放垃圾的地方。这些垃圾可与轨道舱一起烧毁。

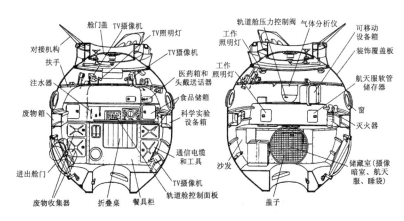

图 2—4　联盟号飞船轨道舱剖面图

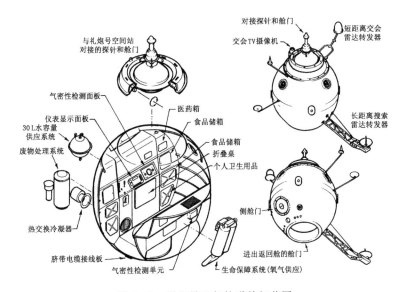

图 2—5　联盟号飞船轨道舱细节图

2.2.4　火工装置

　　联盟号飞船中有多种火工装置（电起爆器和爆炸螺栓），用于舱段和气路、液路分离。火工装置用于飞船的舱段分离，打开伞舱盖准备降落伞系统，展开天线（4 个电起爆器），开关液路、气路阀门，但不用于太阳电池阵的展开。火工装置主要用于舱段分离。6 个火工装置用于分离联盟号的轨道舱与返回舱，6 个火工装置用于分离返回舱与推进舱，8 个火工装置用于分离从推进舱到轨道舱的电缆，11 个火工装置用于分离备份控制电缆，2 个火工装置用于分离从返回舱伸出的潜望镜，4 个火工装置用于控制冷却系统管路。

图 2-6　放在 MAI 的联盟号飞船返回舱上的轨道舱的剖面图

图 2—7　放在 MAI 的用于训练年轻工程师的联盟号飞船轨道舱舱段

在回收阶段，11 个火工装置用于释放返回控制系统线路的控制单元，24 个火工装置用于分离降落伞舱舱盖；如果需要，18 个火工装置用于分离备份伞舱舱盖。分离底部的防热层需要 12 个火工装置，启动航天员坐椅缓冲装置需用 4 个火工装置，软着陆发动机点火需用 8 个火工装置，通气阀解锁需用 4 个火工装置。

2.3　飞船子系统

联盟号飞船的总体设计都有相似的分系统，在过去的几年里，随着新的联盟系列飞船的引入，分系统也有不同的升级。

2.3.1　交会、对接和转移系统

（1）对接系统

联盟号飞船使用过几种不同的对接机构。1962 年 OKB－1 的工程师 V·P·列戈斯塔耶夫（V. P. Legostayev）和 V·S·瑟罗米亚特尼科夫（V. S. Syromyatnikov）开始从事这项工作。最早的设计是简单杆－锥装置，用于联盟 7K 与 9K 推进舱对接，而且不安装内部进出舱门。当联盟号项目在 1965 年重新定向时，科罗廖夫建议增加这样一个舱门，但是最初的杆－锥设计过于先进了，并且希望尽早装配在在轨的联盟号飞船上，因此这一建议被推到 1971 年。

为了进行评估与演示，在最初的联盟号飞船（1967 年～1969 年）上安装了一个简单的探杆和锥形套（杆－锥）结构件。主动飞行器携带一个探杆和一套捕获锁，同时被动飞行器安装一个接纳锥、插座和捕获锁。为了捕获探杆，被动单元的截锥体比主动单元的长，探杆具有减振设计，在顶端有传感器，记录与接纳锥的接触，并使主动飞行器上的控制系统关闭，同时发动机点火使两个飞行器靠拢。在接纳锥的顶点，探杆被插座包围，插座由一系列捕获锁和限位环组成，使两个飞行器锁在一起。在飞船对接机构的边缘，配置电连接器，建立飞行器之间的电和通信连接。这种配置，在 1968 年的无人飞船宇宙 186/188 号和宇宙 212/213 号上试验过，并且于 1969 年在载人联盟 4/5 号飞船上应用过。同样的设置也计划或试图于 1967 年在联盟 1/2 号飞船、1968 年在联盟 2/3 号飞船、1969 年在联盟 7/8 号飞船，甚至最初的无人联盟号飞船（宇宙 133 号）上实施。但是，当宇宙 133 号飞船在轨发生问题后，第二艘联盟号（宇宙 134 号）飞船的发射计划被取消。

从 1971 年起，空间站任务（含载人的联盟号飞船和进步号货运船）包括改进型杆－锥对接系统和可移动的内部转移舱门。主动飞行器将探杆插入被动空间站的锥形套中。在锥的顶点，锁紧套座，

电机拉动两个飞行器安全固定在一起。在对接面上气路、电路和液路被连接在一起。一旦压力和气密性检测完成,航天员分离探杆和接纳锥并打开两飞行器间的舱门,形成一个从联盟号飞船或进步号飞船到空间站的通道。分离时,重新连接探杆和接纳锥,并关闭舱门,四个弹簧推杆在两个外舱门之间剩余空气的帮助下推开飞船。如果由于某些原因推杆失灵,航天员可起爆爆炸螺栓,使飞船从空间站分离,或者用最后一个手段——将推进舱和返回舱从轨道舱分离并紧急返回地球。

图2-8 早期的联盟/礼炮杆-锥对接组件

L3载人登月计划使用了不同的系统,但是飞行操作从没有改进。跟7K-OK系统一样没有提供内部转移通道,航天员不得不通过舱外活动实现从LOK轨道母船到登月舱(LK)的往返。对接系统用LOK上的主动弹簧驱动探杆插入108个蜂巢状被动对接固定器。因为在任务中只使用一次,当登月舱返回月球轨道并与指挥船交会时,更简单更轻的结构不要求准确和高精度的飞行。LOK上的航天员使探杆与LK顶部的蜂巢结构的位置对齐排列,让探杆插入并被被动系统内的"爪子"捕获,使两个飞行器靠在一起。整个系统是机械的，在两个飞行器之间没有电的连接。

　　1975 年，为与美国的阿波罗号飞船对接需要开发不同的对接系统，其特点是在载人登月计划中应用的有 12 个捕获锁的杆－锥系统。为补偿两个飞行器之间的大气差，美国研制了一个对接舱，包括一个联合开发的异体同构的对接设备，标识符为 APAS－75（异体同构周边式对接组合系统 1975），安装在苏联的对接舱的末端，允许联盟号飞船与其对接。通过耦合连接在一起并相互作用的标准设备，保证了联盟号飞船和对接舱的相容性。在联盟号飞船对接组件上安装了一个可以竖起来的 T 形对接靶标（与用在阿波罗号飞船登月舱的类型相同），可以从安装在毗连指令舱上前端交会窗口的阿波罗号飞船指令舱光学瞄准设备上看见。当该靶标展开失灵时，在联盟号飞船上还安装了一个备用固定靶标。联盟 19 号飞船还安装了两个用于最后接近阶段的闪光指示标志，四个在太阳电池阵拐角的定向灯。在左侧（＋Z）的前向灯是红色的，在右侧（－Z）的前向灯是绿色的，两个后向灯都是白色的。它可以被视为未来国际对接系统的原型，用于营救被困的航天员。

图 2－9　初始型联盟号飞船中从返回舱进入轨道舱的内舱门

　　在国际空间站的俄罗斯舱有一个杆－锥与异体同构的混合对接系统。除了具有杆－锥连接机械，还有 APAS－89 的周边结构（用于联盟 TM－16 号飞船）。混合系统装在星辰号舱（Zvezda）的多对接适配器上（最低点、顶点和前部），位于 FGB 的后舱门。最初计划与国际空间站对接的首批三艘联盟号飞船要配置混合对接端口（假设与星辰号舱的最低点端口对接），但计划已经取消了，似乎所有与国际空间站对接的联盟号飞船都安装了杆－锥系统。目前的所有联盟号飞船的对接端口（星辰号舱在尾部，Pirs 舱在底部，FGB在底部）都适应杆－锥系统。

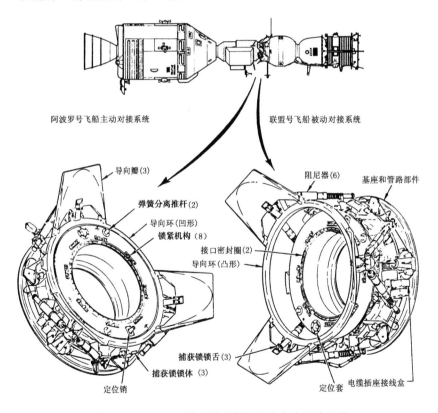

图 2－10　APAS 对接系统的详细图和它在阿波罗号
飞船和联盟号飞船上的装配图

（2）交会系统

联盟号飞船上安装过数种交会系统，从 1960 年到 1963 年，在 OKB－1 的第 27 部门由 B·V·劳申巴赫领导研究了空间轨道交会和对接技术，由 OKB－1 副总师 B·Y·切尔托克管理这项工作。研究的重点是绕地球轨道飞行的两个飞船，进一步分为远距离交会和近距离交会。在操作中一艘飞船是被动的，响应和接受主动飞船的操作，主动飞船执行交会和对接。精确的远距离交会的核心是如何能够使主动飞船位于最佳的轨道上，而这要基于地面的测量、计算模型、发射时间、发射运载器的性能等因素。任何偏差可以通过地面站的上行指令给飞船提供一系列的轨道校正来补偿，以实现理想的轨道参数。由交会工程师计算的理论计算值表明联盟号飞船可以引导两个飞船以 ± 40 m/s 的相对速度靠近，直到范围为 25 km×15 km×15 km 的空间。

图 2－11　ASTP 对接硬件系统的主动和被动装置的地面测试

很明显从这个位置两个飞船是不能完成物理对接的，因此劳申巴赫工作组研究"平行接近"（从主动飞船到被动飞船的视线），引导两个飞船达到能够进行物理对接的距离。显然地面测量系统是不能辨识这两个靠得如此近的飞船之间的距离的，同时由于苏联受到在飞船上安装计算机硬件的技术限制，在飞船上进行测量也难以实施。取而代之的是船载雷达，在交会接近的最后阶段，用来估计飞船的控制参数。有四个研究所呈送了联盟号飞船交会系统的提案，最后选取的两个设计方案是莫斯科能源研究所试验设计局提供的 Kontakt 系统和 NII－648 提供的 Igla 系统。经过仔细评估，选择了 Igla 系统而不是更先进的 Kontakt 系统，而后者后来又参加了载人登月计划的评估。

Igla 系统从 1986 年起应用在早期所有的联盟号、联盟 T 号飞和进步号飞船上，操作被动飞船使选择的对接端口面向接近的飞船；Kurs 系统在联盟 TM 号、联盟 TMA 号和进步 M 号与进步 M1 号飞船上使用，使主动飞船接近并绕选择的对接端口飞行。（1971 年另一种交会系统，称为 Lira，被简要地考虑和讨论过，计划用于 7K－S 与 DOS4 的交会，但最终被取消而使用了更受欢迎的 Igla 系统。关于这个系统没有进一步的信息。）

在和平号空间站也安装了远程对接控制器（TORU）系统。允许航天员在和平号空间站核心舱远距离控制接近并与进步号飞船对接。航天员使用一对手控装置（安装在主控制板上，与联盟号飞船的手控功能相同）对接近中的飞船进行转动和平移控制。进步号飞船的对接机构内安装了一个照相机，把接近时的 TV 图像（和数据）传送到航天员面前的监视屏幕，以便操作者在和平号空间站里控制进步号飞船飞行。1992 年在进步 M－15 号飞船上试验了这一系统。1997 年 6 月，进步 M－34 号飞船和和平号空间站对接碰撞的部分责任归咎于 TORU。

图 2—12　航天文学作家 A·萨蒙（A. Salmon）
在柏林的 1994 ILA 航空展期间演示操作 TORU

图 2—13　TsPK 的 TORU 训练设备

2.3.2　电源系统

大多数联盟号飞船（除联盟 12 号～联盟 40 号运输飞船），电源系统通过太阳电池阵提供直流电，蓄电池提供储备，满足在轨23～24V 电压。作为主要系统的备份，蓄电池提供飞船短时间操作所需电能，满足应急返回地面的需要。返回舱中装有小型电池以供再入返回时候用，并在着陆后的数小时内提供电能。联盟 1 号～联盟 11 号飞船装有由 4 块板组成的太阳电池阵，总面积 14 m²，长 3.6 m，宽 1.9 m；而联盟 16 号、联盟 19 号、联盟 22 号、进步号、联盟 T 号、联盟 TM 号和联盟 TMA 号，装有 3 块板组成的太阳电池阵，长 3 m，发射时折叠着靠在推进舱上，入轨后展开。4 块板的太阳电池阵在连接处有弯曲，像鸟的翅膀一样，3 块板的太阳电池阵可水平展开。在联盟 T 号、联盟 TM 号和联盟 TMA 号飞船上也曾推荐使用 4 块板的太阳电池阵，它们也可以水平展开。测控通信系统的天线像辫子一样从电池阵的末端展开。在独立的在轨任务中，太阳电池阵的主动（上）面通过船上太阳定向系统和姿态控制系统指向太阳。在每一轨道的日照区联盟号飞船旋转太阳电池阵对着太阳，持续提供太阳能给蓄电池充电，在非日照区使用蓄电池供电。航天员可操作姿态控制系统使联盟号飞船横滚，使太阳的圆盘像呈现在 Vzor 光学定位装置的十字线上；然后控制飞船绕太阳/飞船轴旋转，以使太阳电池阵持续日照，并保证整个飞船的温度均匀。1970 年航天员在联盟 9 号飞船上完成了时间最长的一次单独飞行（18 天），根据记录，这次飞行由于飞船旋转稳定功能的问题致使航天员感觉不舒服。

在 1973 年到 1981 年间的礼炮/钻石号空间站任务中，独立的飞行计划从发射到对接只有两天，并在对接那一天再分离后回收。由于不用太阳电池阵，而是用化学电池，如果不进行对接联盟号飞船

只能独立飞行 2～3 天并要立即返回地球。在紧急情况下（如 1976
年联盟 23 号飞船，1979 年联盟 33 号飞船），飞船可以关闭非必要的
设备节省电能，但这只能延长几小时的时间等待下一个允许返回着
陆的窗口。这严重限制了飞行任务的灵活性，但一旦与礼炮号空间
站对接，联盟号飞船就可以处于封存状态，并可直接从空间站获取
能源。

如果没有联盟 11 号飞船的悲剧，俄罗斯人可能在其后的一系列
联盟号飞船中继续使用太阳电池阵。联盟 11 号之后的飞船去掉了太
阳电池阵，减小了质量，这也要求进行其他地方的改进。

2.3.3　热控系统

联盟号飞船使用主动式和被动式热控两种方式。主动式热控的
特点是有两个回路，一个用来维持生活舱的正常温湿度（轨道舱和
返回舱），另一个控制推进舱的温度。这两个回路都是通过液体交换
器进行热连接。对联盟号飞船的被动式热控，在系统中将防热层、
多层隔热材料和热桥共同组合，使飞船和太空之间的热交换减少到
最小。热交换的主要方法是利用非密封部分的热传导与辐射，并在
密封部分进行强迫空气对流。大部分的制冷是通过强迫空气对流将
热从设备上直接传递至太空和储存在热交换器设备中的液体中。在
某些情况下，设备部件利用飞船结构管路中的液体散热降温。空气
温度自动设定为 288K，293K，298K，液体温度自动设定为 276K，
278K，280K，282K。

2.3.4　生命保障系统

联盟系列飞船上航天员生命保障系统设计是受东方系列飞船
（1960 年～1966 年）所获经验的影响。它随着乘员舱尺寸的增大
（也包括轨道舱的增加）、乘员组人数的增加、舱外活动或乘员组空

间转移后所需空气的补充、任务周期的延长而变得更加复杂。当然，生命保障系统不仅包括可呼吸的空气，还包括食品和水的供应，垃圾收集，药品、个人维护工具箱、自救设备、衣物和应急着陆时的救援信号发射器等。

联盟系列飞船使用与东方系列飞船相似的控制模式，内部温度维持在 $(20\pm3)℃$，舱压为 710～850 mmHg（氧分压为 140～200 mmHg），相对湿度为 40％～55％。温湿度由一系列单循环热交换器控制。通过过氧化物释放氧和氢氧化物吸收舱内二氧化碳，使舱内氧和二氧化碳含量维持在安全范围内。一些特殊的传感器测量大气中氧分压，通过氧调节器和二氧化碳吸收器控制空气的气份，使其维持在要求的大气水平上。空气中的灰尘和臭味由一系列过滤器除去。大气系统的操作和状态显示在控制面板上，以便航天员在飞行过程中监视。

位于返回舱、轨道舱和前对接通道（2 号通道）3 个阀门组件提供压力平衡和放气。如果必要，对接通道阀门组件可以在开舱门或撤离前增压或泄压，同时位于 1 号舱门的压力平衡阀用于在开舱门之前平衡返回舱和轨道舱的压力。轨道舱的压力阀用于给轨道舱泄压，同时在任务末期轨道舱分离前，检查 1 号舱门的密封性。有一个压力检测系统检测返回舱和轨道舱、对接通道、对接面和舱门的整体密封性；同样的系统在对接前给轨道舱泄压，给对接密封界面增压，平衡轨道舱和对接通道的压力水平。所有的阀门和测量设备以及过压报警检查单元都安装在轨道舱上。

压力系统包括装有 4.5 kg 空气的外部球形钢制气瓶，用于对接分离后给轨道舱和返回舱恢复压力，也用于在紧急压力泄漏时应急增压（联盟 11 号飞船），并为返回舱内的 Sokol 航天服提供 40％氧气和 60％氮气的混合气体。该系统还包括应急泄压阀、返回和着陆压力平衡阀、通风孔和风扇等。

　　联盟号飞船上食品供应情况由飞行任务的周期决定。非空间站任务时，航天员每日食谱的能量是 3 000 kcal（1 kcal＝4.17 kJ），分四餐（早餐、中餐，正餐和晚餐），乘以任务所需时间，并考虑一定余量以防意外。食品储量最大的是联盟 9 号飞船，两名航天员，飞行 18 天，共计达到 36 人·天（36×4＝144 餐）的食品供应量，并有 2～3 天的余量。食品被压缩在罐头、管子和塑料容器里，航天员可以使用被束缚设备束缚的折叠工作面（桌子）和加热食物的电加热器，这些都放置在轨道舱。在返回舱放置应急配给食品，但没有办法加热食品，所以如果在轨道舱分离后（如 1988 年 9 月联盟 TM－5 号飞船那样）想吃任何东西，只能吃冷的。轨道舱内的食品包括热餐、小吃、饮料（汤）、肉、蔬菜、水果和餐后甜点，还有一定数量的新鲜食品供应。航天员也能喝到热咖啡和软饮料。

　　水由返回舱上 0.03 m³ 的储水罐供应。为获得水，航天员操作手动泵压罐中的气腔，推动水供应系统的隔膜，使水从软管流入返回舱。每一位航天员通过操作阀门从一个个人吸嘴上喝水。为防止罐中水压过高，设计了一种安全装置以维持水流出所需的压力。

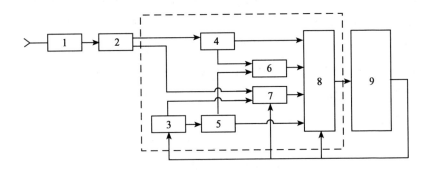

图 2－14　船载控制系统（SUBS）框图

1—接收器；2—解码器；3—控制和显示面板；4，5—命令矩阵；

6—计时器；7—数字信息设备；8—指令发生器；9—船载系统

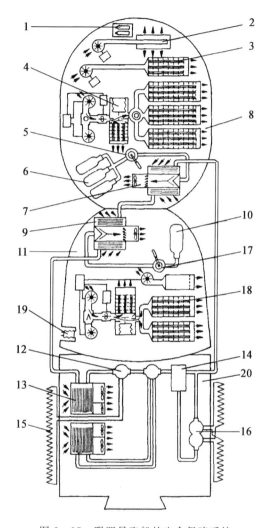

图 2—15 联盟号飞船的生命保障系统

1—食品包加热器；2—自动二氧化碳过滤器；3，4，18—再生装置（氧气）；
5，17—手压泵；6，10—冷凝水箱；7，9—冷凝干燥设备（除湿器）；8—轨道舱；
11—返回舱；12—液体—液体热交换器；13—气体—液体热交换器；
14—液体补偿器；15—辐射式热交换器；16—组合液体—液体热交换器；
19—压力调节器；20—设备舱段

废物管理系统位于轨道舱，由一个可折叠的废物收集装置组成，用于固体废物的收集、隔离和存储。使用这一装置时，航天员必须在收集器中放一个袋子，来收集排泄物；使用后收集器被收起，袋子取出后被放在废物收集桶里并密封。尿液被收集在一个独立的尿液容器里；离心风扇产生的空气将尿液带到废液储箱；通过废液储箱的空气进入净化装置，净化后的空气再进入舱内。如果系统失灵，可以用便携备用收集器收集尿液。轨道舱中放置了类似的橡胶容器。据报道，早期的尿液容器使用起来不方便，既不舒服，也容易泄漏，曾受到航天员的批评。

所有联盟号飞船的航天员都配备了生理医学监控设备。在上升段、在轨飞行段和再入返回段，这些设备通过连接到航天员身体的传感器，收集心电图、呼吸率、体温等数据，传送到地面。返回舱内的电视摄像机在上升段可观察航天员的外观反应。

在苏联和美国的计划中，根据空军飞行员的经验，配备飞行后救生设备的必要性是得到普遍认可的。1965 年 3 月，苏联计划中的这类设备在回收上升 2 号飞船时首次使用。当时航天员不得不忍受在西伯利亚冰雪覆盖的森林中等待救援 48 小时。在过去的几年里，从联盟 5 号、联盟 15 号、联盟 23 号、联盟 24 号和联盟 T－5 号飞船获得的经验，使航天员的救援设备得到了改进，包括应急信号发射设备、水上着陆的救生筏、除盐工具、水上救生服、冬天和野外救生服等，而且增加了荒岛生存训练等。

Forel 水上救生服是橘红色尼龙材料制成的可漂浮衣服，配有橡胶靴、一套兜帽、安全环状浮袋、应急信号灯、肩上信号发射设备。TZK 防寒衣是蓝色尼龙的，内絮保暖材料，前面有拉链，袖口和裤脚有束扣，配有棉靴子、手套和帽子。

2.3.5　居住环境系统

在格卢什科的《航天员百科全书》中，轨道舱的插图所描述的轨道舱容积为 6.6 m^3，仅有 4 m^3 的居住空间；返回舱的容积和居住空间分别为 3.85 m^3 和 2.5 m^3。对航天员来说总的居住空间为

6.5 m³。在联盟号飞船上一个工作日是 16 小时（莫斯科时间），包括吃饭、锻炼和个人卫生时间。一旦进入在轨飞行阶段，航天员就脱掉航天服，换上较轻便的衣服。等到对接阶段和再入返回段，航天员再重新穿上航天服。联盟 1 号～联盟 11 号飞船的乘员穿过无压力航天服（联盟 4 号飞船的乘员在进行舱外活动之前穿上舱外活动服），他们穿聚酯毛织品飞行服（包括裤子、夹克和头巾）。

　　从 1971 年起，仅 5 艘联盟号飞船——联盟 13 号、联盟 16 号、联盟 19 号、联盟 22 号和联盟 TM－5 号独立飞行超过 3 天，因此与空间站对接前的在轨飞行被限制在两天。因此，飞行计划通常关心飞船及其系统的检查，包括交会和对接轨道、失重的适应性等。自从 1970 年 6 月联盟 9 号飞船执行了 18 天的飞行任务后被全面评价为"长时间持续飞行"飞船以来，在往返空间站的飞行中几乎没有飞行试验和研究的目的了。

　　航天员可以在返回舱或轨道舱用睡袋睡觉，或睡在"床"（均进行适当的束缚）上；可用电动剃须刀刮脸，如果需要的话，可以用肥皂泡沫和安全剃刀；可用干、湿毛巾擦洗身体，至少有一套换洗的内衣和袜子（保证脚的温暖）；可用真空吸尘器清除舱内空气污染物。

　　在返回舱内安置了 3 个 Kazbek－U 缓冲坐椅供航天员在发射、再入返回和飞船在轨动态机动（如对接）时使用。Kazbek 是高加索山脉的一座山的名字，在俄罗斯格鲁吉亚边境附近。Kazbek－UM 坐椅用在联盟 TMA 号飞船的改进型上，增大了坐椅的尺寸，可以满足国际空间站上来自美国和欧洲的体形更大的航天员的需要。坐椅与水平面成 80°，航天员的膝盖部分由束缚带固定着，防止在返回舱以 7.5 m/s 的速度返回时给航天员造成伤害。每套坐椅通过椅盆框架和火工品驱动的缓冲机构来减少着陆时的冲击过载。这套系统有与个人体形相吻合的、由玻璃钢和塑料泡沫组成的赋形缓冲垫，并有束缚带。在长期空间站任务中，航天员可以移动和变换坐椅。为了应对再入后的紧急情况，固定受伤的或患病的航天员，也准备了备用赋形垫。

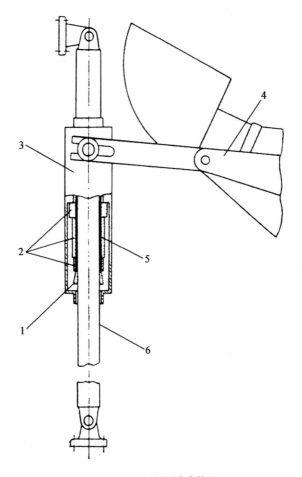

图 2—16 坐椅的缓冲装置

1—圆锥翼；2—胀环；3—支撑机架；4—坐垫框架；5—固定套管/栓；6—杆/转柄

2.3.6 推进和姿态控制系统

联盟 7K 飞船的主发动机系统于 1962 年由位于加里宁格勒的 OKB—2 工厂开始研制。在过去的 40 年中飞船一直采用四发动机系统，即主机动（联盟 1 号～联盟 40 号飞船有备份）和制动发动机、姿态控制发动机、微调发动机、再入返回姿态控制发动机。

2.3.7　主（KTDU）、备份发动机系统

KTDU 一般表示修正和制动发动机。伊萨耶夫（Isayev）设计局的工程师使用的其他标志是 SKD（主）和 DKD（备份），但这些没有广泛应用。联盟号飞船的主发动机为单燃烧室推进系统使用 S5.35 发动机（用在联盟 1 号～联盟 40 号飞船上），推力约为 4 087 N，安装在推进舱的装配舱段，标志符是 KTDU。另有一个备份发动机位于主发动机两侧，推力约为 4 028 N。两个发动机都采用偏二甲肼（UDMH）作为燃料，硝酸作为氧化剂。推进剂储存在四个球形的贮箱里（两个装燃料，两个装氧化剂），安装在推进舱装配舱段的底部，用涡轮泵压入发动机。发动机主要用于轨道机动，标称（从未达到）最大远地点为 1 300 km，并用于任务末期离轨点火。在联盟 T 号、联盟 TM 号或联盟 TMA 号飞船上没有安装备份发动机。

（1）联盟 1 号～联盟 40 号飞船

KTDU－35/11D62/S5.35 主发动机可以点火 25 次，点火时间从零点几秒到数百秒，标称完全燃烧时间超过 500 秒。用于第一代进步号飞船上，在 Zond 绕月任务（没有备份发动机）和 DOS1－4 上使用了其改进型。

（2）联盟 T 号飞船

11D426（其他标识符未知）推力约为 3 087 N，燃烧时间未知。使用四氧化二氮/UDMH，是联合发动机组件（KDU）的一部分，与 DPO 和 DO 推进器一起使用，它们都使用同样的推进剂。与联盟 1 号～联盟 40 号飞船不同，没有备份发动机，这一功能由 4 个 DPO 推进器完成。与 KTDU－35 的另一个不同是，不使用涡轮泵而是用压力输送。

（3）联盟 TM 号飞船

KTDU－80/S5.80 作为联盟 T 号飞船发动机的改进型，也在进步 M/M1 号飞船上使用。燃烧时间未知，推力约为 3 097 N，可以点火 40 次。发动机的改进包括：燃烧室由不需要冷却的特殊的烧蚀材料组成，在加压气体和推进剂之间的隔膜是金属膜而不是弹性膜。

2.3.8　姿态控制系统

该系统在俄罗斯被称为接近与定向发动机（DPO），他们用于在最后接近段调整轨道，也用于姿态控制，在联盟 T/TM 号飞船上也作为主发动机的备份，以过氧化氢为燃料。

2.3.9　微调发动机系统

该系统在俄罗斯被称为定向发动机（DO），仅用于姿态控制，与 DPO 相比推力较小。对联盟 TM 号飞船来说，标志符 DPO－B（大推力轨控和定向发动机）通常被称为 DPO，DPO－M（小推力接近和定向发动机）通常被称为 DO。

在联盟 1 号～联盟 40 号飞船中，DPO（姿态控制）和 DO（微调）系统的特点是在推进舱中间部分有 10 个 DPO 推进器（98 N），在推进舱的装配段有 4 个 DPO 推进器（98 N）和 8 个 DO 推进器（9.8 N）。

在联盟 T 号飞船上，有 14 个 DPO 推进器（132 N）和 12 个 DO 推进器（24 N），4 个 DPO 推进器也可作为主发动机的备份。DPO 和 DO 推进器是整套发动机装置的一部分。DPO 推进器的标志号为 11D428A－10 和 11D428A－12，其区别仅在燃料供给管路上。比冲为 251 秒，持续燃烧 0.03～2 000 秒。理论上可以开关 500 000 次，总燃烧时间为 50 000秒。

联盟 TM 号飞船上安装了 14 个 DPO 推进器（也称为 DPO－B，132 N）和 12 个 DO 推进器（也称为 DPO－M，24.5 N）。早期的联盟 TM 号飞船和进步 M 号飞船采用相同的推进器，与联盟 T 号飞船（11D428A－10 和 11D428A－12）相同。1997 年，产生了改进型，标志号是 11D428A－14 和 11D428A－16（其区别也仅在燃料供给管路），具有与前一代相同的推进器，但比冲为 290 秒，因此在最后的接近机动段消耗的燃料较少。点火和燃烧时间是相同的。最初有些推进器被安装在进步 M－36 号、进步 M－37 号、进步 M－38 号飞船上，整套设备的首次飞行应用是在进步 M－39 号飞船上。联盟系列飞船首次使用新型推进器是在 1998 年的联盟 TM－28 号飞船上。

11D428A－14 和 11D428A－16 也用于国际空间站的星辰号服务舱。11D428A－10，11D428A－12，11D428A－14，11D428A－16 推进器由指定的位于斯维尔德洛夫斯克地区的 Nizhnyaya Selda 机械制造研究所研制。

2.3.10　再入姿态控制系统

在再入返回段，返回舱使用 6 个 98 N 过氧化氢推进器，控制返回舱的姿态和再入返回飞行升力。根据能源联合体的资料，最初的计划是将这些推进器的燃料箱放置在返回舱，但 1964 年决定将它们移至返回舱航天员坐椅后面的一个密封舱段。几乎 40 年以后，该系统仍然使用过氧化氢，官方的理由是该燃料环保（由于发动机是在太空中使用）。但也有一些不利的方面，它不太稳定。过氧化氢贮箱放置在返回舱是限制联盟号飞船在轨飞行寿命的一个主要因素。这是因为氧挥发引起贮箱压力增加。燃烧时间未知。

2.3.11　飞船控制系统

返回舱的左手控制器允许航天员（通常是指令长）控制姿态控制发动机，以使飞船沿 6 个方向（前后、左右、上下）三轴（X，Y 或 Z）平移运动。右手控制器控制飞船的姿态，进行俯仰（前端上下）、偏航（向左右摆）、滚转（左右向旋转）。平移发动机允许航天员对运动速度进行精确调整。通过两种控制器一起控制，联盟号飞船可以从任何方向向第二个目标飞行器飞行，进行接近、靠拢、保持、对接或解锁，并执行分离机动。

该系统是定向与运动控制系统（SOUD）的一部分，应用在姿态控制敏感器和 Vzor 光学瞄准设备、陀螺和船载计算机、Igla（或 Kurs）系统和姿态控制发动机中。航天员调整飞船的滚转角直到地球出现在 Vzor 上，接着启动三步式陀螺仪。其中的两个为二自由度加速度计，第三个为三自由度角速度敏感器。另外，联盟号飞船携带了一个第二定向系统，使用红外地球敏感器、星敏感器、太阳敏感器和离子敏感器进行速度矢量的测量，所有这些敏感器都装在推进舱的外面。航天员可以从六分仪读取数据，调整光学敏感器，以使它与太阳敏感器之间的角度和太阳与某已知行星之间的夹角相同。

　　S·格兰（S. Grahn）研究了姿态控制系统敏感器在联盟号飞船上安装的位置。红外地球敏感器使用光电仪器测量 $-Y$ 轴方向和当地的垂线的偏离。根据从地球和地球大气层的辐射，转化为俯仰和滚转指令信号。三个电子离子敏感器（两个在 $+X$ 轴，一个在 $-X$ 轴）测量联盟号飞船 $+X$ 轴与轨道上速度矢量的偏差角。这个系统使用联盟号飞船上射入的离子流，并将其转换为俯仰和偏航命令信号。光电 45K 太阳敏感器将 $+Y$ 轴与太阳视线的偏差控制在 6° 以内。航天员监视姿态，如果敏感器失灵，就不得不采用手动来进行太阳定向。陀螺系统由两个组件（KI－38）构成，每一个配置一个陀螺、锁定机械设备、角度传感器和编程设备。这些组件不用万向节，可以同时使用，与联盟号飞船的滚转和偏航轴匹配。为选择惯性姿态基准，系统允许沿滚转和偏航轴进行 $0° \sim 360°$ 的机动。每一个轴的角度允许方差是 $\pm 8°$，若超过该值则产生一个紧急（Avaria）信号。另一个系统——速率陀螺包括 3 个陀螺，在 C、Y 和 Z 轴方向上发出与飞船角速率成比例的信号。控制器可以选择一个组合（时间）模式，可以在一定时间内提供惯性或姿态基准，允许作程控的姿态机动。当偏差超过 $\pm 6°$ 也产生一个紧急（Avaria）信号。

2.3.12　通信系统

　　在进行联盟号飞船最初的设计时，NII－885 研制的通信子系统包括雷达和 TV 线路、遥测通道和语音通信。该系统研制的目的是为了支持远距离和绕月飞行。1964 年对该系统进行了修改以适应地球轨道。开发新系统的工作分配给几个研究所完成。

　　为了维持在飞行中（包括再入返回）和着陆后的语音通信，NII－695 开发了超短波和短波系统（曙光号（Zarya）），这一系统应用在东方号飞船的通信系统中。NII−380 为联盟号飞船提供了一套电视系统，该研究机构开发的系统于 1959 年从 luna3 拍摄到第一张月球背面的照片。这个系统（Krechet）用于监视交会和对接，提供舱内影像与外部观测，在 1975 年的 ASTP 计划中，与美国的电视系统连接。通过面板上的监视器，航天员可以看到这些电视画面，也可通过通信链接传播至地面。一台每帧 625 线、每秒 25 帧的电视摄像机装在主要的显示面板上，还有两台在飞船外面，一台装在轨道舱里。

　　航天员可以通过无线电话和电报方式与地面控制中心双向联系，或通过地面站与其他航天器（联盟号飞船、礼炮号空间站、和平号空间站、国际空间站）保持联系。在 ASTP 计划中，与阿波罗号飞船、NASA 载人航天中心的联系经由美国通信中继。该系统还可在降落伞降落和着陆后发射搜寻信号以定位返回舱，也可供联盟号飞船上航天员之间进行通信（使用在软帽上的耳机和麦克风）。

　　NII−885 开发了遥测系统，应用在东方号飞船的系统中。系统包括 40 个安装在返回舱尾部的 T 形天线。NII−88 提供了船载自动数据记录仪（Mir3），可记录从飞船的各个船载系统获取遥测数据，用于以后的数据分析。Mir3 可作为联盟号飞船的黑匣子。联盟 1 号飞船的自动数据记录仪被损坏了，使事故的调查变得复杂了，更使人们加深了对其重要性的认识。飞船的上行设备用于传送指令、显示数据、接收各种信号并进行轨道测量，下行设备用于传送飞船的系统状态数据和航天员生理参数。

　　返回舱的天线用于在与推进舱分离后在再入返回段与地面的通信。返回舱的舱门上安装了一个小的 VHF 天线，在降落伞拉线上也安了一个小 VHF 和短波天线。

2.3.13　仪表显示和控制系统

　　过去的几年里，联盟号飞船的控制和显示系统的布局和组成进行了多次改进。在早期的联盟号飞船上，该系统主要包括数据读取和视觉显示，缺乏航天员对联盟号飞船的直接控制输入。尽管对飞船的控制是可能的，但在早期的任务中许多操作是预先在船载计算机中编好程序的，由地面进行控制。为适应联盟号飞船的新变化，对控制和显示系统进行了升级。

在中央控制面板（KSU）上的 Globus 是各种联盟号飞船仪表中最常见的一个，也在东方号飞船中应用，它是一个旋转式地球仪，用于在飞行时确定飞船的位置。Vzor 舷窗系统包括一个伸在返回舱外面的潜望镜，中间坐椅上的指令长可以在返回舱用它观察对接接近情况，并用来确定离轨和再入返回时飞船相对地球水平面的位置。为辅助这些操作，在光学设备上刻了网格。

当航天员穿着航天服被束缚带束缚在坐椅上时，他们可用一个操作棒触及按钮。指令长在他的位置上用两个手柄控制飞船，左手控制飞船的速度，右手控制姿态（俯仰、偏航和滚转）。

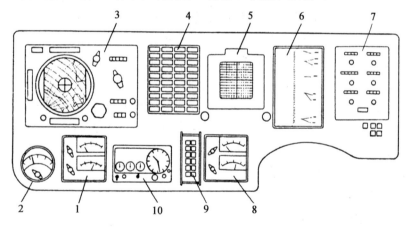

图 2-17　显示面板示意图

1—压力温度显示；2—电压和电流显示；3—导航显示；4—电发光指示器；

5—电子束显示；6—程序控制显示；7—数字信息输入设备；

8—距离和接近速度显示；9—键入关键指令开关；10—时钟

指挥控制系统面板由左右面板构成，用以显示和控制各种主、备用系统工作状态，并监视生理参数。系统包括自动程序监视器、电压和电流指示器、压力和温度指示、当前（莫斯科）时间和任务已用时间显示器、无线电和 TV 控制器，以及一个用于允许输入和监视控制数据的数字显示单元，并显示推力状态和发动机点火引起的速度改变。联盟 12 号飞船以前右边的控制面板可以在穿航天服的状态下使用，飞行工程师的前面是无线电通信设备。

在舱体的两边是圆形的观测窗口，安装了六分仪，用于观测星体，作为恒星导航系统的一部分。返回舱中航天员侧面和后面的地方是空的（除了光源和扩音器），在保护布覆盖的舱壁上安装着储物袋。在航天员的头顶够不到的地方放置有主、备份降落伞，而用于飞船控制的电子系统大部分安装在坐椅的下面。

在初始型联盟号飞船上总共有 200 个按钮和 250 个警示灯（绿的和蓝的表示正确操作，红的表示错误操作），其中大多数（70 个按钮和 96 个指示灯）用于飞船飞行控制（姿态、交会、对接和再入返回）。

轨道舱中也有小规模的控制和显示面板，用于无线电和 TV 通信、照明和气压环境控制、气密性检测，并有一个连接盒，将无线电和 TV 设备连接到返回舱。

图 2—18　返回舱航天员显示面板

　　联盟号、进步号飞船和礼炮号、钻石号、和平号空间站在 20 世纪 70 年代使用的 Argon16 计算机（80 000kbit/s），由苏联工程部的计算机研究所设计（从 1986 年起研制 NII Argon），由位于莫斯科的 Kalmykov SAM 工厂生产。1973 年完成了 Argon16 计算机的研究，1974 年开始生产，到 2002 年已连续生产超过了 380 台。这些计算机安装在飞船的仪器舱，在再入返回时烧毁。

　　在 20 世纪 70 年代，联盟号飞船的控制面板的布局照片被披露，其上有航天员 V·N·库巴索夫和 A·耶利谢耶夫（A. Yeliseyev）。西方最初认为这是联盟号飞船的仿真器，所展示的控制面板不像那个时期已知的在联盟号飞船上使用的那种，这暗示它可能是 Zond（7 K－L 1 仿真器）飞船的乘员舱。苏联航天技术分析家 S·格兰主持了对图像的研究，指出明显的不同是去掉了旋转的地球仪（对月球任务不需要），用改进设计替代了编程器/序列仪和 CRT 设备，从主面板上去掉了 ΔV 监视器和时间线指示器，将飞船时钟放置在主面板中央，将舱内气压表和电压/电流表调整至主面板上面的新位置，去掉了紧急指令按钮，扩大了告警显示，在面板的上部附加了照相机和摄像机。

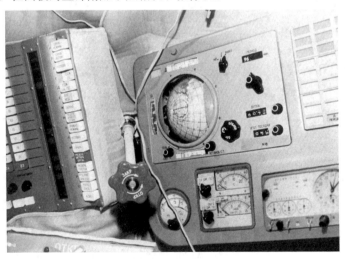

图 2-19　位于中间坐椅（指令长）前的中央显示控制台

格兰还指出，在不同的图像中两名航天员出现在同一个位置，可以推断他们可能在使用靠近舱侧壁的导航工作站，该工作站与阿波罗号飞船的导航工作站类似，与主面板分离放置。为证明这一论断，他放大了库巴索夫的图像，显示出航天员拿了一个天球，该设备是探月航天员用于导航的设备。

在 Zond 飞船上，应用了 Argon11c 计算机。该计算机于 1968 年研制完成，在试制阶段仅生产了 21 台，未进行大规模生产。该项研究是由 NIEM 的 G·M·普罗库达耶夫（G. M. Prokudaev）和 N·N·索洛维耶夫（N. N. Solovyov）领导的。

2.3.14 回收系统

返回舱内的航天员的紧急返回可以在发射台或在发射后 2.5 分钟内通过安装在火箭顶端的逃逸塔完成。地球着陆降落伞系统和返回舱底部的软着陆火箭用于着陆缓冲。从轨道正常的返回通过推进舱的主推进系统和返回舱的降落伞/软着陆火箭完成。纵观联盟号飞

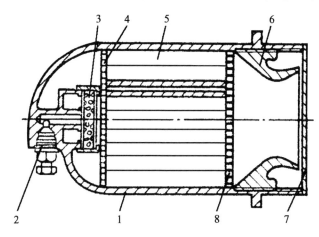

图 2-20 软着陆发动机

1—舱体；2—炸药装药；3—点火器；4—栅格板；

5—固体推进剂；6—喷管；7—堵头；8—横隔膜

船 40 年的历史，只有两次使用了应急救生系统（SAS）营救航天员逃生：1983 年 9 月联盟号在发射台故障逃逸，1975 年 4 月则实施了高度异常逃逸；还有一次联盟 23 号飞船发生了意外，即 1976 年 10 月其返回舱掉入结冰的湖里。由于发生了这一事故和类似的事件（例如联盟 1 号、联盟 11 号、联盟 18—1 号、联盟 T—10—1 号飞船事故），在过去的几年里，这一系统的设计一直在不停地改进和升级。

　　发射逃逸系统安装在整流罩的顶部，用固体火箭推进，其特点是具有一个有数个喷管的固体火箭发动机。发射逃逸系统可用于发射前 20 分钟到发射后 160 秒间从上升的火箭上脱离。为发射联盟 TM 号飞船对该系统进行了改进，即称为 SAS。从发射台，用两燃烧室主发动机在紧急情况下将轨道舱/返回舱从推进舱拉开，分离整流罩，控制其飞行轨迹到达一定的高度，在这个高度使返回舱从轨道舱/逃逸系统分离，保证降落伞展开（如图 2—21 所示）。

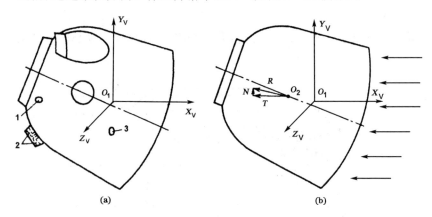

图 2—21　返回舱着陆控制系统（SUS）推进器位置（a）
和体轴坐标下作用在返回舱上的空气动力（b）
1—偏航推进器；2—俯仰推进器；3—滚转推进器；O_1—质心；O_2—压心

　　联盟号飞船已经用了大约 5 个不同型号的 SAS。起初逃逸塔在发射后大约 160 秒钟抛弃，10 秒钟后整流罩脱离。在这 10 秒钟内，联盟号飞船被困在整流罩里，航天员无法逃逸。

在 1968 年到 1972 年 7K－S 的早期设计期间，设计了一个改进型的 SAS。它具有推力更大的分离发动机，在发射台逃逸时可以使飞船上升到更高的高度，应用更可靠的主降落伞而不是备份降落伞；另一个修改是在整流罩上安装了 4 个额外的分离发动机，用以在逃逸塔分离后将联盟号飞船的轨道舱/返回舱和整流罩的上半部分推离火箭。这使得在发射后 123 秒抛弃逃逸塔在整流罩分离前保留一种逃逸方式成为可能。较早抛弃逃逸塔同样也平衡了整个逃逸救生系统较大的质量。

图 2－22 降落伞展开过程示意图

1—引导伞展开；2—减速伞展开；3—主伞展开；

4—主伞完全展开；5—主伞调整到位；6—着陆，断掉伞绳考虑到 ASTP 计划中对联盟号飞船改进的需要，对 7K－S 及 SAS 进行了一些修改，这里必须考虑 ASTP 航天器的大质量和质心的变化，因为对接适配器更重。ASTP 系统具有更为强大的逃逸塔，在整流罩上装了 4 个额外的分离发动机。尚不清楚逃逸塔是否像发射联盟 T 号飞船那样较早地被抛弃。发射联盟 TM 号飞船时逃逸塔的分离甚至提前到发射后 115 秒。

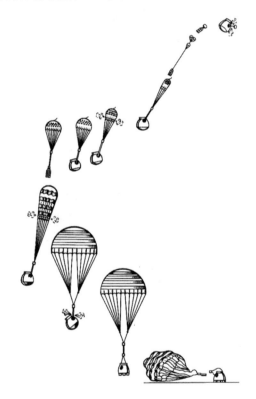

图 2－23　降落伞回收详细过程示意图

能源联合体资料中的一幅图显示了在一次（第一代）联盟号发射期间整流罩分离后可能的应急过程，即显示了在整流罩分离后的两个模式：

1）轨道舱/返回舱从火箭分离，并且受控降落；

2）整个联盟号飞船从火箭分离，并采用弹道式降落。

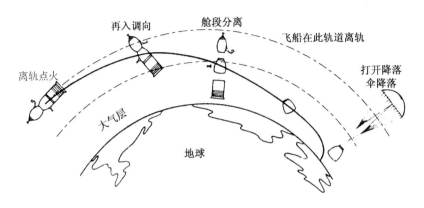

图 2－24　再入返回前联盟号飞船三舱分离过程的方位示意图

很明显后一种是在发射后 522 秒以后执行的，第三级火箭刚刚燃尽。但是，1975 年联盟 18A 异常中止记录好像指出甚至在发射后 522 秒前发生异常，整个的联盟号飞船仍能分离。

联盟号飞船的航天员不能像美国航天飞机的航天员，选择入轨中止来赢得时间并选择更合适的紧急着陆地点。如果航天飞机轨道器的一个发动机关机，航天员仍可以启动其他的发动机时间长一些，进入轨道，用轨道机动系统来帮助补偿损坏的发动机。但是在联盟号发射时，如果 R－7 火箭的第三级单发动机失灵，KTDU 没有储存的燃料和附加的推力去补偿损失的发动机，那么就不能保证安全完成轨道任务。

联盟号飞船的返回舱的降落依赖于冷储备的两个降落伞系统，可靠性为 0.96，置信度为 0.95。主降落伞舱（在任务的大部分时间处于存储状态）体积为 0.27 m³，备份伞舱为 0.17 m³。只使用其中任意一个系统的预计可靠性为 0.93。从 10 km 处开始依次打开引导伞和减速伞，主降落伞在 5 km 处完全展开，动压力约为 98～16 677 Pa，以 8 m/s 的垂直速度下降。为承载联盟号飞船返回舱的质量，降落伞的质量应该是返回舱质量的 4%，伞衣体积为250 dm³。第二个或备份降落伞（表面积是 570 m²）设计在 3～6 km 处展开，在主伞失灵并分离后动压约为 392～15 696 Pa。降落伞质量应是下降的返回舱的 3%，伞衣的体积是 180 dm³。系统最大冲击负载不会超过 166 770 N。

在 3 km 处抛掉防热底（有一种说法是在主伞完全展开前 5.5 km 处），在离地面 1.5 m 处，伽马高度仪指示 4 个位于返回舱底部的固体推进剂火箭点火，以使最终的着陆速度降至 2～3 m/s。最糟糕的情况发生在不得不使用备份降落伞且固体推进剂火箭点火失败时，返回舱落地速度为 4～9 m/s。

1961 年 OKB－1 和 M·M·格罗莫夫（M. M. Gromov）飞行研究所、918 厂、81 厂、降落伞着陆服务研究和试验研究所合作进行了降落伞的第一次评估。计算了类似上升号飞船所使用的降落伞的结果，在主伞下用固体推进剂制动火箭使着陆速度降至 8.5 m/s。如果制动火箭失灵，着陆速度将增至 10 m/s。备份系统不使用制动火箭，只使用降落伞。在上升号飞船系列降落伞的设计中，可能没有充足的质量余量让备份伞系统中包含独立的软着陆系统。为试验这一降落伞系统，飞行研究所进行了首次联盟 7K 模型空投试验。在 1963 年到 1964 年，对系统进行了改进，暴露出备份伞在与主伞连接时的可靠性问题。到 1965 年年初决定重新设计降落伞使着陆速度不超过 6.5 m/s。这是通过将伞衣的面积从 574 m² 增加至 1 000 m² 来实现的，并将制动火箭从降落伞的撑板处移至返回舱的底部，在可分离的防热底下面安装了 4 个小型固体推进剂火箭，不论是使用主伞还是备份伞都可使用它们，但要求这些软着陆火箭在真空中暴露一段时间后还能点火。

从 1965 年到 1966 年，在费奥多西亚空军试验基地进行了新型降落伞的 7 次空投试验。在不同的条件，甚至不同的地形，舱体被从 10 km 高的 An－12 飞机上扔下。试验当中发生了一个问题，从小型姿态控制推进器中泄漏了过氧化氢并污染了展开的降落伞，在使用前必须予以改进。在最终的设计定型试验中表明了：使用备份降落伞时软着陆发动机也能工作正常。

　　在偏远地方和国外紧急降落情况下，为帮助可能受伤的航天员，在返回舱的空伞舱内壁和主结构的底部（可分离的防热底的下面）用俄文作了标志，并用英文作了简单的指示。西里尔（Cyrillic）字母的翻译如下：在 11～12 点位置有"拿钥匙，打开舱门"——用箭头指向舱门的顶部，表示这里有能打开舱门的钥匙（在 3 点和 8 点的位置有同样的指示）。在 1 点位置写着"注意！别靠近！盖子可能弹射"（在 5 点和 9 点位置有同样的指示）。在 USSR/CCCP 标志的下面写着"有人在里面，救命！"在软着陆火箭发动机喷口（大约在 2，4，8，10 点位置有 4 个）和反向散射式高度计附近，也贴了各种国际认可的有毒物质警告标语，标明避免接近返回舱。

图 2—25　没有飞行过的返回舱大底

（在可分离的防热底下面，有返回软着陆火箭发动机和国际有毒警告标语）

　　美国航天飞机在全球大约有 45 个着陆点用于紧急着陆，每次联盟号任务除了在正常的哈萨克斯坦或俄罗斯地区以外，也安排了其他的紧急着陆点。后来 Geoff Perry 的世界范围的 Kettering 空间观测组织（由 Kettering 语法学校的学生发起的）"困惑于"这个事实，即 1979 年考虑联盟 33 号飞船使用紧急着陆场。在这次任务中，由于一个主发动机失灵，飞船与礼炮6号空间站的对接被取消，要求立即返回地面。Kettering 成员 M·塞弗兰斯（M. Severance）（住在 Fort Worth）发现了涉及 "ugol pasadki"（着陆角，制动火箭点火）的讨论，这意指着陆可能在印第安纳州的印第安纳波利斯（美国地区），而不是苏联地区，但这好像是一个错误的结论。直到 1985 年 10 月在斯德哥尔摩举行的国际宇航联合会（IAF）大会上会见 V·沙塔洛夫时，S·格兰从航天员那里获得了如下解释："每天晚上在航天员上床睡觉前，我们给他们一份轨道数据和表格，告诉他们在哪里启动制动火箭发动机才能在设计的着陆点着陆。是指在以地球为中心的轨道切向的测量角。"这就清楚了，从联盟 33 号飞船上截获的通信信号是有关制动火箭点火和陆地坐标的。

　　进一步的研究显示 1975 年的 ASTP 和 1988 年的和平号计划中进行了类似的传送。将这些数据画在世界地图上，可以清楚地显示有 3 个紧急着陆场：鄂霍茨克海（为降低着陆负载?）；北美大草原，与第三个着陆场的地形类似（主着陆场和应急点）；拜科努尔航天发射基地附近的哈萨克斯坦平坦的大草原。

图 2—26　联盟号飞船的返回舱用降落伞软着陆在
哈萨克斯坦平坦的大草原上（尽管从没有按照计划降落）

图 2-27　联盟号飞船的返回舱和其降落伞降落在哈萨克斯坦的农田上

2.4　地面支持系统

联盟号飞船和其乘员组进入太空的旅行与任何载人航天飞行一样，由地面数千支队伍支持，完成如飞行计划、硬件准备、航天员训练、飞船发射及飞行控制等工作。根据飞行任务目标，这些工作都是在任务开始前数个月就开始了。飞行前的大多数工作集中在几个地方进行。在莫斯科附近的加加林航天员训练中心（又称星城），航天员进行任务的准备；同时在科罗廖夫能源联合体，飞船被准备运往位于哈萨克斯坦的拜科努尔航天发射基地。在这里，飞船和运载火箭从位于萨马拉的工厂运出后组装在一起准备发射。在任务执行过程中，位于莫斯科附近加里宁格勒的飞行控制中心（TsUP，FCC），由测控跟踪站和环绕地球的通信卫星网支持，指挥任务的进程。在任务的末期，大批军队被派往位于哈萨克斯坦的主着陆场救援航天员。各地面支持系统的设备远比早期东方号和上升号飞船用的设施先进得多。

2.5　飞行计划

在苏联时期，对应所要求的目标（决定）或根据军事需求，新的计划由设计局和总设计师委员会正式提出，由科学院（ANSSR）和国防技术委员会复议，对提议进行修改，以适应当前的航天计划；然后提议被呈送到军事工业委员会以获得资金上的批准；最后上送至政府一级，以获得中央委员会和部长委员会的批准。这些批文表明计划已正式开始，尽管许多基础性的工作通常已经提前完成了。这些批文，由军事工业委员会准备，包括总设计师的重要意见、初步的飞行计划、一定时间段内的关键事件和节点（比如飞行试验），并且由设计局制定飞行计划。

早期的飞行计划是基于飞船的生产计划，然后这些计划逐级呈送至军事工业委员会和负责特定计划的国家委员会。在 20 世纪 60 年代和 70 年代初，还有来自高层的附加压力，计划的时间要与周年纪念日和政治事件或为"打击美国"的特定目标和里程碑的时间一致。根据设计局提供的飞行器、运载火箭、地面支持系统和航天员的准备情况，国家委员会负责指定每一次任务的发射日期。1966 年 10 月，苏联政府为飞行试验建立了第一个联盟国家委员会（Soyuz State Commission）。该委员会将对呈送的计划进行正式评估，并将其评估结果上报苏联领导人以获得批准。随着联盟计划的开展，成立了一个新的国家委员会，以便在下一阶段对新的飞行计划进行审批。

能源联合体根据国家委员会的意见制定所有的任务计划。在能源联合体有一个飞行文件部，负责编辑初始文档，以作为乘员组执行任务的依据。在轨乘员组成员每天的工作计划是根据位于莫斯科的飞行控制中心、能源联合体的专家和其他设计局的日程计划安排的。该计划经常变化，因为需要在空间站上的维修任务和科学研究项目之间进行平衡。

2.6　航天员训练

在制定联盟号飞船详细的飞行计划的同时，要从现役的航天员队伍里挑选人员组成完成飞行任务的乘员组。为准备完成指定任务，他们必须经历艰苦的训练。在过去的几年里，由于航天员训练中心的专家改进了他们的技术，使联盟号飞船航天员的训练有了改变和发展；受其他一些因素（如经济原因）的影响，使得航天员到俄罗斯联邦较远的地方进行特殊训练有所改变。但是，有一些要素一直保持着，仍与 20 世纪 60 年代非常相似，如航天员必须非常健康，因此星城要提供一个专门的设施良好的体育馆。20 世纪 90 年代，要求航天员在 3.5 分钟内跑完 1 km，并要进行 11 分 40 秒的越野跑。许多训练课程是教练先作示范，航天员再重复直到理解，航天员要在飞船和飞行试验系统中进行多次考试。

图 2—28　一个俄罗斯/美国国际空间站乘员组进行野外生存训练
（该训练是每一个联盟号飞船的乘员组都要完成的着陆后练习的一部分）

2.6.1　冬季训练

在 20 世纪 80 年代和 90 年代，航天员定期到位于北极的沃尔库塔进行冬季的生存训练。联盟号飞船的返回舱放置在雪地上，航天员要在里面生活两天，并要学习如何搭建一个圆顶建筑物作为返回舱里的条件到了极限时的避难所。这些训练是为针对航天员返回地球时联盟号飞船的返回舱搁浅在深雪中的情况作准备。专家要评估航天员的心理素质和身体条件，每天晚上对航天员进行体检。（这里有一个真实的例子，1965 年 3 月上升 2 号飞船的乘员组在西伯利亚陷入困境，由于直升机在冬天无法飞行，直到受困 24 小时后才被滑雪队营救。）可以将降落伞剪切成避难帐篷，每一个返回舱中有一个救生包，内装打猎用的刀和 Makarov 手枪等。近来，被指定进国际空间站的航天员要留在星城周围某偏远地方进行训练，其中包括在不熟悉的地方在返回舱附近生存 3 天。

图 2—29　美国航天员 F·卡尔伯特森在俄罗斯进行冬季
野外训练期间进入返回舱上舱门
（注意返回舱下面附加的保护层）

2.6.2　沙漠训练

在早期的训练中，航天员在一个建在星城的高温房间内进行拓展训练。这个房间（5 m×3 m）能模拟沙漠环境，训练航天员在潮湿和高温环境中工作的能力，评估他们的敏捷度和状况。试验过程由仪器监控，专家们可以通过一个控制间的窗户对航天员进行观察。这一类试验已逐步退出训练计划，1978 年 7 月进行了第一次真实环境下的训练，即将联盟号飞船的返回舱放在位于乌兹别克斯坦的克孜勒库姆沙漠，进行 24 小时夏季生存训练。航天员必须在返回舱里生存，然后从返回舱中出来，利用降落伞制作一个帐篷和吊床，还要学会生火，他们身边有无线电设备、武器、手电筒、食物和水。

2.6.3　山地训练

航天员要模拟在山地着陆。这一训练与在雪地和沙漠训练相似。1975 年 4 月拉扎列夫（Lazarev）和马卡罗夫着陆在阿尔泰山，证明了这一训练的有效性。但由于 1993 年 7 月在黑海附近的山区进行生存训练时，候选航天员沃佐维科夫（Vozovikov）在跳水捕鱼时被网缠住淹死，训练中断了一个时期。

图 2—30　候选航天员进行山地训练

近来，俄罗斯航天员与美国和欧洲的航天员一起在犹他州的山地进行训练，攀登 4 500 m 高山和步行 60 km。

2.6.4　海上救生

尽管联盟号飞船的着陆点设计在陆地，但训练时还要通过从轮船上将舱体投入黑海来模拟溅落着陆在海洋的情况和可能出现的危险。航天员要学习如何从舱内出来，进入充气筏并给 Trout 服（海上救生衣）充气。在这个试验中，航天员由潜水员和专家监视，并由直升机救起。训练时使用一个被称为"海洋"的蓝色联盟号舱体，也有橘红色的，并在侧面画了一个海豚。航天员还要在位于轮船甲板上的水槽中训练，学习如何能在等待救援期间待在一起（部分美国航天员在进行海上模拟训练前，先在星城的水槽内进行测试）。联盟 23 号飞船曾在一个暴风雪的晚上溅落到一个湖里，返回舱里的航天员面临沉没的危险，但被勇敢的直升机搜救队员营救了上来。这证明这种训练是必要的。

目前，一个特殊装备的搜救船（Antarktida）正位于符拉迪沃斯托克（海参崴），以防联盟号发射中止后会坠入海里。

图 2—31　在黑海，航天员们像潜水员一样，利用专门的
返回舱和辅助设施进行出水训练

2.6.5 潜水训练

与海上救生训练类同，在潜水训练中再次测试航天员的生存技能。

2.6.6 跳伞训练

所有的航天员在专业的跳伞训练中都要学习大量的课程，学会如何控制他们的感情和在面临危险时能作好心理准备。这些训练包括自由落体跳和从直升机上跳下。很多航天员已经完成了超过 500 次的跳伞训练并取得了伞兵教员的资格证书。

2.6.7 零重力训练

为了模拟零重力环境，经过改造的 IL−76 MDK 飞行实验室投入运行，并由位于奇卡洛夫（Chkalov）空军基地的谢廖金（Seryogin）飞行团负责飞行。飞机的乘客舱被改造成一个没有重力的训练设施，其地板和天花板都包有垫子以避免人员受伤。飞机进行俯冲，并在爬升前，加速到 620 km/h。在 7 200 m 的高度停车，飞机继续以类似开普勒抛物线的轨迹飞行。从飞机沿下降弹道飞行开始到速度降低至 420 km/h 时，失重情况会出现 25～30 秒钟。每 3～4 分钟重复一次循环，通常是飞行 10 个循环，根据不同的任务需求也可以飞行更多次。在失重情况出现的短暂时间里，航天员们检测装备，穿脱 Sokol 航天服，练习从联盟号飞船的舱门出来。他们也练习移动大的物体，进行体检以获取他们身体状况的信息。

2.6.8 对地观测训练

用一架改造过的图−154 MDK 飞机来训练航天员的空间导航以及对陆地和海洋上的目标进行观测。在飞机上航天员也进行空间装备的检测。该训练也是由位于奇卡洛夫空军基地的谢廖金飞行团执行的。

2.6.9　模拟器

联盟 TM 飞船综合模拟器使得航天员能够在地面练习所有飞行阶段的操作，即发射、入轨、定向与机动、测轨交会、对接与分离、轨道再入以及其他操作。该模拟器可使专家测试航天员进行应急操作的能力。

随着几年来联盟号飞船的不断发展完善，许多联盟号飞船模拟器也得到了升级。联盟 TDK－7ST 以前用于联盟 T 号飞船的训练，但最近已经改进用于联盟 TMA 号飞船的训练，现在被称为 TDK－7ST3。联盟 TDK－7ST2 在经过了 16 年多的运行后，于 2002 年完成了它的第 4 000 次模拟仿真任务。曾经有计划把它改造成 TDK－7ST4，用于联盟 TMM 号飞船的训练，但是联盟 TMM 号飞船的研制已经暂缓。在 20 世纪 60 年代和 70 年代初，曾有一个称为伏尔加的联盟系统可以训练航天员进行手动对接，沙塔洛夫曾说他用过这套系统达 800 多次。伏尔加系统现已被一个专门用于手动对接的模拟器 Don－732 所替代。在该模拟器中指令长在返回舱，而飞行工程师在轨道舱。近年来该模拟器已经用于两种返回舱模拟训练中，一个是联盟 TM 号飞船的训练，另一个是联盟 TMA 号飞船的训练。

1998 年春，两套联盟号飞船模拟器运到了位于休斯敦的约翰逊航天中心，用于对美国航天员进行在星城主要训练前的预备训练。其中一套模拟器并不是一个联盟号飞船的形式，而是一套四台计算机的组合件，用来使航天员熟悉组合体分离以及着陆的程序。另一套是由一个轨道舱和一个重新装饰过的联盟 TM－22 号飞船返回舱组成的联盟 TMA 号模拟船，用来使航天员熟悉联盟号飞船的内部布局（含生命保障系统），并进行穿着 Sokol 航天服的训练。除了这两套模拟器，在 1997 年 12 月，约翰逊航天中心从堪萨斯宇宙与空间中心（the Kansas Cosmosphere and Space Center）借用了一套联盟号飞船模拟器，为期两年。由于该模拟器并不是联盟 TM 号飞船的准确复制品，因此只能用来使航天员熟悉内部布局。

图 2—32　仿真控制人员监控最新型联盟 TM 号飞船对接仿真过程

（这是航天员训练计划的一部分）

2.6.10　轨道仿真器

该仿真器用来训练航天员进行手动接近和对接的技术，包括一个模拟使用 TORU 系统的无人飞船与空间站对接的特殊舱体。

2.6.11　空间站运行模拟器

俄罗斯已经生产了用于所有空间站运行项目的各类核心舱以及科学实验舱的全尺寸模拟舱体。这些和平号空间站的模拟舱体和国际空间站俄罗斯部分的模拟舱体都位于星城。另外，也为民用和军用的礼炮号空间站生产了类似的模拟舱，礼炮 4 号模拟舱目前陈列在能源联合体博物馆里。尽管在星城里不会再有军用的钻石号模拟器，但据路透社报道，在切洛梅的 OKB 设计局有一个钻石号模拟器，在星城附近的奇卡洛夫空军基地很可能还有其他的钻石号模拟器。航天员在这里花很多时间在尽可能真实的环境里学习如何对系统进行操作和维修。20 世纪 80 年代，航天员们在这样的模拟器里完成了全部任务的模拟操作。

图2—33　联盟TM号飞船模拟器和控制面板的布局

（右上角的面板如图2—32所示）

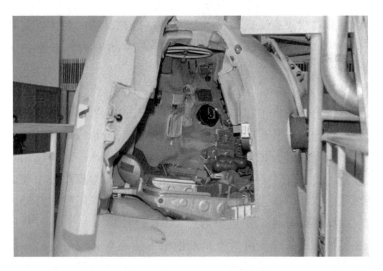

图2—34　联盟号飞船模拟器侧舱门

（只有模拟器才会有这个舱门，正样飞船则没有，航天员通过上部中央的舱门通道进出）

图 2—35　在 TsPK 训练联盟 TM 号飞船的乘员组时使用
的联盟号飞船的返回舱和轨道舱后视图

2.6.12　中性浮力实验室

航天员在一个 5 000 m³（直径 23 m、深 12 m）的大水槽里进行
舱外活动操作训练。这里形成了非常类似于太空的环境，目前可供
穿着Orlan航天服的俄罗斯航天员和穿着美国航天服的美国航天员使
用。和平号空间站模拟器大厅附近有一个称为 Vykhod 的设备，通
过把航天员悬挂在一个平衡系统上也可以进行舱外活动模拟训练。

图 2—36　位于星城浮力水槽外面的轨道舱

（可以很清楚地看到模拟舱外活动期间经过长时间水下存储

并经历俄罗斯的严冬之后的效果）

2.6.13　离心机

TsF—18 离心机具有 18 m 的旋转半径，最大载荷为 30 g。它可以用来测试在类似飞行条件下控制飞船时航天员的反应，还可以用来进行发射和返回再入期间的操作训练。尽管在模拟发射期间正常情况为 3 g，但航天员接受的训练已经达到了 20 g。在星城医学大楼里也有一个较小的离心机 TsF—7。

2.6.14　真空—压力舱

在飞船飞行准备期间，有必要把它放进真空—压力舱里，尽可能真实模拟太空条件。不仅是对联盟号飞船，对和平号空间站及其舱段和暴风雪号航天飞机都曾这样做过。在一定的环境下，航天员和测试人员也被关进真空舱内，以帮助训练和检测设备。这些都不设置在 TsPK 而是在能源联合体、星城及其他研究机构。在星城，这样的真空—压力舱也作为水槽的补充，用以试验太空行走技术。

2.6.15　外语训练

1973 年，第一批美国航天员被挑选来进行 ASTP 的训练。由于联合训练和飞行操作需要进行语言上的沟通，他们不得不学习俄语（美国分配有和平号空间站和国际空间站任务）。所有的国际乘员都已经会说俄语，并且很多人已经在苏联接受过飞行训练，所有后来的外籍航天员必须学会俄语以便和同事们一起工作。

20 世纪 90 年代中期，随着国际空间站计划的进展，英语也成为俄航天员训练的一个重要科目。这在他们每周的训练课程中占了很大一部分，现在他们很多人已经非常精通英语了。他们还必须阅读 NASA 技术手册，用英语进行某些训练。英语被看得非常重要，最近就有一位航天员由于没能很好地学习英语而被取消了执行飞行任务的资格。

2.6.16　考核

各种考核是一名航天员生活中的主要组成部分。这些常规的基础考核针对每个单项系统知识、试验或技术，实行 5 分制。每个航天员在他们学习地方的墙壁上都有一个联盟号飞船控制面板的图片，以便尽可能利用每一时刻来熟悉其布局。当分配飞行任务时，这些航天员就会分成乘员组，就所执行的飞行任务中所有关键项目进行考查，同时也进行个人的评估（结果被张贴在联盟号飞船模拟器大厅的墙壁上供所有人查看）。当一个乘员组的名单被国家委员会批准时（通常在飞行任务前约 3 个星期），乘员组成员就会在训练中心签写资格证书，然后去加加林办公室（目前位于星城的 House 博物馆）在乘员组名册上签名。在苏联时期，他们还去参观克里姆林宫墙和列宁办公室。

2.6.17　去往拜科努尔

在 TsPK 的飞行训练一直持续到发射前大约 1 星期，乘员组开始转移到拜科努尔航天发射基地。乘员组成员除了可以在星城的大

图 2-37　国家委员会领导伊万诺夫（Ivanov）宣布执行任务的
首发乘员组名单和后备乘员组名单

楼里会见自己的家属外，都要预先封闭 1 个星期。一到达拜科努尔，他们就要检测其航天服的气密性，在联盟号飞船与运载火箭组装前察看联盟号飞船。国家委员会有一个正式的仪式来对执行任务的乘员组进行确认并许可飞行。然后就是新闻发布会，随后直到开始执行飞行任务前，乘员组成员要一直待在半封闭的航天员大厦里。

2.7　联盟号运载火箭

当乘员组到达拜科努尔时，飞船和运载火箭的一切准备工作都已完成。用于发射联盟号的运载火箭是 20 世纪 50 年代初设计的苏联 R-7 洲际弹道导弹（ICBM）的改进型。R-7 洲际弹道导弹的第一次飞行是在 1957 年 5 月。1957 年 10 月 4 日，由 R-7 改装的火箭把第一颗人造地球卫星——伴侣-1 号送入轨道。三年半后，在 1961 年 4 月 12 日，R-7 另一改进型火箭将加加林驾驶的东方号飞船送入轨道。五年半后，在 1966 年 11 月 28 日，第一艘无人联盟号飞船由 R-7 的又一改进型火箭发射升空。最近 35 年来，几乎所有的各类联盟号和进步号飞船都由 R-7 的改进型火箭送入地球轨道，唯一的例外就是 Zond 绕月飞船，它是在 1968 年到 1970 年由质子号火箭发射升空的。下面对发射工具的发展历史进行简要叙述。

2.7.1 R-7 洲际弹道导弹 8K71

把相似的火箭段组合到一起的观点可以追溯到 1947 年 M・K・季洪拉沃夫在苏联 NII-4 研究所为国防部所做的工作。OKB-1 设计局总设计师科罗廖夫对季洪拉沃夫的设计思想很感兴趣，当时他正进行苏联首枚洲际弹道导弹的结构设计。从 1949 年到 1953 年，几个结构设计方案得到了评估，并于 1953 年被 V・P・格卢什科的 OKB-456（也称为 GDL-OKB）设计局作为推进单元的特色发展起来。这项后来成为 R-7 洲际弹道导弹的结构方案在 1954 年得到批准，并于当年 6 月对 Izdelie 8K71 的研发指定了生产商。（苏联洲际弹道导弹的设计代号通常都以 8A 或 8K 开头，后面是设计局的两位代号，由于 OKB-1 设计局存在于 20 世纪 50 年代或 70 年代，因此洲际弹道导弹的设计代号从 OKB-1 开始变为 8K71。）

R-7 火箭的设计特点之一是具有一个芯级发动机段（A），其上捆绑了 4 个助推器（B、V、G 和 D）形成了第一级。每一级的芯级发动机上都捆绑着 4 个主发动机和 4 个游动发动机。对于第一级，一共有 20 个主燃烧室和 12 个游动燃烧室，都在同一时刻点火，推举着飞行器离开发射台。当连接器引爆时它们就会分离，剩下芯级发动机继续作为第二级，其上面级称为第三级。这就是三级结构方案。该火箭升级改造后已经于 1966 年开始用于联盟号和进步号飞船的发射。

2.7.2 R-7 的动力系统

对 R-7 的早期设计研究集中在以液氧（LOX）和煤油的混合物为推进剂的单燃烧室发动机上，由格卢什科负责的 OKB-456 设计局进行研发。芯级主发动机为 RD-106 发动机，发射时可以产生约 520 kN 的推力，真空条件下可以产生约 645 kN 的推力。4 个捆绑助推器采用 RD-105 发动机，发射时每个发动机可以产生约 540 kN 的推力。然而，在研发过程中，这些发动机在单燃烧室燃烧稳定性上都暴露出了问题。到 1953 年，这一问题变得更加突出，使得火箭无法再承受高热核弹头不断增加的质量。1953 年前，这种设计思想曾计划用于采用洲际弹道导弹来发射原子弹，但是后来转而用于发射（更重的）氢弹（或热核弹）。从原子弹转到热核弹是运载能力必须增加的主要原因。它必须具有把一个 5.4 t 的弹头送到 8 500 km 远的运载能力。令人万分苦恼的是，洲际弹道导弹的质量因此要达到 283 t，需要将近 3 920 kN 的推力。

为了达到要求，格卢什科的设计局研制出了辅发动机 RD－107 和主发动机 RD－108。RD－108 发射时能产生约 736 kN 的推力（真空下约 942 kN），燃烧时间为 304 秒；RD－107 的推力和燃烧时间分别为 814 kN 和 122 秒。这两种发动机仍然使用液氧/煤油，保留了用于联盟号的第一、第二级发动机（已改进）的中心推进单元，并有来自第三级或上面级的推力。RD－107 和 RD－108 并不是 R－7 的最初选择。用于运载火箭发动机的早期设计是一种单室液氧/煤油发动机，其推力约为490～589 kN；但是人们很快就发现，这种发动机不能推举起 5.5 t 的载荷，而且在地面测试中其燃烧室的不稳定性导致出现严重的振荡，显示出了其性能的低劣。这个问题在由 NII－88 的总设计师 A·伊萨耶夫进行的一次设计测试中得到了解决。他曾测试过由推力 392 kN 的单室发动机改进的多室发动机，显示出它比单室发动机具有更大的累计推力。后来就演变为采用泵压式的四室发动机，这就减少了不稳定燃烧带来的影响，也减小了发动机的质量，并使研制和测试的各个阶段都得到了很大的简化。这样，RD－107 和 RD－108 的研制成功为 R－7 提供了所需的动力。

2.7.3　8K71 的基本设计特点

8K71 的芯级长 26 m，底部直径为 2.95，顶部直径为 2.15 m，与捆绑助推器相匹配（参见图 2－38）。每个捆绑助推器长 19 m，底部直径为 2.68 m，并向上逐渐减小至一个点，通过顶点的球－槽连接和底部的捆带束缚到芯级上。在芯级内部可加注 92.65 t 的液氧/煤油，每一个助推器都可加注 39.64 t 的推进剂。带有载荷的基本 R－7 火箭长 33.74 m，加上捆绑助推器后的最大底部直径为 10.3 m；算上捆绑助推器和载荷，但不加注时的质量为 27.7 t；加上总计为 246.6 t 的推进剂后的总质量为 274.3 t；其发射推力约为 3 900 kN，可以运载 5 400 kg 的载荷。

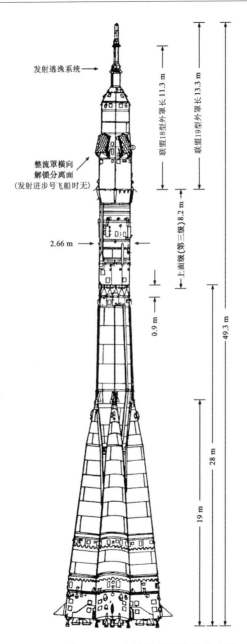

图 2-38　基于 R-7 火箭的联盟号运载火箭

2.7.4　R－7 改造后用于发射联盟号飞船

从 1957 年到 1966 年期间，经对 R－7 发动机、结构和其上面级的改进，一个可靠的、通用的运载火箭系列诞生了，并支持了苏联/俄罗斯航天计划 45 年。下面简单叙述从 1966 年到 2002 年期间，针对用于发射联盟号和进步号飞船所进行的改进。（改进的 R－7 火箭需要进行人机工效学评价，它和东方号、上升号飞船的发展历史在《火箭人》一书中另有叙述。）

用于发射东方号（8K72K）的运载火箭有一个新的上面级，称为 BlokE（Ye），采用单 RO－7 发动机，以液氧/煤油为燃料。它由 S·科斯别尔格（S. Kosberg）负责的 OKB－154 设计局研发，其总推力为 55 kN，燃烧时间为 430 秒，能把飞船送入预定轨道。BlokE 长 3.1 m，直径 2.6 m。

早在 1956 年（伴侣－1 号人造卫星发射前整一年），科罗廖夫就制定了用于空间探测的最"紧急"目标的发展计划。该计划包括在空间利用"卫星站"的预研，以及两飞船空间交会控制方法的研究。4 年后，对该计划又进行了修改，包括了载人绕月飞行和创建空间站。这些航天器都比 R－7 火箭当时所能发射的航天器大得多，科罗廖夫和他的团队并不希望等待还在图纸上的大推力运载火箭，而是把随后的东方系列飞船的计划演化成具有更大质量飞船的航天器任务计划，其重点是改进 R－7 火箭和地球轨道交会，这需要更强大的火箭上面级。然而，这些新的航天器的研制并没有取得比理论研究或模型仿真更深入的进展。1961 年，轨道方面的研究被取消，转而支持重新列入计划的绕月项目，即在 1962 年 4 月的人所共知的联盟号飞船。

2.7.5　11A55 和 11A56——早期用于发射联盟号飞船的运载火箭

在对发射用于绕月的联盟号飞船的火箭的早期研究中，所进行的改进是主发动机的性能提高了 5%，这项在比冲上的改进使得入轨质量达到了 5.8~6.0 t。使用改进后的 RD－107 和 RD－108 发动机的 8K711 R－7 改进型的入轨质量只有 5.6 t，但它仍被看做是科罗廖夫的地球轨道交会计划（不仅包括绕月任务，还包括低地球轨道和地球同步轨道的发射任务）的通用发射工具。8K711 基本上就是没有第四级的 8K78 闪电号（Molniya）运载火箭。因此 R－7 火箭的两个改进型都用来执行联盟号绕月任务。11A56 用来发射无人的航天器，而 11A55 发射载人的 Object 7K（联盟号）。首先要进行载人发射工具的开发，对第一级和第二级发动机进行升级。同时，科斯别尔格的设计局也对实施无人发射任务的上面级（RD－0107）进行攻关，他们要对这些进行改造以便用于新的载人运载火箭 11A55。到 1963 年该发动机已被命名为 RD－0108。然而，人们随即发现 7K 联合体的运载能力很快就超过了新的运载工具，11A55/11A56 因此而下马，转而研制更先进的运载火箭，即 11A511。

2.7.6 11A511——标准的运载火箭

1963 年，该运载火箭被指定专门用来发射联盟号飞船，为计划中的联盟联合体的早期改进型提供发射支持。在这次改进中，遥测系统被削减到 150 kg，并对发动机进行了测试以保证其改进的性能。其上面级（Blok I）长 6.7 m，直径 2.66 m，净重 2.4 t，比 11A57 减少 100 kg。RD－0110 发动机采用液氧/煤油燃料，能产生约 298 kN 的推力，燃烧时间为 246 秒。该运载火箭（加上有效载荷和发射逃逸系统）起竖起来有 49.91 m 高，质量为 308 t，上升推力约为 4 039 kN，可以把 6 450 kg 的航天器送入高度为 200 km、倾角为 56.6°的轨道。这是对发射上升号飞船的 11A57 火箭进行了相当大改进的结果，使载荷增加了 550 kg。该改进型火箭的第一次发射是在 1966 年 11 月 28 日，当时是把宇宙 133 号飞船送入轨道。宇宙号飞船是第一艘进入轨道的联盟号飞船（7K－OK），并且从 1967 年 4 月开始，它就被认为是联盟号的第一次任务，西方媒体开始把该型号

称为"联盟号运载火箭"，以便区分于"东方号运载火箭"。11A511
火箭在联盟计划的最后一次使用是于 1976 年 10 月 14 日发射联盟 13
号飞船。该火箭其他的改进型用于联盟 R 和 P 计划，以支持载人登
月计划。

2.7.7　11A511U 运载火箭

随后的一个运载火箭改进型是联盟 U—11A511U。该通用火箭
的研制工作开始于 1969 年，有关进行 11A511U 研制的政府决议于
1973 年 1 月 5 日披露。该火箭拟被用来取代 11A57（发射上升号飞
船）、11A511 和 11A511M，为了在拜科努尔的运载火箭的测试和准
备工作，对其发射台和地面支持设备都进行了大量改进。发动机得
到了改进，其主级采用冷藏的高密度燃料以提升性能，能够把
6 220 kg 的载荷送入更高的轨道（450 km）。它的第一次发射是在
1973 年 5 月 18 日在普列谢茨克卫星发射基地发射无人照相侦察卫
星，而第一次与载人有关的发射是在 1974 年 4 月 3 日，发射了宇宙
638 号，即为 ASTP 设计的联盟号试验飞船。第一次载人发射是在
1974 年 12 月 2 日，发射了联盟 16 号飞船（ASTP 试验飞行）。27 年
间该运载火箭完成了联盟号、联盟 T 号、联盟 TM 号、进步号、进
步 M 号飞船的发射任务。此外，它在 2001 年 9 月也把 Pirs 舱送到
了国际空间站。

当联盟 18—1 号飞船（由 11A511 运载火箭发射）在发射段出现
故障而失败的时候，NASA 对用于两个月后 ASTP 发射任务的"联
盟号运载火箭"的可靠性表示了担忧。但苏联人指出，这是最后一
次使用设计较陈旧的运载火箭，将使用一个更新的、经过改进的联
盟号运载火箭——11A511U 完成 ASTP 的发射任务。

2.7.8　11A511U2 运载火箭

1975 年 6 月 5 日，通用机械制造部签署了一项命令，对在火箭

第一级使用合成煤油（sintin）的 R－7/联盟的新型号进行改进，这样就能比标准的 11A511 的发射能力有所提高。该火箭能把 7 050 kg 的航天器送入倾角为 52.6°、高度为 200 km 的轨道。1982 年 12 月 23 日，第一次发射的载荷为 Yantar－4KS1 照相侦察卫星（苏联第一颗数字成像侦察卫星）。第一次载人发射是 1984 年 7 月发射联盟 T－12 号飞船。但是由于 1996 年停止生产合成煤油，因此不得不继续使用 11A511 进行载人飞船的发射和执行进步号飞船与和平号空间站及早期的国际空间站对接的任务。从联盟 U2 回复到联盟 U 是因为联盟 U 有足够的能力发射载两人的联盟 TM 号飞船到和平号空间站，当然，需要对联盟 U 进行微小的改动并对联盟 TM 号飞船进行减重。该火箭执行的最后一次载人发射任务是发射联盟 TM－22 号飞船。11A511U2 共发射 72 次，每次都获得成功。

2.7.9 联盟 FG 运载火箭

这是对将近 50 年前就开始研究的 R－7 基本型的最近一次升级改进。对该火箭进行了主发动机的改进和现代电子设备的改进，包括了大多数俄罗斯国产的设备，减少了对外国设备的依赖，因此有希望使可靠性得到提高并为俄罗斯在国际空间站的任务提供服务。

该火箭的核心是 RD－108A 发动机（升级的 RD－108），以液氧/煤油为推进剂，真空下能产生约 1 000 kN 的推力，燃烧时间为 286 秒。4 个捆绑助推器采用 RD－107A（升级的 RD－107），以液氧/煤油为推进剂，能产生约 1 020 kN 的推力，燃烧时间为 120 秒。两种发动机最主要的改进是采用了修改过的燃料喷嘴，其上面级仍采用联盟 U 的 RD－0110 发动机。总的来说，联盟 FG（Forsunochnaya Golovka－Fuel Injector）可以把 7 420 kg 的航天器送入倾角为 51.8°、高度为 193 km 的轨道。其总推力约为 4 145 kN，发射质量（包括载荷）为 305 t，其性能提高了 5%。它的第一次使用是在 2001 年 5 月 20 日，把进步 M1－6 号飞船送入太空与国际空间站对接。

图 2－39　联盟号运载火箭（R－7）

（图中显示了整流罩内的东方号、上升号及联盟号飞船；小图显示了运载火箭的级段和容积）

2.7.10　联盟 2 号运载火箭

联盟 2 号运载火箭是众所周知的联盟改进计划的第二步。第一步是联盟 FG 运载火箭，其主发动机和助推器发动机采用了改进的燃料喷嘴。联盟 2 号与联盟 FG 运载火箭在主发动机和助推器发动机上的改进是相同的，此外，还采用全新的第三级，即使用 RD－0124

发动机（取代在联盟号及联盟 FG 运载火箭上使用的 RD－0110）。
这样，与 RD－0110 相比，RD－0124 有一个更高的比冲（359 秒对
326 秒）和更长的燃烧时间（300 秒对 250 秒）。这使得载荷可增加
约 950 kg。能源联合体的史料表明，联盟 2 号运载火箭可以把
8 350 kg 的进步号飞船（联盟 FG 运载火箭发射的质量为 7 420 kg）
或 8 100 kg 的专用航天器舱段送入轨道。

图 2－40　R－7 运载火箭发射进步号飞船

2.8　位于拜科努尔的联盟号设施

为苏联的洲际弹道导弹创建一个测试发射基地的工作于 1955 年 5 月开始在哈萨克斯坦的丘拉塔姆进行。当时建立的小城（后来称为列宁斯克）经过多年的建设已经发展为一个大城市。在这个发射基地的主要设施是为支持伴侣－1 号人造卫星的发射，东方号和上升号飞船在早期的联盟号飞船计划中得到保留，后来逐渐被取代或得到扩建。第一个 R－7 发射台（1 号场区）的建造于 1955 年 7 月开始，在 1957 年 4 月完成了能模拟发射准备和燃料加注的 R－7 结构测试模型的系统测试工作。该基地能支持 R－7 早期所有的发射任务，包括 1957 年 5 月 15 日的第一次发射（8K71）、1957 年 10 月 4 日伴侣－1 号卫星的发射，以及 1961 年 4 月 12 日加加林的飞行。后来也支持了很多次联盟号发射任务。为了躲过西方的侦察，丘拉塔姆基地很多年来都被称为离实际地点约 370 km 远的拜科努尔。直到 1991 年苏联解体，丘拉塔姆才被确认是一个发射基地，但是人们一般情况下仍称之为拜科努尔发射基地。1995 年 12 月，列宁斯克被重新命名为拜科努尔（拜科努尔位于哈萨克斯坦）；这样就出现了在哈萨克斯坦有两个地方称为拜科努尔的情况，即最初的城镇（从来就与发射基地没有任何关系）和前面提到的列宁斯克（关于拜科努尔及其早期设施和实际范围的更详细的描述见《火箭人》）。50 年来拜科努尔发射基地的综合设施已得到了极大的发展，这里已经建立了能支持载人登月（已取消）和暴风雪号航天飞机计划，以及几次商业发射计划、联盟号载人飞行任务、进步号物资补给任务、运送空间站舱段和商用有效载荷的质子号火箭发射任务等的发射设施。

2.8.1　1 号场区：发射工位（PU）5

随着加加林的成功飞行，该发射台被命名为"加加林发射台（Gagarinskiy Start）"，自那时起，共进行过载人和无人飞行计划的

400 多次发射。政府把该综合设施命名为 17P32 － 5（或 Object 135）。该场区（1A）的扩建已于 20 世纪 70 年代中期完成。但是，发射台后来基本和原来保持一样，针对由发射东方号和上升号飞船改为发射联盟号飞船的变化，并没有作出大的改动（对该发射台发展的描述见《火箭人》）。

图 2－41 在 MIK 大楼内，R－7 火箭的各级段和整流罩内的
联盟号飞船进行水平组装，几天后将用火车运往发射台

2.8.2 2 号场区：运载火箭准备区和 MI 厂房

1956 年到 1957 年，用于 R－7 火箭及其载荷的准备区的创建工作完成；1957 年，一个用于 ASTP 的 1B 新扩展区建成。1997 年，该地区被放弃，发射联盟号和进步号飞船的准备工作移到了 254 号场区。1958 年，MIK 2A 准备区建成，从 1960 年开始为 R－7 洲际弹道导弹的弹头进行准备。该地区被放弃后不久，R－7 作为洲际弹

道导弹就退役了。另一个 MIK（MIK－2B）用于准备天顶号军事卫
星的发射，目前被用来加工和组装联盟号运载火箭。

2.8.3　2B 场区：运载火箭准备区和 MIK 2A 厂房

2B 场区是用于联盟号飞船、进步号飞船及其运载火箭的另一个
备用区。135R 计划从 2002 年开始部署在 112 号区。

图 2－42　处于发射状态的运载火箭及火箭顶部整流罩内的联盟号飞船
（发射架的机械臂已经撤下准备发射）

2.8.4　31 号场区：发射工位（PU）或 17P32－6

1960 年，该区的另一个 R－7 发射台作为一个"R－7 战斗基地"
开始建设。当 R－7 作为洲际弹道导弹退役时，该区为发射闪电号通
信卫星的带有 Fregat 上面级的联盟号运载火箭进行了改造。该发射台

也是用于载人航天计划和进步号飞船发射的第二个联盟号运载火箭发射台，但自从 1984 年起再也没有用于联盟号飞船的发射。很多进步号飞船是从这里升空的。整个 20 世纪 70 年代和 80 年代，该设施一直用于较陈旧的东方号运载火箭的发射，这或许可以解释为什么它被人们称为东方号发射台（另一个正式的名字是 Object 353）。

31 号场区坐落在发射基地的"右腰"位置，离列宁斯克约 50 km。在这里，R－7 洲际弹道导弹的第一次发射是在 1961 年 1 月 14 日，这里发射的第一个飞行器是于 1964 年 4 月 4 日发射的宇宙 28 号（天顶 2 号 间谍卫星），采用的是 R－7 系列的 8A92 型运载火箭。该区在 1966 年 11 月也进行了第一次联盟号（宇宙 133 号）飞船的发射，但 1966 年 12 月 14 日，该发射台在第二次联盟号飞船发射事故中被彻底破坏了。1967 年 10 月，联盟号运载火箭在 31 号发射台上继续发射了宇宙 186 号飞船。该发射台也被用来发射无人航天器，有带有 Freget 上面级的联盟系列火箭，其第一次试验发射是在 2000 年 2 月。到 2000 年 1 月 1 日，31 号场区已经进行了 339 次发射。

31 号场区也至少有一座联盟号组装大楼（MIK 40）来支持发射任务和一个称为 11G12 的联盟号飞船燃料加注站。这个加注站在 20 世纪 60 年代中期建造，最初是用于联盟号，但后来也用于加注其他的飞船和卫星，甚至在 1 号场区发射的联盟号飞船，在运到 2 号场区与火箭对接前也要先运到 31 号场区进行加注。1972 年，又一个加注站（11G141）在 91A 区（质子号区）建成，用于钻石号空间站的加注。后来也用于 Blok D 上面级的加注。到 90 年代初它一直在运营，但到 2005 年需要进行几个阶段的整修。整修后它将接替随后也要进行整修的 11G12。

2.8.5　32 号场区：R－7 住宅区

从 1960 年开始，32 号场区成为 31 号场区工作人员的居住区。它包括 MIK－32 和 MIK－32GCh 的组装大楼，曾用于储藏 R－7 火箭部件。

2.8.6　112 号场区：运载火箭总装厂房

对位于 112 号场区（称为 11P591）巨大的 N1/能源号（Energia）火箭组装大楼进行改造的工作安排在 2002 年的 4 月。一旦改造完成后，联盟号运载火箭的测试和准备工作就集中在该处了。除了对陈旧的大楼进行再利用外，对连接 112 号场区和 1 号发射台的铁路线也进行了修复，用以把飞行硬件从组装大楼直接运送到发射台。此外，还计划利用连接 112 号场区和能源号发射台的铁轨，把 112 号场区和发射联盟 2 号火箭的 31 号区连接起来。这里将会支持联盟 U 和将来的联盟 2 号下一代用于载人发射的 R－7 运载火箭。112 号场区有希望在 2003 年进行联盟号运载火箭的准备工作，但这有可能因为最近一次的高山坡（飞行过的暴风雪号航天飞机和一些运载火箭硬件放置在那里）滑坡而推迟。幸运的是，联盟号火箭的准备是在低处山坡（没受到滑坡影响）进行，那里也有净化房间供 Starsem 组织运来的载荷使用。

2.8.7　254 号场区：飞船总装厂房

飞船总装大楼（称为 11P592）原为暴风雪号航天飞机提供发射准备场所，后来用于俄罗斯空间站模块的装配，目前是联盟号和进步号飞船进行准备工作的场所。

联盟号火箭在 1 号场区发射，下列航天器在 31 号场区发射：宇宙 133 号、宇宙 186 号、宇宙 213 号、宇宙 238 号、联盟 3 号、联盟 4 号、联盟 6 号、联盟 8 号、联盟 9 号、宇宙 638 号、宇宙 672 号、宇宙 1074 号、联盟 32 号、联盟 33 号、联盟 34 号、联盟 T（1）号、联盟 35 号、联盟 36 号、联盟 T－10 号、联盟 T－11、联盟 T－12 号（后面的 3 个型号是因联盟 T－10A 号飞船在发射台上爆炸摧毁了 1 号场区而改在 31 号场区发射的）。

2.9　联盟号飞船的生产

联盟号飞船的建造在和东方系列飞船相同的地点进行。但是，这样一艘先进飞船的建造需要一套用于飞行硬件生产的专门设施，最理想的地点是一个老的炮兵工厂（位于加里宁格勒 OKB－1 的对面），在 20 世纪 50 年代曾是第 58 中央科学研究院（TsNII－58）。随着导弹时代的到来，炮兵武器变得过时了，快速核反应堆的生产就成为该处的首要任务，直到分配 OKB－1 设计局东方号任务和 1962 年开始研制固体导弹。在 1959 年 7 月 3 日，"第二领域"正式成为 OKB－1 设计局的一部分，并在 1 个月内，有 5 000 名职工在副总设计师 K·布沙耶夫（K.Bushayev）的领导下，开始了东方号飞船的建造工作。

图 2－43　生产中的联盟号飞船的轨道舱内部

1963 年 5 月，副总设计师 S·克留科夫（S. Kryukov）继续主管联盟计划，第一艘联盟号样船于 1964 年春天走下装配线。东方号和大多数联盟号飞船之所以成功，是因为实行了装配生产线。这的确已经成为联盟号飞船研制的法宝，这样的过程持续了将近 40 年。

返回舱的生产分成基本段和上部的钟形结构两部分进行。首先，下面的支撑大底在基本段进行装配，仪器设备位于该支撑大底上面，其顶部放置航天员坐椅的支持机构。安放设备的支架要量身定做，分散装在钟形结构内部（联盟号飞船内的每台设备或组件都要分别进行力学、振动、高压和真空试验）。只有当所有的设备在返回舱的这两部分都装好后，才开始对它们一起进行密封。在另一个生产线，轨道舱分两个半球进行生产，配备有在轨飞行期间的航天员生命保障设备和其他仪器设备。接下来的装配就是推进舱的圆柱结构的组装。每个组件都依次与舱段的其他部分进行测试。组件装配完毕，这三部分就装在一起进行一系列的美国称为"匹配和功能测试"工作，以确保与飞船各分系统的兼容性。

2.9.1　地面试验

各部件和整船要在地面和空中进行一系列单独的和联合的试验。缩比模型和工程测试项目最初是在试验的各个阶段使用的，但是全尺寸的模拟船要和运往拜科努尔前的上天产品一样列入试验计划。某些情况下，航天员要利用模拟船和仿真器进行部分训练。

（1）真空试验

热控船在真空压力舱内进行机械系统（例如天线和太阳电池阵）操作性能和气密性测试。

（2）热试验

每艘飞船的防热底都要在专门的"空间烤箱"里进行超高温

试验。

（3）振动台试验

一系列的振动试验用于考核飞船在发射、飞行和着陆过程中遇到的各类环境条件的承受能力。3 个舱段和整船在一系列的测试中模拟飞船在发射和着陆段的振动情况，随后进行动力学强度试验，考核联盟号飞船在高过载情况下结构设计的可靠性和有效性。对返回舱还要进行一系列的冲击试验，包括从不同高度和在制动发动机全部、部分及最少点火等不同情况下，返回舱坠落到岩石、土地、雪、冰、沼泽及水域等的情况。

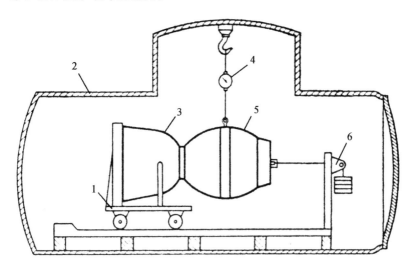

图 2—44　轨道舱与返回舱分离试验台

1— 小车；2— 压力舱；3 —返回舱；

4 —测力计/负载表；5 —轨道舱；

6 —分离后轨道舱的固位装置

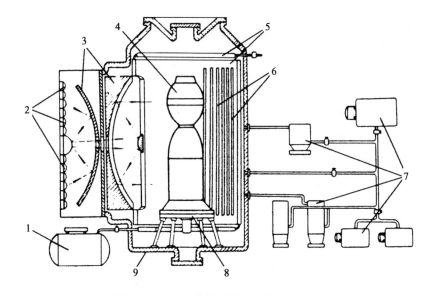

图 2-45　用于热控系统试验的热压力舱

1— 液氮箱；2— 氙气释放灯；3— 光学系统；4— 模拟船；

5—低温罩；6 —地球辐射模拟装置；7— 泵；8— 可转动的支持结构；9— 舱体

（4）系统测试

　　飞船经过试验后，所有的飞行系统和分系统就要经过测试和评估，以确保在飞行中达到设计的性能。用飞船工程试验模型在测试台上模拟整流罩分离，高速照相机记录整流罩的分离过程，而遥测设备则收集飞船和整流罩数据。可以通过测量整流罩分离后飞行的速度和角度，来计算出分离力。整流罩分离并进入轨道后飞船的展开试验，包括对接设备、天线和太阳电池阵等试验。物理、机械和电子系统只在测试船上进行测试，而上天的飞船则在真空舱内进行测试。为了模拟在轨道上的微重力，测试中的飞船模型被吊挂在测试台上。测试中，几米长的吊索连接到展开的天线上，吊索中的张力抵消了重力对天线的作用。太阳电池阵安装在滚轴上，当接收到指令并在推进舱舱壁上的折叠位置处展开时，能自由地沿着水平面移动。爆炸螺栓起爆后，太阳电池阵、天线能依次展开。这些机构的展开力由传感器记录。在测试塔内模拟返回舱在正常任务结束、发射逃逸及其他情况下与轨道舱和推进舱的分离，录像和遥测数据用来分析事件的过程和舱段分离的水平。对接机构（可以单独在测试塔内进行，也可在测试船或正样船上进行）和航天员从前舱门移动或从侧舱门进行舱外活动等操作的测试程序与此相似。

图 2—46　飞行前测试中的联盟号飞船的轨道舱

2.9.2　飞行试验

在联盟号飞船的研制阶段进行飞行试验，在应用新的飞行系统和进行升级改造后也要进行相应的飞行试验，并扩充试验结果数据库。飞行试验主要集中在正常和紧急情况下的大气内飞行。

早期的防热底和飞船的测试模型被安装在地球物理火箭上被发射到高层大气层，在那里舱段分离后开始受控的下降过程。"飞船"内部的遥测传感器记录防热材料的温度和烧蚀情况，当返回舱沿着实际的再入轨道降落时，同时记录返回舱内和表面的结构、热量参数及弹道数据。

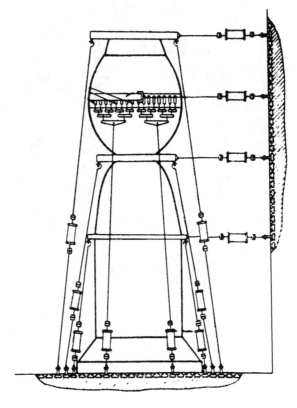

图 2—47　联盟号飞船的静力试验系统

在使用飞机进行降落伞系统的测试过程中，通过利用飞船模型和全尺寸模拟船以及经飞行试验考核的硬件精确模拟真实返回舱的再入数据。这些试验也测定了降落伞能在多大的角度展开并在安全范围内正常工作，哪种降落伞材料和绳子最好，以及在主降落伞失效后备用降落伞如何启动。在降落过程中，对飞船和降落伞的结构部分进行了各种测试，并对舱门防火系统、防热底分离、制动火箭点火、跟踪与通信系统以及返回舱结构的耐高空着陆冲击的能力等进行分析。

（a）返回舱与推进舱分离试验系统

（b）推进舱太阳电池阵展开试验

图 2—48　系统测试

试验目的决定了运输机应在何种天气条件下，以多大速度、多少高度飞行。在预定点，试验舱从运输机后部弹射出来并向地球坠落、稳定，降落伞系统在离地面 10 km 处开伞（或失效）。从运输机上开始的部署和系统操作都被空中和地面的摄像机摄像，以用于事后的评估。在早期投放试验中，空投试验程序还包括各种环境条件下的着陆试验。

要对返回舱进行海上试验，以测定其在湖面和大洋（通常是在黑海）上受到的浮力。海上试验最初是无人的，或者由测试人员代替航天员，但作为训练科目的一部分，航天员仍要进行海上试验（如前文所述）。

图 2—49　在测试台上对飞船集成系统进行全面测试

对联盟号飞船硬件进行的空气动力学试验的另一个方面就是在测试台上对逃逸系统的测试。飞船和发射逃逸塔模型安装在一个较小的试验飞行器上（类似于对阿波罗号飞船的指令舱逃逸塔进行的 Little Joe 试验），并安装有传感器，在发射台（无人）或飞行中对发射逃逸过程进行录像。这种试验是用来模拟运载火箭发生飞行偏差（如 1975 年的联盟 18—1 号飞船）、发动机失效、上升过程中出现超大过载、火灾和爆炸（如 1983 年的联盟 T—10—1）等情况。

图 2—50　太阳电池阵展开后，对飞船进行飞行前系统测试

2.9.3　联盟号飞船系统模拟和试验范围

随着 1972 年到 1975 年 ASTP 工程的开展，有机会确定联盟号飞船在制造和飞行准备期间进行的系统模拟和试验的范围和深度。NASA 的工程师们被允许获取经苏方核对过的各类测试数据，以确保阿波罗号飞船与在轨的联盟号飞船进行对接的安全性和协调性。这些数据（部分数据）包括：

1）用于静力试验的轨道舱结构模型；

2）用于动力学试验的轨道舱结构模型；

3）生活舱最终布局相容性验证模型；

4）最终研制的生命保障系统模型，包括新的和改进的设备；

5）轨道舱热模型；

6）飞船天线模型；

7）对接动力学模型；

8）热真空试验用对接系统界面气密性验证模型；

9）对接系统结构部件的研发和检验平台；

10）对接适应性测试系统。

试验计划完成后，正样飞船就准备运到拜科努尔发射基地，在总装前和总装过程中作进一步测试。此时，测试与设计工程师和负责生产的质量监督员要核实流程中的所有测试程序：

1）船载设备安装后的舱段和液压气动管路压力气密性测试；

2）火工品电路测试；

3）对接系统操作的自动测试；

4）RF 通信链路和天线测试；

5）外部设备展开机构和安装精度的测试，包括安装基准；

6）传感器和测量系统设备测试；

7）与地面设备连接的电缆连接测试；

8）飞船系统的电性能验证测试；

9）无线电系统测试；

10）生命保障系统、日用品、照相和录像设备、定向灯、探照灯的测试；

11）综合测试准备；

12）综合测试（电性能）；

13）测试结果分析；

14）调整后再次测试（必要时）；

15）去掉测试连接电缆；

16）运输准备；

17）运输到发射场的技术区。

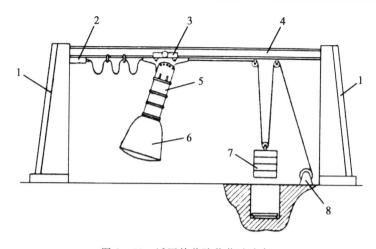

图 2－51　返回舱着陆载荷试验台

1—支撑结构；2— 制动设备；3— 滑车；4— 横梁；

5— 悬挂设备；6— 模拟返回舱；7— 配重；8— 绞盘

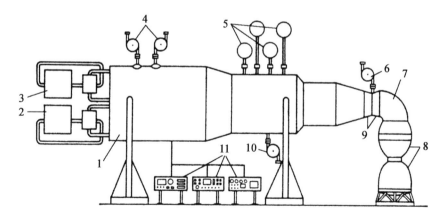

图 2－52　礼炮号和联盟号组合体的生命保障系统试验

1—礼炮号空间站模拟舱；2—外部热循环模拟设备；3—外部冷却回路模拟设备；

4—气闸舱抽气泵；5—高压气体贮箱；6—对接机构间抽气泵；

7—转移通道（仅为地面使用）；8—联盟号飞船轨道舱和返回舱模拟船；

9—对接机构；10—泄漏模拟泵；11—控制与显示面板

2.10　在拜科努尔发射基地的联盟号飞船

飞行任务的三大要素（运载火箭、飞船和乘员组）在拜科努尔发射基地进行合练。他们按任务计划于不同的时间到达这里，进行硬件和乘员组的最后训练和检查，并最终确定飞行清单。

2.10.1　发射准备

联盟号运载火箭的芯级和 4 个捆绑助推器通过铁路从位于萨马拉的进步号飞船的生产厂运抵并交付给 32 号场区，准备在 2 号场区的 MIK－2B 里进行组装。

联盟号飞船发射前的准备工作在拜科努尔维护区的 MIK OK 254 号场区进行，在那里它被吊挂在各种塔架上进行各独立和集成系统的预匹配测试。对包括重要的交会和对接雷达等的无线电工程系统的最后测试是在一个屏蔽室内进行的，因为在这里从飞船设备发出的无线电波不会被暗室墙上的吸收材料所反射。先对船载无线电设备进行电磁兼容性检查，以确保与其他设备间无干扰，然后就进行热控系统工质二级加注。

发射前近两个星期时，乘员组成员来到拜科努尔参观 MIK 大楼的设施并观看飞船发射准备过程。在短暂的参观过程中，乘员组成员进入飞船内，对他们的设备将要放置的地方进行最后检查，并再一次与他们在训练机和模拟器上看到的飞船内部布局作对比。在美国，更详细的乘员组训练被称为乘员组集成测试，包括在航天飞机轨道器乘员舱内的适应性和功能性活动。乘员组成员在飞船被放进整流罩内前最后一次进入飞船。（1982 年，联盟 T－5 飞船的乘员组成员在检查飞船过程中，当打开从轨道舱进入返回舱的舱门时，碰掉了一个松了的螺母并掉进了返回舱，结果总装人员花了一段时间才找到。乘员组成员都很不安，因为他们认为这反映了他们的能力——在临近发射前对飞船造成破坏，哪怕是偶然

的，也都被认为是很糟糕的。）查看完设施后，乘员组成员返回
TsPK 进行最后阶段的训练，直到计划发射前的 1 个星期至 10 天
再返回发射场。

　　之后，放置在发射掩体内的燃料和压缩气体就加注到联盟号飞
船，并将飞船转移到 MIK－2B，在那儿联盟号与 Blok I 上面级进行
对接，再次进行联合测试。

图 2－53　位于 MAI 的运载火箭上面级顶部的联盟号飞船
（其返回舱为经过飞行的）

目前的联盟号飞船在拜科努尔的准备过程是这样的：在运抵发射场后，联盟号飞船和联盟号运载火箭的上面级被放在 254 号场区的组装大楼内，联盟号运载火箭的一二级段放在 2 号场区的组装大楼。发射前 1 个星期，联盟号飞船被送到 31 号场区的 11G12 燃料加注站，随后返回 254 号场区 MIK 大楼与联盟号火箭上面级和整流罩进行装配。然后，飞船和火箭上面级运到 2 号场区与火箭芯级和捆绑助推器进行装配，并对整个系统（称为"成套装置"）进行更进一步的系统集成检查。

从 MIK－2B 转移到 1 号场区 5 号发射台按照惯例是在早上 7：00 开始。这里的操作过程不同于在 31 号场区的第二艘联盟号发射设施的操作过程，在此用 MIK40 为有效载荷和火箭上面级以及火箭的主辅发动机提供支持。由于综合设施离 LP6 非常近，都在 31 号场区的支持下，因此航天器转移一般安排在上午 7：30 进行。该场区与 MIK40 相邻，也有用于联盟号飞船、国际空间站舱段和其他俄罗斯卫星的燃料加注设施。

图 2－54　在拜科努尔的 MIK 大楼内处在各加工阶段的联盟号飞船

发射前两天，R-7火箭全系统放在带有一个起竖臂的平板火车上，尾部朝前，从 MIK 大楼向发射台缓慢移动。移动的速度可以描述为"挪步"，缓慢移动的火车有媒体对其拍照，并有官员和工作人员跟随。当火车沿铁轨移动时，人们把硬币放在它行驶的路上，让火车将其压扁，成为发射台工作人员的纪念品。让航天员观看运输过程也成了一种传统。

在发射台上，当运载火箭固定后，起竖臂就会把火箭竖起在发射台上。一旦火箭在发射台上稳定后，起竖臂就会放下。运载火箭运输车撤离发射台区域后，服务平台和脐带塔就升高并围绕在火箭四周，然后开始进行射向瞄准。地面支持设备网络在火箭和发射设施周围进行安装。发射时间取决于任务需求和地面条件。

图 2-55　联盟号飞船及其运载火箭通过铁轨进行
水平运输，从拜科努尔的准备区运往发射台

要不断地强制进行空气对流以调节防护罩内的空气温度，达到并维持飞船及其内部设备需要的温度，并对运载火箭和飞船进行一系列发射前机械、电子、通信和火工品的测试。当该区域被清场后，就会给运载火箭加注燃料和压缩气体。加注状态的检测是自动、远程完成的，这是在走过很多运载火箭被推迟发射和地面人员受到伤亡这样一段艰难的路程后吸取的教训。这只影响到无人飞行，但是发射联盟 T－10－1 号飞船时的爆炸带来的危险是很明显的。一般在发射前的 5～6 小时开始加注推进剂，在对燃料管路进行进一步检查和清理后工作人员撤离。

图 2－56　联盟/R－7 组合体在发射台上起竖到垂直

2.10.2　发射场测试与测试流程

在拜科努尔，NASA 的代表在 ASTP 任务期间可以了解到在总装阶段和发射台上进行的测试程序。发射准备阶段测试流程如下：

1）总装前进行单个舱段的技术测试；

2）舱段供电电路测试；

3）飞船液压管路和舱段的气密性测试；

4）对接机构的自动测试；

5）飞船舱级对接；

6）飞船质量调整和质量测定；仪器舱推进系统安装；

7）天线和对接系统展开测试；

8）地面测试电缆连接；

9）无线电/遥测系统测试；

10）日用消耗品、生命保障系统及摄像和照相系统的测试；

11）定向灯、探照灯的测试；

12）飞船整船综合测试（电气）；

13）组装后的飞船在真空室内进行气密性测试；

14）组装后飞船热控系统的气密性测试；

15）飞船系统评估；

16）生命保障系统和动力系统测试；

17）载人状态的系统操作测试（人机工效）；

18）飞船火工品电路测试；

19）飞船推进系统加注燃料和压缩气体；

20）太阳电池阵安装和测试；

21）舱门气密性测试；

22）与火箭整流罩匹配检测；

23）飞船与火箭装配并运到发射台。

发射台上的检查流程如下：

1）无线电系统确认测试；

2）火工品电路测试；

3）舱门气密性测试；

4）应急逃逸系统火工品测试；

5）轨道舱和返回舱环控和热控系统准备；

6）乘员组成员入舱；

7）舱门气密性测试；

8）从乘员面板上进行船上系统的初始测试；

9）天—地无线通信确认测试；

10）医学监控；

11）发射准备确认，进入发射倒计时。

早期的联盟号发射准备流程与在美国卡纳维拉尔角（Cape

Canaveral）的发射程序完全不同。已经适应了异常干净洁白的建筑物的西方人，当第一次到发射准备区，看到经过处理后的 R－7 火箭表面的一层沙尘时（很显然是从台阶上吹落下来的），都很惊讶。当他们把这作为在几百台仪器和设备必须瞬时按顺序启动以保证平稳发射过程中可能发生的问题提出来的时候，东道主苏方告诉他们说："火箭被运出、提升、发射，灰尘自然就会落下来了！"

2.10.3　发射阶段

联盟号的发射受到几个因素的影响，包括光照时间、任务持续时间（飞船着陆的时间和地点）、中止飞行条件以及是否与另一航天器（如空间站）相关。当执行与在轨空间站的对接任务时，发射主要受空间站轨道的影响，只能在空间站的轨道平面经过发射基地时发射，以便使飞船在目标空间站下后方进入同一个轨道平面。由于轨道平面每天都有漂移，有约 60 天的重复周期，因此从拜科努尔到空间站的最优时间的发射窗口大约每两个月才有一次（从倒计时、发射到上升的过程详见前言）。

2.10.4　驾驶"成套装置"

在《一名航天员的日记》（1983 年出版）一书中，V·列别杰夫（V. Lebedev）回忆了他在 1982 年乘联盟 T－5 号飞船发射的经历："从下面的某个地方我听到来自喷火的火箭发动机雷鸣般的轰隆声。火箭开始左右摇晃，好像要失去平衡似的。随后我们从发射台上升起，感到失去了一切支撑。这只有 2～3 秒的时间。然后火箭就升空了，好像它突然被释放出来似的，我们忍不住大叫'Go-o-o-u'。"

航天员对于火箭级段分离的回忆根据不同的火箭而有所不同，有的很平稳，而有的则不同。上面级的飞行通常比上升段初期要更颠簸，在发射过程中乘员要承受 2～3.5 g 的过载。上面级的发动机关闭后 4 秒，联盟号飞船与火箭上面级分离，进入初始轨道，飞船的控制任务就由拜科努尔转交给莫斯科飞行控制中心，乘员组成员开始准备执行分配给他们的飞行任务。

2.11　飞行控制中心

联盟号飞船安全入轨后，主要的支持网络集中在位于莫斯科附近的任务控制设施。目前的设施取代了最初位于克里米亚的指挥设施（自 20 世纪 70 年代以来一直在使用）。

20 世纪 50 年代后期，苏联建立了 15 个地面站，即所谓的科学测量点（NIP），组成了跟踪和遥测网络，用于无人和载人航天器的通信。在 60 年代，苏联逐渐组建了装备有空间跟踪和通信设备的远洋船队，在苏联领土以外也能与航天器进行通信。尽管苏联于 1969 年到 1970 年，在乍得、古巴、几内亚、马里和阿拉伯联合酋长国都建立了地面站，但与遍布全球的更加先进的美国载人飞行地面站网络相比还相差很远。苏联地面测控站在驻扎在莫斯科外围的战略导弹军队 NII－4 的支持下，直接受 32103 军事小组控制。每次任务都有专门的运行和控制组（GOGU），由来自军队、设计局、生产厂和科学院的大约 10 名专家组成。GOGU 设在莫斯科的 NII－4 或在莫斯科国防部控制中心（the Ministry of Defence Control Centre）。在东方号或上升号飞船只有几天的飞行任务期间，国家委员会成员也不会离开丘拉塔姆，他们必须在任务期间保持与莫斯科 NII－4 的联系。

2.11.1　叶夫帕托里亚：最初的联盟号任务控制

要完成联盟号飞行任务（到月球和空间站的更为复杂、时间更久的飞行任务）需要建立一个新的专门的飞行控制中心。选择的地点是在克里米亚的叶夫帕托里亚，是第 16 个 NIP。该处在 1966 年到 1975 年间一直作为几乎所有的联盟号飞船飞行的主要控制中心。在新的飞行控制中心，一个大约 500 人的团队（与在休斯敦的美国任务控制中心（MCC）一样）在时间相对较短的任务期间以 8 小时三班倒的方式进行工作。该地区也有在 20 世纪 60 年代初期建造的深空测控设施，用以支持金星和火星探测。在早期的联盟号任务中，飞控中心的首长是 P·A·阿加占诺夫（P. A. Agadzhanov）少将，到 20 世纪 60 年代后期，由 N·G·法杰耶夫（N. G. Fadeyev）上校领导载人登月项目的硬件研制期间的飞控任务。

GOGU 由一名军官（飞行主管）领导，而"技术领导"（或副飞行主管）则由科罗廖夫设计局的首席代表担任（1966 年到 1968 年是切尔托克，1969 年到 1973 年是特列古布（Tregub））。有关飞控运行的最终决定由国家委员会做出，GOGU 只扮演顾问的角色。1973 年 DOS 空间站（宇宙 557 号）的损失似乎与 GOGU 的这种军/民双重领导体制多少有点关系，之后就决定只设一个非军方的飞行主管。身居该职位的一直都是航天员，1973 年到 1982 年是 A·耶利谢耶夫，1982 年到 1989 年是 V·留明（V. Ryumin），1989 年开始是 V·索洛维耶夫。

2.11.2 加里宁格勒：莫斯科任务控制

在 1975 年 7 月 ASTP 的最后准备阶段，苏联发射了联盟 18 号飞船并与礼炮 4 号空间站对接。该任务原定只有 28 天，但后来延长到 62 天，以便使航天员在联合飞行期间能在太空停留更长时间。这让一些美国人感到既惊奇又担忧，他们怀疑苏联是否有能力同时完成空间站任务和国际对接任务。美国中央情报局科学技术处副主任 C·达克特（C. Ducket）在 7 月 2 日召开的听证会上听说此事后，表达了这种担忧，他说："从指挥的角度看，我不认为（苏联人）能很好地同时完成两项飞行任务……应当不惜一切代价地避免同时完成两项任务所带来的复杂性。苏联的通信能力和中心的管理设施比美国相差甚远。"NASA 的疑问暴露了苏联正在为空间站运行使用一个单独的飞行控制中心，并计划让 ASTP 使用另一套新设施。的确，他们在 1974 年的宇宙 638 号任务实施中证明了这一点。

图 2—57　从 20 世纪 70 年代中以来，所有联盟号飞船的飞行都由莫斯科加里宁格勒的飞行控制中心进行控制，其作用相当于 NASA 的休斯敦任务控制中心

新的飞行控制中心（FCC）位于加里宁格勒（1996 年改名为科罗廖夫），在莫斯科市中心东北 10 km、TsPK 西北 10 km。人们知道的只是飞行控制中心的简称 TsUP（俄语发音为"tsoop"），而航天员在太空象征性地称之为莫斯科（Moskva）。TsUP 的建造开始于 1959 年秋，1960 年 10 月 3 日被正式作为 NII－88（1967 年被改名为 TsNIIMash）的计算中心。这个日子被看做是 TsUP 正式的"诞生日"，2000 年 10 月 3 日举行了 40 周年的庆祝活动。在 20 世纪 60 年代该计算中心又被改名为坐标计算中心。然而，由于它只负责处理遥测信号，其角色几乎完全是被动的，直到 70 年代开始用于对飞船进行控制才得到改变（当时该计算中心被改名为 TsUP）。1975 年 5 月中旬，在联盟 18 号飞船发射前美国人来这里参观时对这里留下了很深的印象，但是他们并不认为这里具备与他们自己的位于休斯敦的 MCC 有相同的能力。TsUP 自 1975 年开始接管了联盟号飞船

（及空间站）所有的飞行控制任务，并成为改造后的莫斯科飞行控制中心，用于对和平号空间站和国际空间站任务的控制。到和平号空间站 1986 年进入太空时，这里已经得到长足的发展，拥有了一套包括 7 台机器的计算机支持系统，每台都有每秒 12.5 百万条（MIPS）指令处理能力，并正在开发具有 40～50 MIPS 能力的计算机。

　　在主控大厅中分布有 5 排控制台，24 个飞控工位涵盖了飞行的所有方面，包括飞行动力学、轨道轨迹、飞船系统、航天员健康、通信及电源等。房间前面的墙上是一幅巨大的世界地图。当联盟号飞船经过地面测控站或测控船的测控网范围内时，其当前位置就显示在与空间站对接或与空间站并行的轨迹上。主显示屏两边是巨大的数据显示面板，记录着每艘飞船的任务逝去时间、轨道变化、轨道参数和其他遥测数据、对接接近距离以及对接中的速度等。电视屏幕放映着从空间拍摄的来自飞船内部（乘员组活动）或外部（例如进步号飞船的对接）的图像。主控制大厅外有十几个房间，供包括飞船跟踪、飞行轨道规划及交会对接等各方面的专家使用。其中有一个房间专供医生监视乘员组成员的工作和健康状况（在医学与生物研究所也有一个类似的控制间），还有一个房间用于与乘员家属进行私人谈话。在房间后面的上部走廊的周围，是为官员、媒体和宾客们观看准备的座位。

　　到 1990 年（该中心成立后 20 年），估计已有 5 000 名职工，每班都有 50 人和 500 人分别在主控大厅和辅助用房内值班。控制工作采用四班倒方式，人员工作 24 小时后休息 3 天。在联盟号飞船往返空间站的过程中，在各个辅助用房内进行与乘员组的通信和控制工作，当联盟号飞船停靠在空间站时，就转为在主控大厅内进行。20世纪 80 年代，这里又增加了一个新的控制大厅，打算用于后来被取消的暴风雪号航天飞机的控制，现在则被用来对国际空间站俄罗斯部分进行控制。很多航天员都曾在这里工作，TsUP 的作用已经扩大，可以对国内的卫星如海洋号（Okean）和流星号（Meteor）卫星进行控制。

和美国休斯敦的 MCC 一样，由轮流就任的飞行主管领导飞控队，航天员通常处理与飞船的通信任务。1984 年，V·洛巴切夫（V. Lobachev）担任了莫斯科飞行控制中心的主管。自从该建筑建成之后，飞行主管就一直由有经验的能源联合体的航天员担任了。

2.12　回收部队

联邦宇航搜救部门负责搜寻返回舱并把乘员组成员从着陆地点营救出来。主回收区是在哈萨克斯坦的切利诺格勒和杰兹卡兹甘之间。正如苏联/俄罗斯宇航官员所认为的，载人飞船的返回再入总是一个很危险的过程。2003 年 2 月，哥伦比亚号航天飞机爆炸及其 7 名机组人员遇难这一悲剧，就无情地证明了这一点。

苏联的有关文件披露了载人飞船回收（至少是从地球轨道开始）的两个主要因素：一个是在白天着陆；一个是在日照区进行在轨制动，允许飞船进行手动定向。正如在目标航天器经过发射地点时进行向目标航天器的发射一样，与空间站的分离并开始着陆也只能在航天器经过着陆区期间的每 24 小时的某个时刻才能进行。由于航天器轨道平面的缓慢变化，随着飞行任务的进行，在一天中的回收时间也越来越早。正常情况下，最好的着陆时间是在日落前的 3 小时内。

通常航天器是在几内亚海湾上空进行再入制动，在埃及上空进入大气层，并经过大气层的烧蚀和里海上空的通信黑障区。正常的着陆区位于哈萨克斯坦的列宁斯克东北部。

回收部队装备有各种飞机、直升机和地面交通工具，跟踪飞船上的 19.995 MHz 无线电信号直奔着陆地点。在飞船打开降落伞后的下降过程中，与乘员组的通信频率是 121.75 MHz。

返回舱一旦着陆（通常会有直升机对其进行录像），降落伞就会分离。当返回舱静止不动的时候，回收部队已经到了附近。回收部队成员和来自航天员训练中心的专家们就会奔向返回舱，打开上面的舱门，查看里面的乘员是否受伤；需要格外小心，因为舱的外壳通常仍然很热，信标设备仍发射一定的辐射信号。

图 2—58　联盟 TM—34 号飞船的返回舱被牵引车运回

　　专家们把返回舱扶正后在其周围放置一个金属结构架，上有一滑板，以帮助乘员从飞船里出来。通常乘员一出来就被安置在坐椅上，并送到帐篷里进行初步的体检。很多回收都是在冬天进行的，乘员组成员都穿着毛皮大衣。在简单的欢迎仪式以及对飞船交接签名、接受来自朋友们的祝贺后，乘员组成员被转移到当地的空军基地，然后乘飞机飞往拜科努尔，抵达莫斯科。一回到星城，乘员组成员就要进行汇报，接受体检，参加各种庆祝活动。

　　飞船的返回舱装车（有时候是吊挂在直升机下面）后，被带回大本营。清除剩余的燃料和火工装置后，飞船的返回舱就被运到位于科罗廖夫的能源联合体，大多数联盟号飞船都存放在那里。

参 考 文 献

〔1〕　*Design Characteristics for Soyuz*，ASTP 40001，30 April 1974；*Safety Assessment Report for Soyuz Pyrotechnick Devices*，ASTP 20204，10 February 1975；*SAR Soyuz Propulsion and Control Systems*，ASTP 20202.1，1 May 1975；*SAR for Soyuz Fire and Fire Safety*，ASTP 20203，1，1 May

1975；*SAR on the Soyuz Habitable Modules Overpressurization and Depressurization*，ASTP 20205.1.1May 1975，NASA JSC History Archive，ASTP Collection，Houston，Texas.

〔2〕　Apollo-Soyuz Mission Evaluation Report，NASA JSC-10607，December 1975，pp. A-14-A-32.

〔3〕　Johnson，Nicholas，*Handbook of Soviet Manned Spaceflight*，AAS Science and Technology Series，48，p. 102.

〔4〕　Siddiqi，Asif，*Challenge to Apollo*，NASA SP-4408（2000），p. 467.

〔5〕　Hall，Rex D. and Shayler，David J.，*The Rocket Men*，Springer-Praxis（2001），pp. 94—102.

〔6〕　*Ibid.*，pp. 248—251.

〔7〕　Glushko，Valentin P.，*Kosmonavtika Entsiklopedia*，Moscow Research 'Soviet Encyclopaedia'，1985.

〔8〕　Grahn，Sven，'Characteristics of the Soyuz Attitude Control System'，web site，http：//www. svengrahn. pp. se/histind/Soyuzl Land/soyAtti. htm and 'The Igla radio system for rendezvous and docking'，web site，http：//www. svengrahn. pp. se/histind/RvDRadar/IGLA. htm.

〔9〕　Web site，http：//www. computer-museum. ru/english. argon，16. htm.

〔10〕　Interview with Viktor Przhiyalkovsky，former General Director of NICVET，Moscow，24 May 2002，'Computing in the Soviet Space Programme '，http：//hrst. mit. edu/hrs/apollo/soviet/interview/interview-przhiyalkovsky. htm.

〔11〕　Grahn，Sven，'Zond（7K-L1）cockpit layout'，web site. http：//www. svengrahn. pp. se/histind/Zondmiss/Zondcock. htm.

〔12〕　Web site，http：//www. computer-museum. ru/english. argon. 11c. htm.

〔13〕　'Propulsion unit of emergency rescue system of Soyuz TM spacecraft'，ISKRA Machine Building Design Office press release，1990.

〔14〕　*Parachute Systems for Descent of Manned Spacecraft*，Aviaexport，USSR. *c*. 1990.

〔15〕　Hall，Rex D. and Shayler，David J.，*The Rocket Men*，p. 226.

〔16〕　Grahn，Sven，'Soyuz emergency landing zones：the 'ugol pasadki' story '，web site，http：//www. svengrahn. pp. se/histind/Ugol/

Ugol. htm.

[17] Varfolomeyev, Timothy, 'Soviet Rocketry that Conquered Space: Evolution of Korolyov's R-7 launchers', *Spaceflight*, 7, August 1995, pp. 260—263.

[18] Siddiqi, Asif, *Challenge to Apollo*, NASA SP-4408 (2000), pp. 128—144.

[19] *Novosti Kosmonavtiki*, NO. 4, 2002, pp. 71—72.

[20] Siddiqi, Asif, *Challenge to Apollo*, NASA SP-4408 (2000), pp. 195, 462.

[21] *Safety Assessment Report for Soyuz Manufacturing and Test Check-out*, ASTP 20206, 1 May 1974. NASA ASTP Collection, Box 1276, File 11, Houston, Texas.

[22] Siddiqi, Asif, *Challenge to Apollo*, NASA SP-4408 (2000), pp. 543—538.

[23] Ezell, Edward, and Ezell, Linda, *The Partnership: a History of the Apollo-Soyuz Test Project*, NASA SP-4209, 1978, pp. 307—310.

第 3 章 对接任务（1966 年～1970 年）

经过 5 年多的设计研究之后，联盟号飞船的第一阶段轨道飞行试验在 1966 年至 1970 年之间完成。紧随这些飞行任务之后的是研制一艘改进的联盟号飞船（7K－OK），用于试验和评估交会对接方法，此项技术与载人月球计划直接相关，后来转为与空间站计划相联系。该型飞船是在最初的设计以及 20 世纪 60 年代改进的基础上发展而来的，是第一种业务运行的载人飞船，后续的所有联盟号飞船都以此为原型。这种型号通常被称为"初始型联盟号飞船"。

3.1 初始型联盟号飞船

当首批航天员进行早期的联盟号飞船飞行试验时，这种飞船为一种三舱结构的航天器，由前部的工作舱（轨道舱）、中部的乘员舱（返回舱）以及后部的服务舱（推进舱）构成。

该型飞船的设计起始于 1964 年，源自联盟号组合体的早期研究。载人飞船延续了其研发成果，但 9K 贮箱和 11K 月球转运级的工作中止了。1965 年 8 月 18 日，军事工业委员会批准了 7K－OK 项目，1965 年 10 月 23 日签署了草案。空间站运输飞船和联盟 T、联盟 TM 以及联盟 TMA 等型号均由 7K－OK（轨道船）的飞船（代号 11F615）发展而来。初始型联盟号飞船于 1966 年 11 月进行了首次无人飞行（宇宙 133 号）。本章仅对 1966 年至 1970 年间进行的无人和有人飞行任务进行介绍。

与这些初始型联盟号飞船配套的运载火箭是由 R－7 火箭改进的 11A511，其上面级是增强功率的 RD－0110，能够产生 298 kN 的推力。这种火箭是在用于上升系列飞船的改型火箭基础上发展而来的，但没有使用 RD－0108 上面级发动机。这种运载火箭也被命名为联盟号。火箭总长增加到 49.91 m（包括联盟号飞船及其整流罩），海

平面发射推力为 4 029 kN。该火箭能把 6 900 kg 的有效载荷送入
200 km×450 km 的轨道。

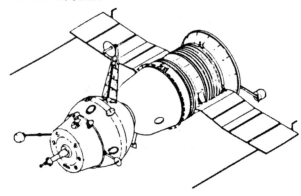

图 3-1　初始型联盟号飞船，1967 年到 1981 年在役

3.2　首次飞行的准备

苏联军事工业委员会于 1965 年 8 月 18 日下发了一系列雄心勃
勃的第一批 7K-OK 飞船的飞行试验时间表：1965 年第四季度将交
付两艘飞船，1966 年第一季度交付另外两艘飞船，1966 年第二季度
交付运载火箭；同时明确，在 1966 年第一季度进行的首次飞行中要
进行两艘无人飞船的对接。不到 6 个月之后，也就是在 1966 年年
初，该计划被修正为：1966 年 7 月到 8 月进行 1 号船和 2 号船的无
人对接，1966 年 9 月到 10 月进行 3 号船和 4 号船的有人对接飞行，
1966 年 11 月间由 5 号船和 6 号船进行第二次有人对接飞行。在这个
计划中，在对接任务完成之前没有单独安排联盟号飞船的飞行试验。

随着准备工作的持续进行，发射时间表继续被修正，要在 1966
年 11 月前进行第一次无人发射是不可能的了，至少在 1 月以前也不
会有航天员乘坐联盟号飞船进入地球轨道。航天员训练设施和与飞
行任务相关的硬件生产也落后于时间表。因此，自 1965 年 3 月后，
再没有苏联航天员飞上太空，而 1965 年 3 月到 1966 年 11 月间，10
名美国双子星座号飞船的航天员顺利升空并成功完成了交会和对接、
舱外活动、有系留操作，飞行任务时间延长至 4 天、8 天和 14 天，

还进行了多种附加的随船科学实验。不仅如此，第一艘载人阿波罗号飞船于 1967 年年初成功发射，显然苏联在月球竞赛中已经落在了后面。1966 年 11 月 3 日，当航天员们正为飞行任务作准备，各种硬件设施准备就绪即将执行第一次载人联盟号飞行任务时，在费奥多西亚进行的着陆试验中，降落伞回收系统的鉴定遭遇挫折，备份伞系统失灵了。试验设定了主伞的分离，并成功打开了备用伞，但在 460 m 高度，用于联盟号再入稳定的发动机开始按计划排出推进剂，排出的过氧化氢腐蚀了伞绳并导致它们断开。这使得悬挂在降落伞下的返回舱以每秒 1 圈的速度旋转，使主、备伞系统都产生跳动。在继续进行降落伞硬件的改进的同时，执行第一次飞行任务的乘员组已经确定并开始了训练。所有这一切仍表明，至少在 1967 年 2 月之前不会有载人飞行了。

3.2.1 早期的联盟号飞船航天员分配

最初的训练组于 1965 年 9 月被确定进行联盟号飞船的训练，包括 A・G・尼科莱耶夫（A. G. Nikolayyev）、V・F・贝科夫斯基（V. F. Bykovsky）、V・M・科马罗夫、P・I・科洛金（P. I. Kolodin）、Y・P・阿尔秋欣和 A・N・马京琴科（A. N. Matinchenko），他们全部来自空军。费奥季斯托夫也是在 OKB−1 设计局被选中的，同时科罗廖夫有权在以后再补充若干他自己设计局的工程师。上升 3 号飞行任务取消后，空军又增加了 Y・V・赫鲁诺夫（Y. V. Khrunov）、V・V・戈尔巴特科（V. V. Gorbatko）、G・S・绍宁（G. S. Shonin）和 V・A・沙塔洛夫进入训练组；经过空军高级领导和政府官员多次协商，尤里・加加林恢复了飞行并加入联盟号飞船的训练组。1966 年 9 月，科罗廖夫的 OKB−1 设计局增选 A・S・耶利谢耶夫、V・N・库巴索夫、V・N・沃尔科夫（V. N. Volkov）和 G・M・格列奇科进入训练组。

后备乘员组成员是可以流动的，例如阿尔秋欣在这期间加入了月球计划训练组。1966 年秋，第一批乘员组被确定参加这项宏伟的计划，即发射两艘联盟号飞船并进行乘员组交换。

联盟 1 号首发乘员组：V・M・科马罗夫

后备乘员组：   Y・A・加加林

联盟 2 号首发乘员组：V·F·贝科夫斯基、A·耶利谢耶夫和
　　　　　　　　　　　Y·V·赫鲁诺夫
后备乘员组：　　　　　A·G·尼科莱耶夫、V·N·库巴索夫
　　　　　　　　　　　和 V·V·戈尔巴特科

第一艘联盟号飞船于 1967 年 4 月发射，当其飞行中出现问题
后，联盟 2 号飞船的飞行被取消。由于科马罗夫于返回过程中死亡，
在飞行任务的计划者和设计飞船的工程师们忙于处理事故期间，所
有的乘员组都解散了一段时间。其他的变化还包括贝科夫斯基转到
月球计划训练组、1968 年 3 月加加林死于飞行事故。

最终还是决定重新进行联盟 1 号和联盟 2 号飞船的对接与乘员
舱外活动，但同时也决定进行一次试验飞行，以一艘单独的载人飞
船与无人的联盟号飞船进行对接。1968 年年初，航天员别列戈沃伊
(Beregovoi)、沙塔洛夫和沃雷诺夫（Volynov）被指定为联盟号飞
船的该项试验而进行训练，重新执行联盟 1 号和联盟 2 号飞行任务
的乘员组也形成了。所有的指令长（沙塔洛夫、沃雷诺夫、菲利普
琴科（Filipchenko）和绍宁）不论是首发还是后备乘员都是新的，
但其余的人还是当初确定执行 1967 年飞行任务的乘员组成员。

图 3-2　1967 年 4 月 23 日联盟 1 号和联盟 2 号乘员组成员在拜科努尔
（前排由左至右为科马罗夫（联盟 1 号），贝科夫斯基、赫鲁诺夫与
耶利谢耶夫（联盟 2 号），他们报告执行对接飞行计划准备就绪）

当联盟 4 号和联盟 5 号飞船飞行成功之后，决定以联盟 7 号和联盟 8 号飞船重复这次任务。在此之前进行了一次单独的联盟号飞船飞行试验，是由乌克兰的 Paton 研究所发起的，并选拔出一个训练小组进行训练。这个训练组包括来自空军的绍宁和库克林（Kuklin），以及来自 TsKBEM 的格列奇科。V·G·法尔图什内（V. G. Fartushny，从 Paton 研究所专门挑选的航天员）加入了这个三人小组，他将负责进行焊接试验（Vulcan）。然而，由于计划和政治方面的优柔寡断，这次任务被推迟了几个月，法尔图什内因身体不适暂时离开，随后他被科罗廖夫设计局的工程师替换。最终决定进行 3 次飞行，在 3 天中发射，并确定了几个乘员组；但同时也决定这 3 个乘员组只有 1 个后备乘员组，这主要是因为模拟训练时间不足。因此，只有 4 个乘员组（而不是 6 个）需要进行训练。选定的乘员组名单如下。

联盟 6 号首发乘员组：G·S·绍宁和 V·N·库巴索夫

联盟 7 号首发乘员组：A·V·菲利普琴科，V·N·库巴索夫和 V·V·戈尔巴特科

联盟 8 号首发乘员组：A·G·尼科莱耶夫和 V·I·谢瓦斯季扬诺夫

沙塔洛夫和耶利谢耶夫是所有 3 次任务的后备乘员组成员，科洛金仅是戈尔巴特科的后备。经考核后，苏联人不得不更换联盟 8 号乘员组，首发乘员组被沙塔洛夫和耶利谢耶夫替换。尼科莱耶夫和谢瓦斯季扬诺夫则成为“三套车”飞行的后备乘员。

上述飞行完成后，苏联人决定进行一次为期 18 天的联盟号飞船飞行。对这次长时间飞行的要求非常高，因此成立了一个由 3 位乘员组组成的特别训练组。

首发乘员组：A·G·尼科莱耶夫和 V·I·谢瓦斯季扬诺夫

后备乘员组：A·V·菲利普琴科和 G·M·戈尔巴特科

支持乘员组：V·G·拉扎列夫和 V·I·亚兹多夫斯基（V. I. Yazdovsky）

关于拉扎列夫是否进行飞行曾进行过很多争论，因为他是一名空军军医而这次恰恰是执行医学飞行任务；但首发乘员组保持不变。

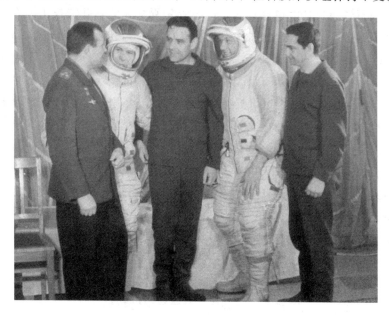

图 3-3　执行联盟 1 号与联盟 2 号飞船对接和
舱外活动任务的乘员组成员与加加林讨论他们的目标

（由左至右为加加林（后备指令长，联盟 1 号）、赫鲁诺夫（飞行工程师，
联盟 2 号，着舱外活动航天服）、科马罗夫（指令长，联盟 1 号）、耶利谢耶夫
（飞行工程师，联盟 2 号，着舱外活动航天服）、贝科夫斯基（指令长，联盟 2 号））

3.2.2　宇宙 133 号：第一艘进入轨道的联盟号飞船

1966 年 11 月 25 日，首次两艘无人联盟号飞船的交会和对接飞行任务被国家委员会批准。第一艘飞船——7K-OK（2 号）将在 11 月 28 日发射。它将在对接中充当主动航天器，而被动航天器——7K-OK（1 号）将在 24 小时后发射。在苏联的飞行计划中，主动航天器总是按偶数编号，而被动航天器通常以奇数编号。根据飞行方案，若被动航天器被送入距主动航天器 20 km 以内的轨道上，则

在其第 1 圈或第 2 圈进行对接。如果前述条件不能满足，则在 24 小时之后进行对接。按计划两飞船将保持对接状态 3 天，各自在发射后第四天返回着陆。联盟号飞船的工程师相信，如果一切按计划进行，将能够在 12 月底进行一次相似的飞行。此计划包括推迟无人军用卫星天顶号的发射，以便使联盟号飞船能够从两个发射台进行发射。卡曼宁在他 1966 年 11 月 28 日的日记中记载了这个对苏联下一阶段载人太空探险至关重要的步骤："我们等待这一时刻已经 4 年多了。我们近期的航天计划系于今天和明天我们要看到的发射……所有的探月飞船都将以联盟号飞船为基础。"

　　1966 年 11 月 28 日，2 号飞船发射了，大约 9 分钟后进入倾角 51.82°，171 km×223 km 的轨道，周期为 88.9 分钟。这几乎是一次完美无瑕的发射，只是 R－7 火箭的工作状况稍差一点。这次发射是设计局、工厂以及发射场数年辛勤工作达到的顶峰。在不透露飞船真相的情况下，塔斯社的新闻宣布一艘新的苏联飞船——宇宙 133 号成功发射并进入轨道。

　　但是很快就发现宇宙 133 号情况不妙。随着飞船与火箭上面级分离，接近与定向系统（DPO）贮箱的内部压力在 120 秒内由 340 个大气压突然降至 38 个大气压（1 个大气压＝101 325 Pa）。发动机继续工作了 15 分钟，几乎耗尽了燃料并且飞船产生了每分钟两圈的缓慢滚转。

　　由于原本用于对接过程轨道控制的燃料储备消耗殆尽，这一操作显然已很难实现，控制滚转以及 1 号飞船的发射被取消了；于是所有的努力都集中在飞船的返回上。DPO 推进器不仅用于对接，也用于主 SKDU 发动机工作使飞船在离轨的过程中保持稳定。有建议提出应该使用备份离轨发动机（DKD），该发动机有自己的一套稳定推进器；但测试表明这些推进器使飞船向与命令指示相反的方向转动，结果是宇宙 133 号将孤立无援地留在了轨道上，直到 39 圈之后，轨道自然衰减会使它下降，此时用自毁系统将其破坏。

　　这个问题的解决方案是采用 SKD 主发动机工作约 10～15 秒，

在此期间另一套推进器——定向发动机（DO）工作保持稳定。这一方法虽然能实现再入，但远不及正常方法精确，着陆点将很不准确。工程师们直到宇宙133号飞行第34圈时采用太阳敏感器保持飞船姿态之后才采用了这一技术（原本试图在飞船飞行第17圈时着陆，但因不清楚正确的指令是否已经被执行而放弃，于是决定采用离子定向敏感器进行后续的尝试）。

11月30日早晨，飞船再次经过苏联地面站的跟踪范围，第33圈离轨的指令被发出。发动机工作时间非常短，但在下一圈时飞船的速度降得足够低，可以开始其再入飞行轨迹了。然而，在飞船经过奥尔斯克地区时防空军的雷达失去了它的踪迹，在阿克纠宾斯克至塞米巴拉金斯克之间连续几天的空中搜索均一无所获。显然宇宙133号飞船已经越过了苏联向中国飞去，船上的23 kg TNT被引爆炸毁了飞船，其残骸最终坠落在太平洋马里亚纳群岛东部。

卡曼宁长期以来一直反对苏联飞船采用全自动系统，他和其他一些国家委员会成员一致宣称，如果船上有一个乘员组而不是只放一个假人，这次任务是可能被挽救的。无论如何，这次飞行可以被认为取得了有限成功，因为它提供了足够的机会来评估整套系统和飞行程序。4个委员会联合起来对此次故障（DPO所携带推进剂的损耗、离轨发动机工作期间缺乏稳定性以及飞船飞行第15圈时遥感设备（Tral））的原因进行了调查，并肯定了好的一面：离子定向系统被证明是稳定的，SKDU发动机可以在真空环境反复点火，尽管稳定控制失败，但联盟号飞船还是返回了。此外，发射操作和发射流程的准确执行成为联盟号飞船飞行任务准备的里程碑。

调查结果认定系统设计是合理可靠的，但装配和测试有问题。定向发动机的燃气舵子系统内的服务导线非常混乱，一套失效的系统被装上了宇宙133号飞船。定向系统的故障使飞船失去了正确方向，进而使发动机工作时不能充分燃烧。调查结果同时建议下一艘联盟号飞船（1号飞船）应该进行无人单船飞行，验证改进措施，同时为1967年年初将进行的首次载人对接进行人机工效评价。所有的

对接飞行任务都被否决了，单船无人飞行试验显然成为比高难度的
无人对接更好的选择。

3.2.3　31 号发射台的大火

　　困扰 2 号飞船的难点是容易解决的，1966 年 11 月 8 日，决定在
当月中旬进行 1 号飞船的单船飞行试验。如果试验成功，将使 1 月
29 日左右进行的 3 号和 4 号飞船的载人对接飞行方案明朗化。这预
示着在进行载人对接之前不需要进行第二次无人对接。载人对接及
在联盟号飞船之间通过舱外活动进行人员交换计划在 5 号飞船和 6
号飞船上进行，单艘发射的 7 号飞船将执行包括焊接试验在内的研
究任务。

　　12 月 14 日，在准确无误的倒计时之后，1 号飞船于当地时间 16
点从 31 号发射台发射。点火命令发出数秒之后，R－7 火箭主发动
机意外停车了，几千加仑的水浇透了发射台以熄灭所有火焰。在确
定发射台安全之后，包括米申在内的一个专家组出发去发射台保护
火箭的安全。几个工作人员到达发射台区域，发射塔架开始移动到
火箭后方以防它在风中摇摆。就在此时，突然一声巨响，联盟号飞
船的发射逃逸系统"嗖"的一声点火了，轨道舱和返回舱从顶上分
离开来。逃逸火箭引燃了 R－7 火箭的第三级，导致了爆炸。为了逃
命，工作人员们连滚带爬地冲进了附近的控制掩体。幸运的是没人
在火箭附近，不到两分钟，火箭爆炸了，发射台被火海吞没，大部
分人安全逃离。尽管许多人受了重伤，但只有科罗斯特列夫（Koro-
stylev）少校一人牺牲，他没能躲到混凝土掩体之后。

　　这次事件所造成的损失在程度上远不及 1960 年 10 月发生的
"Nedelin 大灾难"，据说那次因 R－16 ICBM 在发射台上爆炸导致了
数百人丧生。就在 SAS 起火的时候，卡曼宁恰好在一座距 31 号发
射台仅 700 m 的建筑中。听到沉闷的爆炸声后，他迅速从二楼下来
跑到外面，看到联盟号飞船的舱体挂在张满的降落伞下缓慢地落向
地面。他返回到三楼的窗前，清楚地看到第三级火箭着火了，火焰

顺着 R－7 火箭的边缘向下蔓延。他意识到火箭将要爆炸后，立刻命令所有人离开房间进到走廊里。卡曼宁后来回忆说他是最后一个离开房间的人，"在关上房门的时候，我看到发射台上发出巨大的闪光。两三秒后，一连串强烈的爆炸接踵而至。墙和天花板剧烈颤动，墙上的石灰像下雨一样落下来，玻璃从窗户上飞出去。走到完全破碎的窗户前，我们看见火箭的骨架在燃烧，浓烟滚滚。所有的房间里满是碎玻璃和墙灰。大块的玻璃像子弹一样穿透了对面的墙。如果在屋里再多待几秒钟，我们都会被玻璃打成筛子。"

爆炸发生 20 分钟后，一个由国家委员会成员参加的会议在联盟 MIK 大楼举行，参加会议的人们关心那些失踪者。幸运的是，米申、克里莫夫（Kerimov）和基里尔洛夫（Kirillov）少将（发射基地第一部部长）都很安全地躲在另一个掩体里，侥幸没有受伤。爆炸切断了所有的电话联系，电视摄像机在发动机停车后也关闭了，因此没有录像可以用来分析该事件。第二天情况已经很明了了，发射台被严重损坏，火箭残骸撒布在很大一片区域。

随即成立了一个委员会进行事故调查，并在 12 月 16 日提交了他们的调查结果：事故是由第一级火箭的一个捆绑助推器引起的。切尔托克称，助推器的一个点火器发生了故障，导致整个点火程序的中断。R－7 火箭发动机关机的原因找到了，并且问题不严重；捆绑助推器的故障也很容易修复，如果其他事情不发生，火箭有望在几天后发射。

更严重的问题是 SAS 为什么会被激活。在飞行过程中，逃逸系统只可能由地面指令或船上的感应系统激活，后一种情况包括出现飞行路径偏离、发动机过早关机或助推器过早分离以及火箭发动机燃烧室内部压力变化。显然，上述情况没有一个在这次事故中出现。飞行后调查认为可能塔架向后移动的时候提升了 R－7 火箭的位置，于是触发了逃逸系统。事故发生两天之后，卡曼宁推理认为塔架向后移动触发了 SAS。然而，能源联合体的官方资料与切尔托克都称是芯级火箭的陀螺仪在断电之后意外地触发了 SAS。看起来这个结论是经过彻底分析和深思熟虑的。

　　另一个明显的谜团是为什么逃逸系统的触发会导致 R－7 火箭起火。当然，这不是事先希望的。调查发现，当返回舱和服务舱分离时，服务舱热控系统的管线被无意中切断了，导致异辛烷冷却剂泄漏。这种极易燃的物质被上升的逃逸系统所喷出的火焰引燃，很快火焰就蔓延到服务舱，并且从那里传到了 R－7 火箭。具有讽刺意义的是，就在 12 月 11 日，发射基地事故之前 3 天，在卡普斯京·亚尔附近的弗拉季米洛夫卡对 SAS 系统进行了测试。当时系统也是这样着火了，但服务舱没有加注燃料因而没有发生爆炸，因此事故就被忽视了。卡曼宁在日记中提到，他是在差点儿送了命的拜科努尔爆炸之后才很沮丧地得知这一事故。从正面看这次事故，至少 SAS 的启动证明该系统能够在发射异常中止的情况下工作，让返回舱安全着陆而挽救航天员的生命。17 年之后的 1983 年，当运载火箭在发射台爆炸时，这套系统的确救了航天员的命。

　　显然，在 1967 年之前不会再有无人飞行了。初始型联盟号飞船以"宇宙号"为代号作掩护（宇宙 133 号），其飞行任务中遇到的难题所掩盖的实质上是苏联人试图将航天员送入轨道所经历的困难。与双子星座号飞船取得的巨大成就相反，苏联自上升 2 号飞船之后再没有航天员上天，但普遍的传闻是苏联将使用一种新的载人飞船重返太空。美国的媒体曾报道暗示说宇宙 133 号不是普通的科学实验卫星，而是无人状态的新型载人飞船的先导型。12 月 20 日，卡曼宁记下了他的日记："美国人知道我们已经开始准备新的一系列的载人飞行，但他们对我们实际遇到的困难一无所知。"卡曼宁或其他任何人都没有意识到情况将变得更糟。

3.2.4　宇宙 140 号任务

　　12 月 16 日，国家委员会决定在联盟号飞船乘员组上天之前再进行一次无人飞行，首次载人飞行将不早于 1967 年 3 月。如果 12 月 14 日的飞行成功，载人飞行将立刻进行，接着又有其他几件事情的耽搁使得无人飞行被推迟到 2 月。31 号发射台——联盟号飞船的主发射台被严重损坏，至少 6 个月不能使用，因此必须尽快改装 1 号发射台以适应更大的联盟运载火箭。然而，所有燃料加注系统和服务于联盟号飞船的硬件只能在 31 号场区进行操作，因此运载火箭必须在那里加注推进剂然后通过铁路转运到 2 号场区，该地区配备有 1 号发射台的辅助设备但没有安装用于联盟号飞船检测的设备。

由于一辆小型转轨机车出轨，因此在转运过程中需要停止数次以检查安置在铁路转运平台上的运载火箭的固定和拴系情况，这给原本就缓慢的发射准备进程又增加了新的障碍。此外还有关于设计操作程序以避免 12 月发射台异常中止再次发生的讨论，以及因反对发射台工作组的传统检测方法而进行的是否采用全自动系统的争论（当时监测人员在火箭升空前 5 分钟撤离了发射台）……不管怎样，2 月 3 日凌晨，在大风和 −30℃ 的低温下，第三艘联盟号飞船终于被安置在了发射台上。

但新的挫折又来了。就在 2 月 6 日 4 小时倒计时时，因出现不能立即鉴别的技术问题而取消了这次发射，这使得人们担心因把船箭运回 31 号场区需要进行更细致的检查而又要耽搁两三个星期。幸运的是故障点被查出来，是飞船轨道舱的一小段电路，可以及时修复并在第二天尝试新的发射。在拜科努尔工作从来不是件轻松的事，因为一年中的任何一个月气候都可能变得很糟，但是在 1967 年 2 月 7 日，在 −22℃ 的气温和最高风速为 80 km/h 的阵风的情况下，联盟号飞船终于首次从加加林号发射台发射升空了，尽管比预定时间晚了 20 分钟。由于弹道较低，飞船飞出拜科努尔区域比计划要早，不过信号被 Sary Shagan 跟踪站捕获，确定飞船已经入轨了。官方命名为宇宙 140 号实际上是联盟 3 号的飞船已经在太空中了。

轨道较低可能是由于一个助推器工作不良造成的，这导致了轨道低于预计值并且拜科努尔控制中心失去了飞船信号。在第 15 圈时一个主发动机工作，但没能将轨道寿命延长到 48 圈以上；另外，由于 45K 太阳/恒星敏感器故障，联盟号飞船显然不能将其太阳电池阵转向太阳。这是因为天体定向系统的试验消耗了分配给该系统的燃料的 50%（远远超过预计值）。

当飞船飞出苏联地面站控制范围几个小时之后，2 月 8 日早晨，在飞船飞行第 13 圈时恢复了通信联系。飞行第 22 圈时，飞船 SD-KU 主发动机工作了 58 秒，改变了轨道参数，使得飞船（理论上）能在轨运行超过 200 天。但是，进一步进行的两次尝试——企图调整飞船方向并锁定其太阳电池阵对准太阳以便船上电池重新充电失败了。2 月 9 日早晨，船上电池基本耗尽。于是决定在飞行第 33 圈时尝试再入（比预计的早至少一整天）。在仅有离子定向系统（宇宙 133 号已经证明是成功的）的情况下，人们担心的是制动火箭排出的燃气可能会干扰敏感器使飞船偏离航线。然而一切都按计划进行着，直到降落伞展开之后，甚高频发射机发生故障，短波系统才停止了正常工作。

宇宙 140 号被认定已经在咸海附近着陆，但不可能确定具体地点。尽管如此，经过 4 小时的空中搜索，最终在冰雪覆盖的湖面上发现了返回舱，比预计着陆点远了约 510 km，这说明它完成了一次弹道式再入，而非计划中的升力再入。飞船的回收经历了一个很长的过程，这个过程也遇到了一些麻烦。在回收人员赶到现场的那段时间里，返回舱穿透了冰层沉入 10 m 深的水底。由于返回舱砸在一大块冰上，因此在其表面上冲出了一个洞，虽然一开始它是浮在水面上的，但水渗进去后它便沉没了。这件事给工程师们敲了警钟，他们曾经设计和试验返回舱落到各种地方，包括水上，也包括了使返回舱具有一定的漂浮能力，但这一次显然是失败了。这是苏联的返回舱第一次降落在水上。

回收被证实是困难的，并且得到了空军和来自黑海舰队的一组潜水员的协助。由于舱体进水，使得它不能被直升机直接吊起（这一情形令人想起 1961 年 G·格里索姆（G. Grissom）的独立钟 Liberty Bell 飞船），只好由一架 Mi－6 直升机把舱体在冰和水中拖了 3 km，到达干燥的地面。此时距返回舱着陆大约有 48 小时。飞行后调查发现，一个温度传感器的穿舱插头（专门填充了胶）维护不当，位置不匹配，因此在再入过程中造成返回舱烧穿了个 30 mm × 10 mm 的孔。在距地面几千米高时防热底按计划被抛掉，其碎片掉进了冰里；有一些回收的碎片是来自插头部位的，这说明返回舱是从那里被烧穿的。这导致舱内压力降至 200 mmHg，而内部温度只上升了不到 20℃。如果当时舱内有航天员，他们肯定丧生，因为那时除了进行舱外活动外没有计划让联盟号飞船的航天员穿航天服。为了防止这种情况再次发生，防热底上的插头被取消了，整个单元被制成一个整体。同时作为一种备份措施，所有被怀疑的地方都采用辅助材料进行了加强。

2 月 16 日，在 TsKBEM 召开了一个会议，讨论调查和飞行试验结果。被指定进行即将到来的载人对接飞行的首发和后备乘员组成员都参加了会议。显然，尽管航天员可以克服天体定向的问题，但他们很可能在返回过程中或着陆后死亡。由于存在这些缺陷，很明显联盟号飞船的载人飞行还没有准备就绪，必须批准进行进一步的无人飞行试验。然而，大多数的计划部门似乎已经认定宇宙 140 号出现的问题并不严重，不足以停止进行壮观的联盟号飞船对接和通过舱外活动转移航天员。人们只是希望通过对防热底的改进避免在以后的飞行任务中出现烧穿而产生失压现象，卡曼宁的报告称，如果没有新增任务或试验造成的额外负担，他的乘员组可以在 40～45天内准备好。卡曼宁曾记载："基于（米申总结的）联盟号飞船飞行和地面试验结果，我们可以着手准备在 4 月初进行载人飞行。每个人都同意这个时间表，只要所有的试验和改进能够准时进行。"没有任何记载表明当时是否有航天员提出过涉及安全性的意见，或者对他们即将乘坐去飞行的联盟号飞船缺乏信心。

2002 年 4 月，一篇对飞船设计师和前航天员 K·费奥季斯托夫的采访刊登在《劳动报》上。在这篇采访中，他就联盟号飞船的第一次载人飞行及其仍旧折磨着当事人良心的事情发表评论："当载人太空飞行的问题（在 2 月 16 日的会议上）被讨论时，只有我们的一个设计师普鲁德尼科夫（Prudnikov）表示反对。他认为增加一次无人发射是必要的。但我们，像通常一样，很着急。发射被安排在 4 月下旬，可能他们（苏联领导人）想在 5 月 1 日制作一份'献给国家的礼物'。对我来说，直到现在，回想起那次灾难还感到很沉痛。"

3.3　联盟 1 号飞船的悲剧

联盟号飞船首次载人飞行的乘员组的组建开始于 1965 年 9 月，乘员组成员从空军航天员中选拔，在 1966 年 5 月加入了第一批的几位 TsKBEM 的工程师。飞行任务计划包括联盟 1 号飞船载 1 人发射，第二天发射载 3 人的联盟 2 号飞船，它将与联盟 1 号飞船在轨道上交会并对接。紧接着，联盟 2 号乘员组中的两人将进行舱外活动，转移到联盟 1 号飞船并随之返回（在西方，这种情节通常被认为是潜在的登月轨道转移的彩排，即登月乘员组从 LOK 母船转移到 N1/L3 登月舱以及登月之后再返回）。在接下来的 18 个月中，训练组成员为他们的飞行任务进行准备。

图 3－4　总设计师米申（左）与联盟 1 号和联盟 2 号乘员组成员在拜科努尔

3.3.1 对飞行的担心

随着联盟1号飞船发射准备工作的进行，在1967年2月到3月间，有一系列简报对联盟号飞船的每个单独的系统以及3次无人飞行试验的结果进行逐条评估。不管曾经有什么样的观点认为进一步的无人试验是必要的，但大多数人还是认为该系统已经可以进行发射和载人试验了。3次无人飞行试验中出现的故障和事故都已经被弄清楚了，并且已经进行了改进以确保故障不再重现。宇宙140号飞行中出现的返回舱防热底烧穿造成的穿孔引起了航天员们的担心，这一点被卡曼宁提了出来，但对这一问题的改进措施似乎已经令大多数置疑者满意了。

1967年1月27日美国发生发射台火灾，失去了3名阿波罗1号飞船的航天员，此事故发生几周后也有类似上述这些毫无价值的讨论。卡曼宁以"令人震惊的消息"谈及此事，但继续声称是美国人取得双子星座号飞船成功后的自满导致他们在准备阿波罗号飞船飞行之前跑得太超前了。美国的失败也勾起了人们对1961年邦达连科（Bondarenko）事故的回忆，在那次事故中一名年轻的航天训练员在一个充满了纯氧的试验舱内死亡。有人认为如果1961年的事件被公布，美国人则可能已经重新考虑在阿波罗号飞船中构成纯氧大气环境的方案了。

由于联盟号飞船是采用氮/氧混合大气，所以阿波罗号飞船火灾所隐含的问题没有对联盟号飞船计划产生直接的影响。一个关于让乘员组进入模拟联盟号飞船以确定是否有足够的空气支持三整天的飞行任务的提议被再次提出。公共卫生部的医学与生物问题研究所（IMBP）计划进行这项试验，生命保障系统的设计师们建议的空气消耗量是22 L/h，对三整天的飞行任务足够了。但是，空军提出的空气消耗量为25 L/h（考虑了舱外活动），建议飞行任务不宜超过66小时。空军的报告还指出，由于飞船上没有能让乘员知道空气剩余量的装置，因此为谨慎起见在首次飞行时不要把标准定得太高。

在此期间，乘员组继续进行准备工作，但硬件生产仍然落后于时间表。原本希望在4月12日（航天员节）进行发射，但当乘员组按计

划提前两周到达拜科努尔在实际飞船上进行试验时，只有 7K－OK 5
号（联盟 2 号）能让他们进行试验，联盟 1 号（7K－OK（4 号））在
运输中出现的问题使他们白跑了一趟。

3 月 25 日在克里姆林宫召开了一次军事工业委员会的会议，就联
盟 1 号和联盟 2 号飞船飞行前的准备情况进行了讨论。这次会议主要
是个仪式，仅仅是确认党政部门是否为军事工业委员会所提出的飞行
计划作好了准备。当时没有任何人提出对这次飞行任务的担心。卡曼
宁忠实地记录："我们坚信飞行任务一定会成功。"在 4 月 3 日国家委
员会的会议上，发射日期被定在 4 月 22 日和 23 日。有关"自动对接
可能是这次飞行的最大障碍"这一观点经过很长时间才被人们所接受，
并用了许多时间说服科罗廖夫采用手控对接以确保这次对接成功，科
罗廖夫直到他 1966 年 1 月去世前才改变了观点。为实现对接，联盟 2
号飞船必须被送入距联盟 1 号飞船（主动飞船）12 km 以内的轨道上，
科马罗夫将从 350 m 起进行手动控制。

乘员组 4 月 8 日启程去拜科努尔，尽管有些担心技术问题可能会
使发射推迟到 5 月，但他们还是按 4 月底发射进行准备。卡曼宁在 4
月 15 日的日记中表达了对即将到来的飞行任务的担心，而且随着发射
的临近他们都开始感觉到科罗廖夫对首次进行载人飞行尚准备不足。
"我个人并不完全信服整个飞行程序将获得成功，但已经说过了，没有
足够多和足够重要的理由能够反对这次飞行。以前所有的飞行中我们
都对成功克服困难信心十足，但现在我们没有这种信心。"他写道，尽
管航天员进行了大量的训练（有报告记载他们需要完成的工作不到训
练计划的 50%），而且即使有关飞行的每个问题看起来都解决了，但
依然感到信心不足。

3.3.2　发射准备

4 月 15 日联盟 1 号飞船被转运到 31 号场区的加注站，第二艘飞船
在两天后进行了加注。4 月 20 日国家委员会明确了两艘飞船的发射日
期，联盟 1 号飞船于 4 月 23 日发射，联盟 2 号飞船于 4 月 24 日发射。
设计师和航天员间也曾进行过关于对接模式的坦诚讨论。米申倾向于

全自动方式，但航天员们非常自然地反对这种方法而要进行手控对接。最终，科马罗夫建议采用半自动方式对接。他同意利用自动系统靠近到 50～70 m 之内，然后以手控方式对接两艘飞船。有关这些争论一致持续到临发射前的最后几天。

卡曼宁在他的日记中写下了即将到来的飞行任务的重要性和担心："我们正面临一次非常重要而且很艰巨的任务，它将使我们的国家再次处于领先地位，并且为征服月球铺平道路。现在离发射还有两天了……飞行准备被耽搁得太久，曾经有过许多的错误、缺陷，甚至灾难。飞船的状态和测试程度不能确保整个飞行程序（对接和舱外活动）100％成功，但每一个理由都使人们相信并且希望乘员组将在天上待一段时间然后安全地返回地面。"

4月22日，在传统的发射前仪式（在1号场区的发射台进行）之后，米申在当天晚些时候会见了乘员组成员。他大致描述了可能取消联盟2号飞船发射的情况——联盟1号飞船的 Igla 系统故障，或者太阳能电池阵提供的电能不足。卡曼宁告诉科马罗夫，最优先考虑的事情是安全发射和返回，对接和舱外活动是次要目标，不必为之冒险。仅是联盟1号飞船就曾有203项故障被记录在案，科马罗夫表现出不同寻常的忧郁和沉默，显然非常担忧。他曾经和同事讨论过他的疑虑，但在4月23日早晨去发射台的路上他却同他们一起唱歌说笑。

3.3.3　联盟1号任务

联盟1号飞船于1967年4月23日莫斯科时间凌晨3时35分发射，从那一时刻起科马罗夫命运难卜。9分钟之后，联盟1号飞船进入 196.2 km×225 km，倾角 51.72°的轨道，发射25分钟后，航天员P·波波维奇通知科马罗夫的妻子，她丈夫第二次进入地球轨道。她也告诉报告者，科马罗夫从不告诉她何时去"出差"。

当联盟1号飞船刚一入轨，苏联远东地区 NIP－4 和 NIP－15 两个地面跟踪站就从数据分析得知飞船左侧的太阳电池阵没有展开，这也使得备份遥测天线无法展开。此外，45K 太阳敏感器也出了问题。最初以为是由于停滞不动的太阳电池阵的阻碍，它仍然被挡在保护面板之后，但最可能的情况是由于其内表面的水汽凝结而结了雾。科马罗夫进入轨道舱，报告他在第 2 圈飞行中从窗口向外看到的情形："我感觉很好……但左侧太阳电池阵没展开……充电电流只有 13～14 A，无短波通信。把船转向太阳的尝试没有成功。我曾试着利用 DO－1（姿态控制推进器）以手控方式转动飞船……现在 DO－1（贮箱）压力已经掉到了 180 mmHg。"

　　科马罗夫尝试在第 3 圈调整飞船方向，没有成功。一些未经证实的报告还提到科马罗夫曾试着敲击飞船外壁，希望将未展开的太阳电池阵释放出去，但也没有成功。地面控制人员判断，以目前的姿态，飞船不可能跟踪太阳给电池充电，电池储量很可能在第一个飞行日结束时耗尽。但是，国家委员会不顾取消发射联盟 2 号飞船的建议，继续进行发射准备并且企图修正轨道上的联盟 1 号飞船。卡曼宁记录了变得越来越严峻的事态，但也表明他们有信心能克服困难，发射联盟 2 号飞船并执行对接和舱外转移任务，甚至可能让耶利谢耶夫和赫鲁诺夫以手工操作展开被阻塞的太阳电池阵。大家都清楚的是如果联盟 2 号飞船载 3 人发射，它不可能载 4 名航天员返回。如果科马罗夫要返回地面，他仍然只能用他自己的飞船再入。在第 5 圈时，这个孤独的航天员手控调整飞船方向的尝试再次失败，试图使用离子定向系统也失败了，因为在通过阴影区期间完成这些工作是非常困难的。

　　当飞船飞至第 7 圈～第 13 圈时，联盟 1 号飞船将飞出苏联的跟踪范围，科马罗夫被告知在此期间睡一会儿（尽管他可能没这么做）。要等到飞船飞行至第 13 圈时地面与科马罗夫重新建立通信联系后，再决定是否发射联盟 2 号飞船。航天员和地面控制人员面临的首要问题是缺乏第二块太阳电池阵提供的电力，另一个问题则是定向系统。联盟号飞船有三套不同的系统，如果这三套系统都失灵了，科马罗夫将几乎不可能安全再入。再入姿态不正确的后果是，如果再入角度过大，飞船会被烧成灰烬；如果再入角度太小则会导致飞船跳出大气层进入一条令科马罗夫一去不复返的轨道。离子系统已经有两次故障记录了，这套系统让人担忧，因为凌晨的再入将进入大气层内黑障区。45K 太阳敏感器已经完全不可操作，因而只能利用手控操作了。正常情况下科马罗夫应该处于穿越地球明暗界线而进入日照区的位置以便容易地判明地平线的方位，但现在这一切将很困难，他在地球阴影区开始了手控操作。尽早抓住机会着陆是明智的选择，因此他不得不在黑暗中操作飞船再入。

当飞船飞至第 13 圈地面重新建立起与科马罗夫的通信时，他报告说他曾经尝试进行飞船定向但没能成功，因为在移动的地球上保持瞄准目标非常困难。太阳电池阵仍然折叠在联盟号飞船的侧面，形势没有任何好转。当科马罗夫处于通信区外时，莫斯科的官员们决定了下一阶段的飞行。在再次审查了在轨飞船的状态后，他们决定取消联盟 2 号飞船的发射，并且试着让联盟 1 号飞船在飞行至第 17 圈～第 19 圈时直接着陆。国家委员会批准了取消联盟 2 号飞船的发射，三位苦闷失望的航天员暂停了工作。为了让科马罗夫安全回家，大家都在竭尽全力。24 小时里，没有一个飞行控制人员睡过觉，他们深知他们正面临着准备着陆的严峻考验。他们决定利用离子敏感器为飞船定向，联盟 1 号飞船在飞至第 17 圈时离轨（相对另外两个方案即第 18 圈和第 19 圈离轨，这是最好的时机）。在第 15 圈和第 16 圈期间，加加林把科马罗夫所需的数据从叶夫帕托里亚飞行控制中心发送到飞船上。

第 17 圈时，飞船再次进入地面站的监控范围，显然联盟 1 号飞船还在轨道上。科马罗夫报告说，尽管在靠近赤道的时候离子系统工作很好，但飞船还是偏离了其正确轨道并且自动锁闭了制动装置。在联盟 1 号飞船飞出测控区之前已经没有时间指导科马罗夫用另外的方法进行定向了，因此着陆不得不在第 19 圈进行。这是依靠储备电池所能获得的最后机会了。虽然备份电池还能再支撑 3 圈，但如果那样联盟 1 号飞船将会落到苏联领土之外，这是必须不惜一切代价避免的。

在与飞船失去通信期间，提出了一种替代方案。这是一种科马罗夫没有训练过的方法，即在日照区轨道，科马罗夫将操作飞船转180°使服务舱发动机朝前。在穿过阴影区之前他只能寄希望于 KI－38 陀螺仪，一旦飞船飞出阴影区，他必须手控修正所有偏差。地面飞行控制人员可以在阴影区飞行期间将这一方法传授给科马罗夫。

在第 18 圈，加加林向他的朋友和同事上传了最后一组参数。根据计划，SKDU 发动机在 05 时 57 分 15 秒点火，150 秒后关机。如果它没能自动关机，科马罗夫将用手控方式关闭它。当科马罗夫恢复无线电联系时，他报告说发动机工作了 146 秒，在 05 时 59 分 38 秒停止。15 分钟后，数据显示飞船将进行弹道再入而不是升力再入。这样飞船至少可以安全落在苏联的土地上了。从最新披露的信息看，制动火箭点火之前，科马罗夫似乎从中间的坐椅移动到了边上的一个坐椅上，这可能是由于联盟号飞船只载 1 人而非 3 人时飞船的重心抬高了（这种移动可能对这一变化是一种补偿，还可说明他可能曾经对未展开的太阳电池阵进行过处置）。发动机停止工作后，他又移回了中间坐椅。在修正飞船方向和位置准备再入的过程中，科马罗夫处置了各种难题，表现出非凡的勇气和技能。在他报告完离轨点火后不久，随着飞船进入稠密大气层飞向地面，联盟 1 号飞船进入了黑障区。

国家委员会的成员们在整个任务期间都待在卫星发射基地 2 号场区的行政楼里，监视着飞船急速冲向地面的过程。大约在制动火箭点火后 5 分钟，联盟 1 号飞船进入电离层，所有的通信联络中断了几分钟。据说，出了通信盲区后不久，科马罗夫的声音听起来"平静，不慌不忙，没有任何紧张不安"。服务舱（及其天线）分离后，可能只能通过主伞绳（此时尚未打开）里的短波天线或者通过舱门附近的甚高频天线进行通信（因为是无目标着陆，回收队在飞船坠毁时不在着陆区附近，可能也根本没捕获到这些信号）。记录了科马罗夫声音的磁带记录仪毁于撞击，他所说过的任何事情都可能丢失了。弹道数据记录显示联盟 1 号飞船将于莫斯科时间 06 时 24 分左右在奥尔斯克以东约 65 km 处着陆，在离设计再入着陆区以西很远的地方，在备用着陆区。

当搜救直升机接近着陆点并且发现地上的降落伞时，清晨明亮的阳光正照耀着着陆区。目击者们看到他们认为是软着陆发动机的东西在燃烧，这使得直升机上的专家们很担心，他们知道该发动机的点火应该发生在着陆前，以便为返回舱落地提供缓冲气垫。直升机在离返回舱 100 m 处降落后，他们发现返回舱笼罩在黑色的浓烟中。舱体内部有很强的火焰，舱的底部已经完全被烧穿了。回收队试图用泡沫灭火器甚至地上的泥土扑灭火焰时，融化的金属从舱体残骸上滴下来。联盟 1 号飞船的返回舱完全被毁坏了，刚刚着陆的返回舱看上去只是成堆的泥土和熔化扭曲的金属。

　　来自着陆区的最初报道是通过公开渠道传播的。一名飞行员神秘地声称"目标"已经被发现，"在野外航天员需要紧急医疗救助"。很快，所有来自着陆区的消息都被封锁了，可能是为了制止谣言的传播，实际上也是为了防止国家委员会的成员了解细节。飞船再入被确认后，卡曼宁立即登上飞机前往离着陆区最近的简易机场。着陆后两小时，他原本希望能在机场见到科马罗夫，但迎接他的是一些官员，他们告诉他飞船仍然在燃烧，而且没有找到科马罗夫。"我见到活着的科马罗夫的希望破灭了"，他后来写道，"我很清楚航天员已经牺牲了，但我心底里仍然存在着一线希望。"

　　一些关于科马罗夫正在医院还活着的谣言使卡曼宁更加迷惑，他决定乘直升机去着陆点。然而，导航错误又让他耽搁了 90 分钟，当他最终到达时，他开始意识到联盟 1 号飞行任务的结局的确很可怕。"我们着陆时，飞船仍然在燃烧……当地居民说飞船以很高的速度掉下来……降落伞卷着没有打开。落地时有几次爆炸，然后起火了。没人看见航天员。当地居民往飞船返回舱上盖了厚厚的一层土试图把火扑灭。在对飞船返回舱进行了一次快速检查后使我相信科马罗夫已经死了，就在这仍然燃烧着的残骸里。我下了一道命令，清理掉返回舱上的土，寻找航天员遗体。挖掘了一个小时后，我们在船的残骸里发现了科马罗夫的遗体。一开始要分辨出哪里是头，哪里是胳膊和腿都很困难。显然科马罗夫死于撞击的一瞬间，大火把他的身体烧成焦黑的 30 cm×80 cm 的一小团。"在顶舱门和残余的仪器板被小心地搬开后，在中间的坐椅垫上发现了科马罗夫的遗体。在现场，死亡原因被认定为头、脊椎骨和其他骨骼的多处损伤。

　　卡曼宁飞回奥尔斯克，用电话告知 D·乌斯季诺夫（D. Ustinov）这个可怕的消息——飞船被毁而且科马罗夫死亡。显然主伞没有打开，而备份伞也没有充气。联盟 1 号飞船的返回舱以 35～50 m/s 的速度撞在地上，撞击之后制动发动机发生了爆炸，随后起了火。于是乌斯季诺夫打电话给共产党总书记 L·勃列日涅夫（他当时正在捷克斯洛伐克参加共产党的国际会议）。乌斯季诺夫还校订了塔斯社的官方消息，该消息在飞船着陆后 12 小时发布，称降落伞在 7 km 高度打开，但伞绳缠在了一起，联盟 1 号飞船以很高的速度坠毁，导致航天员科马罗夫死亡的悲剧。

4 月 25 日刚过午夜，联盟 2 号飞船的首发和后备乘员组成员护送科马罗夫的遗体回到了莫斯科，在机场他们见到了科马罗夫的遗孀。经过官方尸检后，科马罗夫被火化。当天晚些时候他的骨灰装在骨灰盒中，被安置在苏联军队中央大楼中，在那里许多人列队依次经过骨灰盒表达他们对科马罗夫最后的敬意。第二天，4 月 26 日（本应是科马罗夫完成飞行任务的日子）按最高的军队荣誉将科马罗夫安葬在克里姆林墙。

3.3.4　事故调查

联盟 1 号飞船的事故导致了载人飞行的无限期推迟。4 月 27 日，所有参与载人飞行计划的工业和军方主要官员参加了一个会议。会议由专门委员会负责人乌斯季诺夫召集，该专委会分为 7 个下属委员会，负责调查飞行中的特定事项。每个下属委员会将在 5 月 5 日前完成各自的调查，最终的联盟 1 号飞船事故调查报告将在 5 月 25 日提交。委员会认为降落伞故障是由椭圆形伞舱的设计造成的，伞舱使得引导伞没能把主伞拉出来。伞舱不仅太小，而且还由于舱室和伞舱间的气压差而被压缩了，因此要拉出主伞需要更大的力。这个现象没有在宇宙 140 号飞船上出现，因为当时飞船的防热底漏了，使内部压力下降了很多。这次出现了两个故障：首先，引导伞没能把主伞拖出来；其次，备份伞因为引导伞的阻碍而没有完全展开。没有人预先注意到备份伞被设计为引导伞和主伞都被弹出去之后才能打开。通过风洞和降落试验来模拟备份伞在引导伞仍然保留的情况下打开的情形时证明，在此情况下备份伞不能彻底张开。

委员会建议将伞舱形状由柱形改为锥形，内部抛光以确保伞弹出，同时扩大其内部容积。进一步的建议还包括：用两个伞衣的主伞代替现有的备份伞，以确保即使一个伞衣失效也能安全着陆；建立引导伞抛弃系统；引入乘员对降落伞的手动控制；对自动展开装置的改进等（尽管这些建议并没有全部被采纳）。降落伞为何失效一直没找到确定性的原因，并且在为联盟2号飞船安排的降落伞试验中又再现了伞未打开的情况，但这一次伞舱没有变形。这个问题的原因从未澄清过，但最近提出了一种新的解释。整个舱体被隔热材料覆盖，随后被放入高温室使隔热材料的人工树脂聚合。标准工序是在此项操作之前安装伞舱，因为舱口盖必须被隔热材料覆盖。然而，对于联盟1号之前的所有飞行过的无人飞船，由于降落伞舱生产的滞后，没有执行上述程序。这可以解释为什么这些飞船没有发生引导伞未拉开主伞的情况。对于联盟1号和联盟2号飞船，伞舱按时准备就绪了而伞舱盖没有交付，因此很可能在飞船进入高温室时只是简单地覆盖或根本没有覆盖措施保护伞舱内壁（而非降落伞本身）。结果，聚合过程中脱落下来的隔热材料小颗粒使得伞舱内部变得粗糙而且很黏，因此引导伞拉出主伞变得非常困难。这一理论解释了为什么无人飞船的系统工作正常和利用模型进行的下落试验没有出现同样的问题。如果错误地把问题归结为联盟1号和联盟2号飞船的降落伞舱，那么这可能是当时想着力掩盖的主要过失。另外值得一提的是，如果当时联盟1号飞船的太阳电池阵按计划展开，联盟2号飞船就会发射上天，则两艘飞船可能都会发生降落伞故障，那将会失去4名航天员，这将是一个更难以挽回的悲剧。

太阳电池阵和敏感器的其他故障可以在以后的飞行之前被解决，但看来科马罗夫的厄运自离开发射台的那一时刻就注定了，因为他乘坐的飞船显然不适合完成飞行任务。他先前遇到的困难促使联盟2号飞行被取消，或许可以说是他挽救了贝科夫斯基、耶利谢耶夫和赫鲁诺夫的生命。科马罗夫在轨道上遇到的问题都通过他高超的技能解决了，并且和降落伞的问题没有任何联系。他不知道他将付出这么大的代价。

有趣的是自联盟1号飞船事故之后，在35年间的90次以上的飞行任务中再没有出现一起降落伞故障。联盟1号飞船的飞行受到政治压力的影响，需要送航天员重返太空。当时在美国已成功进行了10次双子星座号飞船的飞行，正在计划进行首次阿波罗号飞船载人飞行，而在此期间没有苏联航天员离开过发射台。对于苏联的计划，这是一个困难的时期，并且和美国的阿波罗号飞船的事故一样，联盟 1 号飞船的事故令所有关注此事的人留下了痛苦的记忆。参与联盟号飞船工作的人们和每一位乘坐其飞行的航天员都踏着科马罗夫的足迹前进。科马罗夫的牺牲提供了一种推动力，设法确保这样的事故将不再发生。

3.4　联盟号/宇宙号无人对接任务

联盟 1 号飞船事故调查之后，总设计师委员会在 1967 年 5 月 29 日召开了一次会议，讨论将来的飞行计划。会议决定在当年 8 月发射两艘无人飞船进行对接飞行，随后在 10 月（十月革命胜利 50 周年）或 11 月进行原计划由联盟 1 号和联盟 2 号飞船执行的载人对接和舱外转移任务。这项计划看上去仍然很危险，但只有当无人飞行完全成功后才能进行载人飞行。两次载人飞行的乘员组已经在几天前确定了，此事也在这次会议上进行了讨论。

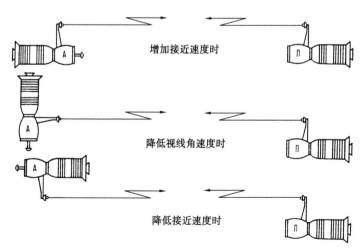

图 3－5　Igla 交会系统
（显示了远程接近各阶段主动与被动飞船的相互位置）

3.4.1　宇宙 186/188 号任务

在无人飞行准备期间，由于对降落伞系统的改进，使发射不得不一再延期。新降落伞系统的第一次试验最终在 8 月 23 日进行，同一天，国家委员会召开了一次有关联盟号飞船计划的讨论会，回顾了来自联盟 1 号飞船事故调查专委会的 7 个分委员会的 200 条建议（其中的三分之一被总设计师委员会否决），并安排了其余的准备工作。在无人飞行试验发射前，决定在模拟返回舱投放试验之前，利用 FAB－300 航空炸弹作为返回舱质量模拟体进行至少 20 次投放试验，该项试验将在 9 月 20 日前完成。两艘飞船（5 号和 6 号）将不迟于 9 月 5 日运抵发射基地，因此发射将在 10 月 15～20 日进行。

根据试验的进程，要在 1967 年进行载人飞行显然是不可能了。有一艘飞船的太阳电池阵上的若干电路出现了严重的损伤，更换并重新检查损坏的部分使整个计划拖期。在费奥多西亚，至少一半的 FAB－300 投放试验显示出有问题。10 月 6 日进行的第一次返回舱模拟舱投放试验（卡曼宁和几名航天员都在现场）更令人失望，正常的降落伞打开之后，软着陆发动机在 2 km 处点火，导致返回舱侧面着地且着陆速度显著大于正常值。如果舱内有航天员，他们肯定会受重伤。第二天，负责该项目的高级官员一致同意无人飞行将在 1968 年之前进行。10 月 12 日进行的第二次返回舱投放试验被认为是成功的，但也不是没有问题。国家委员会批准了在 10 月 16 日的无人飞行中使用降落伞系统，但它仍然不适合载人。因此，决定在 10 月 25～27 日之间进行联盟号飞船的无人发射，在整个系统被认为适应载人要求之前再进行两次返回舱模拟舱的投放试验，以及 2～4 次无人发射。这也表明尽管飞行任务中包括了接近机动，但对接并非是这两次无人飞行的主要目的。飞行的主要目的是联盟号飞船，特别是对改进后的降落伞系统作进一步的鉴定。显然米申现在倾向于手动对接而不是采用自动对接系统（他改变了在联盟 1 号之前的意见），而且决定两艘无人联盟号飞船在返回地球之前将接近至

50~70 m之内，尽管他自己的工程师们还不知道这个方案。

在拜科努尔，由于对 6 号飞船的定向与稳定发动机进行加注过程中损坏了一个隔膜，导致发射被推迟了 3~5 天。10 月 24 日，在拜科努尔国家委员会批准了飞行任务程序表。发射将在两天后进行。主动飞船（7K－OK（6 号））将在 10 月 27 日首先发射，随后发射被动飞船（7K－OK（5 号）），在返回地面前它们将接近至一个未曾披露的距离。显然，先进行自动对接的决定被空军改变了，他们的想法是首先进行手控对接，只有当手控对接成功之后才尝试进行全自动对接。

10 月 27 日，6 号飞船从修复后的 31 号场区发射台发射升空。塔斯社的新闻称此次发射为宇宙 186 号（此次发射还以 Amur（阿穆尔）为代号，但没在报道中披露）。最初的运行没有出现问题，这一次两个太阳电池阵都按计划展开了。然而，在第二个飞行日，监测到了 45K 太阳敏感器和离子定向系统的几个故障。于是决定第二艘飞船的发射推迟 24 小时。针对苏联的航天计划，西方观察家曾进行过很长时间的猜测，认为这艘飞船也模拟了载人登月任务的月球轨道，对其而言第二艘飞船扮演从月球表面返回的登月飞行器，但这一猜测从未被苏联的消息证实。美国人曾在双子星座计划中演练过类似的技术。

10 月 30 日，5 号飞船从 1 号场区的加加林发射台发射升空。这是原先的联盟 2 号飞船，但在轨道上它被命名为宇宙 188 号，代号为 Baikal（贝加尔）（考虑到计划中的对接操作和苏联重大国家建设项目——用铁路将相距 4 300 km 的阿穆尔河（中国称黑龙江）地区和贝加尔湖地区连接起来，该代号的选择是很恰当的）。进入轨道后，宇宙 188 号飞船距离宇宙 186 号飞船仅 24 km（在后者的第 49 圈飞行中），这是尝试两艘飞船对接的极好机会，不容错过。显然，叶夫帕托里亚的 GOGU 已经秘密准备好了完成对接的上行指令，但必须由国家委员会批准启动。他们原本担心会受到指责，但令人吃惊的是他们得到了批准。无论这种说法准确性如何，很显然执行宇宙 186/188 号对接任务的命令下得非常晚，是在第一艘飞船发射之后才决定的。

地面控制人员们知道他们可以让飞船对接，但在这次飞行中的该项操作将在无线电通信区域之外进行，这使人很担心。然而，在飞船进入超高频控制范围前 15 分钟，一个短波信号显示它们已经对接上了；当收到宇宙 186 号飞船的电视图像时，这一情况得到了进一步的证实，图像显示宇宙 188 号飞船连接在它的姊妹船上。不过数据记录显示它们并未完全实现硬对接，其间还有 85 mm 的缝隙，这使得电连接没有成功，这多少让人们对这次成功感到有些沮丧。另外，宇宙 188 号消耗的燃料远比预计的多（其 SKDU 点火 27 次，接近与定向发动机点火 17 次），这使人担心剩余燃料不够用来返回着陆了。后来的计算表明燃料够用，但只能进行一次再入尝试。

两艘飞船对接 3.5 小时后分离，地面控制人员通过下传电视实况见证了整个过程。宇宙 186 号飞船将首先着陆，由于这是联盟系列飞船自联盟 1 号之后首次进行着陆操作尝试，伴随着事态的发展有许多的期望和担忧。10 月 31 日，在飞行第 65 圈时进行了离轨点火；45K 太阳敏感器再一次出现问题，导致飞船以弹道再入方式而不是希望中的升力再入方式再入。不过在这种情况下，降落伞回收系统按计划工作了（尽管包覆线中的短波天线断了，使得轨道确定更加困难），着陆火箭也按计划点火了。飞船的下降过程被空军的雷达跟踪，并且被回收直升机上的人员看到了。这是为载人飞行而对飞船进行再次验证的重要一步。下一步将要测定宇宙 188 号飞船是否能较好地提供第二套数据。

虽然仍在轨飞行的宇宙 188 号飞船还有足够的燃料进行几天试验，但决定不再冒险飞行而是在 11 月 2 日返回。45K 太阳敏感器再一次出了问题，而且这一次飞船进入了巴西上空的电离区，导致其再入轨迹不够陡，因而飞船将超越正常的着陆区落在乌兰乌德以东 300～400 km 处（仍然在苏联境内）。不幸的是，飞船上的敏感器检测到飞船下降参数的偏差，自毁系统（只在无人飞船上使用，避免飞船落向外国领土）被激活，飞船在 60～70 km 高度飞越伊尔库茨克时被炸碎了，碎片散落在苏蒙边境。

在苏联的新闻报道中，宇宙 186/188 号飞行任务的显著成功被报道为宇宙航行的重要一步，尽管美国的双子星座 8 号的乘员已经完成了首次对接（在 1966 年与无人的 Agena 目标器）。这次飞行中出现的故障并没有被透露，人们在十月革命胜利 50 周年的庆典上欢呼对接成功。根据此次飞行任务的成功情况，进行载人飞行显然是不谨慎的。11 月 15 日，国家委员会的会议决定经过一段时间的改进后，第二对无人联盟号飞船将在 1968 年 3 月或 4 月发射，首个乘员组将不早于 1968 年 5 月或 6 月上天。

3.4.2　宇宙 212/213 号任务

1968 年 2 月 21 日，一份提交到总设计师会议上的联盟号飞船降落伞系统测试报告称，适应载人飞行的鉴定试验可能无法在 1968 年 5 月底前完成，而且还有一个生命保障系统的试验计划和海上测试有待完成。由于这些事情的延误，首个乘员组将不可能在 1968 年下半年上天。3 月 26 日，在随后进行的国家委员会会议上做出结论认为主伞是可靠的，但在适应载人飞行鉴定之前还要对备份伞做进一步的工作。然而，根据计划，下两次无人飞行任务将在 4 月 9 日～14 日进行。新飞船将测试新的定向系统，将 76K 红外垂直敏感器用于滚转和俯仰模式，而离子系统（和其他系统一起）用于滚转轴。这套系统曾被用于天顶号照相侦察卫星，在先前试验中发现离子系统单独工作不能满足要求后用在了联盟号飞船上。飞行任务也将是重复对接试验以及对降落伞着陆系统进行进一步的鉴定。这次飞行的一个主要目标是得到设计的升力再入轨迹而不是弹道再入轨迹，使减速后形成的过载由 7～8 g 减少到 3～4 g。

但就在联盟号飞船计划开始向前迈进时，在 1968 年 3 月 27 日遭到了另一个打击，进入太空第一人尤里·加加林在驾驶 MiG－15 训练时遇难。

仅仅两个星期后，在 4 月 14 日，8 号飞船（主动飞船）发射升空。在轨道上其编号为宇宙 212 号，其各项操作的执行几乎无懈可击。24 小时之后，4 月 15 日，7 号飞船（被动飞船）入轨，编号为宇宙 213 号。像前一次飞行任务一样，对接将再次在跟踪站范围之外进行，在飞船飞出测控范围之前，数据显示它们相距仅 335 m，相对接近速度为 2 m/s。当恢复通信联系后，数据显示飞船不仅对接上了，而且实现了电路连接。正在控制中心为下一次手控对接进行训练的航天员们也一同庆祝了这次对接成功，当得知主动飞船并没有消耗过多的燃料时他们更加高兴。

对接保持的总时间为 3 小时 50 分钟，之后两艘飞船分离以便进行几天单独的测试和评估。只有当宇宙 212 号飞船在飞行至第 51 圈时测试 SKDU 点火时引起人们的一些担心，在飞船离轨点火定向时诊断出问题后测试被中止。飞行控制人员想出了一个备份方案，船上电视摄像机拍摄的地球图像被用来进行飞船定向（这一操作再现了航天员靠观察地球进行飞船定向的过程）。虽然有一些让人担心的事情发生，但不会再有联盟号飞船在再入过程中自毁了。

宇宙 212 号飞船最终成为第一艘姗姗来迟的以升力再入方式再入的联盟号飞船，4 月 19 日它在卡拉干达城附近着陆，距离预定着陆点只有 55 km。可是着陆后出现了一个新问题，由于当时有 22～23 m/s 的风，飞船返回舱在草原上被拖了好几千米，导致其外壁严重损坏。在载人联盟号飞船的飞行任务中，采用了切断降落伞的方案以避免类似的事故发生，但这一方法并没有在宇宙号飞行任务中使用。飞行后的评估认为降落伞最终积累了足够的静电荷使得伞与返回舱分离。第二天，宇宙 213 号飞船在距离切利诺格勒附近的预定着陆点 157 km 处着陆，它也遇到了同样的问题，返回舱被 25 m/s 的风在草原上拽着，甚至扬起的尘土耽搁了直升机的着陆。虽然这次飞行也出了些问题，但该系统将不在载人飞船上使用，因此没有迹象表明载人飞船的发射会有任何延迟。

3.5　联盟 2 号与联盟 3 号飞船：成功与挫折

在第二次宇宙号飞船对接飞行之后的几个星期里，联盟计划的管理层对下一步应该如何走有许多争论：或者进一步进行无人飞行，或者恢复载人飞行。科马罗夫和加加林的牺牲使执行后续飞行任务的乘员组也进行了重新编排，对接和舱外转移也有几种可选择的方案。这些方案包括 1+3，2+3，2+2 和 1+2 几种载人模式，后来 0+1 模式也被提出来了。

6 月 10 日国家委员会作出了适合于所有意见的最终决定，在 7 月进行一次无人飞行，接着在 9 月由 1 艘无人和 1 艘载人联盟号飞船（0+1 模式）进行对接飞行。如果所有这些飞行任务成功，则期待已久的对接与舱外转移，即 1 名乘员在一艘飞船上，3 名乘员在另一艘飞船上（1+3 模式），两人出舱，将在 1968 年 11 月进行。在这次会议上还决定开始建造追加的 6 艘联盟 7K－OK 飞船。

3.5.1　宇宙 238 号无人试验任务

在下一次无人飞行准备工作进行的同时，在费奥多西亚附近进行的一系列返回舱模拟舱投放试验出现了另一个挫折。在系列试验的第二次测试中，伞舱盖出现故障，致使返回舱落在地上摔碎了。因此，无人轨道飞行延期了两周。最终无人飞船于 8 月 28 日升空。这艘飞船命名为宇宙 238 号，一直停留在轨道上，直到 9 月 1 日才完成了一次极为规范的飞行。该飞船为被动航天器，但在西方除了知道它完成了一次重要的机动外对细节知之甚少。由于联盟 7K－OK 计划用于地球轨道和月球轨道飞行，这是苏联的一个重大举措，同时军用的联盟 Ⅶ 空间站正面临其开发过程中的问题。9 月 23 日，适用于载人飞行的降落伞系统被批准使用。该决定是在最后一次投放试验之后三天作出的，当时伞舱盖没有正常工作，但这个意外是由于工人装错了一个插头，因此对系统适于载人飞行的鉴定没有影响。这些进展使得下一次载人飞行提前至 10 月，在同一个月美国人恢复了他们的载人飞行，以第一艘阿波罗号飞船的指令舱和服务舱在地球轨道进行了 3 人 11 天的飞行。那次从 10 月 11 日至 22 日飞行的主要目的是为载人飞行验证指令舱和服务舱，并且测试用于将飞船送入和离开月球轨道的大型服务推进系统。不过阿波罗 7 号飞船被记住的主要原因是它从轨道上播发了电视图像，这使得苏联人在联盟号飞船上也安装了电视摄像机。

3.5.2　载人飞行概述

10 月 23 日，国家委员会确定了发射日期为 10 月 25 日（7K－OK（11 号），无人被动飞船）与 10 月 26 日（7K－OK（10 号），载人主动飞船）。这是首次被动飞船先于主动飞船发射，特别是只有一艘飞船载人。这样能在决定发射载人飞船之前确定目标飞船在轨道上是否安全，为载人飞船发射计划提供了进一步的依据。

发射前三天，勃列日涅夫会见了卡曼宁并认同了用来表明飞行状态的代码："优秀"表示没有任何问题；"好"表示需要与飞行控制人员和系统专家商议；而"满意"表示需要尽快返回地球。这是从先前的上升号飞船计划延续下来的，但在波波维奇之后进行了修改，因为他在上升 4 号飞船上错误地使用了表示出问题的代码（实际上他想表达的是别的意思）。别列戈沃伊和他的后备乘员也是首批打破在发射基地别墅（称为加加林别墅）睡觉度过发射前夜传统的航天员。一个新的更舒适的旅馆——航天员旅馆，建在了列宁斯克邻近的城市，后来所有的乘员组成员都将在这里度过发射前夜。

被动飞船（联盟 2 号）于 10 月 25 日发射。第二天是载人的联盟 3 号，飞船从 31 号发射台升空（第一艘载人飞船就是从这里发射的），结束了自联盟 1 号飞船发生事故以来间断了 18 个月的载人发射。联盟 3 号飞船入轨后距无人的联盟 2 号飞船仅 11 km，Igla 交会系统锁定了无人目标飞船并将联盟 3 号飞船导引到距联盟 2 号飞船不到 200 m 的地方。在这里，别列戈沃伊以手控方式操作飞船。当两艘飞船通过阴影区飞出无线电通信区时，相距只有 40 m；1 个小时之后，当恢复通信时，首次遥感信号显示对接没有实现，联盟 3 号飞船偏离了期望的飞行轨道而且已经消耗了相当多的燃料。

当每艘飞船都被以单独的信号而不是对接组合体的信号被追踪到时，问题得到了证实。别列戈沃伊报告说由于飞船方向偏离而没有对接成功；此外，接近与定向发动机消耗了 80 kg 燃料，这样就无法进行第三次对接尝试了。所有剩余的燃料约 8～10 kg，是联盟号飞船离轨定向所必需的。在空中，别列戈沃伊没有对对接失败进行解释，地面控制人员试图让很失望的他振作起来。这一天晚些时候别列戈沃伊操作完成了一些定向任务，但他飞行任务的主要目的没有达到。最初发布的消息以及西方对这次飞行任务的解释称，对接从未安排在计划中，别列戈沃伊只是与联盟 2 号飞船交会，因为自联盟 1 号飞船事故之后，苏联人不想给航天员增加任何不必要的危险。但是当事情比较清楚之后，对接未成功的原因继续困扰了西方观察者许多年；最近披露的细节表明对接的确在计划之中，是别列戈沃伊在执行中失败了。在 2002 年的一次访谈中，K·费奥季斯托夫称别列戈沃伊"犯了一个极其愚蠢的错误……他没有将注意力放在这样一个事实上，即他将要对接的飞船（联盟 2 号）是反向的（与他自己乘坐的联盟 3 号飞船在方向上是相反的）。无人飞船上标示上方位置的闪光灯应该是在下方。因此联盟 3 号飞船的接近（导致）错过了无人目标。在这些错误的机动过程中，别列戈沃伊消耗了所有用于飞船对接的燃料……当飞船要飞出与 TsUP 的通信（区域）时作出了着陆的决定。"

在指责对接失败只是由别列戈沃伊造成的同时，一些较轻微的细节也被提出（这些内容在 B·亨德里克斯翻译的卡曼宁日记中被着重标出）。首要的一个显著事实是，这是苏联首次尝试以手控方式接近目标并与目标对接，由一名航天员执行并没有随船飞行工程师协助。早期的首圈轨道对接是一项极富挑战性的操作，不仅与月球任务相联系（双子星座号飞船的乘员也首先练习与 Agena 进行轨道交会和对接），而且，根据 B·切尔托克的说法，是一个"能够在很短的时间内接近并摧毁敌方卫星的猎杀卫星演示。"后来也强调尽管别列戈沃伊是一位有着相当丰富经验的试飞员，但却是一位对其首次飞行任务缺乏经验的航天员，并且有轻度的太空适应症疾病。

接近与对接的时间看来也影响了最终结果。对接按计划在无线电通信区之外进行，因而如果别列戈沃伊遇到问题也不可能咨询地面。此外，他试图在阴影区（指地面测控站跟踪不到的区域）进行对接，这一约束条件是为了确保回收不会在着陆区当天风速最大的时间进行。显然这一次要优先保证着陆的安全性。为达到这个目的，发射时间也使得对接只能在阴影区进行。以前的无人联盟号飞船飞行还遇上过电离区问题，导致敏感器产生混乱，为避开这一现象也影响到了决策结果。

联盟 4/5 号飞行任务进行了一些改变以避免再次出现联盟 2/3 号飞船的失败。沙塔洛夫在发射后 48 小时执行对接任务，处于轨道日照区，并且在苏联地面测控站监测范围之内。

计划者们显然认为夜间对接不会有什么问题，并且还认为白天对接时阳光射入会对乘员的潜望镜产生干扰。双子星座号飞船的乘员在白天尝试与目标对接时也遇到过问题，从上往下看，目标可能由于地球背景而丢失。亨德里克斯在他的陈述中还对别列戈沃伊进行对接训练的熟练程度提出了质疑。进行夜间对接尝试显然是在距他执行飞行任务仅两周时才决定的，这几乎没给他留什么时间去熟悉操作。还有一件事被忆起的是当时（1968 年）空间模拟器很不完善，Volga 对接模拟器不能准确再现空间环境条件，而且也没有准确的飞船模型提供给将要进行对接的航天员。例如，Igla 交会天线并没有在 Volga 模拟器中表现出来，所以没有明确的标示指明天线在轨道舱"上方"的准确位置或方向。似乎没有人告诉别列戈沃伊将会在联盟 2 号飞船上看到什么，他只是练习了将他飞船的太阳电池阵与目标飞船的太阳电池阵对齐。此外，宇宙号飞行任务中无人对接的成功与最终解决了降落伞系统问题后心理压力的缓解，可能导致人们以为对接操作的优先级较低。卡曼宁写道，除了指责别列戈沃伊，还应该责备训练、模拟器、设计者和国家委员会的成员。

然而，从积极的一面来看，这次飞行终于使联盟号飞船通过了从发射到着陆的载人考验。在尝试与联盟 2 号飞船交会，以及在 45K 太阳敏感器失效之后，别列戈沃伊成功地在第四天的飞行中以手控方式完成了联盟 3 号飞船返回准备的定向工作（尽管他用掉了大量燃料），并且利用陀螺仪保持定向大约 1 圈（90 分钟），这之后他启动了离轨发动机（3 秒钟），还播发了他在联盟 3 号飞船内活动以及舷窗外景色的电视片（在最近的电视"表演"之后），进行了对地球、天气模式与恒星背景的观测，拍摄了云和雪，并且跟踪了台风、龙卷风和森林火灾。这是将联盟号飞船的用途由其绕月飞行角色拓展为一个观察和研究平台进行的试探性工作。别列戈沃伊最后的试验包含了通过橙色滤光镜拍摄有黑白像测光标志的图像。

联盟 2 号飞船于 10 月 28 日在其第 48 圈飞行时返回地球，顺利着陆，距离计划着陆点仅 42 km。别列戈沃伊乘坐联盟 3 号飞船在天上多待了两天，飞行了 81 圈后安全着陆。幸运的是一场暴风雪在当天早些时候通过了着陆区，并且他落进松软的雪里飘到了卡拉甘达城附近（一个迷惑不解的当地男孩和一只猴子可以作证）。尽管未实现对接有些令人失望，但这次飞行最终还是完成了一次成功的联盟7K－OK 飞船载人飞行试验，并且对即将到来的苏联载人太空飞行非常重要。

在飞行后的汇报中，别列戈沃伊对航天员在联盟号飞船上的居住性方面提供了非常有价值的数据。他说大多数船上设备运行都很完美，但在入轨时观察窗起了雾（这与将来的对接和月球任务很有关系），并且报告说他的控制系统过于敏感（这意味着该系统还有很大的改进余地）。当被问及他当时的年龄是否是一个限制因素时（47 岁，他是当时飞上太空的最年长的航天员），他回答说比其他所有问题都严重的是他的身高（1.80 m），因为他在适应坐椅时遇到了困难。

　　总而言之，这次飞行使人们对联盟号飞船更增强了信心，下一个乘员组和期待已久的载人对接飞行已经准备就绪。

3.6　对接与转移

　　自别列戈沃伊的那次飞行以后，在年底之前似乎再没有其他的任务了。12 月 23 日，又举行了一次军事工业委员会会议，安排了联盟 4 号（7K－OK（12 号），主动飞船）和联盟 5 号（7K－OK（13号），被动飞船）分别在 1969 年 1 月 12 日和 13 日发射，也决定了这两次载人飞行的乘员组，并确认了 1 月 14 和 15 日为后备飞行日期。这是有史以来首次将载人太空飞行安排在拜科努尔严寒的冬天进行。

3.6.1　飞行计划的修正

　　为根除飞船着陆时落入咸海未冰封区域的微小的可能性，研究人员曾考虑将离轨时机改为每日 3 个窗口中的第二个，而不是第一个；然而这就要求飞船必须在苏联冬季短暂的白天里逐渐暗淡的光线中着陆，再加上航天员对此表示反对，最后会议决定仍维持原计划采用第一窗口。随后对咸海水域的航空调查支持了这一决定。这些调查表明在该地区着陆是安全的，而且直升机也可以在该地区进行搜救活动。

　　会议上讨论的第二个问题集中在这两次发射的顺序上。1968 年航天员们建议改变发射顺序，以便使被动飞船在主动飞船之前发射。人们可能一直将这一决定与载人登月计划联系起来，认为"主动－被动"顺序（宇宙 186/188 号、宇宙 212/213 号、联盟 4/5 号飞船都采用这一顺序）有可能是仿效 LK/LOK 交会的做法——先行进入轨道的主动飞船的角色类似 LOK，随后发射的被动飞船则类似 LK。航天员们在 1968 年下半年提议的顺序实际上和 LK/LOK 交会的做法是相反的。不过苏联人从未确认主动－被动顺序是对 LK/LOK 交会的模仿。"被动－主动"顺序此前只在联盟 2/3 号飞行任务中做过一次，因为当时苏联人不希望看到在首先发射了载着别列戈沃伊的主动飞船后，被动飞船却发射失败的情形。联盟 4/5 号乘员组成员争辩说如果先把载着乘员组的被动飞船联盟 5 号送入轨道，他们可以有时间在进行舱外活动前适应失重的环境；而如果联盟 4 号飞船的发射取消，飞行任务可以被伪装成是包含一次舱外活动的三人飞行任务。但是，卡曼宁认为在发射日期逼近的情况下进行这样的改动未免太复杂了。

　　第三个争论的要点是在两个飞船相互接近和对接的过程中乘员组所起的作用，即任务是完全采用手动操作还是自动控制。这一争论自 1967 年联盟 1/2 号计划进行对接之前就开始了，一直没有停止过。鉴于以前这一对宇宙号飞船成功的全自动对接和别列戈沃伊在联盟号进行手动对接时遇到的困难，阿法纳西耶夫和乌斯季诺夫倾向于采用全自动对接，这样更有利于保证飞行任务中另一个重要内容——舱外活动的成功进行。卡曼宁则支持他的空军航天员们的意见，后者自然而然地更乐意采用手控对接，以便展示他们娴熟的飞行技术。出人意料的是，一般情况下更偏爱自动系统的设计人员（甚至包括米申在内）以及国家委员会主席 K·克里莫夫，这次却支持采用手动对接。这方面的讨论直到发射时仍在继续，但任务的计划也做了修改，给乘员组留出了更多的时间来准备对接。如果这样的话，在联盟 3 号飞船上别列戈沃伊也许在他飞行的第 1 圈就能与联盟 2 号飞船交会和对接了。（可能有人会再次联想到载人登月计划，尽管有报道将其与猎人－杀手（hunter-killer）卫星组合的一次对接相联系。）

　　别列戈沃伊在飞行的第 1 圈试图进行交会时曾遇到了困难。他不得不适应失重的环境，而且独自一人在黑暗中实现对接的同时必须使飞船按固定轨道飞行，而这一切都必须在没有地面跟踪站帮助的情况下在 90 分钟内完成。有鉴于此，设计者决定，像平常一样让联盟 4 号飞船比联盟 5 号飞船整整早 24 小时升入太空；但对接要等到联盟 5 号飞船飞行的第二天，两艘飞船都处于日照区并与地面控制中心保持无线电通信时才开始。这就给沙塔洛夫留出了两天的时间来调整飞行轨道并准备和联盟 5 号飞船的对接，而联盟 5 号飞船的乘员们也拥有足足 24 小时来适应太空飞行。修改后的新方案后来为适应联盟运输飞船在 1971 年（由联盟 10 号飞船执行，沙塔洛夫首飞）至 1985 年（由联盟 T—14 号飞船执行）往返礼炮号空间站的飞行需要进行了一些调整。

3.6.2　两艘载人飞船间的首次对接

在国家委员会于 1969 年 1 月 10 日召开的会议上，联盟 4 号飞船和联盟 5 号飞船的最终发射日期分别确定为 1 月 13 日和 14 日，比原来预定的推迟了一天。临发射前一天，卡曼宁对沙塔洛夫建议，一旦对手控对接有任何疑虑或遇到任何困难，应立即转而实行自动对接。发射当天，在预定发射时间前仅 9 分钟，通信上的困难和运载火箭陀螺仪故障使得发射推迟。在严寒中，受到白天着陆窗口的限制，发射窗口很小，并没有多少时间组织抢修，因此，苏联航天史上首次在航天员已经进舱的情况下，推迟发射 24 小时。当时这位航天员已经在飞船里面待命了两小时，出舱的时候他开玩笑说自己创造了在飞船中停留时间最短的纪录，还实现了有史以来最为精确的一次着陆；而其他人则指出第 13 位航天员是注定不能在 1 月 13 日进入太空的（这组数字同样给 15 个月以后的阿波罗号登月飞行带来厄运）。后来发现陀螺仪故障的起因是过高的湿度和极低的温度（此前西方观察家曾对苏联人能否在这样的条件下发射表示怀疑），更换陀螺仪后，虽然该陀螺仪本来就是为在这样恶劣的条件下工作而设计的，但对 SAS 系统的可靠性还进行了重新评估。

次日，即 1 月 14 日，联盟 4 号飞船从 31 号发射台发射升空。发射险些被再次推迟，因为发现发射台的一个系统有故障，而且这种故障通常只有在 R—7 火箭水平的状态下才能排除，而在飞船连同航天员停留在发射台上时是不可以进行修理的。一个年轻的工作人员自告奋勇在酷寒中脱下了几乎所有的衣服，通过一个狭小的舱口钻进 R－7 火箭里面进行抢修，而计时仍然继续。他在发射前 30 分钟终于成功排除了故障，避免了再次长时间推迟发射。在进入轨道的一刹那，沙塔洛夫不由高呼：“我喜欢这里！”

图 3－6　在早期联盟号飞船交会和
对接操作训练中使用的 Volga 对接模拟器

　　次日早晨，国家委员会将载有沃雷诺夫、耶利谢耶夫和赫鲁诺夫的联盟 5 号飞船顺利送入太空。飞船在 9 分钟后进入轨道，为人们期待已久的对接作好了准备。沙塔洛夫的代号是阿穆尔，而沃雷诺夫的代号则是贝加尔，一如在宇宙 186/188 号对接任务中使用的那样，而此次任务的控制台则以 Zarya（意为黎明）为代号。

　　1 月 16 日，联盟 4 号飞船已经在进行第 34 圈的飞行，而联盟 5 号飞船则在 211 km×253 km 的轨道飞行第 18 圈；在经过漫长的轨道修正后，两艘飞船逐渐接近，准备对接。在向联盟 4 号飞船接近的途中，赫鲁诺夫一直用六分仪控制飞行。沙塔洛夫吃惊地发现比预计的时间早了 10 分钟看到了另一艘飞船；但在沙塔洛夫改变联盟 4 号飞船的航向前，两艘飞船相互错开了。他随即打开联盟 4 号飞船上的 Igla 系统以启动自动对接，直到双方相距约 100 m 时，他和沃雷诺夫同时切换到手动对接模式，在苏联轨道站的通信指挥下成功地在轨道上的日照区驾驶这两艘飞船实现了平稳对接。

沙塔洛夫（联盟 4 号）：一切正常。一切都进行得很顺利。

Zarya：知道了。我正在密切观察你。

沃雷诺夫（联盟 5 号）：收到阿穆尔，收到 Zarya。这是贝加尔正在大声报告……距离 130，飞船的反应非常好。

沙塔洛夫：请求允许开始对接。

Zarya：准许请求。这是 Zarya。如有可能，简要报告你们现在的行动。

事后沙塔洛夫解释说："自动控制系统（将两艘飞船）带到了相距约 90 m 以内的位置。在那一刻，我转向手动控制，沃雷诺夫也同样。问题在于要确保两艘飞船上的对接部件精确地指向对方。在这个过程中我一直恰到好处地控制着推进器。我用左边的控制棒控制飞船的线速度——减速或加速，并消除横向的速度。当我们来到非洲海岸的上空（大约距苏联边境有 7 000～8 000 km）时我们相互接近至相距约 40 m 以内并开始保持。在这个距离内，沃雷诺夫和我一同做了几次机动操作。"

沙塔洛夫：收到。我现在能在屏幕上看到贝加尔。速度是 0.25 m/s。我们要开始了。可以清楚地看到帆板（太阳电池阵）。

赫鲁诺夫（联盟 5 号）：太好了，太棒了！实在太伟大啦！阿穆尔飞得就像神话故事里的鸟儿一样！她就像飞机一样飞过来了，像飞机一样接近了！

沃雷诺夫：一切都很好，我正等待对接。

沙塔洛夫：我正在接近。一切正常。接触灯亮了。接牢了。对接成功。

在地面上，叶夫帕托里亚的控制人员可以通过实况电视跟踪对接的全过程。

Zarya：我们能清楚地看到。每个细节都清清楚楚，就在我们眼前！

沙塔洛夫：欢迎贝加尔！对接进行得简直太妙了。两艘飞船接合了，正在锁紧中。两艘飞船间没有相对位移。

在两艘飞船的显示面板上，"机械接触"和"连接"的指示器在闪烁，随着几轮开和关的操作，对接环中的电插头自动接上后，"对接完成"的指示灯亮了。终于成功了！乘员组成员和控制人员都不由得欣喜万分，但这仅仅持续了一会儿，因为对接已经完成，现在紧接着要进行下一个任务，即舱外活动。当时，塔斯社将这个成就描述为创造了拥有 4 个舱室的"世界上第一个实验空间站"，据报道连接体总质量达 12 924 kg，内部总容积为 18 m³。当然，乘员要在内部穿越各个舱室是不可能的，因为对接系统并没有包含一个内部进出舱门；而且在 7K－OK 飞船上的对接机构与为 LOK/LK 设计的不一样。联盟号飞船有一个杆－锥式系统，而 LOK/LK 却是通过数个"爪子"穿过一个蜂窝结构来对接，因此 7K－OK 并不是月球计划的测试和检验装置；况且 7K－OK 和 LOK/LK 的交会系统也不相同（一个用的是 Igla，另一个用的却是 Kontakt）；另外，虽然 Kontakt 系统本来是为联盟计划设计的，但后来却被放弃了。

3.6.3　走出联盟号飞船

舱外活动（在 35 年里从联盟号飞船的轨道舱步出太空的仅有的一次尝试）就要在联盟号飞船下一次飞越苏联上空的时候进行了。两位执行舱外活动任务的航天员——耶利谢耶夫和赫鲁诺夫已经为此接受了将近三年的训练。为实施舱外活动，他们将从自己飞船的返回舱移动到轨道舱，从这里步入太空，轨道舱作为气闸舱将起到防止（返回舱）空气泄漏到太空的作用。沃雷诺夫将帮助他们穿上舱外活动服，而后撤回返回舱，并将内舱门关紧。耶利谢耶夫和赫鲁诺夫随后将通过轨道舱上的侧舱门进入太空，一步步从联盟 5 号飞船走到联盟 4 号飞船的轨道舱。等他们密闭舱门并对联盟 4 号飞船的轨道舱加压后，沙塔洛夫将过来帮他们脱下舱外活动服。任务完成后耶利谢耶夫和赫鲁诺夫将乘坐联盟 4 号飞船返回地面，而沃雷诺夫则独自乘坐联盟 5 号飞船返回。

在几年前科罗廖夫制订计划的时候，就将联盟号飞船的早期任务设计为学习交会和对接、舱外活动、长期宇宙飞行等技术的特别飞行，以便在将来飞向月球或其他地方的宇宙飞行中应用。美国与之相似的有双子星座系列飞船的飞行，在阿波罗计划开始以前，它同样为相应的技术提供了经验。在联盟号飞船发射以前，相应的硬件和目标不断地被阿波罗号飞船及苏联人自己正在进行的月球计划超越。在联盟 5 号飞船上使用的 Yastreb（鹰）舱外活动服是列昂诺夫在上升 2 号飞船上使用的 Berkut（鹫）舱外活动服的改进型，但 Orlan 舱外活动服和 Krechet－94 月球舱外活动服的研制已经超越了 Yastreb 舱外活动服的技术要求。尽管事实证明舱外活动仍然是很有价值的实践，但苏联人此前仅进行了一次有记录的舱外活动，是由列昂诺夫进行的，为时仅24 分钟，实际上在太空中只有 12 分钟；而在双子星座号飞船的飞行中 5 位航天员在 9 次舱外活动中却积累了为时 12.5 小时的舱外活动经验。

舱外活动服由一个多层罩衣和通过卡口与之连接的头盔和手套组成，一般存放在轨道舱的一个隔间中。头盔上有一个分开的用以保护眼睛的观日镜，鞋子是硬底的，衣服的背部有一个特别加固的部位，里面安装了生命保障系统的背包（内有保温设备和可供航天员呼吸两小时的氧气）。然而，实际上生命保障系统应该安装在腿部而不是背部，因为最初的模拟舱外活动显示，直径仅 66 cm 的舱门不足以供穿着舱外活动服背着救生背包的航天员出入。为此有关人员许诺以后联盟号飞船的舱门将扩大到 70 cm，但直到这次飞行任务进行的时候还没有完成这种改装。航天员们还要使用安全索。

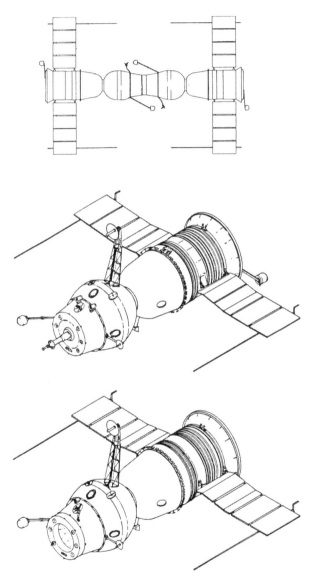

图 3－7　联盟号飞船的 7OK 对接系统

（该系统在 1967 年至 1969 年期间

使用，但只在 1969 年 1 月联盟 4/5 号飞行任务中取得成功）

　　3位乘员发现在狭窄的轨道舱中穿上舱外活动服实在不容易，但最后他们还是成功了。整装完毕，沃雷诺夫随即退回返回舱，关紧舱门，然后开始对轨道舱泄压。舱外活动比计划推迟了11分钟，一些次要的任务也被迫取消了（舱外活动的结束时间不能改动，因为乘员必须在飞船进入阴影区之前进入联盟4号飞船的轨道舱）。首先走出舱门的是赫鲁诺夫："舱门打开了，一束阳光突然射进来……我看见了地球，看见了地平线和漆黑的天空，那时我的心情恰恰就像我第一次跳伞前那样……坦率地说我就像在起跑线上的运动员一样紧张。我毫不费力地从飞船里出来，四处张望。我被两艘连接在一起的飞船悬浮在地球上空的奇妙壮观景象所震惊。我能看到两艘飞船表面的每一个微小的细节。它们在阳光里熠熠发亮，璀璨夺目。我眼前就是联盟4号飞船了。我好好地再看了一眼这辉煌的一幕——以地球和漆黑的太空为背景的光彩夺目的飞船，然后开始移动。"

　　赫鲁诺夫的第一个任务是支起一个电影摄像机来记录自己的舱外活动。于是他将联盟5号飞船舱外的（记录了对接过程的）电视摄像机取来，安装在联盟4号飞船上，以便记录耶利谢耶夫舱外转移的过程。他一步一步沿舱外的扶手走过联盟5号飞船，当他走到联盟4号飞船时，沙塔洛夫在返回舱内（用自动装置）打开轨道舱的舱门。在耶利谢耶夫准备转移的时候，他将已经记录了赫鲁诺夫的舱外活动的电影摄像机取来，想把它存放在联盟5号飞船轨道舱的一个隔舱里，但却没法关好隔舱的门。而这时耶利谢耶夫转到联盟4号飞船的时刻到了。电视画面记录了另一个摄像机浮在联盟5号飞船依然开启着的舱门外的情景。沃雷诺夫要等到两位乘员都安全地进入联盟4号飞船才会关上这个舱门。因为摄像机及其所摄赫鲁诺夫影像的丢失，对这次历史性的舱外活动的唯一记录就是电视片上耶利谢耶夫鬼魅似的身影。

　　赫鲁诺夫和耶利谢耶夫进入联盟4号飞船后轨道舱的门被关上，然后舱内开始复压。最后，沃雷诺夫关上联盟5号飞船的舱门，对其轨道舱复压。舱外活动历时 1 小时，两名乘员在飞船外一共度过了 37 分钟。轨道舱压力恢复正常后，联盟 4 号飞船的内舱门打开，于是一个庆祝胜利会师的愉快仪式开始了：沙塔洛夫和两名新伙伴用黑加仑果汁相互干杯（而不是传统的伏特加）；赫鲁诺夫和耶利谢耶夫还给沙塔洛夫带来了他妻子和卡曼宁的信件，还有一张刊登有两天前联盟 4 号发射的特别报道的报纸。完成舱外活动和卸下舱外活动服后，3 位乘员开始为脱离联盟 5 号飞船作准备。

当两艘飞船的轨道舱之间的连接部件分开，两艘船漂移开时，它们已经连接在一起达 4 小时 33 分 49 秒。次日早晨，联盟 4 号飞船安全地再入（沙塔洛夫因而成为首位在返回过程中通过嵌在返回舱门上的甚高频天线保持通话联系的航天员）。在微风吹拂的晴朗天气里，在 −30℃ 的严寒中，飞船平静地在卡拉干达东北 40 km 处着陆，偏离预定着陆点 40 km。

3.6.4　危险的再入

在再入前，沃雷诺夫继续在轨飞行了 24 小时，但他的返回比沙塔洛夫所经历的要艰苦得多。当时着陆区的温度降低了 5℃，但预计晴朗有微风的天气将会持续。在轨道上，沃雷诺夫在着陆前练习为时 9 分钟的手控定向（这 9 分钟是轨道上日出和再入轨道上离轨点火之间的时间间隔）。他报告说无法在如此短的时间内完成任务，但尽管如此他还是被授权手动定向进入下一圈轨道。不过，他同时接到命令说如果他第一次尝试手动定向失败，则应转而实施自动定向。

果然，沃雷诺夫报告说首次手动尝试失败。地面控制人员打算告诉他在进入下一圈轨道飞行时切换到自动着陆程序，但当沃雷诺夫的回答传来时，显然再入已经开始，飞船正沿着一条弹道轨道飞行，船身剧烈翻滚。当沃雷诺夫进入黑障区时，焦虑的地面控制人员以为又要有一位航天员在联盟号飞船的返回中丧生了。

地面控制人员并不知道，推进舱没有完全从返回舱上分离（不像轨道舱那样已经分离），这使得联盟号再入时"后部朝前"，即不是正常的防热底朝前。在返回舱里的沃雷诺夫没有穿航天服，他听到火工品点火将推进舱分离的声音，但透过舷窗却依然能看见安在推进舱的太阳电池阵上的天线，吓了一跳。他向地面站报告了这一情况，但除了坐着干等之外别无良策。他已经能闻到一股橡胶燃烧的味道，因为高温正在熔化前面舱门的衬垫；他做好了随时失败的准备。他没有抓紧这最后一刻与家人道别，而是将日志簿上记有交会和对接的所有细节的部分撕下来，卷成一个紧紧的纸卷，塞到自己的座位里，希望这些记录能幸存下来。然后他开始用船上的磁带录音机将自己正在经历的事情记下来，以便如果自己牺牲可以给故障分析提供线索。在这样危急的时刻，他却自始至终镇定自若。（飞船主要靠防热底烧蚀防热，通常要烧蚀掉约 8 cm，故烧蚀区厚达15 cm以上，而非烧蚀区的舱门上只覆有 2.5 cm 的防热层。）

有一阵，推进舱上的推进剂贮箱爆炸了，产生强大的压力波，前舱门被推进推出，几乎要被拽下来。在这样的严酷考验下，沃雷诺夫反复地说"不要慌"，因为在随弹道轨道下落时他要承受 9 g。通常在再入的过程中，装有过氧化氢的制动火箭会点火产生向上的一个推力，以减小过载，但联盟 5 号上的仪器读数却显示，尽管打开了阀门也无济于事。所有的推进剂都已经在一开始计算机徒劳地点火修正返回舱的航向时消耗完了。事态进一步恶化，飞船不停翻滚，眼看就要破碎，沃雷诺夫感觉舱里越来越热，自己也被紧紧压在坐椅上，心想惨祸就要发生了。

恰在这时，推进舱和返回舱之间的连接物终于被空气摩擦力切断，推进舱被抛开了，返回舱得以掉转过来，让防热底朝着前进的方向，承受再入时 5 000℃ 的高温。沃雷诺夫明白推进舱已经燃成灰烬并脱离返回舱，自己逃离了死神的魔爪，有了生还的机会。但当降落伞系统启动的时候，他意识到降落伞已开始缠结，自己有可能面临科马罗夫的命运；幸好降落伞随即又解开了，在他将要着陆的时候，伞盖张开，软着陆火箭也开始工作。但是，着陆的冲力依然过大，他被从坐椅上弹出到舱的另一侧，他上颚的几颗前牙被磕碎，他感觉到血流到了嘴里。

着陆后，在令人不安的寂静中，沃雷诺夫可以听到飞船在雪地里冷却时发出的嘶嘶声。他着陆的地方离原定的地点有 600 km 之遥，所以搜救人员一时还不能赶到。外面的气温是－36℃，在飞船里他很快便感觉到了刺骨的寒冷。雷达已经监测到返回舱已经着陆并远离预定地点，控制人员此时还不能肯定沃雷诺夫是否还活着。沃雷诺夫知道自己侥幸又一次躲过了死神，但是如果继续留在舱里他还是会死。他打开前舱门，在这个离库斯塔奈 200 km 的着陆点环顾四方，发现远处有一缕笔直的青烟；步行几千米之后，他发现了一处农舍；主人欢迎了他并为他取暖，直至搜救队到来。

着陆时，幸亏特殊设计的坐椅和软着陆缓冲装置保护了沃雷诺夫，使他免受更大的伤害，但他还是受了严重的震荡，在授勋仪式后就被送入医院接受治疗，两年后才返回飞行岗位。后来在回忆返回舱下落的情形时他描述说："我并不害怕，但是在濒临绝境时却有一种非常清晰而强烈的愿望，要活下去。"

在着陆点，搜救队找到了返回舱，但让他们吃惊的是，里面空无一人；他们最终还是循着雪地上沃雷诺夫留下的血迹找到了他（这个事故直到 1996 年才解密）。沃雷诺夫经过一段时间才恢复过来，在 1976 年他又完成了一次太空飞行任务。

事后的评估指出，返回舱和推进舱之间的分离装置失效，没有动作，直到姿态控制推进器的过氧化氢贮箱由于再入的高温而爆炸后才分离。沃雷诺夫的生还要归功于使前舱门得以锁紧的钛金属结构。虽然事故的确切原因一直没有被点明，但火工品炸药当量不足似乎是造成这一事故的原因，就像东方 1 号、东方 2 号和东方 5 号飞船以及上升 2 号飞船所遭遇的那样。

虽然沃雷诺夫再入时差点儿酿成悲剧，但联盟 4/5 号飞行任务是非常成功的，尤其考虑到此前两年半时间里所发生的事情，这次飞行非常漂亮，尽管它并没有多少实际价值。苏联人指出，这次飞行清楚地展示了他们的太空救援能力，并为建立第一个空间站铺平了道路。

3.7　三套车飞行任务

几经波折，飞船对接和乘员舱外转移终于获得了成功，应该讨论联盟号飞船下一步的发展方向问题了。1966 年年底，有关官员们曾计划让联盟 3/4 号飞船重复一次联盟 1/2 号飞船的载人对接飞行，然后再让联盟 5 号飞船来一次单独飞行，进行其他领域的研究，包括太空焊接试验。但是，自从阿波罗 8 号飞船在 1968 年圣诞节期间成功地把美国航天员送到月球附近后，苏联人在接下来该做什么的问题上发生了分歧。1969 年 1 月，有人建议说可以让联盟号飞船做一次长达 30 天的飞行，但这个建议没有受到重视。在 1969 年 2 月，TsKBEM 的最新计划的时间表被修改了：14 号飞船（联盟 6 号）将在 1969 年 4 月或 5 月首先载着两名航天员进行一次为期 7 天的单独飞行；然后在 8 月或 9 月，15 号飞船（联盟 7 号）和 16 号飞船（联盟 8 号）将载着 5 名航天员踏上一次 7 天的对接之旅，两艘飞船将连续 3 天保持对接状态。这些任务完成后直到 1970 年 4 月，17～20 号飞船还将进行几次飞行。

在评审这些计划的时候，乌斯季诺夫认为联盟号飞船单独飞行的目标过于保守了，并要求将计划做得更"大"一些。颇受打击的卡曼宁在日记中写道："乌斯季诺夫非常清楚不会有更'大'的东西。现在没有更多的飞船准备飞行，没有明确的飞行计划，甚至对下一次飞行没有一个具体的安排。我们已经到了一种荒谬的境地，从来没有这样盲目……在这个国家里没有一个人能知道什么时候会进行下一次飞行。"

显然，米申（是他想出了三船飞行的主意）为与乌斯季诺夫的计划结合起来采取了一些行动，而且在 4 月 25 日的国家委员会会议上，同时飞三船的方案被提了出来。这是对科罗廖夫以前在 1961 年季托夫完成 24 小时的太空飞行之后提出的同时飞 3 艘东方号飞船方案的改进。那个方案当时被弃置，而取代它的是在 1961 年 8 月实施的一个双船飞行方案。在新的三船飞行方案中，14 号、15 号和 16

号飞船将在 8 月一起起飞。14 号飞船（联盟 6 号）会被用来评估 Vulkan 焊接试验并摄像记录 15 号飞船（联盟 7 号）和 16 号飞船（联盟 8 号）互相接近和对接的情况，而后者将保持对接状态 3 天。每艘飞船都将在轨道上待 4～5 天。另外对以后的飞行也有了初步的计划：1969 年 11 月，在 L3 登月计划的支持下，17 号飞船（联盟 9 号）和 18 号飞船（联盟 10 号）将试验新的 Kontakt 对接设备和生命保障系统。它们将在太空停留 15～16 天，创造苏联人在太空停留时间最长的纪录，打破美国双子星座 7 号飞船的乘员在 1964 年 12 月创造的在太空停留 14 天的纪录和苏联人在 1963 年 6 月创下的在太空停留 5 天的纪录。19 号飞船（联盟 11 号）和 20 号飞船（联盟 12 号）将在 1970 年 3 月再进行一次类似的飞行。这最后 4 次任务以被推迟已久的 Kontakt 对接设备的操作为主要内容。

在又一次会议上，米申和乌斯季诺夫讨论了这些计划，更进一步认识到美国阿波罗 11 号飞船的成功给苏联人造成的紧迫形势。但是，对于在如此短的时间内实施如此雄心勃勃的计划会不会酿成重大事故，苏联领导层显然很快就有所关注和警觉。

3.7.1　Kontakt 试验的人选和任务

在 1969 年到 1970 年间，苏联太空飞行计划的制订者们就已经憧憬着空间站的时代，而且在不同设计机构之间存在着激烈的竞争，尤其是在将要使用的交会系统项目上。此前的联盟计划都使用 Igla 系统，该系统并不是很可靠，很多人更欣赏一种叫 Kontakt 的新系统。因而有关方面决定让两艘联盟号飞船再进行一次对接来试验这种系统，就像当初试验 Igla 系统一样。乘员组名单也很快确定下来。

被动飞船首发乘员组：G·T·多布罗沃尔斯基和 V·谢瓦斯季扬诺夫
后备乘员组：　　　　V·G·拉扎列夫和 O·G·马卡罗夫
主动飞船首发乘员组：A·V·菲利普琴科和 G·M·格列奇科
后备乘员组：　　　　L·V·沃罗比约夫（Vorobyov）和 V·I·亚兹多夫斯基

这些航天员都进行了大量的艰苦训练，但是由于新系统设备的交付离礼炮号空间站的发射日期太近，最后还是决定使用 Igla 系统，但 Kontakt 系统还是受到相当的拥护，也许它也确实比 Igla 出色，但是航天员们却不予支持。

3.7.2　飞船的准备

8 月 8 日，在国家委员会的一次会议上讨论了 3 艘飞船的准备工作。虽然在这些飞船上发现了 40～60 个故障，但联盟 6 号的发射时间还是定在了 10 月 4 日到 6 日，与联盟 7 号和联盟 8 号飞船的发射时间两两相隔 24 小时。

9 月 24 日，为 10 月 5 日、6 日、7 日的发射任务进行的准备工作陷入了停顿，因为乌斯季诺夫将国家委员会主席克里莫夫召回到莫斯科，通知他直到当时还没有接到任何批准这次飞行的正式通知，这有可能导致飞行要被推迟到 11 月底才进行。卡曼宁在日记里发泄了对领导得很糟糕的飞行计划的沮丧心情："（乌斯季诺夫和斯米尔诺夫）在即将发射的时候对载人太空飞行任务的准备工作进行干涉只会有害。我们最高领导人的优柔寡断至少会让发射延迟 1 周。"他还希望官僚主义不会导致"其他后果"。

发射的推迟对仅有的一台亟待维修保养的联盟模拟器造成了更大的压力，而且每枚火箭都到了期望的设计寿命，急需很快发射升空以最大限度地确保其安全性和可靠性。最后，在 9 月 30 日，在持续将近 1 周的对是否继续这一计划的疑虑之后，苏共政治局终于批准了发射，准备工作得以继续进行。在 10 月 1 日的一次会议上，国家委员会把发射日期定在 10 月 11 日、12 日和 13 日，1 周后这个时间表得到了确认。10 月 8 日，联盟 6 号飞船被运到了 31 号发射台。

3.7.3　接二连三的发射

1969 年 10 月 11 日，经过平静的倒计时，联盟 6 号飞船从 31 号发射台起飞，像激烈的旋风一般掠过西伯利亚的大草原。飞船非常顺利地进入轨道，入轨后乘员组成员立即操纵飞船进行轨道飞行。

至此，还没有提及即将发射的另两艘飞船，我们只提过联盟 6 号飞船将要试验改进型的船载设备（因为它并没有安装对接设备）以及手动导航定向系统和稳定能力，乘员组还将进行科学实验和太空焊接。24 小时后，联盟 7 号飞船离开拜科努尔（这次是从 1 号区）径直进入轨道，以便和联盟 6 号飞船协同配合。10 月 13 日，在蒙蒙细雨中的发射基地，联盟 8 号飞船在联盟 6 号飞船起飞的发射台上等待它进入太空的时刻的到来。一旦它进入轨道，就将创造同时有 3 艘飞船和 7 位航天员在轨飞行的纪录。

该计划要求联盟 8 号飞船与联盟 7 号飞船交会并对接，重复在联盟 4/5 号飞船上完成的实验，但这次主要的不同在于联盟 7 号是被动飞船并先于主动飞船联盟 8 号发射。沙塔洛夫本来打算一旦联盟 7 号飞船出现在视野中时就使用手动模式接近（卡曼宁后来写道，这个建议不但会节省时间，还节省推进剂，并有可能截收"敌方的卫星信号"）；但在发射前，米申拒绝这样做。

3.7.4　对接的挫折

1969 年 10 月 14 日，有很多人期待着联盟 8 号飞船会和联盟 7 号飞船对接，以及联盟 6 号飞船上的乘员从 50 m 开外用电影和照片来记录这一历史性的事件。但早在 3 天前，联盟 6 号发射不久就出现了第一个问题。在飞船入轨后不久，接近与定向发动机的贮箱自动增压失败，这对联盟 6 号飞船记录另两艘飞船的对接过程的计划造成了严重威胁。不过进入第 3 圈飞行后，绍宁利用返回舱里的一个开关成功地手动实现了燃料贮箱增压，挽救了这一计划。

联盟 8 号飞船和联盟 7 号飞船从相距 250 km 处开始接近，通过一系列轨道机动使两艘飞船上装载的 Igla 交会系统都获得所需的对方飞船的信号。按照计划，在两艘飞船相距 100 m 的地方，沙塔洛夫将切换到手动控制模式让联盟 8 号飞船和联盟 7 号飞船实现对接，然后在后续的 3 天里保持连接状态。不幸的是，在两艘飞船相距 1 km 时，联盟 8 号飞船上的 Igla 系统没能锁定联盟 7 号飞船。于是沙塔洛夫请求许可切换到手动模式并尝试在两艘飞船相距 1 500 m

还没有漂移开时开始对接。但等米申决定同意这样做的时候，两艘飞船已经相距了 3 km，由于距离太远，当天再进行第二次对接尝试已经不可能了。

第二天，也就是 10 月 15 日，地面控制中心认定两艘飞船上应该还有足够的燃料机动到适合进行第二次对接尝试的位置。飞船绕地飞行了两周之后，经过微小的修正，两艘飞船终于来到了相距 1 700 m 处，这个距离已可以让它们逐渐靠近以便沙塔洛夫手动操作。如果这时 Igla 系统运转良好，主发动机就可以带动飞船靠近；现在沙塔洛夫就只能用比较小的 DPO 接近与定向发动机了，这时乘员则只能依靠目视，成功的几率微乎其微。再加上联盟 8 号飞船上的耶利谢耶夫发现要透过轨道舱的舷窗锁定地球背景下的联盟 7 号飞船很困难（美国双子星座 9 号飞船的乘员组在 1966 年靠近 Agena 目标的时候也遇到了这样的困难），在 DPO 短暂点火 4 次之后，沙塔洛夫依然不清楚联盟 7 号飞船离他有多远，也不知道飞船的航向，不得不再一次放弃了对接，结果联盟 7 号飞船和联盟 8 号飞船擦身而过。（塔斯社新闻后来披露说双方最接近时相距只有 500 m，但是没有提及尝试对接失败的事情。）

那一天稍晚（据卡曼宁说），联盟 6 号飞船驶到了离联盟 7 号飞船 800 m 的地方，但因为船上没有 Igla 系统，无法进一步接近。绍宁和库巴索夫转而利用从地面控制中心传来的信息和船上的六分仪，进行与轨道上"一个不予合作的目标"进行交会的操作彩排。根据在联盟 4 号飞船上的经验，沙塔洛夫曾经建议说应在轨道舱中也安装一个 DPO 推进器的控制面板，以便操纵者能通过 4 个舷窗而不是返回舱上的一个潜望镜观察窗外。联盟 6 号就进行了这样的改进，尽管它并没有对接设备或 Igla 系统。这些条件仅仅让绍宁可以接近其他飞船而已。（《宇航新闻》上的一篇文章声称联盟 6 号飞船没能靠近另两艘飞船，尽管在某一刻乘员可以看到联盟 8 号飞船。）

根据卡曼宁的日记，联盟 8 号飞船在次日曾两次尝试靠近其他飞船，但弹道学专家们计算轨道参数时发生错误，结果两次尝试都失败了。10 月 16 日，塔斯社报道说沙塔洛夫在他的飞船飞第 49 圈和第 51 圈的时候两次修正了联盟 8 号飞船的轨道。在联盟计划进入飞行实践的头三年里，遭遇了一连串的失望和失败，米申只有硬着头皮报告乌斯季诺夫和勃列日涅夫这一次又辜负了他们的期望。

3.7.5　3 天内的 3 次着陆

10 月 16 日，联盟 6 号飞船回到了地球——没有重复联盟 5 号飞船那次差点使沃雷诺夫丧生的惨剧，多少释放掉了一些压力。那次飞行后的调查突出了需要在返回舱和轨道舱的分离系统上进行几处改进，而这些改进应用于 Zond 7 号完成绕月飞行后的回收中，获得了成功。联盟 6 号飞船的返回舱在哈萨克斯坦的卡拉干达附近着陆，两位航天员出现在奇冷无比且寒风凛冽的西伯利亚大草原上。

10 月 17 日在联盟 7 号飞船上，自动着陆系统的显示器出人意料地打开了（这本应在返回舱从轨道舱上分离之后才发生），这使人担心着陆程序也许会早于预定时间开始。不过一切都很好，飞船返回舱安全着陆。冰雪覆盖的西伯利亚大草原又一次迎接了 3 位航天员。根据苏联方面的说法，沃尔科夫在受到当地群众和搜救队员的欢迎时最为激动，菲利普琴科忙于飞行后的检查工作，而戈尔巴特科则为要在香烟盒上签名而尴尬。

现在联盟 8 号飞船还独自留在轨道上。它成功地和新组建的 Kosmonaut Vladimir Komarov 跟踪通信船——空间跟踪舰队的最新成员建立了联系，在和苏联的地面站失去直接联系时，乘员组还利用闪电 1 号通信卫星恢复了通信联系，这是轨道空间通信覆盖范围有所改善的重要例证。10 月 8 日，联盟 8 号飞船的返回舱成功着陆。录像资料显示飞行后的航天员们非常疲惫，胡子拉碴，但都为完成了 10 个月以来的第二次太空飞行而高兴。在典型的苏联式报道中，沙塔洛夫被叙述成为飞行的成功、为飞船在太空中的相互距离和着陆时间间隔如此之近而高兴不已。苏联媒体报道，沙塔洛夫感叹说："飞船就像飞机一样着陆了。"稍后又补充说："我们飞向了未来——未来是属于轨道空间站的。我们必将对空间作深入的探索……尤其重要的是，要研究长期处于失重状态对人类的影响。"

尽管有暴风雪，3 艘飞船还是成功地在预定地点安全着陆了。在联盟 8 号飞船的返回舱着陆后不久，在莫斯科的弗努科沃机场，又举行了传统的欢迎航天员归来的仪式，这一次 7 位航天员沿地毯一路走过，作为完成了苏联最新的太空飞行壮举（苏联媒体语）的英雄受到了热烈的欢迎。虽然这组飞行任务的实际执行阶段结束了，但对 Igla 系统（空间站上将使用这一系统）为何失灵的调查还在继续。

图 3－8　1969 年 10 月 18 日，联盟 8 号乘员组成员耶利谢耶夫
和沙塔洛夫着陆后不久站在他们的飞船返回舱旁

3.7.6　Igla 系统为何失灵

早期的报道说联盟 7 号和联盟 8 号飞船在太空中的任务并不是进行对接，但西方观察家从未相信这一点。此后很多年，官方的口径始终是，这组飞行中大量重要的太空交会工作得以完成，并强调 3 艘载人飞船各自在太空轨道中活动。1970 年，沙塔洛夫接受了荷兰太空记者 P·斯莫尔杰尔斯（P. Smolders）的采访。这位指令长遵循"官方"的说法，声称对接并未列入计划，而探讨如何克服同时

操纵 3 艘飞船的困难（美国人曾说这是个困难的任务）才是目的。斯莫尔杰尔斯问及联盟 7 号和联盟 8 号飞船是否装有对接系统时，沙塔洛夫回答说："没有。联盟 7 号和联盟 8 号飞船不是按照对接的要求装备的，所以没有必要安装这些东西。在 1 月份我们已经做过对接了，而且在那之前宇宙号飞船也以自动控制模式实现过对接。"和很多西方记者一样，斯莫尔杰尔斯也同意苏联官方关于联盟 7 号和联盟 8 号飞船不能实施对接的说法，认为这样的操作本来就不在计划之内，西方关于关键的对接系统没有成功运行的传言是没有根据的。但是，随后披露的事实是，苏联人不是不想进行对接，而是对接系统失灵了。

卡曼宁在其日记中述及 1969 年 10 月的事情的时候，批评了在苏联飞船中过多地使用自动系统的做法："在尝试对接时没有使用不依赖 Igla 系统的手动操作，恰恰暴露出了联盟号飞船使用的飞行对接系统存在重大缺陷。"他说成功的对接有赖于自动系统的完美运行，而且如果这一点无法保证，航天员们就没有一个可靠的控制方式作后盾。他还强调说沙塔洛夫和耶利谢耶夫是联盟号飞船对接经验最为丰富的组合，因为他们曾经一同接受训练，还曾一同实施了联盟 4 号和联盟 5 号飞船的飞行。如果他们都不能使联盟 7 号飞船成功对接，那么只能证明当时的设备难当重任，而且对乘员组而言设备显然没能达到最低限度的要求。

于是，一个以 B·切尔托克为首的委员会建立起来，以便调查 Igla 失灵的原因。这个委员会确认，联盟 8 号飞船因为恒温系统失灵，无法维持适宜正常操作的温度，信号发送和接收装置中使用的压电石英晶体因而受到影响导致了频率"漂移"。

回过头看，这组飞行的主要任务没有完成并没有令人们很不安。实际上，除了成功地控制了 3 艘在相近的轨道里同时飞行的飞船外，这次飞行并没有增加苏联人的太空飞行经验。乌斯季诺夫显然将三船飞行作为苏联人对阿波罗 11 号飞船登月飞行的回敬，但对接的失败使再次创造苏联"太空奇迹"的机会付诸东流。联盟 8 号飞船的返回舱着陆的次日，国家委员会粉饰了这一失败，轻描淡写地总结道："（我们获得了）手动控制和自主导航的大量有用资料，使我们确认航天员在载人飞行计划中应起到更积极的作用。"

3.8　联盟号飞船上的科学试验

首批 8 艘联盟号飞船的飞行主要着眼于掌握交会和对接技术，美国人曾将其作为双子星座计划的主要目标，该技术可以应用于地球轨道及月球轨道飞行，其长远的目标是通过使用一系列地球轨道空间站逐渐增加轨道飞行器在轨时间用于军事或科学目的。显然除了绕月飞行外，联盟号飞船可以被用来辅助这一应用模式，它可以被用作试验平台提供支持空间站的研究能力，评价设备或操作程序，或者搭载科研设备作为长期飞行任务的先行试验。

1967 年到 1969 年，几次早期的联盟号飞船飞行提供了试验或评价设备的机会，这些设备可能被进一步用于地区轨道空间站的飞行。当时有两次飞行任务（联盟 6 号和联盟 9 号）是单船发射，与交会和对接任务无关，但其潜在应用体现在 20 世纪 70 年代苏联空间站的发展中。

最早真正在联盟号飞船上进行科学研究的机会出现在 1968 年和 1969 年交会和对接任务完成之后。首次这种额外任务开始于 1968 年 10 月 28 日。在尝试与联盟 2 号飞船对接之后，G·别列戈沃伊在联盟 3 号飞船上进行了有限的科学研究项目。他完成了对行星和恒星的观察，观测台风和飓风中心，报告森林和丛林火灾与地球表面的亮度，拍摄云层和冰雪覆盖情况以及黎明和白天时的地平线。

1969 年 1 月 16 日，联盟 4 号和联盟 5 号飞船对接分离后，两艘飞船的乘员组都进行了一定数量的科学研究，包括对新设备的评估，如用于地球物理学研究的 RSS－1 光谱仪。在联盟 5 号飞船上的仪器被用来进行 240 km 高空波长范围 400～650 nm 的黎明光环的光谱测定研究，对某些医学和生物学仪器也进行了测试。赫鲁诺夫还进行了有关无线电波穿过电离层的试验，并且两艘飞船都带了外置标靶（每个标靶都包括由一层薄铝片构成的 14 块平板）用于测量氦 3 和钛的存在。天文学研究以太阳正后方的夜空摄影和彗尾变化的研究为标志，而与地球相关的研究则包括陆地云层覆盖、风暴的形成以及冰川形态的观察和摄影。

类似的研究项目也在联盟 7 号和联盟 8 号飞行任务中进行。在联盟 7 号飞船上，乘员组进行了地球和多个频谱段恒星体的摄影，完成了首次由苏联载人飞行器进行的遥感详查演习。他们特别关注某些地质区，意在发现对国民经济有用的原料储备。联盟 7 号飞船的戈尔巴特科和沃尔科夫用 RSS－2 光谱仪进行了地球黎明光环、云层覆盖和基础地形的摄影和光谱测量。这项研究包含一次通话过程，在 10 月 13 日（当时飞船正飞越阿拉伯半岛），飞船与陆基观测站以及两架在 2.7 km 高空飞行的装备特殊设备的 Li－2 科研飞机进行了联络。再一次的通话过程是在飞船运行至第 87 圈飞越非洲东北部期间完成的，当时飞船在 218 km 高度。联盟 7 号和联盟 8 号飞船的乘员组还进行了医学试验，以及对地球的摄影。

3.9　联盟 6 号飞船上的科学试验

联盟 6 号飞船入轨后，最初宣布的任务目标比先前的飞行详细得多。除了通常的测试和对联盟号飞船控制系统的评估（在这个阶段，只字未提联盟 7 号和联盟 8 号飞船的飞行）以外，乘员组将对非常广阔的地面区域进行科学观察和摄像，这些工作具有地理学和地质学意义，例如进行大气研究，完成生物医学研究计划，进行以农业应用为目的的地球研究，还要在太空进行焊接试验。在飞船飞行第 14 圈时乘员组评价了一个新的六分仪，在飞越里海和伏加尔河三角洲时库巴索夫进行了地形拍摄，还拍摄了俄罗斯中部的广袤森林。乘员组记录了哈萨克斯坦上空的云层移动和同一地区的一个强旋风，据此获得的数据为确定飞船着陆区作出了贡献。另外，对一个离开墨西哥海岸的台风、一个国内西部地区的飓风和大西洋与印度洋上的热带风暴进行了跟踪研究；医学测试（包括几项试验和心理学测试）评价了微重力环境下航天员的工作能力。

联盟 6 号飞船从没有计划进行对接，没有安装 Igla 交会系统和对接硬件，因为这些设备都太重了，但在轨道舱里安装了特殊的试验设备和用于扩展飞行任务的硬件设备。在联盟 6 号飞船上进行了首次太空焊接试验。下面介绍有关太空中的 Vulkan 焊接试验的情况。

焊接操作在 10 月 16 日再入前几个小时完成。位于基辅的电焊研究所（IES）研制了 50 kg 的设备，该试验建议由研究所所长 B·佩顿（B. Paton）在 1963 年首次向科罗廖夫提出。该计划由研究所的一名工程师 V·法尔图什内加入 3 人乘员组参加单艘联盟号飞船的飞行任务，但质量限制使得联盟 6 号飞船不能载第二名飞行工程师。

为完成这项试验，轨道舱被密封并减压，乘员组待在返回舱内，试验操作自动进行。焊接单元（Vulkan）是一个圆柱体，由两部分组成，一部分容纳指令和能源系统，另一部分容纳 3 个焊接评价设备。在该试验中使用了 3 种焊接方法，即低压压缩电弧焊、电子束焊和使用可消耗电极的电弧焊。一个电子枪被用来执行焊接，使用了钛、铝合金和不锈钢样品。

在飞船飞行的第 77 圈，随着舱体间连接舱门的关闭，焊接操作开始。库巴索夫合上开关启动了焊接操作，然后通过返回舱内的一块指示仪表板跟踪全自动的焊接过程，同时数据被直接传递到地面接收站。佩顿院士宣布，随着这个试验，一个全新的太空冶金时代开始了，焊接操作揭示出"（太空中的）熔化方法是可行的，确保了一个稳定的金属焊接过程。试验中进行测试的小型化焊接单元被证明是非常可靠和高效的"。这是随后 20 年间的官方说法，直到 1990 年才披露出这次焊接操作几乎酿成灾难而要了乘员组成员的命，当时轨道舱壁差点儿被烧穿了一个洞。

据悉在进行低压压缩电弧焊时，一个焊束瞄向了内部隔板并且几乎将其烧穿。乘员们没注意到这件事，他们关闭了焊接单元完成了试验，并且进行舱体泄压以取回样品。进入轨道舱时，他们吃惊地发现了轨道舱结构的损坏，由于害怕失压，他们很快地返回了返回舱并将舱门密封。然而，库巴索夫意识到轨道舱结构是完好的，在当天晚些时候封闭轨道舱准备再入和着陆前他迅速地再次进入轨道舱取回了样品。

3.10　联盟 9 号飞船：太空马拉松

紧随着联盟号飞船三套车飞行，在 1969 年 10 月 23 日的一次总设计师会议上，有人提出除了进一步发展舱外活动、交会和对接技术以及尝试延长飞行时间之外，应扩展载人太空飞行计划以支持登月计划。在一年多的时间里，卡曼宁一直在询问增加的 10 艘飞船（飞行编号到 20 号）的建造情况，并且希望说服军方增加的 10 艘飞船可以用来填补钻石号和联盟 VI 空间站准备就绪前的断档。只有 4 艘联盟 7K－OK 飞船（17～20 号）是可以利用的，这些飞船被分配用于测试为支持 1970 年 8 月到 9 月间进行的 L3 登月计划而设计的 Kontakt 对接系统。然而，1969 年 12 月这些计划开始变化，当时下达给卡曼宁的命令是准备一次 17～20 天的单船飞行，其部分原因是为庆祝列宁的百年诞辰。在此前的 1969 年 9 月初，全部由女性组成的乘员组计划被放弃，并且在 1969 年 10 月 1 日，女航天员训练组（她们在 1962 年被选拔出来）被解散。

1969 年 1 月，阿法纳西耶夫首先提出进行一次为期 30 天的联盟号飞船飞行，以回应阿波罗计划的成功。早期的 Kontakt 飞行计划要求 15～16 天的持续时间，同时预见了可能将飞行任务延长到 20 天的情况。12 月 6 日的一次 TsKBEM 会议上讨论了下一步的飞行计划与只以单船进行长时间飞行的可能性，这样做所需要的准备和生命保障系统升级的时间短。还有一个想法就是超越美国双子星座 7 号的 14 天太空飞行纪录。本来礼炮 3 号空间站应该在 1966 年做到这点，但为了支持联盟载人飞船计划该任务被取消了。如此看来 Kontakt 飞行任务将被推迟至 1971 年，并且因为害怕月球计划可能最终没有任何实质性结果而将计划转变为建立由切洛梅的钻石号空间站和联盟号飞船为组成单元的科学空间站计划，该计划被称为 Zarya。执行长时间飞行任务的联盟 9 号飞船是这个空间站计划的开拓者，但由于多次延误直到 1970 年 6 月还没实施该计划。

3.10.1　飞翔的猎鹰

　　该飞行任务计划持续 18 天，但如果两名航天员的情况恶化，飞行将被终止。用于（17 号飞船）飞行任务的对接设备被取消了，安装了生命保障系统比用于之前飞行任务的系统重 3 或 4 倍。轨道舱内还安装了再生和热控系统——用于空间站计划的产品原型。为了练习和适应太空约束条件，增加的设备被装进轨道舱用于乘员组的演练和其他工作。在返回舱中，第三张坐椅被一个存储支架所取代，用于放置额外增加的设备和科学仪器以及需带回的拍摄后的胶片和试验结果。这艘飞船还对坐椅缓冲系统进行了改进以保护经过近 3 周的太空飞行后返回的航天员。在 1970 年，这是向长期太空飞行迈进的一大步。由于这些改进的后果将提高舱内二氧化碳的含量，因而要求在已经很拥挤的联盟号飞船内再增加二氧化碳滤除装置。

图 3-9　联盟 9 号乘员组成员谢瓦斯季扬诺夫与尼科莱耶夫
（他们是联盟号飞船单艘飞行时间最长的航天员）

　　联盟 9 号飞船于 1970 年 6 月 1 日发射，18 天后于 6 月 19 日返回地球，创下了新的持久飞行 17 天 16 小时 59 分，共 285 圈的世界纪录。

　　至此在联盟 9 号飞船上进行的最大的研究项目是有关航天员生物医学条件，包括他们在 0 g 环境下的适应性和工作能力以及飞行之后的恢复能力。按照原定计划，乘员组每天应进行两次定期的每次持续 1 小时的锻炼并且评估承载服，设计这些项目是为了提供基本的医学数据和对飞行程序及用于空间站驻留乘员组的设备的飞行中评价。不幸的是乘员们因工作太忙而开始逃避锻炼项目，而且不顾地面控制人员的指责，他们从未真正按时间表安排活动。结果当他们重新获得地球重力时遭受了很大痛苦。这对飞行任务的计划者和训练人员是很有价值的一课，对这些乘员却是痛苦的教训。

图 3—10　尼科莱耶夫在联盟 9 号飞船的轨道舱中进行训练

在联盟 9 号飞船上进行的研究项目还包括一系列地球资源测试和观测，主要是与地面、飞机和卫星联合进行的各种领域的摄像有关。乘员组还评估了通过舷窗观察利用已知恒星进行手控空间导航的方法。另一项研究计划（属工程项目之列）涉及对联盟号飞船的评估，包括对其作为长时间飞行的航天员运输飞船往返于空间站以及在较长的时间里的可居住性的评价。

3.10.2　在轨评价

乘员组对联盟号飞船的居住环境进行了评估，设定每个工作日为 16 小时（包括进餐时间），睡眠与休息 8 小时。在空间站计划中，当驻留乘员组在空间站工作时，联盟号飞船需要以轨道存储模式停靠几个星期或数月，然后重新点火返回地球。除了继续为支持联盟号飞船载人设计而更多地了解太空飞行严酷性以外，联盟 9 号飞船还为联盟号飞船延长在轨时间的能力提供了有价值的信息。

在飞行的最初几天里，飞船保持几乎持续不变的光照，人们有些担心那一对由四块板组成的太阳电池阵产生过多的电能。如果控制太阳电池阵的电力供应并对舱内电池充电的设备发生故障，则必须要求乘员以手动方式操作系统开或关，而这种操作只能进行 50 次。当时担心飞行任务仅仅持续 8 天左右就不得不被终止。在 6 月 4 日，决定让飞船沿其纵轴进行旋转以保持平均温度。联盟号飞船以 2.5 圈/分（15(°)/s）的速度旋转，使其表面产生均布的温度（与美国阿波罗号飞船完成登月旅途时的"烤肉模式"类似）。这样做使太阳曝晒影响最小，但因此耗尽了电池，乘员组成员不得不在其睡眠时间结束前两小时被唤醒，操纵联盟 9 号飞船转向太阳，给电池重新充电，并且发现这种旋转导致一些贮箱温度很高，于是决定在规定时间暂停旋转。幸运的是在飞行任务后期调整太阳电池阵电能的问题被自动纠正了。

飞船中的二氧化碳滤除器也没按预定计划工作，在 6 月 10 日，舱内压力接近了最大值 900 mmHg。乘员组被命令将内部温度由 21℃降低至 18℃，这使得压力减小到 870 mmHg。在 6 月 17 日，飞行了 15 天 5 小时之后，按照国际宇航联合会为认证一个新的官方纪录而规定的比例，乘员组打破了双子星座 7 号飞船乘员组创造的纪录。当天晚些时候，国家委员会召开会议决定最终的飞行持续时间。有一些提议希望再延长两天飞行到 20 天，尽管船上的供给只够支持 18 天，但乘员组报告说他们有足够的供给品能延长两天飞行。然而，多数意见是乘员组飞行 18 天后返回的目标已经实现，应于 6 月 19 日着陆。

总的说来，这次飞行大大增强了苏联计划建立长期空间站的信心。对于联盟号飞船的设计者来说，这次飞行已经收集了关于航天器较长时间飞行性能的有价值的信息。为了获得这些信息花费了很长时间，对初始型联盟号飞船设计的补充和改进的要求是延长在轨驻留时间。从本质上看，联盟号飞船将要成为支持空间站飞行任务的航天员往返运输工具，当时月球计划仍然在实施中。这个谨慎的转变最终证明对于联盟号飞船和苏联/俄罗斯载人航天未来的发展都具有决定性意义。然而，在利用特殊装备的联盟号飞船进行独立研究性飞行方面仍然是灵活的，这样的飞行任务一直持续到 1973 年至 1976 年。

3.11　小　结

经过多年发展，克服了开始阶段的困难和经历了许多挫折之后，联盟号飞船最终进入了地球轨道并且证明了科罗廖夫的三舱设计理念的正确性。在 1966 年到 1970 年间，17 艘 7K－OK 改型飞船执行了各种飞行任务，这些任务用来对飞船进行鉴定，评估苏联第一代交会和对接技术以及舱外转移能力，并且在飞行时间从 48 小时至 18 天的多次任务中支持了科学研究计划。这些飞船是载人联盟计划的先驱，该计划持续贯穿了 40 年。所有飞船累计在轨飞行超过 71 天。在联盟系列飞船发展的后期，苏联的载人月球计划陷入了困境，计划被重新定向为在新的联盟号飞船改型的支持下建设永久性载人空间站。

参 考 文 献

〔1〕　Hall，Rex D. and Shayler，David J.，*The Rocket Men*，Springer-Praxis (2001)，pp. 126－128.

〔2〕　*Ibid*.，pp. 131－132；Shayler，David J.，*Disasters and Accidents in Manned Spaceflight*，Springer-Praxis (2000)，pp. 76－77.

〔3〕　Shayler，David J.，*Disasters and Accidents in Manned Spaceflight*，pp. 369－387.

〔4〕　Rebrov，Mikhail F.，*Kosmicheskie Katastrofy* ［*Space Catastrophes*］，Exprint，Moscow，1994. This reports the restoration of communications after black-out，but is probably incorrect.

〔5〕　Shayler，David J.，*Disasters and Accidents in Manned Spaceflight*，pp. 85－88.

〔6〕　Hall，Rex D. and Shayler，David J.，*The Rocket Men*，pp. 190－191.

〔7〕　'Potholes on the Starry Road：an inverview with cosmonaut Konstantin Feoktistov'，*Trud*，April 2002.

〔8〕　Hall，Rex D. and Shayler，David J.，*The Rocket Men*，pp. 236－243.

〔9〕　Shayler，David J.，*Gemini：Steps to the Moon*，Springer-Praxis (2001)，pp. 272－302.

〔10〕　For a Western account，see Oberg，James，'Soyuz 5's Flaming Return'，*Flight Journal*，June 2002.

〔11〕　For an example of Soviet 'real-time' press coverage of the mission，see 'Three Soyuz Spaceships in Group Flight'，*Soviet News*，No. 5112 (14 October 1969)，pp. 13－15.

〔12〕　Shayler，David J. ，*Gemini*：*Steps to the Moon*，pp. 256－257.

〔13〕　*Ibid*. ，pp. 225－267.

〔14〕　Shayler，David J. ，'Flight of the Falcons：the 18-Day Space Marathon of Soyuz 9'，*Journal of the British Interplanetary Society*，54，（2001），27－46.

第 4 章　联盟号飞船的天地往返运输任务
（1971 年～1981 年）

空间站计划（DOS）的基础之一是研制一种乘员转移系统，联盟号飞船可以很好地满足这一任务要求。空间站往返运输器的研制始于 1969 年（初始型联盟号飞船飞行时，Zond 计划正在继续修改），第一个型号在 1971 年礼炮 1 号计划中投入使用，通过不断改进，在苏联的空间站计划中一直使用到礼炮 6 号，直到 1981 年研制出新的型号——联盟 T 来承担乘员组运输的任务。

4.1　礼炮号空间站的往返运输器

1969 年年底联盟号运输飞船的研制工作在 TsKBEM 启动。新的飞船是重新设计的 7K－OK，现在命名为 7K－T（11F615A8），1970 年年初，由设计局的 231 厂（所）提出设计初稿。其中一项主要更改包括内部对接和转移系统。联盟号飞船具有主动探测设备与礼炮号空间站前端的被动靶标密切配合，乘员可以通过 0.8 m 的舱门进入空间站。一般认为，这个内部对接和转移系统是在联盟 R 的基础上研制的，其设计源自 OKB－1 科兹洛夫的第 3 部门，用于向联盟 R 运送航天员的联盟 7K－TK/11F72 型飞船也有内部对接和转移系统。由于飞船只需要支持 3 人乘员组飞向空间站（最多 2 天）和返回地面（1 天），生命保障系统可以简化。在与空间站对接期间（最多 60 天），所有的消耗品和生命保障用品由空间站供给，飞船不需要提供，只是停靠在那里。Igla 交会系统移到了飞船的前端，在轨道舱（OM）里面，还取消了一条无线电指令线路因而去掉了推进舱（PM）后端的环形组件，减小了质量。新的运输飞船质量为 6 700 kg，比 7K－OK 多了 50 kg，但返回舱只能带回 20 kg 的科学样品或设备（包括 3 名不穿航天服的航天员），这个设计已经达到运载能力的上限。

与联盟号飞船的早期型号不同的是，联盟 7K－OK 在载人飞行前不再进行无人飞行试验，这表明在联盟 7K－OK 上使用的是经验证的设备和子系统。以 7K－S 为基础的更先进的运输飞船正在研制，它可以支持更长时间的太空飞行并能返回更多的载荷。这种飞船是为有两个对接口的第二代空间站研制的，直到 1979 年才投入使用（即为联盟 T 号飞船）。在礼炮号空间站的初期运行中，7K－T 是航天员往返空间站的运输器。

4.2　礼炮号空间站的运输任务（1971 年）

1971 年 4 月 19 日，世界上第一个空间站礼炮 1 号由质子号火箭发射升空。它至少可以支持两人驻留，为此由骨干航天员组成空间站乘员组，并于 1970 年夏天开始训练。礼炮号空间站采用军用钻石号空间站的主体结构和联盟号飞船的基本组成，以确保苏联的空间站在美国的天空实验室之前进入太空。联盟号乘员组往返运输飞船有新的内部对接机构和转移舱门，但与礼炮号空间站对接期间还要依靠推进舱上的太阳电池阵补充礼炮号的能源供应（电能从联盟号的太阳电池阵导出）。以后的空间站上具有了效率更高的太阳电池阵，联盟号飞船在短期飞行中可以不需要太阳电池阵。

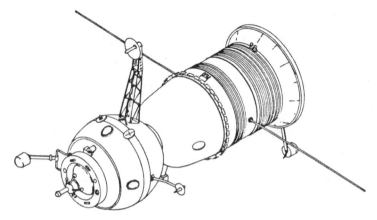

图 4-1　联盟号往返运输飞船（1973 年～1981 年）

4.2.1　礼炮 1 号空间站的乘员组

第一个民用空间站的第一组乘员在 1970 年年中开始受训。任务的规划者确定了 4 个 3 人乘员组，他们选自已经取消的月球计划和最近参加过联盟号飞船飞行任务的航天员。

第 1 乘员组：G·S·绍宁、A·耶利谢耶夫和 N·鲁卡维什尼科夫

第 2 乘员组：A·A·列昂诺夫、V·N·库巴索夫和 P·I·科洛金

第 3 乘员组：V·A·沙塔洛夫、V·N·沃尔科夫和 V·I·帕察耶夫

第 4 乘员组：G·T·多布罗沃尔斯基、V·I·谢瓦斯季扬诺夫和 A·P·沃罗诺夫

第一次变化是绍宁因酗酒被取代。沙塔洛夫从第 3 乘员组调至第 1 乘员组，多布罗沃尔斯基从第 4 乘员组调至第 3 乘员组，同时古巴列夫（Gubarev）加入任指令长。沙塔洛夫乘员组驾驶联盟 10 号飞船，列昂诺夫乘员组在联盟 11 号任务中成为首发乘员组，但库巴索夫没有通过飞行前的体检。多布罗沃尔斯基乘员组取代了他们。原计划如果联盟 11 号任务获得成功，列昂诺夫乘员组将乘联盟 12 号飞船飞向礼炮号空间站，古巴列夫乘组作为他们的后备乘员组。在联盟 11 号发生灾难后，所有的乘员组都停止了飞行。

图 4-2　1971 年第一座空间站发射前联盟 10 号和联盟 11 号乘员组成员
（前排，从左到右为列昂诺夫、耶利谢耶夫、沙塔洛夫、鲁卡维什尼科夫和库巴索夫；后排，从左到右为科洛金、多布罗沃尔斯基、沃尔科夫和帕察耶夫）

4.2.2　联盟 10 号：首次运输任务

首次飞向空间站的载人任务命名为联盟 10 号（代号为 Granit-Granite），于 1971 年 4 月 23 日发射，是在无人空间站进入轨道 4 天以后。这次发射是第二次发射（在前一天的第一次发射中，因发射天线未能收起，在发射前一分钟时中止了发射）。发射后一切进展顺利，联盟 10 号飞船载着 3 人乘员组到达预定轨道，开始追赶礼炮 1 号空间站。在空间站发射后不久发现 OST-1 望远镜的保护罩未抛掉，生命保障系统的两个通风装置出现故障，但这些不会影响空间站的工作。联盟 10 号飞船飞往空间站需要一天的时间。

在与空间站的接近过程中，联盟 10 号飞船在进入礼炮号的轨道时遇到了问题。在飞行第 4 圈时，轨道修正的点火指令中出现了程序错误，而在下一圈没有充足的准备时间进行机动，因而不得不放弃。联盟号飞船的定向系统的光学表面受到了污染，无法使用。最后沙塔洛夫手动控制飞船定位，出色地完成了机动。然而，礼炮号空间站上 8 个通风装置中有 6 个不能工作，使得人们开始担心空间站内的空气质量。

第二天早晨，唯一经历过空间对接的航天员沙塔洛夫启动了 Igla 系统将联盟号飞船控制到距礼炮号前对接口 180～200 m 处。在这一点，他控制联盟 10 号飞船缓缓接近礼炮号空间站，在 4 月 24 日莫斯科时间 4 时 47 分实现了软对接——载人飞船和空间站的首次连接。下一步是收回联盟号飞船上的探杆将两个航天器拉在一起，启动对接环上的对接锁，完成硬对接。然而，初始对接后大约 10 分钟，沙塔洛夫报告在控制面板上的硬对接指示灯没有亮，表明飞船没有与空间站稳固连接。地面遥测系统显示两个航天器之间有 9 cm 的缝隙，仍处于软对接状态。沙塔洛夫再次启动联盟号飞船的机动发动机，试图使两个航天器对接，但没有成功。

初始对接后第 4 圈，沙塔洛夫接到命令将联盟号飞船解除对接再次尝试硬对接；然而当他执行命令时联盟号飞船却不动作，表明存在严重问题。现在有两种选择，一种是乘员进入轨道舱，拆除飞船一侧的对接装置。这是应急程序，使用爆炸螺栓将探杆从主动对接机构分离出去，将它留在对接口上。这不需要乘员手动介入，只需发出起爆爆炸螺栓的命令。另一种是抛掉轨道舱，留下它对接在礼炮号上。因为仅有一个对接口，无论哪一种方法都会使空间站无法继续使用。另外，乘员组在联盟号飞船上只剩下大约 40 小时的飞行时间，还需要节约一些时间以返回地面。在后面的飞行中，沙塔洛夫第二次尝试使联盟号飞船解除对接。这一次飞船慢慢地滑出对接口，飞离了空间站，地面控制中心响起一片掌声。

沙塔洛夫在礼炮号空间站附近作位置保持时，地面控制中心通过检查飞船和礼炮号的状态，可用的空气、燃料余量、总功率等，研究了后续的飞行计划，并最终决定放弃对接努力，乘员组应急返回。得知任务中止的消息后，沙塔洛夫和他的组员在启动分离点火开始返回前，绕空间站飞行并拍下了对接口的照片，供飞行试验后的分析使用。

4 月 25 日凌晨，联盟 10 号飞船开始返回，飞向哈萨克斯坦。这是苏联航天计划中首次夜间着陆。当飞船在降落伞下摇摆时，耶利谢耶夫和鲁卡维什尼科夫从联盟号飞船侧面的舷窗向外看，注意到他们的前面是一片辽阔的水域。他们问沙塔洛夫该怎么做，沙塔洛夫只是耸耸肩膀，表示除了振作精神等待外别无他法。飞船降落在哈萨克斯坦的卡拉干达镇西北 120 km，距湖边仅 50 m。这次任务仅飞行了 1 天 23 小时 46 分 54 秒，而不是预计的 30 天。

苏联期望用新的航天成就来弥补在月球竞赛中的失利，因此再次组织对事故原因进行调查。当然，新闻报道则说这次任务的圆满成功证明了苏联已具备了与空间站对接的能力，并表明航天员进入空间站并不是本次计划的内容。

5 月 10 日调查组报告了关于对接失败的调查情况。乘员组已经报告过在软对接之后，飞船推进器继续工作了 30 秒，引起飞船在收回探杆后剧烈摆动，在对接机构减振器上施加了约 1 568～1 960 N 的力。调查研究包括了地面对接系统的试验，试验发现减振器最多能承受约 1 274 N 的力（超过设计上限的 60%）。这也证明了 1967 年 10 月宇宙 186/188 号对接因 DPO 推进器的超时工作而失败的情况与此相似。根据调查研究结果，将船上减振器的受力上限增加了 1 倍（约 2 548 N），并允许指令长手动控制收回探杆和推进器的动作。

4.2.3　联盟 11 号：成功与灾难

联盟 10 号飞船的失败并没有阻碍对礼炮号空间站的使用计划。米申建议通过两次任务完成该计划。第一次是在 6 月 4 日发射，将两名航天员和舱外活动服送入太空，其中一人通过舱外活动检查对接；第二次是在 7 月 18 日发射。卡曼宁反对这一建议，指出礼炮 1

号空间站的航天员没有受过舱外活动训练，并且舱外活动服正在研制中，不能及时准备就绪。因此决定任务目标是抢修空间站，维持时间取决于空间站的状态和站上消耗品的存量。如果顺利，两次驻留 30 天的任务仍能实施，但联盟 11 号飞船计划在 1971 年 6 月 6 日发射，飞行 25 天。

由于库巴索夫生病，后备乘员组多布罗沃尔斯基、帕察耶夫和沃尔科夫将飞往空间站。他们作为一个完整的乘员组，只经过 4 个月的训练。然而，尽管他们缺乏经验（只有沃尔科夫参加过 1969 年联盟 7 号飞船的飞行），但他们成功完成了对接并进入了礼炮号空间站，在那里停留了 3 个星期。这 3 名航天员是首次在空间站上生活和工作，虽然在飞行中遇到了一些困难，但他们还是完成了一次成功的驻留。在 3 个星期中，联盟号飞船（编号为 32 号）停靠在空间站的前对接口，准备应急撤离和最后返回地面。

图 4—3　最初的联盟 11 号乘员组成员在星城接受指导

（从左到右为库巴索夫、训练员、列昂诺夫和科罗金）

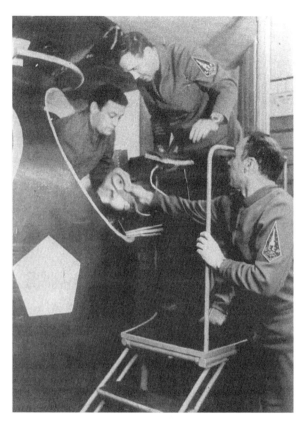

图 4－4　在任务训练的最后阶段沃尔科夫、多布罗沃尔
斯基和帕察耶夫完成对联盟号飞船返回舱的检查

　　虽然已经决定不进行 30 天的飞行，但长达 23 天的驻留已经打
破了联盟 9 号飞船飞行 18 天的纪录，该任务在 6 月 30 日结束。乘
员组在返回前将礼炮号空间站封存以备第二次的驻留，并将返回的
物品装入联盟号飞船，然后进入飞船并关闭了舱门。在飞船的显示
屏上，"舱门开"的指示灯亮着，这指的是返回舱和轨道舱间的内舱
门而不是轨道舱和空间站之间的舱门。这件事引起了地面控制中心
的关注，因为内舱门是唯一将未穿航天服的航天员与真空分隔的手
段。控制中心认为是传感器的故障，建议乘员用一块纸片隔断传感

器。多布罗沃尔斯基用一块胶布替代纸片放在传感器上，并再一次按照程序关闭了舱门。这一次灯灭了，压力检查正常。舱门关紧之后，飞船与空间站分离并绕礼炮号空间站飞行，帕察耶夫开始拍摄照片。一切完成之后，沃尔科夫报告"返回"指示灯亮了。在地面控制中心的地面支持航天员（CapComs）回答说那是正常的："通信将要中断……祝你们好运！"传来回复："谢谢……再见……我们正在定向。"随着联盟 11 号飞船飞向地球，飞出通信范围，联系中断了……再也没有听到乘员组成员的声音。

乘员组已经知道，在下降时地面会通过返回舱舱门和降落伞伞绳上的 VHF 天线实时对飞船进行跟踪。另外，由于乘员组成员在太空的时间较长，重新适应重力环境会遇到困难，他们落地后不允许做剧烈的动作，不能自己打开舱门，而是在舱内等待回收人员到达。当时既没有证实离轨制动点火完成，在再入黑障前也没有乘员组的报告，地面控制人员调整到飞船在轨飞行时的通信频率，以备飞船没有点火。在离轨点火后大约 15 分钟，雷达在距预定着陆点约 2 000 km 处捕获到返回舱。控制人员期望从短波和 VHF 听到乘员组成员的声音，在大约 7 km 高度，传来更多的报告，已经看到联盟 11 号飞船的返回舱乘着降落伞下降。但令人奇怪的是，飞船在莫斯科时间 02 时 16 分 52 秒时正常着陆在杰兹卡兹甘以东 200 km 处，在此之前，从飞船中听到的只有信标发射的声音。4 架直升机几乎同时降落在着陆点附近，准备帮助乘员组成员出舱，并开始庆祝他们打破纪录飞行了 23 天 18 小时 21 分 43 秒。

当回收人员打开舱门时，他们发现 3 名航天员已死在了自己的坐椅上。他们将航天员抬出舱试图救活他们，但无济于事。与此同时，灾难发生的消息已传到了国家委员会。通过检查，初步推断航天员死于压力下降。在检查返回舱后发现无线电发射机已经关闭，坐椅上的肩部束缚带都松开了。多布罗沃尔斯基被这些带子缠住了。舱内除了两个用于通风或压力平衡的阀门中的一个打开了以外，其他情况似乎一切正常，这些表明在很高的高度上压力快速下降。根据回收的船载记录设备的记录，确定了在下降过程中发生的一系列事件，以及乘员组可能采取的行动。返回舱和轨道舱在 150 km 高度以上分离，这时阀门被打开了，使返回舱的压力在 30～40 秒内下降到接近真空。由于两舱分离，阀门提前打开造成了舱内失压；由于乘员未穿航天服，他们几乎没有时间去采取措施来自救。

现在几乎可以确定发生了什么事情，但技术人员还不清楚它为什么会发生。经过了多次试验发现，阀门失效仅在超出正常操作范围时和在其他相关因素的共同作用下才会发生。

对于乘员组在飞船准时并成功进行再入制动后发生的一系列事件中所采取的行动，卡曼宁在他的日记里谈到了他自己的解释。当三舱分离时，将返回舱与推进舱紧固在一起的 12 个爆炸螺栓产生强大的力将一个球形接头拉开，这个接头把通风阀过早打开，使得舱内空气泄漏到真空。据卡曼宁讲，乘员组成员很快感觉到压力下降，多布罗沃尔斯基认为是舱门故障，松开坐椅安全带检查舱门，发现舱门是密封的、安全的。乘员组成员可能听到了空气从飞船泄出的声音，但不能准确定位。为了降低噪声，沃尔科夫和帕察耶夫关掉了所有的无线电发射机，发现声音来自中间的指令长坐椅的下面——通风阀的位置。空气正从飞船中溢出，多布罗沃尔斯基和帕察耶夫想手动关闭阀门；但随着时间的流逝，在两人跌回坐椅之前多布罗沃尔斯基匆忙设法再次系紧束缚带。压力下降很快，3 个人在 10～15 秒内就丧失了工作能力并在大约 20～30 秒内经受着极大的痛苦。他们在阀门故障后 50 秒后死去，返回舱的内部压力在 112 秒内从 920 mmHg 降到 0。

可想而知，乘员组成员在发现泄漏时已经意识到他们会死。在 1990 年的一次采访中，米申说如果他们有足够的时间，只要用一根手指就可以堵住漏洞。由于阀门设计为在大气层外不工作，没有设想需要航天员可以很快地封住它的情况。在他们的训练中是在很晚时才打开阀门。8 月 17 日事故调查报告最终完成，提出了一些建议以确保类似的悲剧不再发生：阀门在冲击载荷下必须更稳定；可以在几秒内手动快速关闭阀门；航天员要在联盟号飞船所有可能发生失压的飞行阶段中穿着航天服。

因为落实这些建议需要的时间比礼炮号上补给和消耗品的维持时间长，再次入住礼炮号空间站已经不可能了。联盟 11 号飞船的乘员遇难 9 天后，所有的航天员暂时停训。虽然为了其他航天员能再次造访，技术人员努力维持着礼炮号空间站的在轨运行，但空间站上的消耗品还是在 1971 年 8 月耗尽，10 月 11 日空间站在控制下再入坠毁在太平洋海域。

4.3　联盟号飞船、礼炮号空间站和航天服（1971 年～1973 年）

对联盟 11 号飞船的事故调查表明，在将来联盟号飞船的飞行中，航天员在上升段和返回段需要穿特制的航天服。中央委员会秘书长 D·乌斯季诺夫作出决定：不穿航天服，航天员将不能再进行太空飞行，并向米申和他的代表布沙耶夫明确了这一点。要求星辰（Zvezda）机械制造厂（总设计师 G·谢韦林（G. Severin））加快研制新的航天服，命名为 Sokol K。事故发生 20 年后，米申对于当时联盟号飞船开发附加的安全措施表示反对。他认为要保证有多个坐椅的飞行器上航天员的安全，最好的办法是确保飞船系统的可靠性。增加的航天服使飞船的设计复杂化并减少了空间，额外增加的质量使乘员组人数减少到 2 人，因此一些研究计划和试验也不得不减少或取消。在恢复到 3 人乘员组驻留之前，将增加空间站上 2 人乘员组的工作量。

虽然联盟 11 号飞船的乘员遇难，未来的飞行计划仍在继续。在1971 年，苏联和美国开始讨论联盟号飞船和阿波罗号飞船联合执行飞行任务的可能性，并于 1971 年 8 月制定出了以后 3 个 DOS 空间站的临时进度表。每座空间站具有 6 个月的寿命，其中 4 个月将有人驻留：DOS 2 将在 1972 年第一季度发射，3～4 名航天员驾驶联盟

7K－T 升空；DOS 3 将随后在 1972 年第四季度发射，仍是 3～4 名航天员驾驶联盟 7K－T 升空；DOS 4 将在 1973 年第四季度发射，所载 4 名航天员将驾驶新改进的天地往返运输器（7K－S）升空，并使用新的对接系统 Lira。

现在还不清楚为什么第二个礼炮号空间站推迟至 1972 年第三季度发射，但可能与联盟号飞船的重新鉴定和 Sokol K1 航天服的研制有关。为了试验对联盟号飞船所进行的更改和新的航天服，飞行计划中增加了一次联盟号飞船的自主飞行试验。宇宙 496 号于 1972 年 6 月 26 日发射，在轨飞行到 7 月 2 日，这是一次成功的飞行。只知道进行了一次轨道机动，此外对飞行计划了解很少。为了支持穿航天服的航天员，飞船上所增加的质量为 100 kg 的新设备，也在这次飞行中进行了试验。宇宙 496 号和将要运送联盟 12 号乘员组飞向礼炮 1 号空间站的飞船相同。它最初的编号是 33 号，但在决定进行一次无人飞行试验后重新命名为 33A（自动）。因此，虽然在 1972 年已经决定取消太阳电池阵，但在宇宙 496 号上仍有太阳电池阵。

4.3.1　新的礼炮号空间站的训练队伍

1972 年 7 月，一座新的礼炮号空间站（DOS 2）列入发射计划，同时计划第一组航天员于 8 月、第二组航天员于 10 月分别进入空间站。在联盟 11 号飞船发生事故后，联盟号飞船的乘员人数进行了调整。因为乘员需要在上升和返回阶段穿着航天服，所以人数减少到两人。11 月确定了乘员组名单。

第 1 乘员组：A·A·列昂诺夫和 V·N·库巴索夫

第 2 乘员组：V·G·拉扎列夫和 O·G·马卡罗夫

第 3 乘员组：P·I·克利穆克和 V·I·谢瓦斯季扬诺夫

礼炮号空间站发射失败后，这些航天员转而准备参加 1973 年发射的下一个礼炮号空间站的飞行；当再次失败后，训练队解散了，航天员分配到 ASTP，执行临时的联盟 12 号飞行任务和单独的联盟 13 号飞行任务。

4.3.2　消失的礼炮号空间站

宇宙 496 号任务的成功使苏联对其航天计划恢复了一些信心，但接下来礼炮号空间站的失败给他们带来了更大的失望。1972 年 7 月 29 日，DOS 2 空间站由质子号运载火箭发射升空，162 秒后，4 个二级火箭发动机中的一个失效，引起第二级控制系统失效，空间站未能入轨，最后落入太平洋。由于它没有入轨，因此没有被命名为礼炮号或宇宙号。计划进驻空间站的乘员组被解散，虽然讨论过要在年底进行单独的联盟号飞船飞行任务以试验新的航天服和对联盟号飞船改进后的载人飞行进行评价，但这项任务再也没有执行。

对苏联来说这是个糟糕的时刻。美国在阿波罗计划中取得了一次又一次的成功，他们的空间站——天空实验室计划于 1973 年春季发射。随着礼炮号空间站不断出现问题，军用的钻石计划只能减缓进度推迟到 1973 年发射。利用这段空隙，米申和他的设计局决定着手研究新一代的 DOS 空间站。例如对太阳电池阵和系统进行改进使其寿命从 90 天提高到 180 天，从切洛梅的部门引进钻石号军用空间站进行优势互补，以便在 1973 年和美国的天空实验室一争高下。1972 年到 1973 年期间，对联盟 7K－T 运输飞船进行改进以便为 DOS 和钻石号空间站提供更新型的往返运输器。

4.3.3　钻石号空间站的乘员组

1966 年 9 月第一批航天员被任命到钻石计划，1968 年 1 月委派了更多的航天员。在此期间，任务计划经过频繁的审查和修改，当 1970 年确定首个军用礼炮号空间站将于 1972 年发射时，任命了 3 个乘员组。

第 1 乘员组：A·P·菲奥多罗夫（A. P. Fyodorov）、L·S·杰明（L. S. Demin）和 V·Y·普列奥布拉任斯基（V. Y. Preobrazhansky）

第 2 乘员组：O·A·亚科夫列夫（O. A. Yakovlev）、V·M·

　　　　卓洛博夫（V. M. Zholobov）和 E·N·斯捷潘诺
　　　　夫（E. N. Stepanov）

　　第 3 乘员组：V·D·祖多夫（V. D. Zudov）、Y·N·格拉兹科
　　　　夫（Y. N. Glazkov）和 M·I·利孙（M. I. Lisun）

　　联盟 11 号飞船发生灾难后，解散了这些乘员组，飞向钻石号空
间站的乘员减少到两人以符合在上升段和返回段穿航天服的新要求。
第一批航天员在 1971 年年底恢复训练，当时礼炮号空间站仍计划于
1973 年发射。1971 年 11 月指定的 5 组乘员是：波波维奇和杰明、
沃雷诺夫和赫卢杰耶夫（Khludeyev）、戈尔巴特科和卓洛博夫、菲
奥多罗夫和阿尔秋欣、萨拉法诺夫（Sarafanov）和斯捷潘诺夫。

4.3.4　轨道操作（1973 年）

　　在 1971 年下半年，决定使用 7K－T 飞往钻石号空间站（以前
只考虑 TKS（后勤运输飞船）飞往钻石号空间站）。7K－T 的钻石
系列空间站索引号为 11F615A9，与 DOS 系列空间站（11F615A8）
的主要区别是在对接前，Igla 天线方向稍微向后以免与空间站的太
阳电池阵和天线发生碰撞。

　　联盟号飞船的飞行时间被确定为不超过两天，其能源可以依靠
化学电池，与钻石号或 DOS 空间站对接后，可以由空间站上更大的
太阳电池阵充电。联盟号飞船取消了一对太阳电池阵，减轻了大约
100 kg，运输飞船的质量降低到 6 800 kg，但仍然只能运送两名穿航
天服的航天员。

　　4 月 3 日发射了一个新的空间站（这是第一个钻石号空间站而不
是 DOS 空间站），它在入轨后被命名为礼炮 2 号以掩饰其军事用途。
第一组航天员应该在 4 月 13 日发射，但由于联盟号飞船降落伞系统
的问题推迟到 5 月 8 日。遗憾的是，这组乘员没能飞向钻石号，虽
然空间站开始时一切正常，但飞行到第 13 天时开始出现问题，空间
站的主发动机起火，引起主结构断裂，损失了一个太阳电池阵和无
线电应答机。1973 年 5 月 28 日，钻石号的轨道衰减使它坠入了大气

层。由于军用空间站出现严重问题，取消了所有的载人飞行，那些受到专门训练参加军事任务的航天员不得不等到 1974 年再发射下一个钻石号空间站。

同时，1973 年 5 月 11 日民用的 DOS 3 发射，第一组航天员计划在 5 月 14 日飞向新的空间站（那一天 NASA 将发射天空实验室）。苏联航天计划失利的阴影又一次降临，空间站刚入轨时就发现姿态控制系统发生了故障。稍后确定是因为敏感器故障导致推进系统工作异常。姿态控制发动机燃料消耗得很快，其速度之快（比正常快 1 500 倍）令地面控制人员一时难以相信眼前的数据；当他们最终相信时已经太晚了，无法挽救空间站了。由于这次空间站在轨失败得太快，没有命名为礼炮号而是命名为宇宙 557 号。到 5 月 22 日空间站坠毁时，没有人飞向空间站。

在宇宙 557 号失败前，计划执行 DOS 3 飞行任务的飞船是 34 号、35 号（最初为 DOS 2 准备）和 36 号，同时 37 号、38 号和 39 号计划执行 DOS 4 任务。宇宙 557 号失败后，决定用 DOS 3 的 3 艘飞船进行无人飞行试验。根据新的任务要求对 34 号、35 号进行了改进，并重新命名为 34A 号和 35A 号；1973 年 6 月，未改进的 36 号飞船发射，称为宇宙 573 号；1973 年 9 月，37 号（最新的飞行器）作为联盟 12 号飞行；1974 年 1 月，34A 号作为宇宙 613 号发射，执行 60 天持续飞行任务。35A 号没有发射升空，而是用于试验联盟号飞船为 ASTP 计划而改进的逃逸救生系统。

4.3.5　一次两天飞行试验

1971 年 4 月礼炮 1 号空间站发射后，两年时间内发射了 4 个空间站。3 个空间站因发射段或在轨出现故障而失败，两次载人任务没有成功，礼炮号的第 1 组乘员没有进入空间站，第 2 组乘员在返回时死亡。由于在 1974 年之前没有空间站在轨飞行，苏联利用时机努力在其他方面取得进步。他们已经与美国达成一致，在 1975 年进行联盟号飞船与阿波罗号飞船的联合飞行。1973 年 5 月（在宇宙 557/

DOS3 失败后不久），被取消的民用 DOS 空间站的乘员组被任命执行
ASTP 任务，同时所有钻石号空间站的乘员组也在进行训练，为将
在 1974 年发射的下一个军用空间站作准备。在此间歇，米申决定一
旦新的空间站准备好，将最终完成为空间站计划所进行的各种试验：
新型的联盟号运输飞船首次进行无人自动飞行，第二次载两人，穿
航天服作短期飞行试验（联盟 12 号）；增加第三次"单独的联盟号
任务"（联盟 13 号），继续完成因两个民用的空间站失败而放弃的一
些试验；第四次无人飞行试验还包括试验飞船在轨飞行两个月的能
力，并模拟与礼炮号或钻石号空间站对接。

图 4—5　在 1973 年首次联盟号运输任务的模拟训练中，联盟 12 号
乘员组成员马卡罗夫和拉扎列夫与别列戈沃伊一起讨论飞行计划

被命名为宇宙 573 号的无人联盟号飞船于 6 月 15 日发射，飞行
2 天零 9 分钟，完成一次轨道机动。这是新型飞船取消太阳电池阵依
靠化学电池供电后的首次飞行，由于没有对接飞行器对电池充电，
飞行时间限制在两天内。电池寿命的限制是后续飞行要考虑的一个
重要因素。运输飞船的轨道舱由原来供工作和试验的空间改为向空

间站运输供给品和设备的存放货物空间。轨道舱还可以在需要时用作舱外活动的气闸舱，尽管自联盟 5/4 号飞船后再也没有实施过舱外活动。由于采用了内部对接探杆和转移舱门，使联盟号飞船的长度缩短到 7.5 m；轨道舱因取消了早期的联盟号飞船基本型上的大对接环而缩短到 2.65 m。这次任务的成功，验证了该系统可以用于载人飞行，不再需要进行更多的无人飞行试验。

往返运输飞船的载人试验完成了驻站前的试验。1973 年 9 月 27 日发射了联盟 12 号飞船，这是取消太阳电池阵后的首次载人飞行，乘员是拉扎列夫和马卡罗夫，他们共飞行了 1 天 23 小时 15 分 32 秒。飞行时间在发射时已经公布，以确保在如此短的时间后返回不致引起误解。在刚进入轨道的几圈内，乘员组按照宇宙 496 号和宇宙 573 号的飞行计划，使用 Igla 系统，重复进行到达空间站的一系列飞行。这次飞行只进行了很少的科学实验，包括马卡罗夫使用 LKSA 多光谱相机拍摄了地球资源照片，拉扎列夫使用标准相机记录下相同的目标以进行对比。这次飞行任务的目的除了进行新型联盟号飞船的载人评价外，更主要的是试验 Sokol K1 航天服。

4.3.6　Sokol（Falcon）航天服

Sokol K 救生航天服由 Zvezda 918 厂研制，总设计师是 G·谢韦林，是为每位航天员单独制作的较轻便的航天服。每套航天服上部印有航天员名字的第一个字母，并与 Kazbek 缓冲坐椅相适应。为了缩短研制周期，设计人员重新研究了他们早期在 Vostok（SK－1－Sokol）舱内活动（IVA）航天服上所做的工作，在此基础上研制新的航天服。他们在 1971 年 7 月生产出样品，于 1971 年 8 月到 1972 年 3 月间进行了改进，并在 1972 年完成了地面试验。

航天服通过飞船的生命保障系统控制，可以在返回舱失压的情况下保护航天员。该航天服在联盟 12 号任务中首次使用，升级后可适应联盟 T 号飞船、联盟 TM 号飞船和联盟 TMA 号飞船，1973 年后联盟号飞船的每一位航天员都使用过。航天服用于发射、对接、解除对接和返回阶段，主模式压力为 41 kPa，备份模式压力为 26.7 kPa，可以在两种模式下灵活切换。航天服的质量为 8～10 kg，可以在几分钟内穿上并在 30 秒内达到工作状态。

当联盟号飞船发生失压事故时，航天服可以自动与舱内环境隔绝，利用舱内储备或自备系统直接供应氧气或含氧高的混合气。生命保障系统可以在航天服内产生需要的压力，还可以带走人体产生的热量、湿气、呼出的二氧化碳。航天服有一个软的头盔，在不用的时候可以打开推到头的后面，有可移动的通信头戴、可任意使用的密封手套、在步行至航天器时保护鞋底的大套靴（这些靴子在进入航天器前要脱掉）、在航天器内行走的带压力层的防护鞋，还有几个用来装手套、笔和其他用品的口袋。

穿航天服时，先把两条腿伸进去，站起来，低头穿过领子部分，再伸进手臂，最后拉上胸前的拉链。航天服具有防水密封性并有可充气设备，可使航天员在落水的情况下漂浮在水中。航天服有不同尺码和可调部分，可以适应不同人穿着。

Sokol 航天服还可以用来帮助航天员在紧急情况下从一个航天器转移到另一个航天器，这时航天服通过连接到航天器生命保障系统上的小软管或一个小的便携背包给航天员提供支持。理论上讲，这种转移可能发生在通过对接装置、气闸舱或舱外活动进行的转移（尽管 Sokol 航天服从未在以上情况下使用过）。对于舱外转移来说，还需要增加其他的保护设施，这些都存放在联盟号飞船上。通过航天器生命保障系统，航天服可以支持一名航天员直至安全着陆。在联盟 12 号任务中，航天员的任务之一就是在穿航天服时降低舱内压力。在第二天飞行中，报告说生命保障系统发生"严重故障"，联盟号飞船的姿态控制系统随后出现了不明故障。这些"故障"的后果还不清楚，但显然没有影响两天飞行任务的完成，飞船安全着陆。这次飞行虽然没有取得完全成功，但增强了联盟 11 号任务后对飞行计划和改进措施的信心。这也是自 1970 年联盟 9 号之后苏联首次完成发射前制定的目标的飞行。现在可以将联盟号运输飞船投入使用了。

4.4　礼炮 3 号空间站的运输任务（1974 年）

　　1974 年 6 月 25 日，第二座钻石号军用空间站作为礼炮 3 号发射升空。与民用的 DOS 空间站不同，联盟号飞船对接在空间站尾部的对接口。钻石号空间站的设计是在 DOS 空间站之前完成的，二者在结构上存在差异，包括推进系统的位置和尾部的对接口。此外，在钻石号任务末期，放置在空间站前端的数据回收舱需要返回地面。钻石号空间站和 DOS 空间站的发动机由不同的设计单位研制，在最初的 DOS 空间站设计中使用联盟号飞船发动机的一个原因可能是为了更早地发射。

　　1974 年 5 月 27 日，作为钻石号空间站运输器的宇宙 656 号飞船进行了一次无人飞行试验，共飞行了 2 天 2 小时 7 分。这艘飞船的编号是 61 号，是原定进行钻石 1/礼炮 2 号空间站的首次载人飞行的飞船。原定飞向礼炮 2 号空间站的 62 号飞船随后作为联盟 14 号发射，63 号飞船即联盟 15 号飞船，是专门为礼炮 3 号空间站生产的。

4.4.1　礼炮 3 号空间站的乘员组

　　在 1973 年年初，以下航天员受命执行礼炮 2 号飞行任务；任务失败后，他们转去执行 1974 年的礼炮 3 号任务。富有经验的航天员绍宁和赫鲁诺夫担任指挥官和训练监察。

　　第 1 乘员组：P·R·波波维奇和 Y·P·阿尔秋欣

　　第 2 乘员组：B·V·沃雷诺夫和 V·M·卓洛博夫

　　第 3 乘员组：G·V·萨拉法诺夫和 L·S·杰明

　　第 4 乘员组：V·D·祖多夫和 V·I·罗日杰斯特文斯基

　　　　　　　　　　　（V. I. Rozhdestvensky）

　　执行钻石/礼炮 3 号首次任务的是联盟 14 号飞船（代号为 Berkut－Golden Eagle），7 月 3 日发射，7 月 19 日返回。飞船的 Igla 自动对接系统将飞船从距空间站 1 000 m 远导引到 100 m 处，从这一点波波维奇手动操纵完成对接。指令长波波维奇和飞行工程师阿尔秋欣在钻石号空间站上生活了 14 天，经过总共 16 天的太空飞行后成功返回。这是苏联在联盟 11 号飞船灾难后首次完全成功的空间站任务。虽然此次执行任务的时间不长，但这却是一次重要的成功。美国在 1973 年发射了天空实验室，虽然在空间站入轨时出了一些问题，但 3 次载人飞行分别创造了在轨 28 天、59 天和 84 天的纪录，并收集了大量关于长期太空飞行的科研数据和信息。具有讽刺意味的是，美国在建立了空间站上的领先地位并对苏联航天计划造成很大影响后，直到 1995 年至 1997 年航天飞机与和平号空间站对接之前再也没有航天员驻留在空间站上。从联盟 14 号飞船开始，苏联在获得长期太空飞行经验方面居于世界领先地位。

4.4.2　联盟 15 号飞船对接失败

1974 年 8 月 26 日，第二组航天员乘联盟 15 号飞船（代号为 Dunay－Danube）飞向礼炮 3 号空间站。发射、上升和入轨后的最初几圈飞行都按计划进行，但乘员组在太空的第一个夜晚却遇到了麻烦，他们睡眠时间不足甚至没有时间睡觉。这是因为太空飞行的第二天的工作（这天进行交会和对接）开始得很早，造成睡眠缺乏，使这一天显得漫长而难熬。在飞行第 16 圈时，联盟 15 号飞船需要经过几次点火以接近礼炮 3 号空间站，但随着发动机点火，乘员组发现情形与期望的相反：当飞船应该加速时反而慢下来，反之亦然。最终联盟 15 号飞船在距礼炮 3 号空间站 7 m 远处飞过；在第二次对接尝试时，飞船在距空间站 30～50 m 处飞过。在检查了飞船的所有系统和设备设置，包括直接输入指令进行试验后，乘员组请求进行一次手动对接接近，但地面控制中心没有准许他们这样做。联盟 15 号飞船飞出测控区后，记录表明萨拉法诺夫决定要使联盟号飞船与礼炮 3 号空间站对接（虽然还不清楚他是否要手动对接）。当联盟 15 号飞船又进入通信区域后，乘员组接到命令，由于化学电池寿命的限制不再进行对接，只好准备夜间返回。

　　飞船调整到离轨姿态时，记录到一个电流的峰值，提示乘员组现在所要做的是等待点火制动。为防万一，在着陆点派了一辆救护车。虽然着陆场上空雷电交加，但着陆很成功，没有任何意外发生。

　　苏联很快掩饰了这次任务的失败，报道说联盟 15 号飞船的任务是为将来的货运飞船进行的一次完全自主交会和对接的载人飞行试验，飞行计划中不包括手动对接。当然，如果联盟 15 号飞船完成了对接，乘员组也不会进入礼炮 3 号空间站，而是在分离后返回地面。另外有报道指出，飞行的目标之一是进行年龄相差较大的乘员在空间共处的心理试验（指令长萨拉法诺夫 32 岁，飞行工程师杰明 48 岁，两人都是首次进行太空飞行）。9 月 3 日，成立了一个正式调查组，调查失败的原因，尽管乘员组在飞行过程中表现出色，但仍被指责中止了飞行计划。有迹象表明可能是 Igla 对接系统故障，但 NPO 能源联合体的工程师们不认可这种看法，所以由乘员承担了责任。这还影响了他们将来的职业生涯，他们再也没有飞向太空。

　　25 年过去了，曾是委员会成员的 NPO 的副总师 B·切尔托克提供了新的消息。切尔托克认为是 Igla 系统出了故障，并发出了错误的指令。当联盟 15 号飞船距礼炮 3 号空间站 350 m 远时，Igla 系统认为是 20 km 远，并启动发动机准备进行长距离接近。因此当联盟 15 号飞船在距礼炮 3 号空间站 7 m 远处飞过时，相对速度是 72 km/h。一旦联盟 15 号飞船与礼炮 3 号空间站相撞，航天员必定会死；但这种情况没有发生，因为在 20 km 处，当时所采取的接近方式引起的侧向漂移使两个航天器没有相撞。在两次自主接近失败后，由于船上没有足够的燃料与礼炮 3 号空间站进行第三次手动接近和对接，乘员组接到命令关闭了 Igla 系统并返回地面。根据能源联合体的官方报告，乘员组是负有责任的，因为在 Igla 系统首次出现故障后，他们没有马上关闭 Igla 系统，而且没有估计到他们是在距礼炮 3 号空间站如此近的危险距离内飞过。虽然有证据表明是 Igla 系统导致故障发生，但乘员缺乏在这种情况下的飞行经验，他们仍受到了官方的指责。

礼炮 3 号空间站本来还应接待另一组航天员，但已经没有联盟号飞船可以飞往空间站，9 月 23 日，小的回收舱带着拍摄的胶片返回，完成了空间站的"最初计划"。1975 年 1 月 24 日，无人的钻石号空间站在地面控制下于太平洋上空离轨，再入大气层坠毁。在此之前，1974 年 12 月 26 日，礼炮 4 号空间站发射入轨。这是第四个"民用"空间站，航天员将在 1975 年造访。

4.5　礼炮 4 号空间站的运输任务（1975 年）

新的礼炮 4 号空间站同礼炮 1 号空间站相似，但为了支持航天员在轨飞行 6 个月而进行了一些改进。空间站的太阳电池阵（60 m²）可以旋转追踪太阳，产生 4 000 W 的功率，但仍使用联盟型的推进舱，并且只有一个前对接口。其主要研究和试验目的是科学研究而非军用，包括太阳物理学、天文学、空间科学、地球观测、技术开发、生命科学和医药学等。

4.5.1　礼炮 4 号空间站的乘员组

礼炮 4 号任务的乘员组从 1974 年年初开始训练。

第 1 乘员组：A·A·古巴列夫（A. A. Gubarev）和 G·M·格列奇科

第 2 乘员组：V·G·拉扎列夫和 O·G·马卡罗夫

第 3 乘员组：P·I·克利穆克和 V·I·谢瓦斯季扬诺夫

第 4 乘员组：V·V·科瓦廖诺克（V. V. Kovalyonok）和 Y·A·波诺马廖夫（Y. A. Ponomaryov）

第 1 乘员组乘联盟 17 号飞船，创造了在太空连续停留 28 天的纪录。第 2 乘员组作为第 1 乘员组的后备，因任务取消而失去了执行任务的机会。第 3 乘员组乘联盟 18 号飞船飞行了 64 天。

4.5.2　迈向长期驻留

联盟 17 号飞船（代号 Zenit－Zenith）于 1975 年 1 月 11 日发

射,执行礼炮 4 号空间站的首次运输任务。发射按计划进行,飞行第二天其 Igla 系统在距礼炮号空间站 4 km 处启动;当距离 100 m 时,指令长古巴列夫在飞行工程师格列奇科的协助下开始手动控制飞船,在发射后 28 小时成功对接。当他们打开舱门进入空间站时,发现了一张技术人员在拜科努尔写下的便条:"擦干净你的脚"。对接之后两天,乘员组成员安装了一个通风软管,软管通过打开的舱门从礼炮号空间站连接到联盟 17 号飞船,在飞船与空间站对接时使用空间站的环境控制系统为飞船通风。在之后的 4 个星期中,乘员组在空间站工作,飞船保持在对接休眠状态,准备在需要时用作救援飞船。在 2 月 9 日分离前两天,乘员组成员开始将这次考察的结果打包运到联盟号飞船上。联盟 17 号飞船的返回舱着陆在切利诺格勒东北 110 km 处。着陆时有暴风雪,云层高度为 250 m,能见度为 500 m,有 72 km/h 的阵风。乘员组以飞行 30 天的纪录超过了联盟 11 号飞船乘员组保持的纪录,虽然在此之前有过两次天空实验室的任务,但从持续时间来讲,他们为苏联空间站计划取得了令人瞩目的成绩。这是将乘员驻留时间从 30 天逐渐增加到 14 个月的一系列任务中的一个里程碑。

4.5.3　4 月 5 日异常

下一乘员组计划在空间站驻留 60 天,继续进行 Zenith 的工作。该乘员组(指令长拉扎列夫和飞行工程师马卡罗夫)曾在 1973 年 9 月参加联盟 12 号飞船的飞行试验。这次他们将驾驶联盟 18 号飞船,其代号是 Ural(Urals)。这次任务计划于 4 月 5 日发射,6 月初返回,7 月 15 日将发射联盟 19 号飞船——ASTP 计划中苏联承担的任务。苏联为 ASTP 计划改进了 R-7 火箭助推器,但用于礼炮号空间站发射任务的仍是老型号的 R-7 火箭。

这是一个明媚而燥热的春日,发射场的气温达到 25℃,阳光刺眼。当地时间 14 时 03 分刚过,R-7 火箭点火升空,载着联盟 18 号飞船飞向礼炮 4 号空间站,开始了为期 60 天的飞行。随着火箭上升，乘员组收到地面控制中心发来的数据，包括俯仰、偏航和推进剂贮箱的压力等飞行参数。120 秒时，R－7 火箭的 4 个捆绑助推器燃料耗尽并与主体分离，30 秒后火箭逃逸塔和整流罩分离。突然之间，耀眼的阳光射进了返回舱，180 秒时，地面控制中心确认一切正常。由于逃逸塔已分离，这时如果出现故障，乘员组将采用弹道式方式返回到地面。上升段的顺利进行使在联盟号飞船上的乘员松了一口气。毕竟每一位乘员都是由 R－7 火箭的一种改进型送入太空的，多次的载人和无人发射已经验证了它的可靠性和安全性。这两名乘员都有过联盟 12 号飞船的发射经历，这次似乎也没有理由怀疑有什么不同。

在发射后 288 秒，乘员组正等待一级火箭分离，然后二级火箭点火将他们送入轨道。拉扎列夫在联盟 18 号飞船里感到飞船在偏航和滚转，于是向地面报告偏航比联盟 12 号飞船更严重。这时，太阳突然从视线中消失，警报器大声鸣响。仪表板上红色的"助推器故障"指示灯在闪烁。助推发动机的声音停止时，乘员不知道发生了什么事，一两秒后速度变得不稳，他们开始处于失重状态。

接下来应该是两个火工品装置点火将耗尽的芯级分离。这两级是由桁架结构连接，上下各有 6 个爆炸螺栓。这个桁架结构在芯级分离后几秒钟时将分解成 3 部分从上升的火箭上落下，然后允许上面级点火；随着芯级脱落，废气从桁架结构排出；但这次任务中却不是这样。在事故发生后不久，作为与 NASA 的 ASTP 协议的一部分，苏联很快公布了失败的详细情况。过大的摆动角度引起上面级一半的程序控制器的继电器关闭，在芯级和上面级仍紧固连接时过早地向 6 个爆炸螺栓中的 3 个发出点火信号，比预计的分离时间只早启动了几秒钟。由于触发的位置恰好是在连接这段结构的上下段之间的电缆处，因此当先前的爆炸引起上段的电路断开时，下段爆炸螺栓的电路也连带着断开了，导致飞船在继续上升时芯级与上面级之间的不均匀连接。

在火箭的二级点火时，由于其余的爆炸螺栓没有分离，一级仍连接着。R－7 火箭继续上升，但它却拖着一个空的且沉重的一级火箭。在火箭二级点火 4 秒后，不稳定的一级火箭引起空气阻力的急剧增加，导致飞行时摆动角度超过 10°的安全界限。船载陀螺检测到以后，自动启动了逃逸程序。

飞船里的乘员意识到他们面临一次严重的故障，拉扎列夫关掉了报警器，因为报警器的声音使他分心，他们开始检查仪器设备以确定问题的原因，但一切发生得太快了。拉扎列夫后来写道："心情焦虑表明缺乏信心。我脑子里反复只有一个念头：'发生了什么？接下来会怎样？'但没有人能回答这个问题。事情的不确定性、焦虑甚至恐惧令人窒息。"

尽管他们受过多年训练，在模拟器上训练达几百小时，而且有短期的飞行经验，但他们仍然面临未知的恐惧。这时他们只能依靠自动设备按时间程序工作，必须避免任何错误使情况恶化。在他们平静下来按照步骤操作时，所受到的几百小时的训练和非正常应急模拟训练发挥了作用。接着又是一下剧烈的震动，起爆指令将联盟 18 号飞船与火箭分离，并将返回舱与轨道舱和推进舱分离。在大约 150 km 的高度，船上计算机收到中止飞行的信号，推进舱的推进系统点火工作，使飞船与上面级分开，并在飞船三舱分离前将它带到安全距离之外。

发射后几分钟，乘员组就开始返回地面。拉扎列夫后来回忆："我们渐渐受到重力缓慢的、令人不适的牵引，重力增加得很快，超出我所想象的。一股看不见的力将我压向坐椅，眼皮像灌满了铅，呼吸开始变得越来越困难。过载压迫着我们，使我们无法说话，吞掉了所有声音，只剩下喘息声。我们尽最大努力承受着过载。"

通常航天员被固定在坐椅上，坐椅在正常的联盟号飞船返回过程中可承受 3～4 g 的过载。这次飞行，乘员组成员承受了 14～15 g 的过载，峰值达到 21.3 g。拉扎列夫后来说第二个过载峰值 6 g 过去后，他们并没有察觉到。后面会发生什么仍旧不知道，但可以确定的是他们已经开始返回了地面。

　　拉扎列夫通过无线电询问他们的目标落点，但无线电保持静默。马卡罗夫查看飞行图以确定他们可能的落点。正常情况下飞船应着陆在哈萨克斯坦，但这次他们向偏东的方向飞去。当时中国和苏联之间关系紧张，他们有些担心可能会着陆在中国大陆。飞船正飞向中国新疆的西北（曾有新闻报道过有两架苏军直升机误落在此，飞行员被中国巡逻队俘获），他们听到了伞舱盖起爆的声音，感觉到主伞展开，阻力使飞船晃动。当马卡罗夫问拉扎列夫在小声嘀咕什么时，他镇静地表示他相信系统已可靠工作。

　　飞船返回舱着陆在西伯利亚西部的崎岖山区，在戈尔诺－阿尔泰斯克镇的西南，距发射场超过 2 574 km，距中国边境约 805 km。返回舱落在被雪覆盖的山坡上，开始翻滚；当滚转到一个陡坡边时，伞绳缠绕在灌木上，阻止了舱体继续翻滚。后来拉扎列夫回忆起这次着陆："马卡罗夫计算的落点相当精确，我们距他预计的着陆点很近。这次失败确实令人非常失望和不快，我们为这次任务准备了很长时间，却这样结束了，令人沮丧。飞船有一些轻微的晃动，突然开始慢慢转向，似乎我们降落在水上。被烟熏黑的舷窗突然开始透光（因为舱体滑动时与雪摩擦），我看到了一棵树的树干。没错，这是地球。"拉扎列夫切掉了一根伞绳，使返回舱停了下来。他们受到擦伤、振荡并感到眩晕，他们在发射后飞行了 21 分 27 秒，最高到达 192 km 高度，航程 1 574 km，而不是飞行 60 天或 1 500 小时。

　　马卡罗夫在事故报告中写道，他们最先想到的可能着陆的 3 个地方是：日本、中国或山区，但他们很快意识到不会是日本，因为当时是白天，而日本当时应是黑夜。克利穆克在出事后 20～30 秒通过无线电将预计落点向乘员组作了通报，但他们却没有听到地面控制中心的声音（地面可以听到他们的话音）。他们在应急分离后 400 秒内处于失重状态。马卡罗夫后来谈到在他们经历的过载作用下很容易令人失去视力和知觉，但这一切没有发生，他们先是经历了黑白视野，后来视野变狭窄。飞行后的体检表明较大的过载并没有对他们造成伤害（当时还不知道受训者在离心试验中过载仅达到 8 g

时就会造成背部出血）。

据马卡罗夫说他们在着陆后对于降落伞的处置方式有 3 种：降落伞的两根伞绳都不切断（这时舱体会受到风的控制）；完全脱掉降落伞（舱体会沿斜坡滚下）；留下一根伞绳连接舱体，这样可以稳定舱体。他们选择了最后一种方式，在当时的情况下那正是最好的选择。

他们松开了身上的束缚带，打开舱门，感觉到冷风吹过。当时着陆点的情况是：阴暗的天空覆盖着低低的云层，寒风刺骨，雪非常大，与 30 分钟前大不一样。马卡罗夫说当时温度为 $-7℃$，而发射场的温度是 $25℃$。地上的雪深 1.5 m，不能行走，他们只能在雪地上爬着去生火；马卡罗夫说这对拉扎列夫来说不是新鲜事，因为他是西伯利亚人。确实，当拉扎列夫从返回舱里出来后，发现自己在齐胸深的雪堆里。天开始暗下来了，他们收拾好救生工具等待搜救部队。20 分钟飞行中的剧烈活动曾使他们感到很热并开始出汗，但他们很快就开始发抖，于是他们穿上保暖的救生衣和 Forel（Trout）应急衣物（水中使用）御寒。当他们在舱外安置下来后，看到很热的舱体融化了周围的雪向下滑落了 $150\sim180$ m。幸运的是，舱体最后停下来了。

拉扎列夫非常担心着陆在中国，决定烧掉与在轨道上要进行的军事试验有关的文件。有的试验非常机密，连他也不知道试验目的是什么（这些试验显然涉及用肉眼从轨道上进行侦察）。很快他们在无线电中听到了搜救部队的声音，询问了着陆地点，知道他们在苏联领土上后，他们感到放心了。

返回舱着陆在距小镇阿列伊斯克不远的地方，这里海拔高度为 1 200 m，位于一座名为 Teremok－3 山的斜坡上。搜救部队在大约一个半小时后发现了他们。第一个救援方案是从在上空盘旋的飞机上空降伞兵（包括医生），但曾当过伞兵的拉扎列夫认为这样做太危险，坚持这一晚上留在山上。经过一整夜，又想出从直升机上放下绳梯的办法，但在第二天早晨实施时发现在这样的高度很难保持直升机的稳定，这一方案留作备份方案。第二个救援方案是一组搜救人员乘直升机着陆在山脚下结冰的乌巴河上，然后爬山到达被困的飞船那里。遗憾的是，这队搜救人员没有登山经验，很快被自己引起的雪崩埋起来，不得不靠另一队搜救人员来救援。同时，一架 MI－4 直升机带着地质学家在返回舱上空盘旋，由于空军不允许使用绳梯救援航天员，因此给他们派了一名森林向导。一会儿之后，另一架编号为 74 的直升机抵达。直升机显然是西伯利亚军区派遣的（尽管不知道是谁下令参加救援的），驾驶员是名叫 S·加利耶夫（S. Galiyev）的年轻人，他在阿富汗战争后被授予苏联英雄的荣誉称号。他终于设法将乘员（包括森林向导）救上了飞机。返回舱在稍后被回收。

　　经过严酷的考验后，两名乘员的健康状况良好。苏联官方将有关这一事件的消息保密到 4 月 7 日，在两名乘员获救后，才向美国人通报了这次事故。马卡罗夫说在这次飞行后，一些美国人认为他们已在这次事故中牺牲，因此官方特地安排他们与美国人踢了一场足球赛，以证明他们还活着。为防止类似事故再次发生，采取了改进措施，对所有的联盟号火箭的级间分离回路进行了一系列的改进。如果一个继电器点火过早，其余的将自动触发以确保完全分离。

4.5.4　一次替代任务

　　苏联没有给这次失败的任务命名一个飞行编号，只是简单地称为"4 月 5 日异常"，并且决定由后备乘员组执行替代任务，他们将驾驶联盟 18 号飞船（代号 Kavkas－Caucasus，西方称之为联盟 18B，而对那次失败的飞行称为联盟 18A）。5 月 24 日，2 人乘员组由 R－7 火箭顺利送入轨道，在接下来的两天里飞向了礼炮号空间站。当联盟号飞船与礼炮 4 号空间站自动接近时，飞船在距空间站 800 m 处进入地影。指令长克利穆克打开了联盟号飞船上的聚光灯，用了几分钟的时间找到了礼炮号空间站，最终从距空间站 100 m 远处开始手动对接，再次进驻了空间站。这是扩展空间站运行周期的一个重要里程碑。Kavkas 乘员组继续进行 Zenith 开始的科学实验，7 月 26 日，经过 63 天太空飞行圆满完成了任务。他们还试验了一种新的定向系统，以确保联盟系列飞船在夜间精确着陆。

原计划克利穆克和谢瓦斯季扬诺夫在轨飞行 28 天，而在飞行过程中决定延长为 35 天。这主要是因为礼炮 4 号空间站还没有超过使用期限，也是因为打算供礼炮 4 号空间站使用的 38 号、39 号和 40 号飞船已经用完，没有另外的联盟号飞船能再把航天员运送到空间站。

虽然在飞行时间的安排上使美国人对苏联同时指挥两项单独的载人任务提出了疑问，但是，礼炮号空间站的乘员组在整个 ASTP 任务期间的确驻留在轨道上，这一成功证明了苏联的太空活动在经过几年的挫折、失败、延迟和灾难后已经逐渐成熟。美国参加的 ASTP 任务是在 6 年中的最后一次航天员进入太空。在这期间，以 1976 年发射的第二个钻石号空间站（礼炮 5 号）为起点，苏联加快了实施空间站计划的进程。礼炮 4 号空间站后来又接待了一艘飞船——无人的联盟 20 号，在 11 月 17 日发射，1976 年 2 月 16 日返回。联盟 20 号飞船飞行的主要目的是评估 7K－T 能否保持对接状态 90 天。由于对 7K－T 进行了改进，使得对接时间从 60 天延长到 90 天，联盟 20 号飞船正是为试验这项改进。这次飞行也可能是用于试验进步号飞船（包括接近时间延长为 48 小时）。联盟 20 号飞船（编号为 64 号）原计划是用来运送第一个乘员组进入礼炮 5 号空间站（其编号是 60 系列的，与所有的钻石号空间站的联盟号运输飞船的编号一致，产品索引号是 11F615A9）的，但在决定借用它执行礼炮 4 号的在轨持续时间试验任务后，NPO 能源联合体用另一艘编号为 42 号的飞船（DOS 运输船的改型，原计划用于礼炮 6 号空间站的第一艘运输飞船）替代它作为飞向礼炮 5 号空间站的第一艘飞船（成为了联盟 21 号）。礼炮 4 号空间站从发射到 1977 年 2 月 3 日坠毁，共在轨飞行了两年一个月。

4.6　礼炮 5 号空间站的运输任务（1976 年～1977 年）

第三个钻石号空间站在 1976 年 6 月 22 日发射，安全入轨后命名为礼炮 5 号。西方曾传言礼炮 5 号空间站有两个对接口，像礼炮 3 号空间站那样，一个对接口在尾部，一个数据返回舱对接口在前端。这是最后一个载人军用空间站（虽然当时并不知道这一点）。

4.6.1　礼炮 5 号空间站的乘员组

在礼炮 3 号任务后，苏联宣布在 1976 年之前，将为礼炮 5 号空间站训练另外 4 组航天员。

第 1 乘员组：B·V·沃雷诺夫和 V·M·卓洛博夫

第 2 乘员组：V·D·祖多夫和 V·I·罗日杰斯特文斯基

第 3 乘员组：V·V·戈尔巴特科和 Y·N·格拉兹科夫

第 4 乘员组：A·N·别列佐沃伊（A. N. Berezovoi）和 M·I·利孙

原计划在 3 次任务后，进行第四次飞行——别列佐沃伊乘员组的联盟 25 号任务，但在空间站坠毁前没有联盟号飞船可以使用，因此取消了这次任务。之后，没有其他的联盟号飞船计划飞向军用的礼炮号空间站。为钻石号空间站的训练还继续进行，但这些航天员将使用 TKS 飞行器。

4.6.2　出现异常的飞行

礼炮 5 号空间站发射后两星期，第 1 乘员组乘联盟 21 号飞船在 7 月 6 日发射。发射是一切正常，但 Igla 系统虽然能在最初的轨道上按计划工作，但在正常入轨后该系统的一个天线却没有展开。尽管从联盟 15 号飞船以后对系统进行了改进，但显然还存在问题。目视系统在 350 m 处开始工作，但当联盟 21 号飞船接近到 270 m 时，飞船和空间站之间的相对速度突然增加到大于 2 m/s。这时乘员组立即请求切换为手动控制，但地面控制人员要求他们等待，因为接近进行正常。制动指示灯一亮起来，乘员组马上报告速度不再增加，但空间站已从视线中消失。在距空间站 70 m 处，沃雷诺夫采取了手动控制，避免了飞船像联盟 15 号飞船那样从空间站旁飞过。飞船飞离地面后 25 小时就成功对接，证明了沃雷诺夫的技术熟练。5 小时后乘员组进入空间站，开始了预期 54～66 天的驻留。

乘员组进行了一系列的军事试验和观察，还有几项科学和生物研究。但在 8 月 17 日乘员组正在工作时，空间站突然响起了报警声，所有的灯都熄了，几个系统失效。过了地球阴影区后，他们关掉警报器后发现空间站悄无声息。接着飞船飞出了通信范围，乘员组只能独立去查找原因。没有迹象表明失压（就像联盟 11 号飞船事故那样），但他们发现生命保障系统停止了工作，姿态控制系统也已经失效，空间站在轨道上飘动。乘员组用了两个小时才艰难地将系统重新启动起来，但仍存在问题。这次意外事故后，首次执行空间任务的飞行工程师卓洛博夫健康情况开始恶化，时间一天天过去，情况越来越糟糕，药物似乎也不起作用。有报道显示，由于长时间与世隔绝，他产生了一种被抛弃的痛苦感觉。8 月 23 日，卓洛博夫的健康仍不见好转，于是决定在第一时机提前返回，也就是 24 小时内返回。沃雷诺夫将卓洛博夫搬进飞船舱内，并系好束缚带。

联盟 21 号飞船于 8 月 24 日与钻石号（礼炮 5 号）空间站分离，这几乎是苏联航天计划的一次倒退。当沃雷诺夫试图使飞船与空间站分离时，锁紧机构没有完全释放，当他启动喷气装置要飞离时，对接装置卡住了，使飞船与空间站仍连在一起。由于联盟号飞船已经飞出了通信范围，船上只有接收到的第一套应急程序。沃雷诺夫第二次尝试进行分离，但只使锁紧机构松开了一点儿。他看了看他生病的同事，卓洛博夫在第二次分离失败后显得很恐惧。经过一整圈（90 分钟）之后，两个航天器还是没有分开，但在飞船接收到第二套指令后终于解锁分离成功。

因为联盟 21 号飞船是提前返回，在正常返回窗口之外，所以在下降时遇到了强烈的阵风，导致软着陆发动机不均匀点火。在当地时间午夜前后，返回舱着陆（反弹了几次）在哈萨克斯坦科克切塔夫西南 200 km 的卡尔·马克思集体农场的一块田地里。返回舱里，沃雷诺夫和卓洛博夫被束缚带绑着；由于提前返回中止了他们的日常锻炼，他们都很虚弱。沃雷诺夫在执行首次任务（联盟 5 号）中经历过一次艰难的着陆，这次他再次处于困难的境地。他努力打开舱门爬了出来，但没有外界的帮助站不起来，卓洛博夫仍留在舱内，他的头盔被舱内的物品挂住，无法出来。沃雷诺夫爬向他的飞行工程师，帮助他出舱。两个人都非常虚弱，没能离开返回舱多远，他们以为会在那里过夜，但搜救人员在 40 分钟后就赶到了。

显然卓洛博夫的病和沃雷诺夫逐渐衰弱的身体状况是由空间站上推进剂贮箱中泄漏的硝酸引起的。其他报告还指出他们打乱了体育锻炼计划，睡眠不足，没有得到来自地面的足够支持。不管是什么原因，虽然这两名航天员恢复了健康，但再也没有进入太空。

4.6.3　飞行计划的调整

将要飞向礼炮 5 号空间站的下一乘员组（代号为 Rodon）由指令长祖多夫和飞行工程师罗日杰斯特文斯基组成，乘坐联盟 23 号飞船（联盟 22 号飞船执行了一次单独的联盟号任务）。虽然官方的联盟 21 号飞行试验调查组确定礼炮号空间站上仍有空气存在，但空间站内部的大气环境仍受到关注。因此为联盟 23 号乘员组准备了防毒面具以便他们在刚进入空间站时使用，并准备了特殊的设备用来采样和分析"有毒"气体，以确定是否可以在空间站安全驻留。

该任务于 1976 年 10 月 14 日开始执行。先是运输车在去发射台的途中抛锚；接着在上升段，R－7 火箭偏离设计的飞行平面，已接近于发出发射失败信号的程度，导致入轨点低于设计值。其原因是发射场的大风使火箭在起飞时发生了轻微的转向。在轨道飞行的第 16 圈，联盟号飞船开始向礼炮 5 号空间站接近。在距空间站 7 km 时，乘员组将飞船置于自动对接模式，但距空间站 4.5 km 时，他们报告联盟号飞船发生"强烈的侧向振动"。在距空间站 1 600 m 时，摆动增加，联盟号飞船开始偏离空间站，这时船上设备并没有显示出来。在相距 500 m 时，飞船仍在继续偏离礼炮号空间站，并且前进速度远远大于安全对接速度，因此乘员组中止了接近程序。

乘员组已经清楚地看见礼炮号空间站就在旁边，却没有对接上。这时联盟号飞船已经停止了旋转运动，为了确定失败的原因，他们请求进行第二次对接。然而地面控制中心知道由于入轨高度低，船上的姿控推进剂已经不多了，只够进行一次对接尝试和返回。虽然乘员组有信心实施手动对接，但规定必须为两次离轨制动保留足够的推进剂，因此通知乘员组不可能实施第二次接近；同时还告诉他们脱去航天服，开始休息。联盟号飞船已经错过了当天的着陆时机，乘员组需要关掉所有非必需的设备，包括无线电，以节约电力。由于飞船没有太阳电池阵，剩余的能源非常有限，他们甚至不能等到第二天的着陆窗口。自从苏联开始载人航天以来，首次通过新闻公开报道说由于设备故障取消了对接。

4.6.4　联盟号飞船的溅落

在祖多夫的家里，他的家人和同事聚在一起等待他们安全返回的消息。这次夜间着陆仍瞄准联盟号飞船的正常着陆区，但沙塔洛夫告诉乘员组着陆后要留在坐椅上，因为回收区天气情况不理想，有暴风雪。由于返回舱的电力供应有限，不可能改变着陆地点；但联盟号飞船可以在各种地形着陆，并且已经在几次任务中得到了验证（最近的一次是 1975 年联盟 18A 的失败），因此着陆成功的希望很大。

联盟 23 号飞船戏剧性的飞行已过去 25 年了，关于回收的报道仍一直是矛盾的。直到 1984 年，一个新闻记者在《文学报》上发表了关于这次溅落的描述；但更详细的救援描述是在最近 I·达维多夫（I. Davydov）出版的书里，达维多夫曾长期负责航天员生存训练并参加了这次救援，这份报告更可信。

　　离轨点火、返回舱分离和再入都是正常的，但大风使得返回舱偏离阿尔卡雷克附近的预定落点121 km，降落在−22℃的大雾中。在返回舱内，祖多夫和罗日杰斯特文斯基在降落伞下摇晃时振作精神准备着陆。在返回舱距地面164 m时，祖多夫告诉罗日杰斯特文斯基振作起来准备制动火箭点火和迎接着陆时的冲击；但出乎意料的是，返回舱溅落在32 km宽的田吉兹湖上的冰水里。田吉兹湖位于哈萨克斯坦的阿尔卡雷克以西140 km。溅落点距湖的北岸大约8 km，落水后主伞拖着返回舱移动了一段距离。返回舱侧倒着，为防止冰冷的湖水灌入舱内，不能打开前舱门，新鲜空气也无法进入。乘员组还有2个小时的氧气储备，然后就不得不依赖还保持在水线上方的压力平衡阀；即使如此，他们也只能再多支持5个小时左右。

图4−6　1976年10月17日联盟23号飞船的返回舱浮在田吉兹湖的冰水中

　　尽管经过再入时的加热，返回舱在冰冷的湖水中还是迅速冷却。祖多夫和罗日杰斯特文斯基很快脱去航天服，穿上飞行工作服。他们在狭小的舱内费尽周折，耗尽了力气，在等待救援时吃掉了有限的一些补给品。不幸的是，浓雾遮住了返回舱的信标灯，直升机无法看到它。15 分钟后，盐水的腐蚀触发了备份伞舱的开启指令。降落伞打开并充满了冰冷的湖水，沉入湖底。幸运的是，湖不太深，如果舱体滑入水下，他们就会被淹死。当淹没的降落伞像船锚一样沉入水底并把返回舱上下颠倒过来时，祖多夫仍绑在坐椅上，悬在罗日杰斯特文斯基上面。

　　为了节约氧气，祖多夫和罗日杰斯特文斯基不说不动，但这也影响了对返回舱的搜索，因为搜救队很难与乘员组建立通信联系。一架直升机意外发现了返回舱，飞机的驾驶员是 L·C·博加特列夫（L. C. Bogatyrev），机上有搜救行动的指挥西拉耶夫（Silayev）、克格勃的代表切金（Chekin）和达维多夫。在 20 m/s 的风中，博加特列夫熟练地操纵直升机下降到距湖面 4～5 m 的高度，并用探照灯指示出舱体的位置。1984 年发表的文章说没有任何生命的迹象，但达维多夫写道，他们的直升机与乘员组取得了联系，并命令他们穿上救生衣。在联盟 23 号返回舱里面，内壁开始结冰，内部温度下降很快。外面的环境也没有好转，雪下得很大，雾依然很重。而且，搜救队没有橡皮艇。达维多夫准备乘绞盘下去，但由于暴风雪飞行员无法稳定直升机。直升机试图再次在返回舱的上空盘旋也失败了，由于燃料不足，他们不得不飞回岸边。

　　其他的直升机遭遇了相同的困难，尽管他们无法通过湖周围的沼泽和湿地，但他们设法将水陆两用车运到湖边。湖面有许多的冰块和淤泥，妨碍了救生筏的展开。从陆上、水上和空中进行救援，受到了天气和环境条件的限制都行不通，因此决定等到黎明再开始营救。虽然联盟号飞船的返回舱可在水上漂浮，但返回舱上的电力只够支持 40 分钟，乘员组关掉了所有电源，只留了一盏小灯。舱内还是很冷，但供给是充足的。由于备份伞意外启动，它像船锚一样使飞船侧翻在水上，导致压力平衡阀浸入到水里。两小时后，祖多夫和罗日杰斯特文斯基开始有缺氧的迹象，通过无线电，可以听到他们呼吸沉重，声音嘶哑很难辨认。祖多夫报告他们已经穿好水上救生衣准备离开返回舱；但外面的每一个人都知道，一旦打开舱门，水会灌进舱内，航天员就会被淹死。天亮时，罗日杰斯特文斯基报告祖多夫因缺氧已经失去知觉。稍后，天线也进水了，与乘员组的联系中断了。一架直升机带来了橡皮艇和救生衣，整个晚上搜救人员们试图乘船从岸边接近返回舱，但多数人都陷入困境。只有一架 Mi-6 直升机的驾驶员 N·切尔纳夫斯基（N. Chernavski）接近了返回舱，但他也无法救助航天员。

在叶夫帕托里亚，飞行控制中心的控制人员和官员收到救援地点关于救援进展情况的 3 份报告。第一份报告说飞船确实降落在湖中，已经在 1 小时内将全地形车辆送抵参加救援。第二份报告记载了不利的天气情况以及试图使用直升机将返回舱从水中拖出却没有成功。10 月 17 日凌晨，第三份报告说全地形车也没办法接近返回舱，直到黎明时刻，所有的努力都失败了。在控制中心，人们开始担心祖多夫和罗日杰斯特文斯基会在搜救人员到达前被冻死。

4.6.5　回收联盟号飞船结冰的返回舱

第二天，制定的回收计划包括准备能起重 20 t 的大型直升机（Mi-8）和一架轻型的 Mi-6 直升机运送蛙人。在舱内，祖多夫和罗日杰斯特文斯基为保暖仍穿着应急救生服。他们还打开了探照灯，以帮助直升机确定返回舱的位置，黎明时情况有所好转但仍很严峻。

破晓时分，气温达到 -22℃，天气晴朗。但是由于燃料不足，阿尔卡雷克的搜救部队的所有直升机被困在湖岸边。这时 N·孔德拉捷夫（N. Kondratyev）（卡拉干达的搜救部队的指挥官）乘直升机赶到。他带领达维多夫、领航员涅费多夫（Nefedov）、潜水员和医生飞过去。潜水员带着橡皮艇下到水面，报告说他虽然与祖多夫和罗日杰斯特文斯基能够通过敲打舱壁联系，但无法打开舱门。看起来营救祖多夫和罗日杰斯特文斯基的唯一办法是将返回舱拖到岸边。尽管用这种方法曾经在费奥多西亚附近成功营救过一名在联盟号模型中的航天员，但因为当时技术还不完备，是不允许采用的。然而这是营救祖多夫和罗日杰斯特文斯基的唯一办法，人们决定不再浪费时间，立即通过无线电请求批准，并开始营救。营救进行得很困难，备份降落伞浮出水面后几乎将直升机拖下来。对直升机的机组人员和舱内的航天员来说，这段 45 分钟的行程是一场艰难的搏斗。在距岸边 5 km 时，返回舱差点儿沉入水下，舱内的祖多夫和罗日杰斯特文斯基几乎窒息。最后，在着陆近 11 个小时后，返回舱终于被拖到干地上。当罗日杰斯特文斯基打开舱门，搜救人员看到两人在严酷考验后都活下来时感到很惊奇，因为他们对于航天员还活着几乎没抱希望。

图 4—7　在部分结冰的田吉兹湖上，联盟 23 号飞船的返回舱
带着舱内两名冻僵的乘员被拖向岸边
（降落伞仍与返回舱连在一起）

当地时间 10 月 17 日 7 时，发布了救援成功的消息。祖多夫和罗日杰斯特文斯基接受了一系列的体检并休息几天后飞回家。当他们在 10 月 26 日回到 TsPK 时，受到官方领导的迎接。沙塔洛夫赞扬了祖多夫和罗日杰斯特文斯基以及直升机飞行员孔德拉捷夫的勇气。孔德拉捷夫因出色的飞行技术被授予红星勋章。

对于对接失败的调查集中在 Igla 交会系统信号的大幅摆动。事件的回放显示乘员组的操作得当，但他们的操作可能干扰了程序。前任航天员 A·耶利谢耶夫认为乘员组应在第 33 圈尝试第二次对接，正如他们所受到的训练那样，但他们却没有那样做。当飞船捕获到礼炮号空间站时，舱内的侧向运动指示灯亮了，显示所有侧向运动停止。但是，停止侧向运动的发动机没有启动，飞船仍继续来回摆动。乘员组曾报告感觉到这种运动，但仪器确实显示是静止的。乘员经过深思熟虑，认为如果放弃接近，将会因为在接近初期使用过多推进剂导致推进剂不足而使任务中止。虽然在接近过程中有 4 次机会可以中止接近，但乘员组一直等到最后一刻才放弃。幸运的是，控制板上的指示灯记录下了一次正常的接近。很明显，又是 Igla 系统出错。

图 4-8　联盟 23 号乘员组成员祖多夫在获救后显得疲惫但很放松

　　在随后召开的会议中，A·S·姆纳察坎扬（A. S. Mnatsakanyan）（Igla 系统的设计者）无法解释为什么地面控制人员没有发现出了问题，并表示将用正在研制的 Kurs 对接系统替代存在问题的 Igla 系统。最后得出结论，联盟 23 号飞船的问题是由安装陀螺的支架过度摆动引起的。

1976 年 12 月 2 日的官方报告严厉斥责了姆纳察坎扬，指出如果在将来的任务中没有采取有效的措施防止类似故障发生，他将被解除职务。12 月 10 日，姆纳察坎扬拒绝辞职，在（第二年的）1 月 6 日，他被解除了 NIITP 的领导和总设计师的职务。

乘员组因"自信、尽职"受到表扬。严酷的考验没有对他们的身体产生长期影响，他们也没有再执行第二次飞行任务。

4.6.6　最后一组军人联盟号飞船的乘员组

与此同时，礼炮 5 号空间站仍在轨道上运行，并继续按自动程序进行科学研究，此时另一乘员组正在准备访问空间站。V·戈尔巴特科和 Y·格拉兹科夫乘员组在空间站上度过了 18 天，解决了联盟 23 号飞船因对接失败而未解决的问题——在联盟 21 号任务后空间站内的空气是否确实受到了污染。

联盟 24 号飞船在 2 月 7 日发射，直到 2 月 8 日距礼炮 5 号空间站对接口 80 m 远时一直按预定计划飞行。这时，Igla 系统再次发生故障，戈尔巴特科开始手动控制并成功对接。乘员组留在联盟 24 号飞船里休息了 6 小时，直到 2 月 9 日才进入空间站。他们戴着呼吸器，小心地收集空气样品，最后确认空气是清洁的，没有异味。在最后一次检查过数据后，他们摘下了面罩开始正常工作。

联盟 24 号任务在 2 月 25 日结束，在大风雪中着陆，当时气温为 −17℃。联盟 24 号飞船的返回舱没有着陆在预定回收区，搜救人员花了一些时间才找到返回舱。着陆时，返回舱翻滚几次后侧面着地，造成戈尔巴特科和格拉兹科夫轻伤。他们在不舒适的状态下等待搜救人员，随后他们又决定出舱等待救援；来到外面后，他们感到非常冷，又回到了舱内。1 小时后，搜救部队到达，将返回舱回收。几次任务（特别是联盟 18A 号、联盟 23 号和这次任务）的试验结果表明，在以后的任务中应改进救生设备和防护服。

这次任务是最后一次载人联盟号飞船飞到钻石号空间站。在联盟 24 号飞船返回后不久，原计划别列佐沃伊和利孙乘联盟 25 号飞船到礼炮 5 号空间站上进行 15 天的在轨飞行。但是，在 1977 年 3 月的国家委员会会议上，格卢什科汇报将要花费 2 个月建造并测试另一艘 7K－T 飞船，此外还需要 2 个月在发射基地设置成适合于人用的（67 号飞船的结构最终作为联盟 30 号飞船飞向礼炮 6 号空间站）。这要求礼炮号空间站在轨 4 个月，需耗费约 250 kg 推进剂进行姿态和高度控制。在联盟 25 号飞船的乘员组到达礼炮 5 号空间站之前，完成这次任务将短缺 70 kg 推进剂。虽然为礼炮 6 号空间站的运输的进步号飞船贮箱正在改进中，但也没有能力给礼炮 5 号空间站提供燃料，因此国家委员会取消了联盟 25/礼炮 5 计划，而是让空间站在剩下的轨道寿命中处于自动模式。礼炮 5 号空间站成功地于 1977 年 8 月 8 日坠落在太平洋上，为下一座空间站——新一代的首座空间站扫清了道路。

4.7　联盟号飞船的单独飞行任务（1973 年～1976 年）

从 1973 年到 1976 年，联盟号飞船有 6 次不与礼炮号和钻石号空间站对接的飞行。联盟 13 号飞船是 7K－T（33 号）的改型，它在 1973 年 12 月进行了一次科学研究飞行。这次飞行任务是对 1972 年和 1973 年取消的礼炮号任务的延伸以及对即将到来的下一代空间站的试验和程序的测试。从 1974 年到 1975 年，作为首次国际载人太空飞行计划——ASTP 计划的一部分，共有 4 次太空飞行（2 次无人和 2 次载人）。这些飞船被称为 7K－TM。7K－TM 的索引号为 11F615A12，可替换的名字为联盟 M。

最后一次用到 ASTP 备份硬件的飞行是联盟 22 号飞船（7K－TM 74 号）。它在 1976 年 9 月执行了一次地球资源观测任务，这是从 1978 年到 1981 年与礼炮 6 号空间站的 9 次系列飞行的先驱。从 1973 年到 1976 年的 6 次飞行被称为“联盟号飞船的单独飞行任务”，因为没有与其他的苏联载人飞船和空间站进行联合飞行。

4.7.1　早期的科学实验任务

最早的科学实验任务是 1969 年的联盟 6 号，飞船没有携带任何对接设备。在联盟 7 号和联盟 8 号飞船的联合飞行（指对接）中，联盟 6 号乘员组进行了首次空间焊接试验。在 1970 年 6 月，联盟 9 号乘员组进行了第二次科学实验，创造了 18 天的飞行纪录，并且建立了用于后来长期礼炮号任务中的医学数据。1969 年～1976 年联盟号飞船的单独的科学实验任务见表 4－1。

表 4－1　1969 年～1976 年联盟号飞船的单独的科学实验任务

飞船名称	设计代号	发射日期	着陆日期	乘员人数	飞行时间	目　的
联盟 6 号	7K－OK	1969.10.11	1969.10.16	2	4 天 22 小时	空间对接试验
联盟 9 号	7K－OK	1970.6.1	1970.6.19	2	17 天 16 小时	生物医学实验
联盟 13 号	7K－T/AF	1973.12.18	1973.12.26	2	7 天 20 小时	天体物理与生物实验
联盟 22 号	7K－TM/F	1976.9.15	1976.9.23	2	7 天 21 小时	地球资源观测

4.7.2　联盟 13 号飞船的乘员组

1973 年 5 月，由于民用礼炮型空间站（DOS-type，命名为宇宙557 号）在入轨后不久失败，使苏联的航天计划遭遇了重大挫折。因此，苏联的任务计划者决定通过两艘联盟号飞船单独执行任务来恢复状态。第一艘进行为期两天的联盟号运输试验（联盟 12 号飞船），第二艘进行首次联盟号飞船独立飞行能力试验。联盟号飞船的轨道舱能适应 1 周的科学仪器飞行试验，并且指派了两名训练有素的航天员。

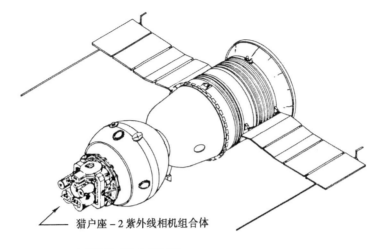

猎户座 – 2 紫外线相机组合体

3 轴稳定（13 台电动机）

- 3～5 弧度秒定向精度
- 2～3 弧度秒敏感精度

石英晶体光学系统

- 用于探测紫外线区（低于 3 000 Å）（1 Å=0.1 nm）

送回 10 000 幅 3 000 个恒星的光谱图

- 曝光 1～20 分钟
- 敏感度为 11 个星等
- 记录了 2 000 个以前没有记录的恒星

图 4—9　在前端安装了猎户座（Orion）望远镜系统的联盟 13 号飞船

最初的乘员组由沃罗比约夫上校和飞行工程师亚兹多夫斯基组成。他们的后备乘员组最初由克利穆克少校和飞行工程师谢瓦斯季扬诺夫组成，但由于身体问题，谢瓦斯季扬诺夫很快就被列别杰夫取代。

仅在执行任务前三四天，沃罗比约夫和亚兹多夫斯基也被取代，因为他们显然在一起工作不默契。他们被他们的后备乘员所取代，没有其他航天员被指派执行这次任务，因此联盟 13 号飞船的乘员组在完成训练和飞行任务时没有后备乘员组。然而，真正的理由（最近显示）是联盟 13 号飞船的最初乘员组的两名乘员既很有原则性又很有主见，他们必然成为"敌人"，因此决定他们不应该在任何条件下一起飞行。

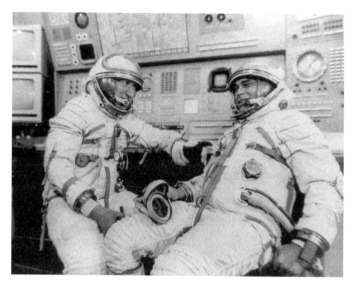

图 4—10　最初的联盟 13 号乘员组成员沃罗比约夫和亚兹多夫斯基

4.7.3　联盟 13 号任务

　　1972 年 7 月 DOS 2 空间站发射失败后，最初的计划是进行改进后的 7K—T 飞船单独载人飞行（原计划飞向 DOS 2）。首发乘员组为列昂诺夫和库巴索夫，后备乘员组为拉扎列夫和马卡罗夫。然而，当这些航天员在 1972 年 8 月到 9 月接受训练后，该任务却被取消了，由联盟号飞船的单独科学任务替代，再次执行在 DOS 2 中失败的猎户座—2 望远镜任务（DOS 3 是一个可以搭载不同科学设备的改进的空间站，因此猎户座—2 任务只能由联盟号飞船的单独飞行来完成）。

　　34 号被预定为飞往 DOS 3 空间站的首艘飞船，并为猎户座—2 任务建造了一艘新的 7K—T。猎户座—2 任务的单独飞船编号为 33 号——已经被命名为宇宙 496 号（1972 年 6 月到 7 月的 7K—T 测试飞行）。因此有两个 33 号飞船：宇宙 496 号（33 A 号）和联盟 13 号（33 号）。在 DOS 3（宇宙 557 号）失败之后，决定进行 7K—T 的载人单独测试飞行。这将使用 37 号飞船，它本来是要飞到 DOS 4 空间站的，在猎户座－2 任务之前飞行。在克利穆克和列别杰夫的联盟 13/猎户座－2 任务之后，联盟 12 号任务实际上才被构思好，并于 1973 年 9 月由拉扎列夫和马卡罗夫完成飞行任务。联盟 13 号任务的时间被安排在 1973 年 12 月，这也显然与 Kohoutek 彗星有关系。

联盟 13 号飞船于 1973 年 12 月 18 日发射，首艘与美国同时执行载人飞行任务的苏联载人飞船进入轨道。天空实验室 4 号载 3 名航天员于 11 月 16 日发射，而且顺利完成了预定任务。两名联盟 13 号飞船的乘员在轨飞行仅 1 个星期，而且没有一名乘员看见另一艘飞船，尽管他们在相似的轨道中飞行。这艘联盟号飞船首次使用了位于加里宁格勒的飞行控制中心。

在这次飞行中使用的联盟号飞船配备有太阳电池阵，但是对接机构已经被猎户座－2 紫外线望远镜和猎户座－2 X 射线照相机代替。列别杰夫操作轨道舱上的设备，用望远镜观测 1～20 分钟，同时克利穆克在返回舱控制飞船的方向。在执行任务期间，乘员组用 NASA 提供胶卷的 RSS－2 光谱议进行了恒星研究，获得了超过 3 000 个恒星的 10 000 个光谱图；他们还进行了医学和生物学实验，包括 Levkoy－3 实验，测量了大脑在失重的情况下对血液的分配以确定它与太空病的关系；在 Oazis－2 生物学实验中，绿藻和浮萍用来验证封闭的生态循环支持系统，一种细菌的排泄物被用于另一种不同类型的细菌累积蛋白质的原始物质，依次递进达到 35 次。乘员组还进行了导航练习以及对地球和大气的观测。

在飞行了 7 天 20 小时 55 分之后，飞船返回舱顺利着陆（尽管着陆区域有暴风雪），圆满完成了此次任务。虽有缺陷但总体很成功的联盟 13 号任务和 3 个月前的联盟 12 号任务，使苏联人对联盟号以及正在进展中的美苏联合对接任务增强了信心，也充分证明在联盟 11 号飞船失败后他们的能力已经恢复了。

4.8　联盟—阿波罗号联合试验飞行（1969 年～1975 年）

美苏联合进行飞行试验的想法起源于一封信以及 1969 年苏联探

索和利用太空科学委员会主席 A·布拉贡拉沃夫（A. Blagonravov）
和 NASA 第三行政官 T·佩因（T. Paine）之间的讨论。

佩因相信在阿波罗号飞船已经完成载人登月目标之后，与苏联
联合进行对接飞行试验，将会重新引起 NASA 的兴趣，和平探索空
间的国际合作是有前途的。在为期 3 年的官方讨论、提议和协商之
后，于 1972 年 5 月，苏联和美国达成了为期 5 年的和平探索空间的
科学和技术合作协议。其中，最引人注意的是在 1975 年美国阿波罗
号飞船的指令服务舱与苏联联盟号飞船的交会和对接。在美国它被
称为阿波罗－联盟号联合试验项目（ASTP），在苏联，它被称为联
盟－阿波罗号联合试验飞行（EPAS）。

4.8.1　早期的提议

苏美联合太空飞行的提议在整个 20 世纪 60 年代一直都有报道，
早些年的报道集中于联合完成登月任务。到了 1969 年，才明确该联
合冒险任务只会在地球轨道中进行。1970 年，一个最早的联合飞行
计划是送一名苏联航天员到美国的天空实验室执行联合研究任务，
这基于对接系统与飞船大气相容性研究取得的进展。

为了完成这项任务，有一些障碍需要克服，首先就是如何完成
阿波罗号、联盟号飞船与天空实验室的对接。一个提议是由联盟号
飞船与已载人的天空实验室对接，这要求适用于阿波罗号飞船的对
接机构同时也适用于联盟号飞船，并且要么将阿波罗号飞船移到一
个径向对接口，要么让阿波罗号飞船的乘员组将飞船与天空实验室
分离，并以站保持（station-keeping）的模式飞行，在联盟号飞船与
天空实验室对接之后再重新对接。这个复杂的程序增加了大气相容
性问题的难度。另一个建议是允许联盟号飞船的乘员在阿波罗号飞
船的乘员离开后占据天空实验室（这是可行的，但在政治上不被美
国人接受）。还有一个较简单的计划是用阿波罗号与联盟号飞船直接
对接，而不使用天空实验室，但苏联认为这不如玩空间杂技有意思。
这表明他们想飞到天空实验室，但是他们从不提及他们自己的空间
站已更接近发射。

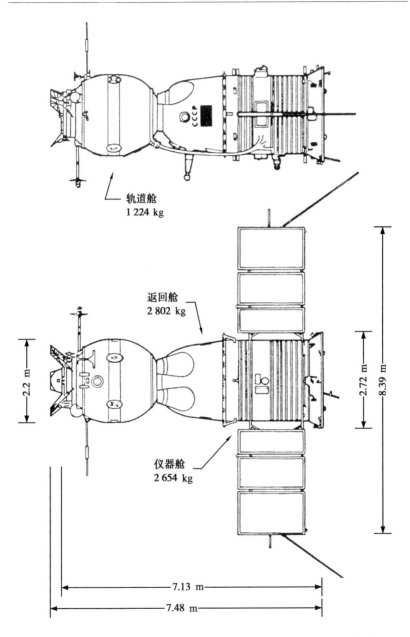

图 4－11　1974 年到 1975 年在 EPAS（ASTP）中使用的联盟号飞船

1971年4月，当谈判有望达成协议时（任务尚不明确），苏联发射了他们的第一个礼炮号空间站。突然之间，在美国计划发射天空实验室之前两年苏联就拥有了空间站。因此美国人建议，既然礼炮号空间站已经在轨了，为了实现真正的国际空间站能力，则任务应建立在阿波罗/联盟/礼炮号的对接上。联盟/天空实验室/阿波罗号的对接则考虑作为下一个任务，但由于天空实验室后续型号的资金存在问题，这个任务是不可能完成的。

在1971年夏季，有关阿波罗/礼炮号任务的讨论一直持续着，同时有一个计划是用一个对接舱来解决大气和对接系统问题。但是，自从联盟11号飞船灾难后，推动该任务和联盟/天空实验室任务的动力慢慢衰减了。1972年4月（协议签署前1个月），苏联人告诉美国人阿波罗号飞船和联盟号飞船同时与礼炮号空间站对接是不可能的。他们解释建立第二个对接口在技术上是不可能的，同时在经济上也是当前不允许的。这是一个暗示，苏联人不相信美国人真会放弃天空实验室，而且实际上正在准备建造第二个（军用的）天空实验室（虽然很快弄清楚了这不是事实，载有3人的天空实验室是唯一的任务）。苏联人不透露他们正在研制两个对接口的空间站（也许因为不准备在今后的几年内发射）。

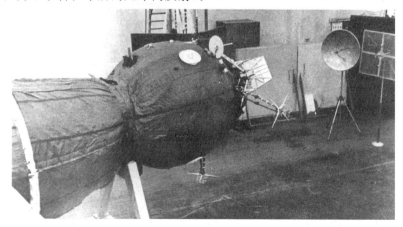

图4—12　联盟号飞船进行交会和雷达特性测试

　　根据能源联合体的史料记载，第一个考虑的方案是用改进的 7K－S（后来的联盟 T 号飞船）作为 ASTP 的飞船（从大约 1972 年夏天到 1972 年秋天），但是这并没有与美国人一起讨论，而且这个想法最终被放弃了。7K－OK 的改型——单独的 7K－TM（再次引入了太阳电池阵）将被采用，它拥有一个改进的应急逃逸系统并使用 R－7 火箭的改进型发射。同时（1972 年）最初为 7K－OK 的 2 人乘员组研制的 Sokol 航天服也通过了测试。所有的硬件将在 1975 年准备好，因此联盟 T 号飞船的研制将在最后期限前完成。

图 4－13　在拜科努尔进行地面发射准备的联盟 19 号飞船

4.8.2　飞行

EPAS 的任务将以拜科努尔发射的 2 人联盟号飞船入轨开始。7.5 小时之后，3 人阿波罗飞船由土星 1 B 火箭发射。进入轨道后，阿波罗号飞船的乘员组将从 S－IVB 的顶端拉出对接舱（类似于阿波罗登月任务拉出 LM），两天后，阿波罗号飞船开始向联盟号飞船的轨道追踪，并在第三天完成对接。两艘飞船保持对接两天。在这期间，乘员组将执行一系列转移任务，以便使每位乘员至少去另一艘飞船一次（使用对接舱调节压力进入另一飞船）。在飞行第五天解除对接，阿波罗号飞船将在联盟号飞船周围执行轨道机动，接着以主动方式再次与苏联飞船对接系统对接。再经过两小时，两艘飞船最终解除对接，然后分离。阿波罗号飞船将在未来 5 天维持原有轨道，完成试验程序，而联盟号飞船将在飞行第七天返回。

在 EPAS 的准备过程中，苏联同意用 EPAS 硬件进行一次独立的载人预演任务。总共为 EPAS 准备了 6 套飞行硬件，包括一个备份飞船和已经在第二座发射台上准备好的联盟号火箭，以防与阿波罗号飞船首次对接失败，或阿波罗号飞船的发射不得不大大延迟于主联盟号飞船入轨。最初的计划如下：

71 号飞船　无人试验飞行

72 号飞船　载人试验飞行

73 号飞船　载人试验飞行

75 号飞船　用于 EPAS 任务

76 号飞船　备份

74 号飞船　第二备份

在某些方面，该计划为了适用两次无人飞行和一次载人试验飞行而改变。

4.8.3　EPAS 的乘员组

在 1973 年 6 月初，苏联指派了 4 组乘员（8 名航天员，包括 4

名新手）完成 EPAS（ASTP）任务，在飞行前确定了乘员组名单。

第 1 乘员组：A·A·列昂诺夫和 V·N·库巴索夫

第 2 乘员组：A·V·菲利普琴科和 N·N·鲁卡维什尼科夫

第 3 乘员组：V·A·贾尼别科夫（V. A. Dzhanibekov）和 B·
　　　　　　　 D·安德烈耶夫（B. D. Andreyev）

第 4 乘员组：Y·I·罗曼年科（Y. I. Romanenko）和 A·S·伊
　　　　　　　 万琴科夫（A. S. Ivanchenkov）

列昂诺夫和库巴索夫曾作为飞往于 1973 年失效的礼炮号空间站的最初乘员组成员，但由于这次任务的重要性，他们被再次任命。1974 年 12 月，第 2 乘员组的菲利普琴科和鲁卡维什尼科夫执行联盟 16 号飞行任务，第 4 乘员组的罗曼年科和伊万琴科夫作为后备；1975 年 7 月，第 1 乘员组的列昂诺夫和库巴索夫执行联盟 19 号飞行任务，第 2 乘员组的菲利普琴科和鲁卡维什尼科夫作为后备。

4.8.4　宇宙 638 号和宇宙 672 号

在 1974 年 4 月 3 日，第一艘与 EPAS 任务相关的宇宙 638 号飞船由改进后的 R－7 运载火箭发射。飞船进行了 9 天 21 小时的延伸试验飞行，并于 1974 年 4 月 13 日着陆。在整个任务过程中，对新设计的能支持 4 名乘员的生命保障系统（为了一系列的苏联乘员组与美国乘员组的交换）进行了评估，飞船还采用了扩展的太阳电池阵，用于支持附加的电力需求。根据真实的 EPAS 飞行程序，在飞行任务中进行了轨道参数的演算，轨道舱适用于通用的对接系统，它将用于与美国的对接舱对接。

在宇宙 638 号（7K－TM（71 号））返回时出现了问题，因为一个用于舱船分离前释放轨道舱空气的阀门引起了意外的运动，致使返回舱以弹道方式而不是升力控制方式返回。于是，苏联决定下一艘 7K－TM（72 号）飞船不再载人，因此载人演练将只进行一次而不是两次。

第二次无人试验（宇宙 672 号飞船）在 1974 年 8 月 12 日进行，

其任务与宇宙 638 号飞船相似。它也承载着 EPAS 对接系统（该系统在制动火箭点火前被抛弃）、一个改进的生命保障系统和扩展的太阳电池阵，在 5 天 22 小时之内完成了相同的 EPAS 任务。飞船返回舱于 8 月 18 日成功回收。

4.8.5　联盟 16 号飞船进行 EPAS 演练

在 1974 年 12 月 2 日到 8 日期间，EPAS 的最后任务（飞行 5 天 22 小时）由联盟 16 号飞船来完成。它承载着菲利普琴科和鲁卡维什尼科夫（代号为 Buran－Snowstorm）。虽然在最近的采访中，菲利普琴科说他和鲁卡维什尼科夫想让比他们更年轻的后备乘员来进行联盟 16 号飞船的飞行，但是被驳回了。在这次演习任务中，航天员按照 EPAS 联盟号的真实的轨道飞行，证明了飞船之间

图 4－14　1974 年 12 月，联盟 16 号飞船的指令长
菲利普琴科在联盟 16 号飞船的轨道舱内执行任务

的转移时间可以从 2 小时减少到 1 小时。他们把气压从 760 mmHg、含氧量 20% 调整到 540 mmHg、含氧量 40%。轨道舱中有一个 EP-AS 对接环和一个与之相连的模拟美国对接舱环，用于在真空环境中捕捉、锁紧和分离操作。乘员组在第 32～36 圈飞行时完成了几个对接环节，在第 48 圈用爆炸螺栓分离前的时候再完成了几个对接过程，证明了一个自动防故障装置能够保证联盟号飞船不与美国的对接舱脱离。除了执行 EPAS 的任务外，乘员组在接下来的 6 天内还进行了包括和阿波罗号飞船一起模拟日食试验在内的大量医学、生物和地球观测试验。他们也确定了联盟号飞船（和所有飞船一样）排出的气体和废物，如冰颗粒和油漆碎片跟随在飞船后面可能会影响观测，这对未来的科学研究很有价值。飞船返回舱在冻土上着陆。此次任务被认为是完全成功的，为 7 个月后真正的 EPAS 任务打好了基础。

图 4-15　1974 年 12 月，飞行工程师鲁卡维什尼科夫
在联盟 16 号飞船轨道舱控制面板前工作

4.8.6　联盟 19 号飞船：太空中的握手

联盟 19 号（代号为 Soyuz－Union）在 1975 年 7 月 15 日发射，执行 EPAS 任务，这是首次提前通告的电视直播的苏联载人发射。飞船入轨后，创造了首次由同一国家的两个乘员组分别执行不同任务的纪录。礼炮 4 号空间站上的乘员组成员克利穆克和谢瓦斯季扬诺夫就要结束他们在空间站两个月的生活了。

根据苏联人的要求，飞船将在距预定目标 2～3 km 内进入轨道并提示乘员组将飞船转向从佛罗里达发射的阿波罗号飞船，同时联盟号飞船的乘员列昂诺夫和库巴索夫要检查和调整飞船的在轨飞行。

在邻近的 31 号发射台，7K－TM（76 号）已经准备好以防主发飞船（75 号）发生故障。如果 75 号飞船与阿波罗号飞船对接失败，或者在 75 号飞船已经在轨时但阿波罗号飞船却不得不推迟发射，则将发射 76 号飞船。

阿波罗号飞船按时成功发射，10 分钟后 3 名美国航天员（指令长 T·斯塔福德（T.Stafford），指令舱飞行员 V·布兰德（V.Brand）和返回舱飞行员 D·斯莱顿（D.Slayton））已经进入轨道飞行。此时此刻，这 7 个人（3 人在阿波罗号飞船，2 人在联盟 19 号飞船，2 人在礼炮号空间站）创造了多人同在太空的新纪录。

随后，阿波罗号飞船开始了一系列的轨道机动，使两艘飞船能够于 7 月 17 日在联盟号飞行第 36 圈时进行对接。在接下来的一天中，联盟号飞船的乘员组没能成功修复一台黑白摄像机。该摄像机在飞行中始终没有工作，它本来是用于传输飞行中阿波罗号飞船指令服务舱的电视图像的，但最终转播不得不被取消。这天飞船上的乘员与礼炮 4 号空间站上的同事进行了通信联系。

7 月 17 日，阿波罗号飞船接近了联盟号飞船，两艘飞船相距 222 km，库巴索夫打开了距离调整装置来确定两艘飞船间的准确距离。在一次小推进后，阿波罗号飞船接近了联盟号飞船，同时双方航天员开始通话（美国人说俄语，苏联人说英语）。联盟号飞船偏转了 60°，以配合正在接近的阿波罗号飞船的对接舱，T·斯塔福德把两艘飞船移动到一起，直到对接锁作动，把两艘飞船紧紧连在一起。列昂诺夫于莫斯科时间 1975 年 7 月 17 日 19 时 10 分报告："我们抓紧了，好的，联盟和阿波罗现在正在握手。"

随着对接成功，双方航天员开始各自准备一系列的转移。指令服务舱和返回舱间的舱门打开了，但是由于舱内的气味，警铃响了一下，很快气味就散开了。然后双方航天员要开始首次会晤。布兰德仍然留在指令舱中，斯塔福德和斯莱顿进入了返回舱并关闭了身后通向指令舱的舱门。他们向指令舱中含氧量达 78% 的空气中增加氮气，使气压从 255 mmHg 升高到 490 mmHg。在舱门的另一边联盟号飞船中，气压已经在对接前降到 500 mmHg。

图 4－16　首次与美国阿波罗号飞船合作的国际载人空间任务中，列昂诺夫（左）和库巴索夫（右）在联盟 19 号飞船的轨道舱上

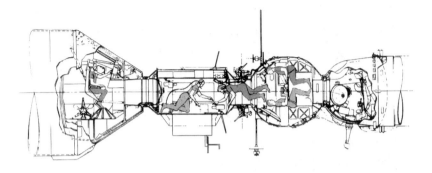

图 4-17　在 1975 年 7 月联合 EPAS（ASTP）任务中使用的乘员转移系统

　　在莫斯科时间 7 月 17 日 22 时 17 分 26 秒，在联合飞船飞过法国城市梅斯上空时，斯塔福德打开了最后的舱门，一边喊着轨道舱中的两位航天员的名字，一边与他们握手。会晤既是私人的也是技术上的，主要包括纪念活动，记录他们独特的任务和贡献。3.5 小时之后，两位美国航天员按照与进入时相反的程序从联盟号飞船返回了阿波罗号飞船。

　　接下来的一天，7 月 18 日，联盟号飞船上的库巴索夫和阿波罗号飞船上的布兰德主持了一个电视节目。虽然所有事情看起来很简单，但还是花费了不少时间来考虑和计划这件事情。苏联人显然对于这次成功飞行过于高兴了，但很多美国人似乎把这个电视节目看成为一个普通的节目，远没有那种"万人空巷"看登月的热情。

　　这一天还要进行很多复杂的转移：布兰德到联盟号飞船上吃午餐，列昂诺夫到阿波罗号飞船上吃午餐；当布兰德返回到阿波罗号飞船后，斯塔福德和列昂诺夫穿过联盟号飞船；然后库巴索夫进入阿波罗号飞船。每次转移都要包括检查空气成分，打开和关闭三道舱门（对接舱的每一端都有一个舱门，联盟号飞船的轨道舱有一个向前的舱门；指令舱向前的舱门和联盟号飞船内部的舱门在对接过程中始终是打开的）。在完成值得纪念的事情和一些用于电视转播的科学小示范后，航天员各自回到自己的飞船准备解除对接。

　　在转移过程中，列昂诺夫在对接舱和指令舱中待了 5 小时 43

分，库巴索夫在美国的飞船中待了 4 小时 47 分。斯塔福德、布兰德和斯莱顿分别在联盟号飞船中待了 7 小时 10 分、6 小时 30 分和 1 小时 35 分。第二天，7 月 19 日，在经历了将近 44 小时的对接后，两艘飞船分开了。阿波罗号飞船飞到联盟号飞船和太阳之间，产生了人工日食（实验 MA－148）让航天员拍摄太阳的光环。然后，在第二个主要实验（MA－509）中，阿波罗号飞船分别飞离联盟号飞船 150 m、500 m、1 000 m。航天员向阿波罗号飞船的反射器上发射单频的激光束，激光束反射回联盟号飞船上的分光计来记录反射光的波长。后来的分析可以揭示在飞船在轨飞行高度（约 210 km）上的氧和氮的原子量数据，用于紫外线吸收的研究。

　　这个试验之后，阿波罗号飞船飞向联盟号飞船。这次联盟号飞船作为被动方进行对接，由斯莱顿在阿波罗号飞船中指挥。开始的时候，在空间漆黑的背景下可以看见联盟号飞船，但是当两艘飞船更接近时，联盟号飞船移到地球的背景中了，斯莱顿在距联盟号飞船 100 m 处失去了目标。由于光学仪器进光量太大，他担心阿波罗号飞船可能会撞上联盟号飞船，但他还是继续在仪器的帮助下完成了对接。斯莱顿后来说："我猜我比他们（联盟号飞船上的航天员）或者地面上预测的更近。"这次没有进行转移，3 小时后两艘飞船最后一次分离。列昂诺夫来操作主动飞船，在阿波罗号飞船进行分离点火前，联盟号飞船按程序对阿波罗号飞船进行的绕行机动被两艘飞船的照相系统记录下来，最后它们在一个 217 km×219 km 的轨道中飞行。阿波罗号飞船将在轨道上飞行到 7 月 24 日，为 6 年后发射航天飞机作最后的试验和观测准备。

　　7 月 20 日，联盟号飞船用一天的时间进行了独立的活动，包括对地球和太阳摄影以及进行一些更小的携带式生物试验。乘员组完成了离轨程序的模拟，同时向苏联观众发送最后的现场电视图像。第二天，7 月 21 日，联盟 19 号飞船返回地球，并首次现场直播着陆过程。

图 4-18　列昂诺夫和库巴索夫在完成首次国际空间任务后
在联盟 19 号飞船返回舱上签字
（所有乘联盟号飞船返回的乘员继承了这一传统——在返回舱上签字）

　　联盟号飞船的返回舱着陆后，虽然库巴索夫和列昂诺夫在出舱后的几分钟有些虚弱但身体健康没有问题。他们得到了来自仍在飞行的阿波罗号飞船乘员组的最诚挚的祝福。首次联合载人飞行结束了，在经过 5 天 22 小时飞行后，联盟 19 号飞船平安返回了地面。5 天后，礼炮 4 号空间站的乘员组也在完成 63 天的太空飞行后返回了地球。

4.8.7　今后的合作

　　美国人和苏联人的协议最初签署于 1972 年，一直持续到 1977 年，在 EPAS 任务之后，开始讨论在 1981 年实现一架美国航天飞机与苏联礼炮号空间站的对接。但在 20 世纪 70 年代，这个想法悄悄地消失了，因为苏联和美国在其他国际事务中的关系越来越紧张。美国和苏联的航天员再次合作已经是 20 年后了。直到 20 世纪 90 年

代，俄罗斯成为国际空间站的成员，在 1995 年，当亚特兰蒂斯号
（Atlantis）航天飞机与和平号空间站对接时 EPAS 才被人想起。

　　苏联人从 EPAS 中得到的可能比美国人更多。在联盟 19 号飞船飞行
中，苏联人证明他们有能力准时发射飞船，与国际合作伙伴共同完成艰
难的任务，履行他们早期的协议（现在俄罗斯的计划已经很难维持它
了）。这清楚地证明了苏联对西方世界的开放性（虽然是暂时和有限的）。
当美国放弃阿波罗计划倾向于航天飞机时，苏联显示了他们航天计划的
能力和前景。对于美国人来说，这是一个可以看到苏联载人航天器的机
会，可以得到联盟计划硬件部分的关键信息，以及有关联盟 11 号和联盟
15 号飞船在 1975 年 4 月 5 日发射失败的信息。

　　对于苏联人，这个项目使他们有机会得到承担国际合作试验的
经验，这促使 L·勃列日涅夫总理在 7 月 17 日首次对接前宣布："联
盟号/阿波罗号是未来国际轨道空间站的先行者。"从与其他国家合
作（如航天飞机运载欧洲科学家到空间实验室的计划）的可能性来
说，苏联运送东方集团国家的航天员的想法要早于美国用航天飞机
搭载欧洲人。1974 年～1975 年 EPAS 的飞行情况见表 4—2。

表 4—2　1974 年～1975 年 EPAS 的飞行情况

飞船名称	设计代号	发射日期	着陆日期	乘员人数	飞行时间	目的
K 638	7K－TM	1974.04.03	1974.04.13	—	9 天 21 小时	无人试验飞行
K 672	7K－TM	1974.08.12	1974.08.18	—	5 天 22 小时	无人试验飞行
联盟 16 号	7K－TM	1974.12.02	1974.12.08	2	5 天 22 小时	载人联盟预演
联盟 19 号	7K－TM	1975.07.15	1975.07.21	2	5 天 22 小时	苏联 EPAS 任务
BUp2	27K－TM	1976.09 改为联盟 22 号飞船执行地球资源任务				

第一艘 EPAS 备用飞船（76 号）被安放在 31 号发射台，没有真正用于其他任务。由于它为了执行可能的任务已经加满了燃料（它应该在加满燃料后 75 天内发射），不能再保存了。在联盟 19 号（75号）飞船成功发射后，76 号飞船返回了组装车间，排空了燃料箱后被送回 NPO 能源联合体。其返回舱后来用于 7K－T 47 号（联盟 31号）飞船，但其轨道舱、服务舱和一个返回舱模型则放在能源联合体的博物馆展览。

4.9　联盟 22 号飞船：最后一次单独飞行

礼炮 3 号、礼炮 4 号和礼炮 5 号的成功表明，在 EPAS 后没有必要继续进行非空间站计划的单独飞行的联盟任务。1976 年 6 月，联盟 13 号飞船单独飞行任务和礼炮 4 号的第二次远征任务的指令长克利穆克同样如此表示。但是计划中还有一次飞行，用了备份的 EPAS 飞船和它的运载火箭，并在飞行中测试和评价了用于下一个民用空间站（礼炮 6 号）的科学仪器。选择的设备是一台 204 kg 东德制造的多光谱照相机 MKF 6，从联盟 22 号飞船开始它被称为彩虹－1（Raduga－1）。它代替了在轨道舱前端的 EPAS 对接系统，不用的时候可以用外罩保护起来。一个 428 mm 直径的舷窗安装在联盟 22 号飞船上帮助 MKF 6 观察。MKF 6 能用 4 个可见光波长和 2 个红外线波长记录数据，分辨率达到 20 m，航天员可以在 10 分钟内拍摄下 800 000 km² 的面积。对于军用观测，这个分辨率不如钻石号空间站，要依靠航天员目视观察来补充搜集数据。但是，对于地球资源摄影，这个照相机十分有用。直到 1974 年才确定了对于 MKF 6 的基本要求。用于测试的真正的照相机直到 1976 年 4 月才准备好，其试验型首先应用于联盟 22号飞船，改进型后来应用于礼炮 6 号空间站。

4.9.1　联盟 22 号飞船的乘员组

在 1976 年 1 月，苏联人指派 6 名航天员分成 3 组为执行单独的联盟号飞行任务而训练，使用安装了东德的照相机的 ASTP 备份飞船。

该照相机也计划用于即将使用的礼炮 6 号空间站。其乘员组名单如下。

首发乘员组：V·F·贝科夫斯基和 V·V·阿克谢诺夫
（V. V. Aksyonov）

后备乘员组：Y·V·马雷舍夫（Y. V. Malyshev）和 G·M·
斯特列卡洛夫（G. M. Strekalov）

支援乘员组：L·I·波波夫（L. I. Popov）和 B·D·安德烈耶夫

在此任务之前，这些航天员当中的有一些人正在为下一次的礼炮号飞行任务进行训练；而贝科夫斯基（两年后指挥了东德的国际乘员飞行任务）已经和东德的相机专家进行了接触。当此次飞行任务在 9 月结束后，该组织也就解散了。

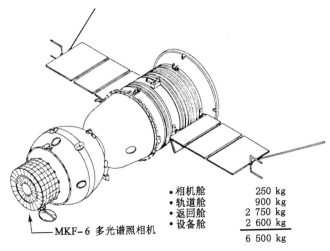

- 相机舱　　　　250 kg
- 轨道舱　　　　900 kg
- 返回舱　　　2 750 kg
- 设备舱　　　2 600 kg
　　　　　　　6 500 kg

── MKF-6 多光谱照相机

- 由东德 KARL ZEISS JENA 生产

- 204 kg 照相机

- 6 盒胶片，每盒用于一个特定的波段：

8 400 Å　红外线　　6 000 Å　橙色

7 200 Å　红外线　　5 400 Å　绿色

6 600 Å　红色　　　4 800 Å　蓝色

- 70 mm 胶片一用每帧 70 mm×91 mm 格式

- 2 400 像对一115 km×165 km 范围内分辨率为 20～30 m

图 4-19　在轨道舱前端安装了 MKF-6 地球资源相机的联盟 22 号飞船

4.9.2　联盟 22 号任务

最后一次执行不与空间站对接的单独飞行任务的是联盟 22 号飞船，于 1976 年 9 月 15 日发射，乘员组由贝科夫斯基和阿克谢诺夫组成。这次任务的轨道为 185 km×296 km，轨道倾角为 64.75°（远高于礼炮号空间站正常运行的轨道），这样的高度比苏联其他飞船通常所能到达的位置更高，从而为相机在更高位置的拍摄提供了机会。尽管此次任务在性质上是民用的，但也达到了一些军事应用的目的。此次飞行的时间正好是北约（NATO）进行联合演习的期间，这次演习是在挪威进行的。一个来自东德的代表团见证了此次发射，塔斯社的新闻报道当时指出，来自东方集团国家的航天员将很快加入到苏联航天员的联合飞行中。在联盟号飞船上，航天员对苏联和东德进行了拍照，阿克谢诺夫在轨道舱中操作相机而贝科夫斯基在返回舱中调整联盟号飞船的位置。在飞行第 15 圈时，对相机系统的测试已经完成，包括对地球地平线、月球、贝加尔—阿穆尔铁路以及亚洲一些地方的拍照。部分地球资源的实验要联合在高空飞行的 AN－30 飞机完成对相同区域的拍照，在这种飞机上也安装了 MKF－6 相机。飞行结束后，从空间拍摄的照片和从飞机上拍摄的照片进行更高分辨率的比对。在飞行任务的最后，乘员组拍摄了 2 400 张照片，并将照片存放在返回舱带回地球。在联盟号飞船上还进行了 Biogravistat 植物生长试验，该试验利用一台离心机对植物生长进行人工辅助。

在最近的一次采访中，阿克谢诺夫谈到当时他们对 20 000 000 km² （苏联版图占了一半）进行了拍照，95% 的照片质量都非常好。他还说在更换盒式胶片时存在一些问题，他们建议对 MKF－6M 进行改进。飞行前，研制相机的专家也私下要求回收相机的彩色滤镜（相机在返回时将被烧毁）。为了达到这个目的，乘员组不得不在在轨的最后一个晚上将相机分解（没有明确的任务控制）。联盟 22 号飞船于 1976 年 9 月 23 日着陆，整个飞行持续了 7 天 21 小时，从而结束了单独的联盟系列。

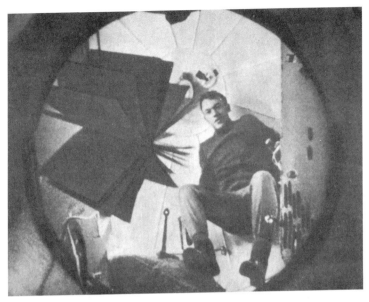

图 4－20　从这张联盟 4/5 号任务的照片中可以看出
在以后的联盟号任务中轨道舱里显然有额外空间

4.9.3　一个单独的联盟系列

也许苏联从来没有一个长期的单独的联盟计划。这次任务的类型在先前的联盟 6 号任务中也计划过。根据卡曼宁日记中的时间表，这个计划甚至比科马洛夫的飞行还早。为了加强宣传，直到飞行前的几个月才决定不把这个计划与联盟 7 号和联盟 8 号任务联合起来。联盟 9 号飞船用于试验飞行，但只作为 Kontakt 项目中的最初的运输工具。联盟 13 号飞船也是专门用于试验飞行（甚至用一个特别的联盟号飞船达到该目的），执行一个消除差距的任务，用来补偿 DOS 2 空间站的失败（在猎户座－2 望远镜上的损失）。其他单独的联盟号任务都是使用 ASTP 的运输飞船。专为 ASTP 制造的运输飞船仅有 6 艘，因此该系列在后来就没有应用前景了。

4.10 联盟号飞船执行礼炮 6 号空间站的运输任务

1977 年 9 月 29 日发射的下一个空间站被命名为 DOS 5 (礼炮 6 号)。DOS 5 空间站有两个对接口,一个可以支持乘员进行舱外活动,一个可以支持货运飞船 (进步号) 进行空间补给。与用于军事目的的礼炮 3 号和礼炮 5 号空间站不同,这个项目本身是用于科学实验的,是礼炮 1 号和礼炮 4 号空间站的延续。

4.10.1 礼炮 6 号空间站的乘员组

新的礼炮号空间站是拥有两个对接口的第二代空间站,它将为联盟号飞船间的轮换提供机会,其目的是创造一些长期驻留的纪录。1975 年有 14 位航天员接受了训练,为长期驻留和访问任务组成 7 个乘员组,预计首次发射在 1977 年。执行前 3 次长期驻留任务的乘员组名单如下。

第 1 乘员组:V·V·科瓦廖诺克和 V·V·留明

第 2 乘员组:Y·I·罗曼年科和 A·S·伊万琴科夫

第 3 乘员组:L·I·波波夫和 V·V·列别杰夫

第 1 乘员组乘联盟 25 号飞船,但是这次和空间站的对接没有成功。这是个非常惨痛的失败,因为此次任务计划和苏共的一次重要会议相关,另外,新的第二代礼炮 6 号空间站也急待激活。经过反复审查,决定对以后执行任务的乘员组进行较大的调整。在后来的任务中每一乘员组必须有一名经验丰富的航天员,因此对正在训练的乘员组进行了调整。

第 1 乘员组:V·V·科瓦廖诺克和 G·M·格列奇科

第 2 乘员组:V·V·科瓦廖诺克和 A·S·伊万琴科夫

第 3 乘员组:V·A·利亚霍夫 (V. A. Lyakhov) 和 V·V·留明

第 4 乘员组:L·I·波波夫和 V·V·列别杰夫

第 1 乘员组搭乘联盟 26 号飞船,创造了在轨驻留 96 天的纪录;

第 2 乘员组搭乘联盟 29 号飞船，以驻留 140 天刷新了纪录；第 3 乘员组搭乘联盟 32 号飞船进入礼炮号空间站，成功驻留了 175 天，再一次刷新了纪录。随后很快发射了联盟 35 号飞船，第 4 乘员组中的列别杰夫因膝盖受伤而被留明代替。

　　第 4 乘员组：L·I·波波夫和 V·V·留明

　　第 5 乘员组：V·D·祖多夫和 B·D·安德烈耶夫

　　第 4 乘员组在轨成功驻留了 185 天，又一次打破了纪录。他们之后的第 5 乘员组的祖多夫和安德烈耶夫转而参加了联盟 T 号任务的训练并计划乘联盟 T−4 号飞船飞行，但在执行任务前没有通过体检。

4.10.2　访问礼炮 6 号空间站的任务

　　计划的首次任务是用联盟号飞船与刚发射的礼炮号空间站的第二个对接口进行对接，目的是测试礼炮号空间站的对接口和交会系统。从礼炮 6 号空间站的主训练队伍中挑选出了第一组乘员，其中贾尼别科夫和科洛金是首发乘员组成员，拉扎列夫和马卡罗夫是后备乘员组成员。随着联盟 25 号飞船的对接失败和国家委员会的规定（在每次飞行任务中必须包括一名经验丰富的航天员）出台，对该乘员组计划进行了调整。因为首发乘员组的两名乘员均是新手，所以他们被分开了，贾尼别科夫与马卡罗夫成为搭档，而其后备乘员是准备执行下一次长期驻留任务的科瓦廖诺克和伊万琴科夫。这次飞行是科洛金的最后一次机会，因为这次改变他很快就退役了。

　　以后所有访问礼炮号空间站的飞行任务也都必须让一名经验丰富的苏联航天员担任指令长，一名国际乘员位于次席。国际乘员项目是 1976 年年初策划的，这里面有一个重要的宣传因素是航天员都来自其他社会主义国家（参见表 4−3）。其他的原因还不太明显，但当一个个硬件（也有试验模块，其中一些留在空间站上供长期驻留的乘员组使用）来自这些社会主义国家时，显见苏联是为了节省大量科学实验的资金，并利用国外科学家的技术和研究机构来扩展空间站的工作。这些飞行任务的另一个目的是替换联盟号飞船的能长期驻留的乘员，以打破在轨驻留的纪录。

表4-3　国际乘员组名单

任务	首发乘员组	后备乘员组
联盟28号（初始型）捷克	古巴列夫（Gubarev）和列梅克（Remek）	伊绍洛夫（Isaulov）和佩尔扎克（Pelzak）
联盟28号（改进型）捷克	古巴列夫和列梅克	鲁卡维什尼科夫和佩尔扎克
联盟30号波兰	克利穆克和海尔马谢夫斯基（Hermeszewski）	库巴索夫和占科夫斯基（Jankowski）
联盟31号东德	贝科夫斯基和伊恩（Jaehn）	戈尔巴特科和科尔涅尔（Kollner）
联盟33号保加利亚	鲁卡维什尼科夫和伊万诺夫（Ivanov）	罗曼年科和阿列克桑德罗夫（Alexandrov）
联盟34号匈牙利	（因联盟33号任务失败而取消）	
联盟36号匈牙利	库巴索夫和法尔卡斯（Farkas）	贾尼别科夫和马吉亚里（Magyari）
联盟37号越南	戈尔巴特科和范遵（Fam Tuan）	贝科夫斯基和B·T·列姆（B. T. Liem）
联盟38号古巴	罗曼年科和门德斯（Mendez）	赫鲁诺夫和L·福尔肯（L. Falcon）
联盟39号蒙古	贾尼别科夫和古拉查（Gurragcha）	利亚霍夫和甘佐里格（Ganzorig）
联盟40号罗马尼亚	波波夫和普鲁纳里乌（Prunariu）	罗曼年科和杰季乌（Dediu）

　　原计划首次飞行任务有一名捷克斯洛伐克航天员参加，苏联指定古巴列夫为首发乘员组的指令长，伊绍洛夫作为他的后备，但也因联盟 25 号飞船的失败而改变。古巴列夫仍在首发乘员组的名单里，而伊绍洛夫被鲁卡维什尼科夫代替。谁也说不清为什么会选中他，也许是因为新的规定，也许是因为经验丰富的空军指挥官太少。鲁卡维什尼科夫是第一个被任命为飞船指令长的苏联平民。这似乎表明后备指令长要错过两次飞行任务而指挥第三次任务。这些变化带来的一个问题就是否定了航天员队伍里成员的论资排辈，而这的确带来了很多矛盾。这一变化以及将乘员组成员减为两名，对苏联航天员能否拥有操作飞船的机会带来了很大影响，使得他们当中有些人训练了很多年也没有参加过一次飞行。

　　联盟 40 号是这种型号的飞船最后一次执行联盟往返运输任务。指令长最初定为赫鲁诺夫，但他后来和普鲁纳里乌训练了一段时间后因为婚姻问题而离开了，最终被波波夫所取代。

4.10.3　联盟 25 号飞船对接失败

　　联盟 25 号飞船在 1977 年 10 月 9 日发射，当时正值世界上第一颗人造地球卫星发射成功 20 周年纪念。联盟 25 号飞船乘员组（代号为 Photon）由科瓦廖诺克和留明组成，他们曾完成了 3 个月的访问空间站的训练。在飞船飞行第 17 圈时，安排飞船与空间站前端对接口对接，但是在几次尝试把对接锁锁紧均未成功之后，联盟 25 号飞船显示面板上表示对接失败的灯仍然亮着，无法实现硬对接。乘员组报告接近力似乎不够。他们认为他们完成的是一次软对接，探杆伸到了礼炮号空间站对接口的锥形装置上，但系统没有缩回探杆把两个飞行器拉到一起，也就没有把对接环的周边锁紧。在飞行第 20 圈时，科瓦廖诺克报告联盟号飞船和礼炮号空间站编队飞行，等待领导和地面控制人员的指令。

　　联盟 25 号飞船显然第一次让人们认识到在对接过程的某个时刻再进行手动控制对接是非常重要的模式（如在联盟 15 号飞船和联盟

23 号飞船上的 Igla 系统出现故障后）。Igla 系统在 25 km 时被激活，而科瓦廖诺克只在 100 m 范围内假想进行手动控制。但是，在随后有关该事件的各种报道之间有一些矛盾。根据 B·切尔托克的记忆，在进入 1 m 的范围时，航天员注意到联盟 25 号飞船的纵向轴偏离了 2°。最大允许偏差是 4°，因此他们认为仍然可以进行对接；但考虑到情况不正常，他们还是将联盟 25 号飞船退回。切尔托克说他们曲解了当时的情形，因为在地面模拟得不够充分。据说，当偏差大于 1°时模拟器不能提供精确的空间站图像，因此在实际的对接过程中，尽管航天员非常努力地通过潜望镜分辨，但看到的图像和期望的空间站图像不同。能源联合体的史料记载，航天员认为空间站的定位不够准确，他们将联盟 25 号飞船退回到 25 m 的距离。根据这两个资料可以看出，在首次的对接尝试中联盟 25 号飞船和礼炮 6 号空间站并没有实际接触。但是，耶利谢耶夫（飞行指挥）在他的论文集中写道，在首次对接尝试中，联盟 25 号飞船的探杆没有成功进入到礼炮号空间站对接口的锥形装置中。但是无论如何，这似乎和联盟 10 号飞行任务中发生的情形不太一样。无论是在接触前将联盟号飞船退回，还是在接触后，都没有一次软对接。

在飞行第 23 圈时又进行了另外一次硬对接尝试，但是这一次仍没有成功。飞船上的电力和燃料供应开始不足，不能保证飞船与尾部的对接口进行对接；而且，他们确定故障出在联盟号飞船的对接装置上而不是礼炮号空间站的对接口上。为了不损坏第二个对接口以及冒险使空间站在有人操作之前失去控制，最终决定让乘员组返回。

在初次尝试后科瓦廖诺克到底做了多少次对接尝试还不太清楚。耶利谢耶夫说做了不止一次尝试；切尔托克说做了两次努力；而根据能源联合体的史料记载，共进行了三次尝试，而且没有给出任何失败的原因。能源联合体的史料中关于后来的三次努力的记载是"电视系统没有正确地工作"。也许直到最后一次尝试，两个对接装置之间也没有真正接触。

在耶利谢耶夫的论文集中，他指出在对接尝试失败之后引发了非常危险的情况。因为某些原因联盟 25 号飞船（已经在重复对接失败之后出现了燃料短缺）继续非常危险地飘浮着接近空间站，任何将飞船带到安全位置的操作都会消耗宝贵的返回所需的燃料。显然，地面控制人员也没有确定两个飞行器之间的确切位置，因此即使一个很慎重的操作也可能会使联盟 25 号飞船撞到空间站上。当时，耶利谢耶夫决定不做任何操作，而是希望自然力使两个飞行器偏离开。这最终还是实现了，不过是在经历了两圈或三圈的飞行后才实现的。

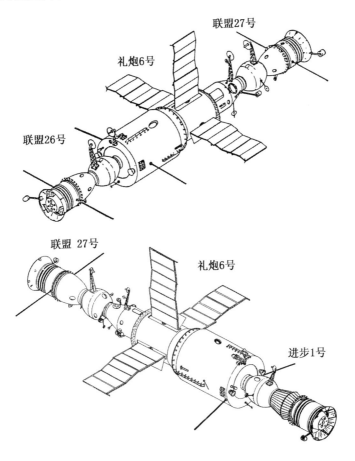

图 4－21　联盟号飞船和进步号飞船的对接形态图

联盟 25 号于 10 月 11 日安全着陆，但不幸的是，在飞船降落过程中，其轨道舱前段的对接装置随着轨道舱的分离被抛掉了，致使后来分析为什么对接锁没有锁上就不太可能了。在飞行后调查失败原因的那段时间里，决定联盟 26 号飞船于 12 月发射，去和空间站尾部的对接口进行对接，乘员组将对前对接口进行舱外活动检查，以评估由于联盟 25 号飞船对接失败而引起的破坏。如果没有发现严重破坏，则随后联盟 27 号飞船将发射升空与空间站的前对接口进行对接，其乘员组将乘联盟 26 号飞船返回，以释放空间站的尾部对接口，准备与无人货运飞船对接。

4.10.4 从成功走向成功

联盟 26 号飞船于 1977 年 12 月 10 日发射，乘员组（代号为Taimyr）由罗曼年科和格列奇科组成，并于 12 月 11 日与礼炮 6 号空间站尾部的对接口对接，这次没有出现任何意外。在报道手控对接成功时，苏联首次透露了礼炮 6 号空间站的尾部存在第二对接口。确认对接安全花费了 3 小时，然后乘员组进入到礼炮号空间站，以完成打破纪录的 96 天的飞行任务。在进行任务控制时，礼炮号的飞行指挥、前航天员耶利谢耶夫报告说，乘员组异常准确、非常平稳和优美地完成了对接；而沙塔洛夫在报告中称，对接"非常平滑，几乎可以作为典型"。领导飞船设计的前航天员费奥季斯托夫解释说，以前如果联盟号运输飞船在与空间站的对接中出现故障，那就不得不放弃空间站而另发射一个替代它完成任务。但是现在，有两个对接口的空间站可以同时接应两艘飞船，而且两组乘员一起工作可以扩展一些试验项目。如果联盟号飞船不能成功对接，第二个对接口可以为空间站的操作带来很大的适应性。在 12 月 20 日，格列奇科（由罗曼年科在无压力的转移舱段中提供支持）进行了舱外活动，目视检查空间站前对接口，在 20 分钟的检查过程中，电视图像传输到了飞行控制中心以观察对接锥的状态。据报道，在对接锥上有联盟 25 号飞船尝试对接时留下的刮痕，但是并没有很严重或永久性的破坏。

根据舱外活动检查的结果决定发射联盟 27 号飞船与空间站前端对接口对接。1978 年 1 月 10 日联盟 27 号飞船发射，尝试和礼炮号空间站进行对接。在第二天，指令长贾尼别科夫和飞行工程师马卡罗夫（代号为 Pamir）报告说在距飞船 1.5 km 处看到了礼炮号空间站；在 300 m 处，可以清楚地看到礼炮号空间站上面的灯；在 10 m 处可以清晰地看到对接装置。对接过程没有出现任何意外，3 个飞行器首次在太空连在一起了。考虑到安全因素，罗曼年科和格列奇科退回到联盟 26 号飞船的返回舱中，以防万一发生碰撞或者礼炮号主舱段发生减压事故。然而，所有的一切都很平稳，3 个小时之后乘员组进入到礼炮号空间站，"举杯"（从吸管中挤出一点冷樱桃汁）庆祝他们的成功。

4.10.5　建立标准

根据费奥季斯托夫的观点，两个天地往返运输飞船对接在同一个空间站上的成功，使在地球轨道上进行复杂的空间工程成为可能。他还揭示出一些工程师所关心的问题，即在两个飞行器之间创建一个"开关"来分开它们，但是更进一步的计算表明这是不可能的。在增加了第二个对接口之后，礼炮号空间站的动力学特性大大改变了，其质量、惯量和质心都必须重新计算。组合体增加了长度，质量也增加了，因此决定做一个命名为 Rezonans 的实验，即在整个组合体上测试动力学载荷。

这项实验包括当航天员踩踏车或使用蹦极装置"跳跃"时，飞行控制中心发送一个节拍信号到礼炮号空间站上，然后科学家们据此寻找振动源，这些振动可能会导致空间站和连在其上的天地往返运输飞船产生疲劳破坏。在最坏的情况下，飞行器上的附属物如太阳电池阵、天线可能从其上裂开。为了监视以后的扩展和对接过程中潜在的疲劳现象，共振频率将得到补偿。在联盟 26/礼炮 6/联盟 27 号上进行的实验结果很令人振奋，使苏联增强了未来在礼炮号空间站的第二对接口对接无人货运飞船的信心。

　　1月13日乘员组执行了后来被作为标准程序的空间站任务，这个标准程序一直沿用到礼炮7号空间站、和平号空间站和国际空间站。他们拿着自己的赋形坐垫，到达另外一端的联盟号飞船上。因此在任务的最后，联盟27号飞船的乘员组将乘坐联盟26号飞船返回，而联盟26号飞船的乘员组将乘坐联盟27号飞船返回。所以，当联盟号飞船的在轨寿命即将结束时，一个新乘员组将被发射上来代替已经在轨的乘员组，或者完成一次短期访问任务将旧飞船换成新的来延长任务的持续时间，或者最终使其成为永久有人居住的空间站。

　　联盟27号飞船对接在空间站前端对接口，整个对接过程让地面的任务计划者非常放心，因为已表明在先前（10月）的对接过程中出现问题的的确是联盟25号飞船上的设备，而不是礼炮号空间站上的。1月16日，联盟27号飞船的乘员组乘联盟26号飞船启程，并释放空间站尾部的对接口，为首艘进步号飞船的到来作准备。进步号飞船于1月20日发射，并于1月22日成功对接到礼炮号空间站尾部的对接口上。

　　进步号飞船于2月6日和礼炮6号空间站分离，并又一次释放了空间站尾部的对接口，为另一艘有人操作的联盟号飞船的到来作准备，这是首次带上国际乘员计划的来自捷克斯洛伐克的航天员。3月2日联盟28号飞船发射，乘员组（代号为Zenit）由苏联指令长古巴列夫和捷克航天员列梅克组成；3月3日他们成功地与礼炮号空间站尾部的对接口对接。首个国际乘员组在1周后乘联盟28号飞船与空间站分离，于3月10日安全着陆在一片白雪覆盖的陆地上，整个过程历时7天20小时。6天之后，礼炮6号空间站的第1乘员组乘联盟27号飞船离开空间站，着陆在距采林诺格勒以西265 km（也被白雪覆盖）的地方。他们创造了一个新的太空驻留纪录——96天10小时，超过美国天空实验室4号1974年2月创造的84天1小时16分的纪录。

4.10.6　新的开始

在派往礼炮 6 号空间站的首个乘员组成功返回后 3 个月，也就是 1978 年 6 月 15 日，联盟 29 号飞船发射升空。乘员组（代号为 Photon）由指令长科瓦廖诺克和飞行工程师伊万琴科夫组成，于 6 月 16 日将飞船成功对接在礼炮号空间站的前对接口上，整个过程没有发生任何意外。他们以 139 天 14 小时 48 分的成绩再一次打破了太空驻留的纪录，于 1978 年 11 月 2 日着陆。在此期间，乘员组接待了 3 艘无人进步号飞船和两个国际乘员组。联盟 30 号飞船于 1978 年 6 月 27 日发射升空，乘员组（代号为 Kavkas）由克利穆克和波兰航天员海尔马谢夫斯基组成，两天后他们使飞船对接在礼炮号空间站尾部的对接口上。7 月 5 日，在进行了 1 周的联合试验之后，该乘员组乘坐他们的飞船安全返回。8 月 26 日（紧跟着进步 2 号和进步 3 号飞船的飞行）联盟 31 号飞船载两名航天员发射升空。乘员组（代号为 Yastreb）由经验丰富的贝科夫斯基和东德航天员伊恩组成，他们于 8 月 27 日对接在空间站尾部的对接口上。苏联/德国乘员组搭乘先前的联盟 29 号飞船返回，而把联盟 31 号飞船留给了驻留乘员组，因此在空间站的 1 周里，他们在两个飞船之间交换了坐垫。9 月 2 日，联盟 29 号飞船在轨运行了 70 天之后，在接近分离时乘员组测试了船上系统和主发动机系统。

除了坐垫以外，还必须调整重心。在坐椅的底下，有一些专门的校准装置来考虑航天员和返回设备的质量，主要是为了精确确定再入和返回时用于弹道测定的重心。即使最微小的误差也可能导致飞过着陆点或飞到距着陆点相当远的地方，甚至给航天员带来严重的伤害。9 月 3 日，联盟 29 号飞船离开礼炮 6 号空间站的前对接口返回到地面。由于礼炮 6 号空间站尾部的对接口需要释放出来，以接受新的进步号飞船，于是 9 月 7 日驻留乘员组进入联盟 31 号飞船执行一个后来在礼炮号空间站、和平号空间站和国际空间站都成为惯例的操作，即联盟号飞船在不同的位置进行与空间站的分离和再对接。

　　将礼炮 6 号空间站定位在重力梯度模式，随后乘员组进入到空间站尾部的联盟 31 号飞船中并密封了舱门，此后他们将飞船分离并退后到 $100\sim200$ m 的地方，维持站保持位置。飞行控制中心命令礼炮 6 号空间站的推进器点火使空间站调转 $180°$，以使其前端对接口朝向等待着的联盟号飞船。但是，联盟 31 号飞船已经解除了对接，与重力梯度模式相关的轨道力学使空间站产生了 $90°$ 的俯仰机动，所以仅仅需要用姿态控制发动机完成剩下的 $90°$ 就可以了。乘员组使联盟号飞船和空间站前端的对接口再对接一次，释放其尾部的对接口为第四艘进步号飞船对接作准备。

图 4—22　在联盟号飞船上进行从一艘飞船到另一艘飞船上
拿走并交换坐垫和 Sokol 航天服的操作
（在 1978 年年初联盟 27/联盟 26 号飞船上首次完成这些操作，
这张图片显示的是在 1980 年匈牙利人到礼炮号（联盟 36 号）执行任务中的操作）

　　联盟 26 号～联盟 31 号飞船以及进步号飞船的成功，使得在 12 个月中，有 6 艘有人操作的联盟号飞船和 4 艘货运飞船（10 个飞行器）成功发射，并和同一个礼炮号空间站对接，完成了任务目标且没有发生严重意外，而且，所有的乘员组成员在任务结束之后都恢复了正常。因此，加快了 1971 年到 1977 年间礼炮号空间站计划成功的速度。1979 年的前景很好，因为新的驻留乘员组和其他国际访问乘员组都已经准备好了。

4.10.7　在轨飞行 6 个月

为了在空间站驻留 6.5 个月并接待国际乘员组的访问，1979 年 2 月 25 日，下一个礼炮 6 号空间站的驻留乘员组（代号为 Proton）由指令长利亚霍夫和飞行工程师留明组成，搭乘联盟 32 号飞船发射升空。2 月 26 日，在毫无意外的情况下飞船对接在空间站前端的对接口上。乘员组很快开始重新启动了空间站，并在空间站和联盟号飞船之间接了一根通空气的软管，允许空气流入到封存的往返运输飞船中。乘员组的目的之一就是评价空间站的环境是否能支持他们的长期驻留任务和进一步的操作直到 1980 年。

直到 4 月，乘员组才习惯了空间站的日常工作，他们盼望着联盟 33 号飞船送来第一批访问者。这将是第四个国际乘员组，由苏联指令长鲁卡维什尼科夫和保加利亚载荷专家伊万诺夫组成，他们将在空间站逗留 1 周。飞船发射时遭遇了在苏联发射所遇到的最大风速 40 km/h，但是这没有阻碍他们升空，10 分钟后联盟 33 号飞船安全进入预定轨道。乘员组随后用在轨飞行的前 3 圈完成了轨道调整，建立了与地面和海基通信站的联系，检查了 Igla 系统。在飞行的第 4 圈他们脱掉了 Sokol 航天服，打开连接轨道舱的舱门，准备了一顿饭，然后在飞行第 4 圈和第 5 圈时启动了向东的发动机，开始向礼炮号空间站的长途飞行。

到第二天，在飞行第 17 圈时，经过了 5 次轨道修正的联盟 33 号飞船沿着正确的路径与礼炮号空间站的轨道相遇。在飞行控制中心的大型显示屏上，淡蓝色的灯代表着礼炮号空间站，而表示联盟 33 号飞船的红点正朝着空间站靠近。联盟号飞船的乘员组报告他们很好，飞船系统的一切功能都很正常。他们在为最后的接近过程作着准备。接近过程将在两个飞行器进入到共同的通信区后才进行，在此通信区时飞行控制中心可以对两组乘员同时讲话。

指令送给联盟 33 号飞船的乘员组，要求他们在轨道飞行第 18 圈时完成最后的接近过程。当两个飞行器接近到 3 km 时，鲁卡维什尼科夫报告一切功能正常。然后地面控制人员和乘员组都注意到"联盟33号发动机的逼近—修正推力单元在正常操作模式下出现了偏差"。鲁卡维什尼科夫后来评论说，乘员组注意到发动机的功能有些异常。发动机按程序应点火6秒，但其不稳定地点火3秒后就关闭了。不正常的振动（两名束缚在返回舱中的乘员均感受到了）冲击着联盟号，随后对接被迫取消了。后来问题归结为主发动机涡轮泵的燃气发生器发生故障。

图4—23　联盟35号乘员组成员在联盟号模拟器中
（固定在坐椅上的航天员用手持操作棒触动控制面板）

4.10.8　发动机的一次故障

乘员组只能看到发动机功能的输出，却没有数据诊断故障。发动机点火和关闭是由飞行控制中心控制的，乘员组只能看秒表并将操作报告给地面。这个发动机也可用于轨道分离。尽管乘员组请求进行第二次接近尝试，飞行控制中心为了确保联盟 33 号飞船乘员组和礼炮号空间站乘员组的安全，最终决定遵循飞行任务的惯例，启动备份发动机尽可能快地使乘员组返回。如果用备份发动机尝试和礼炮号空间站对接，这将非常冒险，因为如果对接尝试失败就将没有用于轨道分离的备份发动机了。

虽然乘员组对没有完成任务非常失望，但是他们还是按照训练的内容准备提前降落。当由于紧急事件开始降落时，第一个机会是降落在西方的着陆区。尽管面临困境，联盟 33 号飞船乘员组仍然在太空的第二个晚上来临之前进行了一些对地观测活动。

第二天（4 月 12 日），乘员组成员穿上 Sokol 航天服，将轨道舱和返回舱之间的舱门密封，并将自己束缚在坐椅上等待着陆。发动机先点火 213 秒来初始化降落轨道，然后轨道舱和推进舱分离。发动机比正常情况多点火了 25 秒，鲁卡维什尼科夫必须手动使其关闭，因为已经使用过了备份发动机，所以他们只能采用弹道式再入。在 530 秒的降落过程中，乘员所承受的过载达 8～9 g，远大于正常状态的 3～4 g。当过载压在他们的身体上时，他们均报告说呼吸困难达几分钟，但是尽管如此他们仍能互相交谈。鲁卡维什尼科夫后来评论说，当返回舱降落时他感到自己好像置身于喷管的火焰之中，外面的温度达 3 000℃，还伴随着巨大的振动和噪声。

再入后，地面飞行控制中心经历了一段非常紧张的过程，等待与乘员组重新建立通信联系，当又红又热的返回舱被一架搜救飞机的飞行员发现后，立即建立了通信联系。返回舱安全着陆，但是和正常状态相比滚到了侧面。在搜救人员到达的时候，乘员已经从返回舱中走出来。随着乘员组安全返回，他们的注意力转移到查找发动机的故障上来。遗憾的是，推进舱在再入的时候已经破坏了，所以工程师必须根据飞行遥测数据进行分析。结果表明，在最后进行接近点火的过程中，主发动机燃烧室的压力比正常状态低。

能源联合体的史料和耶利谢耶夫的论文集指出，发动机没有按计划提供足够的推力，因此减速冲量偏低。亨德里克斯提出可能是自动系统试图通过点火更长的时间来补偿推力不足的影响，但是乘员组不可能没有注意到这一点，于是关闭了发动机。耶利谢耶夫还指出联盟33号飞船的着陆点比预定的着陆点更近一些，但这是可以避免的。因为减速冲量不足，联盟33号飞船再入大气时花费了更长的时间，但通过采用更大的再入角进行了补偿。鲁卡维什尼科夫关于延长发动机点火时间的说法也被 M·列布罗夫（M. Rebrov）在1996年报道过（准确报道俄罗斯的意外事故和事件是很难的，因为有如此之多互相矛盾的信息。调查委员会的飞行报告要比个人的回忆更有用一些，但这也值得怀疑，毕竟这些都是可以根据需要来制作的）。

在礼炮6号空间站上，乘员组任由自己陷入更漫长的等待来访者的困境中。留明后来在自己的日记中写道，他和利亚霍夫都看着联盟33号飞船硬生生的朝他们飞过来，期盼已久的制动火箭点火却没有发生。发动机喷着火闪着光，而他们看到发动机的喷气颜色发生了变化，然后突然关闭。当联盟33号飞船超速飞过礼炮号空间站而没有减速的时候，他们意识到同事的飞船发生了严重的问题，因此他们讨论如何利用自己的联盟32号飞船去援助同事，而同事可能正在轨道上束手无策。这也导致了对联盟32号飞船的发动机，实际上是对下一次任务也即用来替换联盟32号飞船接驻留乘员组返回的联盟34号飞船的担心。由于对联盟号飞船的发动机产生了质疑，联盟34号飞船的发射被迫推迟，以调查联盟33号飞船的故障。

联盟33号飞船的指令长鲁卡维什尼科夫后来说过，虽然飞行仅持续了两天，但感觉似乎有1个月之久。鲁卡维什尼科夫显然很沮丧，他曾是联盟10号飞船乘员组的一员，而联盟10号飞船却没能成功进入礼炮号空间站。由于1972年和1973年间礼炮号空间站的失败，在重返礼炮号空间站训练之前，他被调到了 ASPT 训练组，没想到登上礼炮号空间站的愿望又一次落空了。

另外，当时联盟33号飞船的乘员组还面临着被孤立于轨道（被营救的希望很小）的可能性。意外发生的当日所进行的计算表明，联盟33号飞船依靠自然衰减再入大气需要10天，而飞船上的氧气仅能维持5天，电力供应只能维持1天。鲁卡维什尼科夫明白如果主发动机被损坏，备份发动机可能也受到影响。当时间和消耗品都不足的情况下，首要考虑的是如何使乘员组返回地球。根据乘员组成员的介绍，黑夜非常漫长，但他们都没有怎么睡觉。鲁卡维什尼科夫感觉到担子很重，对他的任务、飞船和乘员组而言责任重大。为了把他们的注意力从当时的情形中转移开，他们打开了一些准备送给礼炮 6 号空间站主乘员组的礼物。礼物的内容没有被披露，据说这是被禁止的。

在确认发动机故障原因的时候，礼炮 6 号空间站的乘员组就性能方面提出的意见帮助技术人员查明了问题的原因。发动机在任务的第七次点火时仅工作了 3 秒就出现了故障。据公开的资料表明，火箭燃烧室里的一个压力传感器在检查到非正常状态时中止了燃烧，该压力传感器用来防止燃料从泵进入发动机，这表明发动机工作不正常。对该可疑的部分已经试验过了 8 000 次都没有出现过故障，从 1967 年开始，联盟号飞船的发动机在飞行中执行了 2 000 次太空点火操作。对发动机的改进将会融入到未来的飞船型号中。

这些改进将在无人的联盟 34 号飞船上得到检测，联盟 34 号飞船于 1979 年 6 月 6 日发射升空，飞船及其整个系统完美无缺地完成了任务。飞船于 6 月 9 日自动对接在礼炮号空间站尾部的对接口上，并且还带上了实验用的生物样本。旧的联盟 32 号飞船上装满了实验样本和数据，于 6 月 13 日（未载乘员组）从礼炮号空间站上分离。联盟 32 号飞船携带了 50 kg 实验成果和 130 kg 从空间站换下的仪器设备（将带回地球检查），其中包括从 Kristall 炉中取下的样品、相机中的胶卷、生物样本和其他用过的设备。经过 3 圈独立的轨道飞行后，联盟 32 号飞船再入大气层并安全着陆。第二天，礼炮号空间站旋转 180°，乘员组将联盟 34 号飞船从空间站尾部的对接口移到前端的对接口上，为以后的进步号飞船释放了尾部的对接口。两个月以后，联盟 34 号飞船成了运送 Proton 乘员组返回地球的运输飞船。经过 175 天的飞行之后，乘员组在没有发生任何意外的情况下于 1979 年 8 月 19 日着陆。该乘员组也成为首个使用地面回收系统（一个由平台和滑道组成的结构）离开竖立的返回舱的乘员组。

4.10.9　一个时代的结束

下一个驻留乘员组（代号为 Dneper）由波波夫和留明组成，于 1980 年 4 月 9 日发射升空，飞向礼炮 6 号空间站，并在第二天与之对接。然后联盟 36 号飞船于 5 月 26 日发射，运送第五个国际乘员组（库巴索夫和匈牙利航天员法尔卡斯，代号为 Orion）。这次任务从 1979 年 7 月就一直被推延，但在 1980 年 5 月 27 日，他们终于到达礼炮号空间站进行了为期 1 周的联合试验。国际乘员组将那些不需要的废弃物堆满了返回飞船联盟 35 号的轨道舱，这些物品将在轨道舱脱离轨道时烧毁。6 月 3 日飞船从礼炮号空间站上分离，虽然软着陆发动机因为高度计给发动机错发了一个指令而发生了故障，但飞船还是在当天晚些时候完成了一次非常成功的着陆，着陆时没有任何人受伤。第二天，空间站上的驻留乘员组将联盟 36 号飞船从空间站尾部的对接口移到前端的对接口。

图 4-24　在轨飞行的联盟号飞船尾部的图片（在 1975 年 7 月的 ASTP 任务中从阿波罗号飞船上拍摄的）展现了在推进舱尾部的 KDTU 发动机的位置

　　紧跟在两次使用老型号的联盟号飞船的国际乘员任务之后的任务是，第一艘载人联盟 T 号飞船的飞行。联盟 37 号飞船于 7 月 23 日发射，运送第六个国际乘员组（戈尔巴特科和越南航天员范遵）。1 天后，飞船与礼炮 6 号空间站尾部的对接口对接。7 月 28 日，国际乘员组将他们的私人物品和坐垫转移到联盟 36 号飞船上准备返回地球；7 月 31 日，在毫无意外的情况下完成了这一切。第二天（8 月 1 日）驻留乘员组又一次将新对接的飞船从礼炮 6 号空间站尾部的对接口移到前端的对接口。9 月 18 日，该乘员组的最后一次任务是迎接联盟 38 号飞船发射升空。其乘员组（代号为 Taimyr）由指令长罗曼年科和古巴航天员门德斯组成。他们所乘的飞船于 9 月 20 日成功对接在空间站尾部的对接口上。国际乘员组在空间站上度过了 1 周。这次没有安排交换飞船的计划，因此他们于 9 月 26 日搭乘联盟 38 号飞船与空间站分离并返回地球。尽管为了使另外一艘进步号飞船能在同一天黎明发射，致使他们不得不在晚上着陆，但是这次着陆非常精确，仅偏离预定地点 3 km。10 月 11 日，驻留乘员组搭乘联盟 37 号飞船返回地球，这次他们创下了飞行 185 天的纪录。

　　下两次发射是载人的联盟 T 任务。联盟 T－3 号飞船执行了一次维护任务，其目的是为 1981 年的进一步驻留飞行对空间站进行评估；而联盟 T－4 号飞船后来执行了 74 天的飞行任务，是打破礼炮 6 号空间站长期驻留纪录的最后任务。在联盟 T－4 任务期间，最后的两艘初始型联盟号运输飞船飞向了空间站。

　　1981 年 3 月 22 日，联盟 39 号飞船发射，运送了第八个国际乘员组（指令长贾尼别科夫和蒙古航天员古拉查）。他们所乘的飞船于 3 月 23 日对接在礼炮 6 号空间站尾部的对接口上。如果主乘员组搭乘新型的联盟 T 号飞船到达，则需要用旧的模式交换新型飞船。联盟 39 号飞船乘员组于 3 月 30 日返回地球，着陆过程在大雾和雨中进行，但乘员组迅速定位并着陆，没有发生任何意外。第九个国际乘员组的波波夫和罗马尼亚航天员普鲁纳里乌是最后一批乘坐初始型联盟号运输飞船的航天员。联盟 40 号飞船于 1981 年 5 月 14 日发射，并在 5 月 15 日与礼炮 6 号空间站尾部的对接口对接。最后一艘初始型联盟号飞船在 5 月 22 日返回地球。在飞船着陆后，尽管空间站天地往返运输飞船的角色将由联盟 T 号飞船所取代，但波波夫仍称赞了联盟号飞船的设计者在初始型系列天地往返运输飞船可靠性方面的工作。这些设计者克服了早期 7K－T 飞船的问题，他们的工作可以清楚地用礼炮号空间站的成功来证明，在总共 16 次的尝试中仅有两次载人的7K－T任务（联盟 25 号飞船和联盟 33 号飞船）没有完成对接。

4.11　小　结

在 1971 年到 1981 年之间，作为空间站天地往返运输飞船这个角色，共有 33 艘联盟 7K－T 飞船执行了载人和无人的礼炮号空间站的运输任务和单独的飞行任务，累计飞行超过1 176天。尽管早期的 Igla 对接系统存在某些问题，但7K－T 仍证明了它具有承担空间站天地往返运输飞船这个角色的能力和支持其他目标的多功能性。联盟 T 号飞船和联盟 TM 号飞船就是在它的基础上改进的。

参 考 文 献

〔1〕　Private conversation between Vladimir Shatalov and D. J. Shayler，Northampton，England，19 May 2002.

〔2〕　Hall，Rex D. and Shayler，David J.，*The Rocket Men*，Springer Praxis (2001)，pp. 91－94.

〔3〕　Severin，G. I.，Abrahamov，I. P. and V. I. Svertshek，'Crewman Res-

cue Equipment in Manned Space Missions: Aspects of Application',
presented at the 38th Congress of the IAF, 10－17 October 1987, Brigh-
ton, UK; *Aviation Week and Space Technology*, 26 October 1987, p. 75;
Soyuz KB2 Ultra light Pressure suit for Soyuz TM, Aviaexport USSR
press release (undated).

［4］　Siddiqi, Asif, 'The Almaz Space Station Complex: a History, 1964－
1992. Part 1, 1964－1976', *Journal of the British Interplanetary Socie-
ty*, 54, (2001), 389－416.

［5］　Lazarev, V., *Orbits of Peace and Progress*, 1984, *A Contingency Situa-
tion*, pp. 194－200.

［6］　*Novosti Kosmonavtika*, No. 6, 2000.

［7］　Siddiqi, Asif, 'The Almaz Space Station Complex: a History, 1964－
1992. Part 2, 1976－1992', *Journal of the British Interplanetary Society*,
54, (2002), 35－67.

［8］　*Ibid.*, pp. 39－43; Haeseler, D., 'The Soviets only water recovery',
Spaceflight, 37, (August 1995), 283; Shayler, David J., *Accidents and
Disasters in Manned Spaceflight*, Springer-Praxis, 2000, pp. 364－367.

［9］　Davydov, Iodif, *Triumph and Tragedy of Soviet Cosmonautics, through
the Eyes of a Tester*, Globus, 2000.

［10］　Ezell, Edward and Ezell, Linda, *The Partnership: a History of the A-
pollo Soyuz Test Project*, NASA SP－4209, 1978, pp. 1－14.

［11］　Hall, Rex D. and Shayler, David J., *The Rocket Men*, Springer-Praxis
(2001).

［12］　Shayler, David J., *Skylab: America's Space Station*, Springer-Praxis
(2001).

［13］　Oberg, James, *Red Star in Orbit*, p. 143.

［14］　Shayler, David J., 'The Proposed USSR Salyut and US Shuttle Doc-
king Mission, circa 1981', *Journal of the British Interplanetary Society*,
44, (1991), 553－562.

〔15〕　　Shayler, David J. , *Accidents and Disasters in Manned Spaceflight*.

〔16〕　　Blagov, V. , 'A Day after the Blast Off', in *Orbits of Peace and Progress*, P. Popovich (*ed.*), Mir Publishers, 1998.

〔17〕　　Rebrov, Mikhail, *Space Catastrophes*, Eksprint, Moscow, 1994.

第 5 章 进步号货运飞船（1978 年～　　）

1978 年 1 月，作为载人空间站项目的一部分，苏联提出了一个新的无人的联盟号飞船——进步号计划。进步号飞船在外观上类似于联盟号飞船，但却使用了全新的系统和部件，它用来支持空间站消耗品的补给、航天员食品补给以及设备补给等无人飞行后勤保障。进步号飞船的启用是苏联航天计划的一个重要发展，它成为延长礼炮号空间站使用寿命使其突破早期的 6 个月运行期限的关键。实践证明，进步号飞船是苏联后来能够建立永久空间站并使其工作数年之久的最重要的基础。与联盟号飞船一样，进步号飞船随着时间的推移也在不断进行着改进，在它处女航后 25 年的今天，最新配置的进步号飞船继续扮演着支持国际空间站运转的关键角色。

5.1　进步号飞船的发展

为了从空间站获取最大的效益，人们应该最大限度地维持空间站的在轨运行时间。在空间探测的早期，就有人建议使用小型的空间飞行器进行定期的天地往返运输服务，为空间平台提供补给。20 世纪 60 年代，在进行早期空间站的设计和研究时，NASA 曾经对使用双子星座号飞船或阿波罗号飞船的指令服务舱来完成该任务进行了评估。此事发生在 NASA 决定使用新型的载人航天器——航天飞机之前，航天飞机在完成地面与在轨的天基平台间的货物和航天员的往返运输任务的同时，也承担轨道间的货物运输任务。可惜的是没有对这种架构的研制进行拨款，现在已证明单单依靠载人航天飞机来完成后勤补给运输，不但是昂贵的而且是复杂的。

20 世纪 60 年代后期，苏联经过了一系列载人和无人的飞行，已经证明联盟号飞船能够同时支持月球任务和空间站任务。苏联很快发现，利用以经过飞行验证的联盟号飞船为基础的飞行器进行补给，完全能够支持空间站的长期运行，并且没有必要建造昂贵的新型飞行器。同时，开发一个无人货运飞船是十分简单的，它避免了由生命保障、救生以及回收子系统带来的复杂性。通过去掉发射逃逸系统、乘员支持系统以及再入防热底，能够有效节省发射质量，从而提供更大的向空间站的货物运输能力。另外，空间站中任何积累的废物能够简单地放置在空的货舱内，货运飞船能够受控再入并且在大气层中解体，缓解垃圾长期在轨积聚的问题。

因此，在 20 世纪 70 年代初，苏联就决定发展空间站货运飞船，它以联盟号飞船、原整流罩和 R－7 火箭为基础，扮演一个新的无人的支持角色。货运飞船的研制工作开始于 1973 年中期，到 1974 年 2 月，推出了一个初步方案，后来将它命名为进步号。称其为进步号的原因不太明确，苏联人通常循环使用旧的名字来为新项目命名，但这次可能是为了表明其显著的进步，它能几乎无限期地延长空间站运行的周期。主要研制单位 TsKBEM 给这个设计取了新的代号7K－TG（transportnny gruzovoi，货物运输），最初的设计编号为 11F615A15。

5.1.1 军用货运飞船

当时考虑该货运飞船也可为米申的联盟 VI 军用空间站服务。它被称为 7K－SG（或 11F735），并将以 7K－S（后来称为联盟 T 号）为基础。有些 7K－SG 的设计思想可能被融入了第一代进步号飞船的设计中，但它事实上是以 7K－T（联盟 12 号）为基础建造的。进步号飞船没有继承任何联盟 T 号飞船的系统，第一代进步号飞船基于联盟 12 号飞船，而进步 M 号飞船则基于联盟 TM 号飞船。因此似乎在进步系列的发展过程中，忽略了联盟 T 阶段（没有考虑7K－SG）。

为切洛梅的钻石号空间站服务的 TKS 飞船，从某种意义上说也是货运飞船（除了载人功能外）。其研制开始于 20 世纪 60 年代后期，远早于进步号飞船。TKS 飞船包括两个相连的飞船，利用三级质子号火箭发射。Merkur 是一个圆锥形可返回的密封舱，能载 3 名航天员。直到返回前，一个细长的包含推进系统的部分安装在密封舱前端。整个密封舱是可重复利用的，在其尾部涂有再入防热涂层。Merkur 尾部连有 FGB（功能货运舱），在其内部是一个压力舱，在 FGB 尾部装有与钻石号空间站交会和对接的探杆。航天员通过 Merkur 上的涂有防热层的舱门进出，这类似于美国的 MOL/Gemini 的设计。FGB 装载货物和空间站的补给品；Merkur 密封舱供 3 名航天员往来于空间站。TKS 飞船发射质量约为 19 000 kg，具有两个 400 kg 的主发动机，总高为 17.51 m，直径为 4.15 m，其太阳电池阵有 60 m² 。Merkur 密封舱的直径为 3 m，高为 2 m。航天员在 Merkur 中升空与着陆，为便于对接，他们在 FGB 飞船的尾部操控。1976 年 TKS 在宇宙 881/882 号上进行试验，1977 年到 1978 年在宇宙 929 号上试验，1978 年在宇宙 997/998 号上试验，1979 年在宇宙 1100/1101 号上试验，1982 年在宇宙 1267 号上试验，1983 年在宇宙 1443 号上试验。改进后的 TKS/Merkur 密封舱作为宇宙 1686 号进行了飞行，从 1985 年至 1991 年持续对接在礼炮 7 号空间站上。

5.1.2　自动对接试验

对于苏联来说，进行新型无人飞船的飞行并没有什么新的内容。他们从 1962 年开始就已经利用东方号飞船进行无人的军事侦察。美国和苏联都曾经利用载人航天器进行过无人的飞行试验，货运飞船与之并没有什么根本区别。

通过对丘拉塔姆发射场联盟/R－7 设施的改造，货运飞船的准备工作与载人的联盟号飞船的准备工作类似。最初飞船将在地面的指挥下自动（尽管在后来进步号改进型上航天员能够控制飞船）接近空间站并与之对接。飞船具备将推进剂、空气自动传送至空间站贮箱的能力，同时密封舱内的固体货物将由航天员在后续几天中卸载。一旦飞船被搬空，它能够自动离开空间站，然后按照预定指令在太平洋上空再入大气层并解体，飞船及其货物将在大气层中烧毁。

飞船与空间站自动对接的能力在几年后得到了验证。在 1967 年，联盟号飞船的飞行测试了的硬件系统被用来发展载人月球计划，其中部分用来完善载人和无人的交会和对接技术。1967 年 10 月首次在宇宙 186 号和宇宙 188 号飞船上使用了该技术，1968 年 4 月再次在宇宙 212 号和宇宙 213 号飞船上进行了试验。虽然在 1975 年 11 月联盟 20 号飞船与礼炮 4 号空间站进行对接前都没有再次进行试验，但上述飞行试验已经为苏联提供了自动对接的经验。下一次自动对接试验在进步号飞船的首次飞行中进行，进步号飞船于 1978 年 1 月与礼炮 6 号空间站对接。

5.1.3　进步号飞船早期的飞行试验

联盟 20 号飞船的飞行是有关联盟号飞船在轨存储能力的试验，作为早期飞船设计者的原航天员 K·费奥季斯托夫后来说，这是为进步系列自动货运飞船进行的试验。另外，虽然驻留在礼炮号空间站的乘员组在联盟 27 号飞船对接接近出现故障时曾撤到了联盟号飞船的返回舱，但联盟 27 号载人飞船与联盟 26 号载人飞船和礼炮 6 号空间站的组合体进行对接表明，苏联具有在已经停有飞船的空间站上安全对接第二艘飞船的能力。由于进步号飞船是计划用来在航天员驻留空间站期间为空间站运送推进剂的，这次试验为进步 1 号飞船的发射提供了重要的数据——在轨对接超过两个飞行器时其结构的完整性和结构强度。

5.1.4　进步号飞船的角色

在第一艘进步号飞船发射后，费奥季斯托夫解释了引入货运飞船背后的原因，它与 20 世纪 70 年代发展礼炮 1 号空间站相关。"即使在那时候我们就意识到，为了支持空间站能够在延长寿命期间正常运行，载人发射和货运飞行都是必要的。"费奥季斯托夫还指出了货运飞船的其他优点。例如它能够运送敏感的生物载荷，这些载荷在运抵空间站后必须在很短的时间内使用；能够更换相机胶片，避免长期保存使胶片损害。美国人经历过在 1973 年到 1974 年天空实验室试验过程中由于没有经常性的补给能力所带来的限制，每一次指令舱都必须塞满货物以更换和补充无人空间站上的补给品或消耗品。

随着空间站任务的持续，有时为了执行新的任务和程序，可能需要运送一套全新的硬件到空间站，有时则需要升级或替换旧的或出现故障的设备。费奥季斯托夫同时强调对轨道机动燃料、人造大气所需气体（补充由于频繁打开舱门以及由于舱外活动操作气闸所损耗的量）或用于清洁空气的二氧化碳吸收剂补给能力的重要性。他列举了日常的消耗，如衣服、卫生纸、食物、药物以及水，相当于每人每天 30 kg。如果没有进步号货运飞船，则要在发射时携带好几吨货物才能满足计划任务，由于在轨人数增加，后勤需求也增加了。礼炮 6 号空间站高级控制员、原航天员 A·耶利谢耶夫补充说，利用无人的自动飞船运送货物是延长空间站寿命的最有效的手段，尽管最终实现 K·齐奥尔科夫斯基和 S·科罗廖夫有关人类能够永久在太空居住的预言还需要克服很多障碍，但是进步号货运飞船的首次飞行无疑是为实现这个目标迈出了重要的一步。

5.1.5　进步号飞船的改型

在介绍进步号飞船的飞行操作前，有必要介绍一下进步号飞船在从 1978 年以后的 25 年中所进行的改进。用进步号飞船运输需要目标空间站的合作，空间站上应具备能够与进步号飞船连接并进行通信的设备，能够将货运飞船装载的燃料以及空气传送至空间站。早期的礼炮号空间站和钻石号空间站并不装备这些设备，但自 1973 年开始，设计的发展方向是使空间站具有以上对接设施以便补给品的运输。进步号飞船的发展直接导致第二代空间站的出现。

1978 年 10 月 20 日，为礼炮 6 号空间站发射了命名为进步 1 号的货运飞船，并取得了巨大的成功，显示出它能为在轨空间站进行补给的能力。从 1978 年起至礼炮 6 号空间站结束其使命的 1981 年，共使用了 12 艘进步号飞船为空间站提供支持。1982 年 4 月，礼炮 7 号空间站取代了"年老"的礼炮 6 号空间站。在随后的 3 年里共使用了 13 艘进步号飞船（包括宇宙 1669 号）以支持新的空间站。从进步号飞船为和平号空间站提供支持的 15 年历程中，可以清楚地看到进步号飞船设计的长寿命，在 1986 年 3 月至 1990 年 5 月间，有 18 艘第一代进步号飞船向和平号空间站运送补给（参见表 5-2）。

　　1989 年 8 月，一个升级改型的进步号飞船（进步 M 号）投入使用，它能够运送大型载荷，新的编号为 11F615A55，设计代号为 7K-TGM（附加的 M 表示改进型）。为和平号空间站服务总共发射了 43 艘进步 M 号飞船，另有 4 艘被用来为国际空间站的前期运行提供补给（详见表 5-5）。第二次升级的进步号货运飞船（能够运送更多的推进剂）于 2000 年投入使用，首批进步 M1 号飞船用于和平号空间站和国际空间站。现在并不清楚为什么经过这次改进后，进步号货运飞船的命名没有改变，然而可以看到有时候苏联/俄罗斯对几乎相同的飞船使用了不同的名字，有时候却对明显不同的飞船使用相同的名字。

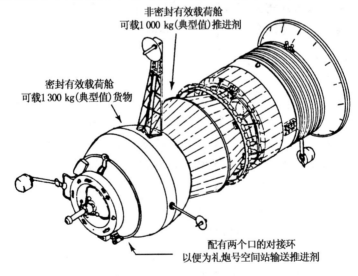

图 5-1　进步 1 号～进步 40 号货运飞船

（后来的进步 M 号和进步 M1 号飞船增加了一对太阳电池翼）

另外，这个系列中还包括进步 MT 号（11F615A75）和进步 M2 号（11F615A77）两个没有投入使用的型号（参见附表 H）。进步 MT 号和进步 M2 号潜在的能力远远超过一个货运飞船，原计划使用天顶号运载火箭发射，用来支持后来放弃的和平 2 号空间站。当由于资金的限制导致飞往和平 2 号空间站的进步 MT 号和进步 M2 号飞船取消时，进步 M2 号改为为国际空间站设计。随后，又提出了另一个可供选择的进步号飞船设计方案（进步 MM 号），但这个设计方案同样需要减小规模，更加合理的进步 MS 号飞船的设计用来支持未来国际空间站的运作。进步 M3 号飞船是一个短期计划，它使用 Yamal 火箭发射，其本质是用 NK－33 作为芯级发动机的联盟号火箭的改型。

到 2003 年 1 月，在过去的 25 年中有近百艘进步系列（包括进步 M 号和进步 M1 号）货运飞船飞往 4 个不同的空间站（礼炮 6 号、礼炮 7 号、和平号和国际空间站）。毋庸置疑，这个非凡的纪录将在支持国际空间站的运行中继续保持下去。

5.2　进步号飞船的硬件

为了能够使用制造载人飞船的基础设施、使用 R－7 火箭作为运载器、使用联盟号的整流罩以及适应拜科努尔发射场的设施，进步号飞船的设计在很大程度上参照了联盟号飞船的设计。由于不需要开发新的硬件和系统而使用与联盟号兼容的交会和对接系统，以及在改进的仪器舱中使用不用定制的硬件，节省了时间和经费。

进步号飞船总长为 7.9 m，最大直径 2.7 m，发射总质量 7 020～7 240 kg，载货能力 2 300～2 500 kg。设计自主飞行寿命 3 天，在与礼炮号空间站对接后具备 30 天在轨存储能力。

不同的资料给出了进步号飞船不同的质量和直径。格卢什科的《航天员百科全书》是其中最具权威的，它给出了如下全面的质量和直径等数据：满载货物的飞船总质量约 7 t，货物总质量 2.3 t（1.3

t 在货舱、1 t 在推进剂舱）；长度为 7 m；最大直径为 2.72 m；自主飞行能力为 4 天，对接空间站寿命大于 2 个月。《能源联合体史志》给出了其总质量为 7 020 kg（这个数值因不同的飞船而略有不同）。

　　进步 1 号～进步 19 号飞船都是由联盟 11A511U R－7 改进型火箭发射的；为了能够运送更多货物以支持和平号空间站的运作，进步 20 号飞船首先使用联盟 U－2（11A511U2）改进型火箭发射；进步 25 号～进步 42 号（其余的第一代飞船）都由联盟 U－2 改进型火箭发射，为和平号空间站提供补给。早期的进步号飞船发射时使用带有发射逃逸系统的联盟号的整流罩，为的是在飞经低空大气层时保留经过飞行试验的空气动力学特性。虽然整流罩分离发动机继续保持与联盟号相同的结构，但逃逸发动机和可展开的稳定翼是不需要的，由此被取消了。

5.2.1　货舱（CM）

　　轨道舱被改为为空间站运送固体货物以及丢弃垃圾袋的货舱。《航天员百科全书》给出了如下有关货舱的数据：最大直径 2.2 m，长度（包括对接单元）3.15 m，内部容积 6.6 m^3（包括不能被航天员利用的空间）。在同一本书中也给出了联盟号飞船轨道舱的内部容积为 6.6 m^3（与进步号飞船相同），其中只有 4 m^3 可供航天员使用。与联盟号飞船不同的是，进步号飞船的货舱没有后舱门。货舱结构质量为 2 520 kg，它能够运送载荷的质量大约为 2 500 kg。货舱是由两个半球形的结构焊接而成的，这与联盟号飞船的轨道舱相同。对接设备和前端进出舱门占用了舱体的前部（见下文），舱内有一个格子形的物品架，放置了送往空间站的各种固体货物，包括食品、衣服、更换的设备以及新试验设备。大的物品与支撑框架相连，小的物品放置在小箱子中。为了便于搬运，采用简单的快卸螺栓固定。

　　卸载将需要好几天，一旦货物搬空，乘员们将在舱内放置多余的设备、垃圾袋以及废弃的包裹。有时候（视燃料余量而定），可利用进步号飞船的主发动机将空间站送至一个较高的轨道以减小大气阻力。在解除对接后，进步号飞船将逐渐远离空间站，然后启动发动机将轨道降至约 200 km。再入一般发生在解除对接后的几个小时并且经常是在飞船飞经苏联后。当制动点火指令发出后，进步号飞船进入大气层并在太平洋上空解体。

5.2.2　装载和卸载过程

乘员组要按照既定的计划装载和卸载进步号飞船，并且严格遵守关键程序及安全规程。在搬运货物前，乘员们要准备好棉手套、护目镜、呼吸器以及废物袋，戴上装有用于解开货物用的工具的腰带。每一次搬运都要记录在案，各种说明都写在容器和设备外的贴纸上。一般情况下，一位乘员在进步号飞船的舱内工作，另一位留在从空间站进入进步号飞船的通道的一侧。每一艘进步号飞船都有一个放置物品图表，以帮助乘员按顺序找到货物。

乘员组成员在必要时穿戴保护用品（手套、护目镜及其他物品），并且要避免在传递过程中出现没有束缚的物品飘动。但有时候并不拘泥于此，较小的物品可以经连接的舱门飘进空间站，这样做比较快。乘员也要防止物品撞击进步号飞船或空间站结构（特别是控制面板），并且当搬运大的物品通过小舱门时要将手、臂和腿移开。

在解开货物前要先松开所有固定螺栓，然后按照顺序依次解开螺栓以防止货物倾倒。乘员要使用所有可利用的限制器并且锁紧所有工具。当乘员解开大物品时，固定螺栓要装回原安装孔内或者已拆除的支架上。起保护货物作用的紧固件以及一次性的材料需要存放在垃圾袋中以防止货舱内变得凌乱。

乘员组每次训练时都被告知，在卸载完成后开始向货舱内搬运旧设备时要避免阻塞舱内的减压阀。放置在舱内第 IV 段的设备必须最后装载。往货舱内重新放置物品时必须注意飞船的重心，要按照飞行控制中心的指令进行装载（在国际空间站上，为了确保所有物品均放置到位，采用摄像机来提供可视的有关所有丢弃物都正确固定的证据)。监控贯穿装载的全过程,并配上乘员组的说明,然后下传到飞行控制中心。所有工具都需要重新归位,然后根据检查表进行检查以确认没有设备丢失。过期的食物要先放入相应容量的容器中,然后放置在规定的地方。乘员组遵循来自飞行控制中心的上行指令将旧设备、固体废弃物等物品放置在进步号飞船内固定或放置在可移动的容器内。

图 5-2　1978 年 Y·罗曼年科在执行为期 96 天的
礼炮 6 号任务期间卸载第一艘进步号飞船
(这幅珍贵的照片记录了进步号飞船装载和卸载的操作过程。
照片中的管子是输送空气的,可以看出航天员能在有限的货船内部舒适地工作)

1996 年,美国航天员 J·布莱哈(J. Blaha)对他首次进入进步号飞船的那个激动人心的早上作了这样的描写:"为了寻找我们的包裹,我们早起了一些时候,一旦找到我们的包裹,就像 5 岁时过圣诞节和生日那样，所有东西都被混在一起了。我们的确从读信、大笑、打开礼物、吃新鲜的西红柿和奶酪中得到了很多快乐。这是我难忘的一段经历！"

美国航天员 J·利嫩格（J. Linenger）1997 年在和平号空间站期间只有一艘进步号飞船运送补给，随后他记下了在一堆运往太空的货物中得到一包"家庭包裹"时的快乐："当进步号飞船到达后，我们迅速搬开了设备以及维修部件以寻找包裹。一旦找到包裹，我们便抛开工作，大口嚼着随进步号飞船运到的新鲜苹果，各自躲在自己的私人空间里，热切地仔细研究包裹的内容。这些包裹中有家庭照片、生日或庆祝贺卡、录音或手写的消息、小纪念品、长信、剪报以及类似甜点和小吃等常规食谱外的食物。"

持续地拧开和紧固螺栓是一件很辛苦的工作。一旦新的物品运抵空间站，乘员组必须寻找空地安放它们。随着空间站服役时间的增加（如和平号空间站），为新的物品寻找空地已经成为一个挑战，越过新的补给物品把废弃物搬进进步号飞船是很费劲儿的事。最大的困难是把不需要的设备装载到进步号飞船中。每一艘进步号飞船中都安装了格子以固定运往空间站的设备，但有时候这些格子并不适合放置那些要抛弃的物品。由于处于漂浮状态，对进步号飞船内物品的捆扎不可能像在地面时做得那么好。和平号空间站运行时，地面控制人员不断就什么要搬离、什么不用搬离改变着主意。有时乘员组被告知某一部件需要抛弃，但几天后他们又得收回这个不能再用的东西（它总是在一堆已固定的废弃物品下面），然后进行拆解以作备件。在进步号飞船内工作又冷又湿，他们忙着搬运、装载新到的货物，然后把所有的垃圾打包，收到新鲜食物和家里包裹的兴奋很快就消失了。

5.2.3　对接系统

对接设备安装在进步号飞船货舱的前半球，配置了与联盟号飞船相同的杆一锥式对接机构。其对接环可适应礼炮号空间站的反向对接环，配置了两个推进剂传输连接器，以便将偏二甲肼

（UDMH）和四氧化二氮传输至空间站的贮箱。早期的进步号飞船使用 Igla 交会系统，该系统集成了可展开天线、安装在塔上的碟形天线、两个红外垂直（水平）敏感器以及两个用于制导的离子敏感器（与联盟号飞船的单个敏感器不同）进行工作。在进步号飞船上安装两个敏感器是自主交会和对接的冗余设计。

　　进步号飞船从切入轨道到对接大约需要飞行两天的时间，这将允许对进步号飞船接近过程的每一次轨道机动的轨道参数进行额外的分析。利用两个安装在对接单元附近的电视摄像机可传送立体图像，并可给控制室中的控制人员提供对接时的接近速率，该控制室与控制礼炮号空间站运行的控制室相独立，同样可以得到从空间站对接口方向拍摄的图像。若在地球阴影区一侧进行对接，则可利用进步号飞船上携带的聚光灯来照亮目标飞行器。最初计划在进步号飞船进行对接时乘员组撤退到联盟号飞船的返回舱内，以防出现碰撞损伤；但是在与进步 1 号飞船进行对接的前几天，联盟 27 号飞船成功地与礼炮 6 号空间站进行了对接，乘员组被允许留在空间站内，可以人工控制空间站来补偿自动对接接近的误差。进步号飞船的对接系统的特点是能够移开对接门和导向杆，这使得从舱内搬进、搬出补给品更加方便。

5.2.4　燃料补给舱（RM）

　　在进步号飞船上，燃料补给舱的位置就是原联盟号飞船的返回舱的位置。舱长 2.1 m，直径 1.7 m，总质量1 864 kg。舱内，在两个不加压的圆锥形容器里装载了偏二甲肼及四氧化二氮。为了防止高腐蚀性的有毒燃料意外泄漏进入货运飞船的密封舱内，所有推进剂传输管道都沿着货舱外部连接到对接环，然后由空间站传送系统传送到位于空间站尾部的贮箱中（参见图 5-3）。

　　推进剂传送过程由在轨的乘员组控制，或由飞行控制中心自动控制。自动控制可使为空间站进行燃料补给时不打乱乘员组的工作计划，或在礼炮号空间站处于长期无人状态时实施。

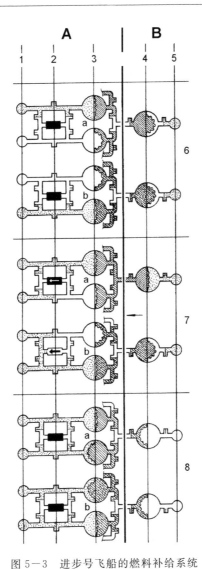

图 5-3   进步号飞船的燃料补给系统

A—礼炮 6 号空间站；B—进步号飞船；a—燃料贮箱；b—氧化剂贮箱；

1—礼炮号空间站的高压氮气供给系统；2—推进剂贮箱氮气泵；

3—具有内部隔膜的礼炮号空间站的贮箱；4—进步号飞船的贮箱；

5—进步号飞船的高压氮气供给系统；6—燃料补给之前的状态；

7—燃料输送中的状态；8—燃料补给之后的状态

在确认每一根传输管道都完好后，礼炮号空间站的燃料贮箱将关闭，礼炮号空间站的压力传送系统通过将氮气回收到气瓶使工作压力从220个大气压往下降。每个贮箱都是球形的并被内部的一个隔膜分为两部分——一部分存放推进剂，另一部分在传送推进剂时充入压缩气体。为了减少礼炮号空间站的电力系统由于氮气压缩机的工作而产生的消耗，这个过程将持续好几天。一旦礼炮号空间站贮箱内部压力小于3个大气压时，可以利用货运飞船自身推进舱的氮气，将偏二甲肼从进步号飞船的贮箱输送至礼炮号空间站的贮箱。在货运飞船的贮箱压力为8个大气压时，燃料将通过连接器从货运飞船的贮箱送到礼炮号空间站的贮箱。在完成传输偏二甲肼后，则利用另一套独立的传输管道和连接器，重复同样的过程完成四氧化二氮的传送。推进剂的整个传输过程也需要持续几个小时，这是由于压送过程所需的1 kW的电力消耗要使用礼炮号空间站的电力储备，因此要周期性地给空间站的电池充电。当传送过程完成后，两套传送管道内都将充入氮气以防止最后进步号飞船与空间站分离时泄漏残余的推进剂。燃料补给舱内也存放了Rodnik贮箱，它存储的水也要注入到空间站内。

5.2.5　推进舱（服务舱）

进步号飞船的第三个部分是位于其尾部的推进舱（PM）。这个舱与联盟号飞船的推进舱相似，但在联盟号飞船早期的几次飞行后有过几次改进，这同时也是为载人的联盟 T 号飞船推进舱的设计作试验。推进舱的长度有 3.1 m，比普通联盟号飞船的推进舱长。这是因为联盟号的飞行控制设备通常是安装在轨道舱和返回舱的，而进步号飞船的设计对它们进行了重新布局。推进舱的最大直径是2.72 m，总质量约2 654 kg。

在推进舱的内部包括为自主飞行期间进行姿态控制的 14 个10 kg 和 8 个 1 kg 的氢氧推进器，其燃料贮箱安装在推进舱内部。飞船的主发动机是 KTDU－35 系统，其推力约为4 091 N，使用硝酸/偏二甲肼推进剂，比冲为 282 秒，速度增量 ΔV 为 200 m/s。

所有第一代的进步号飞船都用化学电池作为独立的电源，并没有像初始型以及改进型的联盟号飞船那样安装两个大太阳电池阵，这就限制了早期的进步号飞船独立工作的寿命只有几天。幸运的是每一艘进步号飞船都能在电池耗尽前完成对接任务。

5.2.6　进步 M 号飞船的升级

第一代进步号飞船（进步 1 号～进步 42 号）都飞往第二代空间站礼炮 6 号和礼炮 7 号。苏联空间站的下一步是发展更大更复杂的和平号空间站，早期的进步号飞船的货运能力不能满足要求。对货运飞船的现代化改造开始于 1986 年，并于 1986 年 5 月完成了初步设计。从 1989 年 8 月开始，进步 M 号（改进型）飞船取代了早期的设计。

总的来说，三舱结构被保留下来，但是推进舱采用了联盟 TM 号载人飞船的推进舱，同时改进了 Kurs 交会和对接系统，取代了早期飞船的对接装置；其主发动机与联盟 TM 号飞船的相同，即使用偏二甲肼和四氧化二氮的 KTDU－80（也称为 S 5.80）。

改进后的进步 M 号飞船的货运能力增加得并不多。据《能源联合体史志》第一卷记载，第一代进步号飞船平均装载 2 300 kg，而进步 M 号飞船为 2 400 kg，比第一代提高大约 100～200 kg。由于安装了翼展为 10.6 m、面积为 10.0 m^2 的两个太阳电池阵，延长了自主飞行时间，使得自主飞行时间增加达到了 30 天，在轨能力为 6 个月，并且提供了更加灵活的在轨操作。虽然最初的计划没有安排，但进步 M－17 号飞船在轨时间将近 1 年。

对于和平号空间站，由于可以与其前端对接口或尾部（量子号舱（Kvant））对接口对接，增加了灵活性，两个对接口都能将燃料送至空间站主贮箱。这就能够使联盟号飞船停留在原位而不用为容纳进步号飞船而离开。另外一项新增的功能是可以将进步号飞船推进舱多余的推进剂（约 200 kg）送至和平号空间站，或者可以从和平号空间站反向传送推进剂至进步号飞船的推进舱，从而利用进步号飞船的发动机提高空间站的轨道。安装的太阳电池阵能够提供0.6 kW的电力，这对进步号的自主飞行是很有益的，而且能与空间站并网，为空间站提供补充电能。进步 M 号飞船还进行了明显的减重，包括使用不带发射逃逸系统的新的整流罩。因此，进步 M 号飞船能够给和平号空间站运送更多的补给品。

5.2.7　彩虹号（Raduga）回收舱

在进步 M 号飞船进行第九次飞行时，安装了一个新的弹道式返回密封舱，提供了适量的返回能力。该密封舱由彩虹设计局设计，1988 年 7 月获得批准并于 1990 年 9 月投入使用。这将允许小型但有价值的载荷从和平号空间站返回到地球，显示出其未来的商业价值。该回收舱能够携带固体货物，装载约 150 kg 的载荷（如拍摄过的胶片、数据磁带、加热炉样本以及其他物品），并计划每年飞行 2～3次。根据官方的能源联合体的史料记载，该回收舱长为 1.4 m，直径为 0.78 m，包括 150 kg 返回载荷在内，总质量为 350 kg。

使用该回收舱的代价是占用了 100 kg 的载货能力，这可能是停止连续使用回收舱的原因，因为损失的货运能力不能通过腾出回收舱的空间来补偿，况且回收舱所能带回的货物量太小。联盟 TM 号飞船承载 3 名航天员返回时的最大运输能力是 50 kg，承载 2 名航天员是 120 kg。能源联合体的史料还提到过一种专门用于运货返回的飞船（不承载航天员），它能运输 1 000～1 500 kg（在《能源联合体史志》第二卷中有其图样）。这种飞船本质上是一个使用联盟 TM 号和进步 M 号飞船硬件的不载人的联盟号飞船，能够在其轨道舱内放置运送的补给品，并能将返回的货物放置在回收舱内。这是 20 世纪90 年代初提出的一种彩虹号回收舱的备选方案。随着离轨时的燃烧，进步号飞船被烧毁，其回收舱在 120 km 的高度分离（回收舱本身没有推进系统），然后采用弹道式再入，并利用降落伞降落在哈萨克斯坦。

图 5—4　曾 9 次执行进步号任务从和平号空间站
带回实验样本的彩虹号回收舱和其降落伞舱

　　能源联合体还曾提出过多种装有推进系统的可作为一种自主航天器的彩虹号回收舱方案。其中的一种方案曾提供给了日本的可重复使用的航天运载器计划，但日本没有选择能源联合体的方案而是选择了赫鲁尼切夫的方案。

　　到 1992 年，随着航天飞机/和平号空间站计划的出现，美国航天飞机具有可以带回更多货物的能力，另外据说有一个回收舱失踪而导致了彩虹系列的中止使用。国际空间站在轨运行后，可以利用航天飞机上的双向多用途后勤舱，因此就不再需要小型的彩虹号回收舱了。

5.2.8 进步 M1 号飞船的升级

在国际空间站上使用俄罗斯空间站的硬件，有利于进步号飞船给空间站进行补给。研制进步 M1 系列飞船的主要目的是为维持和平 2 号空间站的在轨飞行而运送更多的推进剂，这同样能应用于国际空间站。进步 M1 系列是支持和平 2 号空间站（后来被取消）运转的几个设计之一。由于和平号空间站的超期服役，同时需要支持国际空间站的建设，因此在短期内剩余的进步 M 号飞船和最初的进步 M1 号飞船就用来为这两个空间站服务。进步 M1 号飞船的货运量仍然在联盟号火箭的运载标准内，但它的燃料舱有 8 个而不是 4 个推进剂贮箱。然而，由于安装了 4 个额外的贮箱，燃料舱内没有空间安装 Rodnik 水箱，因此进步 M1 号飞船只能用货舱内的容器装载水。与进步 M 号飞船相比，虽然进步 M1 号飞船所携带的货物总量较小，但它能携带更多的推进剂。《能源联合体史志》（第二卷）中记录了有关详细数据，见表 5—1。

表 5—1

	进步 M 号飞船	进步 M1 号飞船
货物总质量/kg	2 480	2 280
固体货物质量/kg	1 800	1 800
推进剂（燃料舱内）质量/kg	870	1 950
气体质量/kg	50	40
水质量/kg	420	220

5.2.9　进步号飞船的自毁

通常情况下，满载废弃物和不需要的硬件的进步号飞船在与空间站解除对接几小时后，在地面控制下启动制动发动机开始离轨机动。与联盟号飞船不同，进步号飞船的 3 个舱中没有一个需要分离，所有舱段都在再入过程中烧毁，通常是在"太平洋上空"。在进步 M—27 号飞船的再入过程中，塔斯社（ITAR－TASS）报道说俄罗斯固定的不回收飞船自毁解体点位于新西兰惠灵顿东南 3 600 km 处。

5.3　进步号飞船的飞行操作

1978 年 1 月 20 日，向礼炮 6 号空间站发射了第一艘进步号飞船。在其后的 25 年里，总共有 100 艘进步系列飞船（43 艘进步号（包括宇宙 1669 号）、47 艘进步 M 号和 10 艘进步 M1 号）被发往礼炮 6 号、礼炮 7 号、和平号空间站和国际空间站。虽然它们都采用了基本相同的飞行线路，但携带了不同的货物。

Pirs（Pier）舱是国际空间站的对接和气闸设备（将在后面介绍），它并不是专用于进步 M1 号的，进步 M 号飞船同样可以与其对接（进步号飞船则不行，它与进步 M1 号飞船唯一的相同之处是推进舱）。

每艘飞船确切的载荷质量（参见表 5.5）可反映出飞船的载货能力，但其中燃料、消耗品（空气和水）以及固体货物的分配量，则取决于每个任务的需求。进步 1 号飞船的总有效载荷质量为 2 300 kg，其中包括了推进剂和氧气 1 000 kg，一般货物和实验设备 1 300 kg，因此能够计算出进步号飞船飞往空间站是多么频繁。一般情况下，一名航天员每天消耗 15～30 kg 的物品。一个由两名航天员组成的乘员组每天需要 30～60 kg 的补给品，3 人则每天需要 45～90 kg，这还不包括应急及实验的硬件及设备。2 人乘员组（礼炮号空间站平均驻留乘员数）执行任务期间将需要进步号飞船每 3～6 周停靠空间站一次，这就要求飞船的制造、地面准备工作以及发射设施都能满足需求。

然而，经过了几年的运行后，人们逐渐意识到有效载荷质量和飞行频度具有很大的灵活性，可以根据当时的需求进行较大的调整。有时候，运送推进剂的量减少了而运送固体货物的量显著增加了；有时候为了消耗空间站的储备，降低了进步号飞船运送补给的频度。

5.4 进步号飞船执行礼炮 6 号空间站的运输任务

首批 12 艘飞往礼炮 6 号空间站的进步号飞船都用两天的时间飞抵空间站并与其对接。对接后不久，航天员打开舱门并开始卸载固体货物，同时为传输燃料作准备，利用几天的时间检查舱内系统以及连接管路，并进行存储准备。在顺利完成燃料传输后，将氧气传送至空间站贮箱。由于补给成功，礼炮 6 号空间站在需要的时候可以利用自身的发动机进行轨道参数调整，而不需要大型飞船永久停靠在空间站上为轨道机动提供动力。在完成燃料传输后，航天员将垃圾和不需要的东西放置在货舱。重新关闭舱门后进步号飞船解除了与空间站的对接，但它的使命还没有完成。在离开空间站飞行一圈后，它飘至距空间站 13 km 处并测试其备份自动搜索与接近系统，以便为该系统的后续应用提供评价依据。此时不需要再次对接，接近试验中止后，飞船按照飞行程序飞往离轨制动发动机点火的预定地点。标准的进步号飞船的飞行程序是：运送主要货物、装载废弃物，按需要进行特定的试验和探索（有关进步号任务的详细内容见附表 D）。

5.4.1 变化的货物运输

接下来的两次为空间站运输的飞行较早地证明了使用相似的飞行程序可以运送不同的货物。进步 2 号飞船运送了约 600 kg 推进

剂，而进步 3 号却根本没有运送推进剂。进步 3 号飞船紧随在进步
2 号飞船解除对接及离轨后发射，这是为了能迅速为空间站提供附
加的科学实验设备和补给品储备，以便第二个驻留乘员组按计划
工作。

　　国际乘员项目的系列飞行（让来自东欧苏维埃国家的代表在空
间站上度过 1 周）从礼炮 6 号空间站开始，经过几年后计划扩展到
几个国际合作任务。利用进步号飞船运送额外的设备、硬件和实验
设施来支持国际乘员计划或国际访问任务。伊万琴科夫的夫人通过
进步 4 号飞船给乘员组送了一盒巧克力，他们发现这些巧克力中装
有白兰地。她利用原来普通巧克力的包装盒，将普通巧克力换成了
酒心巧克力，以至于装载时没有被发现。虽然有点奢侈，但乘员们
说他们更喜欢新鲜的食物。

　　在 1979 年 3 月 16 日，礼炮 6 号空间站的第三个驻留乘员组发
现了空间站推进系统的一个问题，这个问题在 1978 年年底第二个乘
员组驻留末期就意识到了。在两次驻留间进行的无人自主飞行中发
现一个推进剂贮箱的隔膜失效了，若想让空间站继续运行下去，必
须将其与其他的燃料系统隔离。与进步 5 号飞船对接后，组合体沿
着横轴慢慢转动，在离心力的作用下将燃料和氮气分离，把大部分
的燃料都传送至空间站的另一个贮箱，剩余的氮气和燃料被送回进
步 5 号飞船的空贮箱中。货运飞船被用来停止转动，并在 3 月 30 日
完成了向礼炮 6 号空间站剩余的贮箱输送燃料的任务。同一天，考
虑到礼炮 6 号空间站主推进系统的问题，于是利用货运飞船的发动
机提升了组合体轨道，这后来成为很多进步号任务的标准工作。

5.4.2　KRT－10 天线试验

　　1978 年 7 月 18 日，进步 7 号飞船在解除了与空间站的对接后，
又进行了一次额外的试验。这次取下了礼炮 6 号空间站的外舱门，
礼炮 6 号空间站靠近对接通道的内舱门仍然关闭。在关着的舱门附
近有一个折叠的射电望远镜（KRT－10），质量为 200 kg（包括支撑

结构)。该折叠的设备（航天员早准备好的）通过通道连接到进步号飞船的货舱。当货运飞船离开时，天线打开并且伸展至直径 120 m，整个操作过程由进步号飞船上的摄像机转播。在工作完成后，进步号飞船按照程序在解除对接的第二天离轨。因为 KRT－10 占用了空间站尾部用于空间站补给的对接口，所以西方观察者认为 KRT－10 是礼炮 6 号空间站使命完成的信号。1978 年 8 月 9 日，KRT－10 在完成试验程序后按指令与空间站分离，然而分离并不完全成功，需要在 8 月 15 日进行一次不在计划内的舱外活动来清空对接口以便于以后进行对接。

进步 9 号飞船使用了 Rodnik 系统，直接将 180 kg 水泵入到空间站的贮箱，这是一个新的操作。在早期的飞行中，只能通过手工搬运 5 kg 的水箱来补充水，这样既费时又占用了进步号飞船的货舱和礼炮号空间站的存储空间。

5.5 进步号飞船执行礼炮 7 号空间站的运输任务

1983 年 9 月 9 日，在进步 17 号飞船为礼炮 7 号空间站运送推进剂时发生了一件对礼炮 7 号空间站未来发展影响很大的事情，但当时苏联并没有立即报道此事。礼炮号空间站的一条推进剂管路开裂渗漏，因此安排了一系列的舱外活动来定位、隔离并修复损坏的管路，以使礼炮号空间站能继续完成其计划。

1984 年，进步 20 号飞船运送了供维修空间站推进系统的备用件和工具，包括有些放置在货运飞船外部的部件，通过一系列的舱外活动修复了系统。这艘进步号飞船的货舱也经过了一些修改，包括安装了一些脚限制器。进步号飞船与空间站尾部接口对接后不久，在地面的控制下展开并锁紧了一个扩展板。由于扩展板为乘员组提供了有力的支持，两名进行舱外活动的乘员可以附着在扩展板上工作。

进步 21 号和进步 24 号飞船运送了第二套和第三套接在太阳电

池阵上的附加电池阵（第一套由宇宙 1443 号飞船运送）。进步 24 号飞船同时还运送了修复礼炮号空间站被撞坏部件的替换件。1984 年 7 月 15 日，进步 22 号飞船在解除对接时使用了对接机构的弹簧而不是发动机的一次短时间点火，因为发动机喷出的羽流有可能损伤太阳电池阵。

虽说有 12 艘进步号飞船支持礼炮 7 号空间站的运转，但实际上第 13 艘飞船（宇宙 1669 号）也是一艘进步号飞船。最初，西方分析人士认为这是利用进步号设计的为后续空间站（礼炮 8 号）而进行的首次"自由飞行科学实验平台"飞行。由于最初遥测参数显示 Igla 交会天线没有展开，这将使对接无法进行（联盟 T－8 号飞船发生过类似的问题，这种情况下即使乘员组也无法控制其与空间站对接），因此决定将其掩盖并称之为宇宙号而不是进步 25 号。后来的分析表明，天线已经展开了，是一个传感器发生了故障，导致了遥测信息的误判。但是，此时塔斯社已经宣布此次任务为宇宙 1669 号了。

5.6　进步号飞船执行和平号空间站的运输任务

凭借着过去 7 年内用 25 艘进步号飞船支持两个礼炮号空间站的运行经验，苏联已经开发出一个可靠的维持空间站持续有人在轨运行的系统。进步号系列货运飞船真正的价值体现在维持和平号组合体的运行上，从 1986 年至 2001 年至少有 64 艘货运飞船飞至和平号空间站。

5.6.1　第一代进步号飞船

在和平号空间站最初运行的 4 年时间里，初始型的进步号飞船（进步 25 号～进步 42 号）飞向了和平号空间站。在和平号空间站的核心舱发射后不久，首批飞往和平号空间站的飞船就以 20 天为周期发射以维持空间站的基本运行。进步 28 号飞船在解除对接后展开了一个用于地球物理学实验的 60 m 的天线（据有些报告，这是将来大型空间结构的设计原型）。进步 28 号飞船的实验是 Model 计划（也包括进步 11 号、进步 14 号和进步 18 号）的一部分。作为并不相关的 Krab 计划的一部分，类似的实验也在进步 40 号飞船上进行了。

1987 年，天体物理学舱量子号对接在和平号空间站尾部的对接口上。通过舱后的对接口，量子号舱仍能继续接纳进步号飞船和联盟号载人飞船。而且在设计上使用了完全相同的对接装置以及消耗品的传输系统，并在量子号舱永久连接到和平号空间站以前，通过尾部的对接口扩展了进入核心舱的通道。

1987 年 11 月 10 日与和平号空间站解除对接后，在地面控制之下进步 32 号飞船进行了自主轨道机动试验，并于 1.5 小时后（1 圈）重新与和平号空间站对接，显示出其新的能力。这个试验用来评估轨道机动和对接期间船上补给品的减少量，以及飞船进行站保持飞行（以空出对接口）然后重新对接的能力。

在经过 20 次飞行后，1990 年 5 月，飞往和平号空间站的进步 42 号飞船，完成了初始型进步号飞船的最后任务。到 1990 年，改进型飞船进步 M 号投入了使用。但这次初始型的货运飞船（它通常使用 Igla 交会系统）由于使用了升级的 Kurs 交会系统和功能强大的礼炮 5B 定向控制计算机（交付于和平号的第二个舱——量子 2 号），使得最后的飞行延期了。由于和平号空间站的复杂程度已经超出了和平号 Argon 16B（原始的）中央计算机的能力，因此必须使用礼炮 5B 计算机。由于初始型的进步号飞船只能与 Argon 16B 进行连接，导致礼炮 5B 计算机的逐步使用被推迟了（连同集成新的计算机带来的其他问题，导致了晶体号（Kristall）舱延期发射）。

5.6.2　暴风雪号航天飞机的弹射坐椅试验

暴风雪号（Buran）航天飞机的弹射坐椅（K－36M，11F35）安装在整流罩顶部，取代逃逸发射装置的位置，是一个试验性的可抛弃隔舱（进步号飞船发射时使用带有逃逸发射装置的标准联盟号飞船的整流罩，但发动机不装填推进剂）。在运载火箭的初始逃逸阶段，逃逸火箭点火，弹出的坐椅速度达到 4.1Ma（根据设计坐椅的工程师所述）。该试验从 1988 年 9 月至 1990 年 5 月，在进步 38 号～进步 42 号飞船上进行。这些试验是独一无二的，至今还没有其他人做这种飞行试验。苏联测试的这种坐椅将在暴风雪号航天飞机上使用，以备在起飞或降落阶段出现问题时将航天员弹射至安全地区。

5.6.3　进步 M 号飞船的接任

第一艘进步 M 号飞船于 1989 年 8 月 23 日发射，它的出名不仅仅是由于它新的载货能力，而且是因为它与和平号空间站前端的对接口而不是尾部的对接口进行对接，这显示出新的空间站具备两套推进剂传输系统。这使得和平号空间站比礼炮 6 号或礼炮 7 号空间站有了更大的冗余，该特点在整个和平号空间站漫长的寿命中起到了十分重要的作用。

图 5—5　进步 M 号飞船与空间站对接，给空间站运送推进剂和其他补给

5.6.4　计划和挫折

25 年中共发射了 100 多艘进步号飞船，大多数都完满地完成了运送任务。然而，总有难以避免的事故会威胁到运往运行中的空间站的补给品的平稳交付，下面回顾和平号空间站在轨运行期间飞船的一些事故。

原计划 1994 年 3 月 16 日发射进步 M－22 号不得不改期至 3 月 19 日，然而大雪以及 MIK 大楼的火灾迫使发射又推迟到 3 月 22 日。火灾发生在一个主楼的附属建筑，虽然烧毁了 5 间房子但并没有造成长久的损坏。这是由于航天发射场的电路短路造成的，大雪堵住了连接此处的公路和铁路。新闻界报道指出，此类事件在资金短缺的俄罗斯航天计划中发生得越来越频繁。18 个月后，在 1995 年 9 月 15 日，有报道说一辆用于运送联盟号运载火箭至发射台的平板车脱轨了。最初的报道指出这将严重影响下一艘进步 M 号飞船的发射，但这个报道很快就遭到了反驳，进步 M－29 号飞船的运载火箭居然顺利推出并按期发射。

在接下来的一年中，联盟 U 运载火箭在 5 月和 7 月发射进步 M－32 号飞船时两次被推迟，并需要几周的时间"进行额外的检查"。推迟原因是由于一种以前进步号就使用的用于黏合整流罩的胶水发生退化，这将导致整流罩在气动力下失效。7 月 25 日，在发射倒计时还有 45 秒时自动检测发现一个排放阀出现故障。当时 NASA 报告指出原因出在运载火箭第一级的一个压力传感器上，而俄罗斯指出是发射前的一个排放阀出现故障。无论是什么原因，当发射台上的助推器发现问题时，情况变得很糟糕。因此，它被撤回 MIK 大楼，换用另一枚正在完成最后工序的运载火箭发射进步号飞船。经过一个紧张的回合，进步 M－32 号飞船在 7 月 31 日发射，为了能在 8 月 19 日替换 EO－22 乘员组，它只在空间站停靠了很短的时间。在 EO－22 乘员组于 9 月 2 日离开和平号空间站后，进步 M－32 号飞船再一次与和平号空间站对接，这是因和平号空间站主要乘员替换而首次使进步号飞船离开空间站在轨保存超过两周。

1996 年 11 月 19 日，进步 M－33 号飞船由联盟 U 型运载火箭发射。曾有报道说该运载火箭装配时采用了几个不合格的部件，不过，飞船还是于 11 月 20 日与和平号空间站进行了对接。1998 年 10 月 6 日，有关进步 M－40 号飞船要推迟到 10 月 25 日发射的消息被公开。这次推迟是由于缺少向 Samara 总装厂购买发射进步号飞船的运载火箭（联盟 U 型）的资金。进步号飞船运送实验设备和补给品有严格的时间表，因此这次发射很关键。不过，发射还是如期进行了，两天后它与和平号空间站成功对接。

5.6.5　其他硬件、实验和研究目标

进步号飞船设计的改进使它能够提供更大的载货能力、延长了与空间站对接的时间、加强了自主飞行的能力。这可以使苏联打破货运飞船飞行的限制，使其携带一些其他的有效载荷以获得更大的科学价值（还有潜在的商业价值）以及作为一个发展未来空间技术和程序的实验平台。

1989 年 12 月，飞往和平号空间站的进步 M－2 号飞船携带了由 Payload System 公司（一家由空间实验室 1 号的有效载荷专家 B・利奇坦伯格（B. Lichtenberg）创建的美国私人公司）提供的蛋白质晶体生长实验设备。1990 年 9 月，在进步 M－4 号飞船与和平号空间站解除对接前，和平号空间站的驻留乘员安装了一个等离子发生系统（在货运飞船的对接装置上），它释放等离子体的时间超过了 3 天。整个过程由和平号空间站的驻留乘员观察并记录下来。

进步 M－8 号飞船曾部署过一个可充气的气球，但可惜的是气球未能充足气。两周后，这个柔性卫星试验失败了。

1993 年 2 月 4 日，在与和平号空间站对接 97 天后，进步 M－15 号飞船与空间站解除对接。12 分钟后它在距空间站只有 160 m 处展开了一个太阳反射镜样机。Znamya 2（旗帜）Kevlar 薄板反射镜用了 3 分钟从一个固定在进步号飞船前端的特制容器中展开。该反射

镜由 8 块三角形构件组成并会自动旋转（其最初转速为 95 转/分钟，后来只有 14 转/分钟），自转使各个构件保持在一个平面以便产生一个直径为 20 m 的圆盘。解除对接后 4 小时 38 分，进步 M－15 号飞船移至距和平号空间站 12.1 km 处，并开始了一个名为新光（New Light）的实验。Znamya 在地球表面反射出一个直径为 30 km 的太阳光斑持续了 6 分钟，直到飞船飞进了地球阴影区才遮挡了阳光的直接照射。反射镜立即被弹掉了，以便两天后进步号飞船在和平号空间站乘员组的控制下进行了一系列的轨道机动，来测试和平号空间站上的 TORU 遥控对接系统。1999 年在进步 M－40 号飞船上进行了 Znamya 2.5 的测试却失败了。Znamya 能够在冬季较长的黑夜照亮地球上的某一区域，并且具有未来太阳帆推进技术的潜力，但这依赖于成功的飞行试验以及充足的资金（这些看来并不乐观）。

进步 M－14 号飞船经过特殊改造以携带 700 kg 的 VDU（Vynosnaya Dvigatel'naya Ustanovka，外部发动机单元），VDU 是和平号的推进单元，用于组合体的姿态控制。VDU 固定在特制的位于货舱和推进舱之间的框架上。1992 年 9 月 3 日乘员组通过舱外活动取下 VDU，并将其安装在从量子号舱延伸出的 Sofora 桁架的尾部。1998 年 3 月进步 M－38 号飞船运送了第二个 VDU。

进步 M－17 号飞船用于非计划的长期船载系统测试，包括对接及在轨保持两种飞行状态。它持续与和平号空间站对接了 132 天，并且自由飞行了 204 天，整个任务为期 336 天。出于某些原因，进步 M－17 号飞船在与和平号空间站解除对接后并没有留下足够的推进剂用于离轨。一个说法是由于飞抵和平号时消耗了较多的燃料（在一次不太精确的轨道切入后），另一个说法是与和平号对接过程中进行了太多的轨道机动（由于联盟 TM－16 号飞船对接在晶体号舱上，使进步号飞船延迟对接过久。通常需要 200 kg 推进剂完成离轨点火，而推进舱中只剩余了 80 kg 推进剂。这就是决定让进步 M－17号飞船留在轨道上并让其通过自然轨道衰减逐渐接近地球，直到只需要轻轻一推就能完成离轨的原因。

另外还有几次试验是在进步号飞船解除对接后进行的。当时，由于有些试验是军事用途或者并没有完全成功，因此俄罗斯没有宣布。不过现在可以得到这些信息了，下面作简要介绍：

1）Kant－Sirius 试验。一个表面积为 8 m^2 的雷达系统，用于侦察船只和潜水艇。随进步 17 号飞船和进步 22 号飞船进行飞行试验。

2）Model 试验。一系列直径为 20 m 的环状天线（螺旋天线），用于测试利用超低频电波的一个新太空通信系统。试验目的有两个，其一为了测试大型结构在太空的展开，其二为了测试超低频电波在空间两个物体间（进步号飞船与和平号空间站之间）以及进步号飞船与地面接收站之间的传输。每一艘进步号飞船携带了两个这样的天线（《能源联合体史志》中有图片）。四次飞行试验，前三次测试了天一地传输，第四次既测试了天一地传输又测试了天一天传输。

利用进步 11 号飞船进行试验时，两个天线中只有一个展开。

利用进步 14 号飞船进行试验时，两个天线都展开了，但没有呈现环状。

利用进步 18 号飞船进行试验时，采用了改进的天线（Model 2），但仍然没有呈现出环状。

利用进步 28 号飞船进行试验时，同样使用了 Model 2 型天线，这次成功了。这次还测试了超低频电波在进步号飞船与和平号空间站间的传输。为了这个目的，从核心区气闸舱（通常是用来丢弃垃圾的）伸出 10 m 长的桁架，其末端安装了特制的接收器。在两天的自主飞行中，利用和平号空间站和地面站的系统，进步号飞船完成了 20 次通信会话。当时还利用和平号空间站的接收器接收从地面站发来的超低频电波束，但结果没收到。俄罗斯希望通过这些试验为将来直径 100 m 的天线铺平道路（这种通信系统的应用或好处并不清楚。没有迹象表明国防部参与了这些试验，但很可能是军事应用）。

3）Svet（光）试验。随进步 30 号飞船飞行的一个 600 kg 组件，用于测试光波段通信系统。这不需要乘员组的参与。进步号飞船和位于太平洋、大西洋上的两艘船完成了超过 30 次的通信会话。信号首次被位于水下 50 m 处的设备收到。

4）Krab（螃蟹）试验。两个直径 20 m 的由记忆金属制成的环状结构，从进步 40 号飞船的推进舱上展开。该飞行试验（从进步 40 号飞船飞至距和平号空间站 70～80 m 处开始）持续了 20 天，并利用进步号飞船上的摄影机进行了拍摄。

5.6.6　小卫星

这些年来，俄罗斯一直在利用进步号飞船运送小卫星，卫星（如 Iskra-HAM 无线电卫星）随后由乘员组通过空间站的气闸舱释放至一个短期轨道上。其他由进步号运送的值得记住的小卫星，几乎都在乘员舱外活动过程中被释放，其中 MAK－1 号和 MAK－2 号高空大气研究卫星于 1991 年 7 月 17 日和 1992 年 11 月 20 日通过和平号气闸舱被释放。1997 年年底为了纪念世界上第一颗人造卫星发射 40 周年释放了一颗伴侣－1 号卫星的小型复制品。除了这些空间站释放的卫星外，还有一些由进步号飞船释放的卫星。

进步 M－27 号飞船运送了一颗长 215 mm、质量为 20 kg、装有 60 个反射器的德国激光测地卫星。该卫星被命名为 GFZ－1，作为位于德国、奥地利和英国的激光站的目标，于 1995 年 4 月 19 日利用和平号空间站核心舱的废弃物气闸舱释放。

1997 年 12 月，准备在进步 M－36 号飞船与和平号空间站解除对接后从飞船上释放一颗德国的人造卫星。这颗 72 kg、62 cm×56 cm 的六角棱柱形的卫星上装有轨道机动发动机和一个照相机，它围绕和平号空间站和进步号飞船进行了几次轨道机动。这颗 Inspector 卫星由 EO－24 乘员组安装在进步号飞船的对接装置上，是一颗将来用于国际空间站的小卫星的先驱，进行了为期 29 小时的试验。乘员组利用便携计算机对卫星进行控制，卫星提供围绕飞船的观察图像以便未来减少出舱观察和操作的时间。

12 月 17 日，进步号飞船与和平号空间站解除了对接，95 分钟后 Inspector 卫星从进步号飞船的前端释放。可惜的是，小卫星的目标并没有完全完成，因为星光制导系统出现了故障，所以星上软件阻止其沿一椭圆轨道绕空间站运行。在收到了一些关于空间站的电视图像后，乘员组于 12 月 18 日通过分离机动结束了该试验。为了防止碰撞，Inspector 卫星从空间站后端飞至前端。

　　国际空间站在轨运行期间也曾释放过小卫星。2002 年 3 月 19 日，在进步 M1－7 号飞船与国际空间站分离仅 1 小时后，一颗 20.5 kg 的 Kolibri－2000 号（蜂鸟）卫星从进步号飞船前端释放。这颗卫星是俄罗斯和澳大利亚的学生用来进行为期 4 个月的地球轨道试验研究的。

5.6.7　彩虹号任务

　　进步 M－5 号飞船于 1990 年 9 月 27 日发射，并于 9 月 29 日与和平号空间站对接。这是第一艘装备彩虹号回收舱的货运飞船，将携带 150 kg 的样品返回地球。彩虹 9 号回收舱降落在奥伦堡地区，这是进步号飞船携带回收舱的最后一次任务。有关彩虹号任务的具体情况可参见表 5－2 和表 5－3。

表 5－2

彩虹号回收舱	发射日期	着陆日期	持续时间 （天：时：分）
彩虹 1 号 （进步 M－5 号飞船）	1990 年 9 月 27 日	1990 年 11 月 28 日	62：00：26
彩虹 2 号 （进步 M－7 号飞船）	1991 年 3 月 19 日	1991 年 5 月 7 日	49：03：34？ （再入过程中回收舱丢失）
彩虹 3 号 （进步 M－9 号飞船）	1991 年 8 月 20 日	1991 年 9 月 30 日	40：09：24
彩虹 4 号 （进步 M－10 号飞船）	1991 年 10 月 17 日	1992 年 1 月 20 日	55：12：01
彩虹 5 号 （进步 M－14 号飞船）	1992 年 8 月 25 日	1992 年 10 月 22 日	66：23：54
彩虹 6 号 （进步 M－18 号飞船）	1993 年 5 月 25 日	1993 年 7 月 4 日	43：10：23
彩虹 7 号 （进步 M－19 号飞船）	1993 年 8 月 10 日	1993 年 10 月 13 日	63：01：59

续表

彩虹号回收舱	发射日期	着陆日期	持续时间 （天：时：分）
彩虹 8 号 （进步 M—20 号飞船）	1993 年 10 月 11 日	1993 年 11 月 21 日	40：11：53
彩虹 9 号 （进步 M—23 号飞船）	1994 年 5 月 22 日	1994 年 7 月 2 日	41：10：38 （彩虹号的最后一次任务）

　　有关彩虹号回收舱着陆时间的数据有矛盾的地方，确切的任务持续时间也不清楚。能源联合体的官方史料中有关前 6 次彩虹号回收舱所携带返回的有效载荷质量数据如表 5—3 所示。

表 5—3

彩虹 1 号	113.1 kg
彩虹 2 号	94.1 kg
彩虹 3 号	147.0 kg
彩虹 4 号	121.8 kg
彩虹 5 号	106.1 kg
彩虹 6 号	95.3 kg

5.6.8　交会和对接操作及事故

　　在过去的几年中，进步号飞船与和平号空间站的对接出现过一些问题。进步 26 号飞船花费了 3 天时间才到达空间站，但其原因尚不清楚。1998 年 3 月 21 日，进步 M—7 号飞船试图与空间站尾部的对接口对接时，飞船在距空间站只有 500 m 处时突然中止了接近。两天后再一次尝试对接时，当飞船距空间站仅 20 m 时，飞行控制中心的控制人员发现了一个"灾难性的错误"并又一次中止了对接。当时货运飞船飞离空间站时仅有 5～7 m 的距离，勉强避开了与天线和太阳电池阵的碰撞。为了再一次测试对接接近系统，乘员组登上了联盟 TM－11 号飞船，飞船从空间站的前端对接口分离，机动至空间站尾部的对接口并与之对接。他们使用 Kurs 自动接近系统而不是手动接近，飞船却远离了对接口，这表明是和平号空间站的 Kurs 硬件存在问题而不是进步号飞船。在进步号飞船进入与空间站一致的轨道后，乘员组采用手动方式使进步号成功地与和平号前端对接口对接。这证明了那个和平号空间站前后端都具备燃料传输和对接功能的设计是非常正确的。

进步 M－10 号飞船同样经历了对接困难并拖延了 2 天。1991 年 10 月 19 日，据说是由于地面控制失误，导致放弃了对接尝试。10 月 21 日最初的对接尝试同样失败了，但在下一圈的对接尝试成功了。进步 M－13 号飞船同样进行了两次对接尝试，1992 年 7 月 2 日，最初的对接尝试在距空间站 172 m 时失败了。

1994 年由于资金的限制使得进步 M－24 号飞船的发射延期，这是计划给 EO－16 乘员组提供补给的两次飞行中的第一次；第二次进步号飞船的飞行被取消了。当进步号飞船最终在 8 月 25 日发射后，8 月 27 日它与和平号空间站前端对接口的自动对接失败。当新的轨道交会软件输入到进步 M－24 号飞船的计算机时，它已经飘至空间站前方 150 km 处。3 天后，第二次自动接近同样失败了，货运飞船在飞离前两次撞击了和平号空间站的前端对接口。地面评估认为，飞船携带的燃料还足够完成两次对接尝试，但这次接近将由驻留乘员组控制而不再使用自动对接系统。9 月 2 日，马连琴科（Malenchenko）使用位于和平号空间站内的 TORU 控制面板控制进步号飞船并成功完成了对接。1 周后，马连琴科和穆萨巴耶夫（Musabayev）进行了一次舱外活动，检查碰撞给空间站的量子号舱带来的损伤。关于这个问题的起因有好几种说法，包括进步号飞船的软件、Kurs 自动对接系统的故障或飞行控制中心地面设备的故障。1994 年 10 月 5 日，飞船完成了再入程序，飞船硬件的证据被毁掉了。

1997 年 3 月 4 日，V·齐布利耶夫（V. Tsibliyev）试图让进步 M－33 号飞船重新对接在和平号空间站尾部的对接口，但乘员组失去了电视画面并且报告货运飞船没有正确响应位于和平号空间站内的 TOUR 系统，货运飞船飞过预定点 225 m。在以后几圈的飞行中，货运飞船和空间站距离逐渐增大，使再次对接尝试变得不可能了。因此，在 3 月 11 日进步号飞船按照指令再入销毁。等下一艘进步号飞船到来时，齐布利耶夫将不再那么走运了。

5.6.9　进步 M－34 号飞船碰撞

1997 年 4 月 8 日，进步 M－34 号飞船按照程序与空间站的量子号舱的对接口对接。6 月 4 日，飞船解除了对接，以便进行由空间站内的一名乘员利用新开发的遥控装置控制对接接近的试验。这次，由于支付不起昂贵的费用，俄罗斯试图更换航天产品硬件的货源，从俄罗斯内部采购而不再从前苏联各共和国（这次是乌克兰）购买昂贵的部件。指令长齐布利耶夫是被要求来完成这次接近飞行的乘员，对这项技术他只进行过很少的训练。在 6 月 25 日，拉祖特金（Lazutkin）和 M·福尔（M. Foale）都很清楚地知道他们的指令长对这次对接试验并不十分适应，因为他已经有几个月没有就这个过程进行训练了。齐布利耶夫同样也担心，因为他只能通过他面前的电视屏幕观察由安装在进步号飞船上的电视摄像机获取的接近过程图像，所以他也需要拉祖特金和福尔通过和平号空间站上的舷窗观察到的信息。不幸的是，透过舷窗的视线受到了很大的限制，当进步号飞船接近时，他们意识到所看到的飞船不如预想的清晰。

齐布利耶夫没有得到有关何时开始接近或何处是飞船与地球参考点的信息，而且进步号开始被定点在云层覆盖的地球背景中，很难辨别。突然拉祖特金大叫说货运飞船的接近速度大大超过了预想的速度，并且远比设想的还要接近空间站。齐布利耶夫立即启动了制动装量，但已经太迟了，进步号飞船错过了对接口并且在距和平号空间站仅几英寸（1 英寸＝2.54 cm）处飞过。通常对接速度是大约 1 m/s，但这次进步号飞船以 10 倍的速度撞在光谱号舱（Spektr）的太阳电池阵上。飞船在压力壳层上撞出一个洞，然后反弹向太阳电池阵，太阳电池阵也损坏了。警报提示严重的压力泄漏，乘员组立即从空间站的其他舱封闭了光谱号舱，并同时为可能的撤离准备好了联盟号飞船。按照 1～7 的分级（其中 7 代表需要立即撤离的事件），这次撞击被定为 5。联盟 TM－25 号飞船是这次撞击中仅有的未受直接影响的单元，这是因为它有自己独立的供给电源，能在需要时立即启动。挽救空间站以及使其完全恢复状态需要几周的努力，但光谱号舱将与空间站其他部分隔离并且不能再使用了。

在 6 月 26 日，福尔（他的卧铺在光谱号舱）在无线电报告中提到他几乎所有的个人设备全都留在已经封闭的光谱号舱里，他要求用下一艘进步号飞船携带替换品，而这艘进步号飞船由于正在制定恢复和平号空间站电力的方案而延期发射。同时，人们制定出一个通过安装一个永久的舱门来隔离光谱号舱的计划。一旦试验成功，所需的设备将放在进步 M－35 号货运飞船上并于 7 月 5 日发往空间站。碰撞发生后，进步 M－34 号飞船继续飞过空间站。到 7 月 2 日前，进步 M－34 号飞船一直受飞行控制中心的自动测试程序的控制，在注入了地面控制指令后，飞船才再入坠毁。几天后，在 7 月 8 日，福尔（像在这之前的布莱哈和利嫩格一样）从进步 M－35 号上卸下了他的包裹：“我们正从进步号飞船上卸货，新鲜苹果的味道很浓。在打开两个我的工作用包裹之后，我找到了我的卫生用品⋯⋯以及巧克力。”

进步号飞船与和平号空间站对接的问题并没有随进步 M－34 号飞船而结束。原计划在 1997 年 8 月 17 日进行的进步 M－35 号飞船与和平号空间站的再次对接被取消了；在 8 月 18 日的第二次对接过程中仍然存在问题，这迫使索洛维耶夫使用 TORU 系统控制对接。

5.6.10　和平号空间站的离轨

到 1999 年，人们很清楚和平号空间站的使用寿命走到了终点，随着国际空间站的第一个舱进入轨道，俄罗斯将资金、硬件和资源用于国际空间站的必要性已经超过试图利用和平号空间站吸引商业投资的目的。在经过连续 10 年的运行后，1999 年 8 月 EO－27 驻留乘员组离开了空间站。除了 2000 年的一次私人资助的短期任务外，和平号空间站的载人运行结束了。下一个任务是控制大型空间站进入大气层时在太平洋上空而不是在人口稠密区解体坠毁。

放弃了利用私人投资和"观光者"计划来维持和平号空间站的运行的尝试之后，总设计师委员会（Council of Chief Designers）决定，在 2000 年 10 月 3 日，将终止和平号空间站的运行并使其脱离轨道。这需要两艘进步号飞船来完成空间站的离轨，进步 M－43 号和进步 M1－5 号被用来完成这个任务。进步 M－43 号飞船用来提升和平号空间站的轨道以确保至少在 2001 年 2 月前和平号能够在轨运行。尽管由于空间站的失控使得计划推迟了 6 天，但在 2001 年 2 月 24 日，进步 M1－5 号飞船成为了与和平号空间站对接的最后一艘飞船。仅仅在和平号核心舱发射 15 周年纪念日（2 月 20 日）的一个多月后，在 3 月 23 日较早的几个小时内，进步 M1－5 的姿态控制发动机点火 1 293.8 秒，从而开始了坠毁和平号空间站的一系列降轨点火。90 分钟后，姿态控制发动机再一次点火 1 444.5 秒。在距第一次点火约 5 小时后，姿态控制发动机（1 166.5 秒）和主推进系统（700 秒）联合点火，直到进步号飞船的燃料耗尽。由于主发动机的性能要比预期的稍好一点，导致空间站残骸的坠毁区域与原计划的有一点偏差（但仍然在目标区域内）。

5.7　进步 M1 号飞船的运行

进步 M1 号飞船现在为新计划的国际空间站建造并由其资助。虽然建造计划一直在执行，但飞船却未如期发射。而且由于地面的存储问题，3 艘进步 M1 号（进步 M1－1 号、进步 M1－2 号和进步 M1－5 号）飞船被派往和平号空间站。这给国际空间站的合作者带来了困难，他们置疑俄罗斯是否具备既能够同时支持两个空间站的运行而且又能够承担自己的国际空间站义务的能力。

进步号飞船飞往国际空间站的系列飞行从 2000 年 8 月 8 日（在 10 月首批驻留乘员到达以前）进步 M1－3 号飞船与国际空间站星辰号服务舱对接开始。STS－106 于 9 月与国际空间站对接，在这次飞行任务中，Y·马连琴科作为一个任务专家指导了对停靠的进步号飞船的卸货过程以及这些（为 ISS－1 乘员组准备的）货物的存放。NASA 继续混淆使用进步 1 号、进步 2 号、进步 3 号等作为国际空间站的进步号飞船的任务标志。

2000 年 11 月 18 日，Y·格拉兹科夫利用国际空间站内的 TORU 系统使第二艘飞往国际空间站的进步号飞船（进步 M1－4 号）对接在曙光号舱底部对接口。Kurs 自动对接系统在首次对接中失效，通过第二次尝试才使货运飞船与空间站对接。由于货运飞船在距空间站 100 m 处不规则地移动，因此吉津科（Gidzenko）改用手控使不规则运动停止并进行手动对接。不走运的是，在离对接口 5 m 处，可能由于进步号飞船上的电视摄像机的潜望镜镜头结冰导致光线斜射，迫使他放弃了接近操作。他让进步号飞船退回了 35 m，在等待镜头变得干净后，成功接近并完成了与国际空间站的对接。12 月 1 日，进步 M1－4 号飞船暂时与空间站解除了对接并停留在距空间站大约 250 km 外的轨道上，此时 STS－97 与空间站对接。在 STS－97 离开后，12 月 26 日，吉津科重新利用 TORU 系统使进步 M1－4 号飞船与空间站再次对接。

5 月 23 日，进步 M1－6 号飞船成为第一艘与国际空间站对接并安装微重力加速度测量系统（MAMS）（测量对接后空间站的振动干扰）的货运飞船。11 月 28 日，进步 M1－7 飞船与空间站对接时仍然存在问题，尽管接近过程很正常，但只完成了软对接却无法完成硬对接（刚性连接）。在重新安排了每日行动计划后，乘员组的任务从为进步号飞船卸货变成了一次舱外活动。这次舱外活动是为了检查一个通过重放进步号飞船传来的对接接近录像而发现的 U 形物。这很可能是 11 月进步 M－45 号飞船对接后在对接锥上留下的 O 形密封圈或一段电缆，从而阻止了硬对接。12 月 3 日，V·杰茹罗夫（V. Dezhurov）和 M·秋林（M. Tyurin）进行了舱外活动，他们报告说从对接口中找到了一个缠绕的密封圈，是它阻止了进步 M1－7 号飞船与空间站的对接，它是进步 M－45 号飞船主动对接单元留下来的。飞行控制中心的控制人员发出指令，让进步号飞船伸出其对接探杆以提供一段 395 mm 可用空间，杰茹罗夫和秋林利用切割工具（利用空间站内闲置的物品制作）剪断了阻碍物并且除掉了残留物。在他们完成了清除工作后，进步号飞船收回了探杆成功完成了硬对接。

图 5－6　一艘进步号货运飞船接近空间站对接口

2002 年 9 月 14 日，进步 M－46 号飞船与国际空间站解除对接后，并没有立即为再入进行轨道机动，而是通过一次发动机点火转移到 401 km×360 km 的轨道，工作在自由飞行的模式下。俄罗斯报道说这是利用飞船上的摄像机监视自然灾害和早些时候发生的使莫斯科好几天笼罩在烟雾中的人为火灾。该飞船在飞行了 1 718 圈后，于 2002 年 10 月 14 日再入大气层。进步 M1－9 号飞船于 9 月 25 日发射，两天后（正常程序）它并没有与国际空间站对接，而是跟随空间站飞行（自动模式下），从而测试进步号飞船与星辰号服务舱的 Kurs 交会系统。这些测试确认了系统的可靠性，进步号飞船于 9 月 29 日与空间站对接。它所携带的 845 kg 燃料只是承载量的一半，这可能反映了实际需求而不是运载能力。

2003 年 2 月 2 日，STS－107 哥伦比亚号航天飞机失事的第二天，进步 M－47 号飞船飞往国际空间站，实现了为国际空间站运行所作的承诺。它携带了 2.5 t 食物（足够 3 个月使用）、水、燃料和给乘员组的小礼物包，于 2 月 4 日与国际空间站对接，这是 2003 年已经列出的进步号飞船 3 次对接计划中的第一次。

5.8　进步号飞船硬件的应用

俄罗斯利用经过飞行考验的进步号飞船硬件对大量的项目进行了评估，但其中的很多项目并没有成功地从设计变为现实。

5.8.1　Gamma 号卫星

1990 年 7 月 11 日，一个大气物理学研究任务从一艘进步号飞船的发射开始，飞船推进舱支撑了一个大的伽马射线实验装置 Gamma 号。这个飞行器是由空间站舱体的设计演化而来的，该空间站舱体基于 20 世纪 60～70 年代发展起来的联盟号飞船。然而，并没有打算让 Gamma 号与空间站对接，它携带的一个望远镜占据了飞船货舱中安装对接系统的位置。

　　有关这颗卫星的历史应追溯到 20 世纪 60 年代中期，随着研究以联盟号飞船为基础的组装空间站的舱体而开始。1972 年开始生产设备，1974 年法国参与到这个科研项目中。1976 年 2 月 17 日，Gamma 号（19KA30）被列入到一项政府决议中，这项决议批准了 DOS 7 和 DOS 8（和平号）空间站项目。Gamma 号是一个有人照看的自由飞行器，通过特意安排的单独的联盟号飞行任务，每隔 6 个月与其对接一次，完成更换胶片盒、维修或更换设备等任务。到 1982 年，该卫星的质量增加了，由于大部分的联盟号飞船都被用来满足和平号空间站的需求，因此所有有人照料的设备都替换成了自动系统。原定于 1984 年发射这颗卫星，但是一系列的技术问题使发射延期至 1990 年（大概是在设想提出后的第 25 年）。

　　Gamma 号卫星的尺寸（长 7.7 m，直径 2.7 m）类似于进步号飞船，这样它能适应发射整流罩。其质量为 7 320 kg，携带 1 700 kg 的科学设备，其中望远镜为 1 500 kg。Gamma 研究项目（由苏联、法国和波兰合作）包括 Gamma－1 望远镜（范围为 50 MeV～6GeV）、Disc M 望远镜（范围为 20 keV～50 MeV）和 Pulsar X－2 望远镜（范围为 2～25 keV），为了能同时观察太空的各个区域，设备轴对称地安装在飞船上。其太阳电池阵采用电机驱动（与进步号飞船不同），总面积为 36.5 m²，最大功率为 3.5 kW。飞船运行在 382 km × 387 km 的轨道上，倾角 51.6°。1992 年 2 月 28 日，Gamma 号离轨，并于在轨运行 1 388 天后再入自毁。

　　由于 Gamma－1 望远镜的一个电源故障使得整个任务中角度分辨率只能达到 10°，致使科学计划受到阻碍。不过研究仍然继续进行，研究了 Vega 脉冲、银河系中央区域、天鹅座双星（Cygnus binaries）、位于 Taurus 和 Her X－1 的 Heming 伽马射线源。曾希望 Gamma 号能够确定 COS－B 源和在太阳活动期内获得高能辐射的信息，然而在 Gamma 号为期两年的任务期内，Gamma－1 望远镜没有获得任何显著的科学成果。

5.8.2　Aelita 号卫星

能源联合体曾有计划研制以进步号飞船为基础的一系列科学卫星，但都没有付诸实施。其中有一个曾打算发射的深冷红外望远镜 Aelita 号。

5.8.3　地球观测卫星

这些飞船的基本设计也都用来改装成遥感装置，但只是处在研发阶段。其中一个方案（在 20 世纪 90 年代初由能源联合体开发）是作为一种 10 t 级低轨（400～800 km）平台，采用太阳同步轨道，可安装设备总质量为 1.4 t，可用电源 2 kW。其设备包括侧视雷达、一个电视摄像机、一个扫描辐射计以及一个视频光谱仪。该卫星平台计划工作 3～5 年，数据通过中继卫星直接传至地面站。由于该计划的资金没有到位，因此计划不早于 1996 年利用天顶号火箭发射。

5.8.4　苏联的星球大战计划

苏联也计划了一连 5 艘进步型飞船的飞行，这被认为是等同于星球大战计划的飞行项目（1976 年得到批准）。作为这项计划的一部分，能源联合体致力于两种以 DOS 空间站为基础的"战斗空间站"，它仅能提供周期性访问，每次访问时间为 7 天。这些空间站装载的轨道机动用推进剂远远超过普通的 DOS 空间站。其中一种类型的空间站将安装能够摧毁低轨道目标的激光武器，另一种（Kaskad（17F111））将携带能够摧毁中等高度和同步轨道目标的导弹。1998 年《宇航新闻》刊登的一篇文章披露，能源联合体曾计划使用进步型飞船来测试部署在 Kaskad 上的反卫星导弹。能源联合体的工厂开始建造了 5 艘这样的飞船，编号为 129～133，但当计划取消后，它们被改造成为普通的进步号货运飞船（有着不同的序列号）。

5.9　国际空间站的对接舱

在暴风雪号航天飞机还处于设计研究阶段时，曾有一个对接适配器的设想，它允许航天飞机与其他在轨载人飞船对接（在1995年到1997年间，NASA通过同样的方法让航天飞机与和平号空间站对接）。俄罗斯曾经制造了一个验证型对接适配器以用于计划中的暴风雪2号航天飞机与联盟TM号飞船的对接，但从未付诸实施。暴风雪号航天飞机的对接适配器包括两个部分，一个是球形的部分（直径2.55 m），用螺栓固定在轨道器的龙骨上，它有两个舱门，分别用于进入暴风雪号乘员舱和一个空间实验室型（Spacelab-type）的研究舱，或者用作舱外活动出口和载荷舱入口；在这个球的上方是一个圆柱形的通道（直径2.2 m），通道上方是一个用于与第二艘飞船进行对接的APAS对接系统。

为了适用于和平2号空间站，改进型对接适配器将由一艘进步M号货运飞船携带，当运达空间站后，飞船将与适配器分离。在这里，暴风雪号航天飞机对接舱的核心球体结构部分将保留，轨道舱/货舱的前端部分包括进出舱的舱门将加到该结构的最上方。位于尾部的圆柱形通道部分可用于进行舱外活动，或对接另一艘飞船。这个为和平2号空间站设计的用于国际空间站的对接舱于2001年发射。和平2号空间站的对接舱将具备气闸舱的功能并且为暴风雪号航天飞机提供APAS对接口。

5.9.1　1号对接舱

1号对接舱（DC1）也被称为国际空间站4R（Filght ISS 4R）舱，即所谓的Pirs舱，于2001年9月14日发射。其质量为3 600 kg，长为4.85 m，直径为2.6 m。9月17日它对接在星辰号舱的底端（面向地球的）对接口。其服务舱段通过一个短的过渡段来连接，9月26日服务舱段从DC上分离，并于当日离轨。1号对接舱同时还携带了800 kg的补给品，它们后来被运进空间站，其中还包括第二个Strela货物桁架和一套附加的 Orlan M 航天服。据《宇航新闻》记载，Pirs 舱的质量为 3 676 kg，长为 4.907 m，最大直径为 2.55 m。

Pirs 舱的前端对接口包括一个主动 SSVP－M 系统（杆－锥式和周边式混合系统），后对接口为一个被动 SSVP（标准的杆－锥式）系统，能够允许联盟号或进步 M1 号飞船对接，具备向星辰号舱的贮箱输送推进剂、水和空气的功能。这样联盟号飞船就没有必要再为新到或替换的飞船腾出对接口而改换其对接口了。

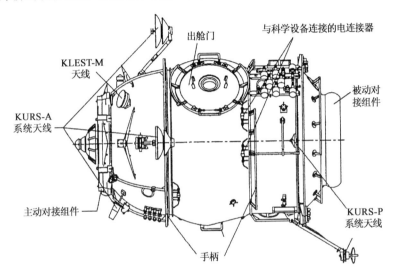

图 5—7　2001 年 9 月安装在国际空间站的 Pirs 对接气闸舱

Pirs 舱的硬件设备于 1988 年开始在能源联合体建造，于 2000 年完成。在与推进舱装配后，于 2001 年前 6 个月完成了电接口测试；于 7 月 11 日完成了装船前硬件测试，7 月 16 日运抵拜科努尔进行发射准备并安装在联盟 U 运载火箭上。总共生产了 3 个 Pirs 舱：一个是飞行产品（DC1），一个是用于在水池中进行舱外活动模拟训练的，一个是用于航天员平时训练的 1g 训练器。在星辰号服务舱的底端对接口，原先打算安装一个更大的通用对接舱（UDM），考虑到 Pirs 舱不能与 UDM 对接，还要发射一个新的对接舱段，对接在 UDM 上的径向对接口上，因此放弃了 UDM 计划。目前（2002 年）

的计划是将 Pirs 舱从星辰号服务舱的底部重新安装在星辰号服务舱顶部的对接口，然后把科学能量平台（Science Power Platform）安装在 Pirs 舱的顶部。因此就没有必要造一个替换 Pirs 舱的对接舱段了。2001 年 6 月 22 日，能源联合体的副总设计师 Y·格里戈列夫（Y. Grigoryev）说，由于费用低，Pirs 舱将胜过由质子号运载火箭发射的 UDM。位于莫斯科的技术和战略研究中心（CAST）指出，与联盟 U 运载火箭一次发射费用为 5 500 万美元相比，发射一次质子号火箭的费用为 7 000 万～7 500 万美元。

5.9.2　2001 年～2002 年国际空间站基于 Pirs 舱的舱外活动

　　Pirs 舱能提供星辰号服务舱的主体与飞船间附加的对接空间，对接后的飞船可能将停留在空间站舱外数年时间。Pirs 舱同样为俄罗斯的舱外活动提供出舱用气闸舱（只使用 Orlan 航天服），Pirs 舱的球体部分两边各有一个 1 m 的舱门。舱门的选择取决于舱外活动航天员经过 Pirs 舱的方向。每一扇门都向内开启，虽然有利于减小开门对铰链的拉力（1990 年 7 月和平号空间站的量子 2 号的舱门由于拉力大而损坏了），但却限制了气闸舱内的容积。基于 Pirs 舱的舱外活动情况详见表 5—4。

表 5—4

序号	舱外活动日期	持续时间（时：分）	ISS 舱外活动次数	舱外活动航天员	任务编号/舱外活动
1	2001 年 8 月 8 日	04：58	27	杰茹罗夫，秋林	EO-3/1
	竖起天线和 Pirs 舱的对接靶标；从 Pirs 舱出去的第一次舱外活动；第一次在没有航天飞机停靠的情况下进行舱外活动；自 1965 年 3 月上升 2 号飞船以来苏联/俄罗斯的第 100 次舱外活动				
2	2001 年 10 月 14 日	05：52	28	杰茹罗夫，秋林	EO-3/2
	在星辰号服务舱上放置 Kromka 样品探测器、MPAC 和 SEED 设备；取下俄罗斯旗帜，升起商业标语				
3	2001 年 11 月 12 日	05：04	29	杰茹罗夫，秋林	EO—3/3

续表

序号	舱外活动日期	持续时间（时：分）	ISS 舱外活动次数	舱外活动航天员	任务编号/舱外活动
	从 Pirs 舱到国际空间站内部布设电缆；检查太阳电池阵				
4	2001 年 12 月 3 日	02：46	30	杰茹罗夫，秋林	EO－3/4
	没有事先计划的舱外活动，从 Pirs 对接舱中除掉阻碍对接的橡胶圈以允许进步 M1－7 号飞船对接				
5	2002 年 1 月 14 日	06：03	32	奥努弗连科，（Onufrienko）沃尔兹（Walz）	EO－4/1
	完成 Stela 单元的组装；安装业余无线电用天线				
6	2002 年 1 月 25 日	05：59	33	奥努弗连科，沃尔兹	EO－4/2
	安装 6 个发动机导流片；装配 4 个及回收 1 个实验组件；安装导向标及安装业余无线电用天线				
7	2002 年 8 月 16 日	04：25	42	科尔尊（Korzun），惠特森（Whitson）	EO－5/1
	由于 Orlan 航天服上的氧气控制阀调节失误导致延误 1 小时 43 分钟，两名航天员将第一批 6 个（计划 23 个）微流星体碎片防护罩从临时的存放地搬至国际空间站星辰号服务舱周围的永久位置；由于舱外活动开始受到延误，原计划整修 Kromka 设备的工作被推迟至下一次舱外活动				
8	2002 年 8 月 26 日	06：00	43	科尔尊，惠特森	EO－5/2
	安装曙光号舱的舱外活动用框架；安装日本的材料样本、未来舱外活动用的辅助绳索和两个业余无线电用天线				

5.9.3　进步号飞船的货运量

　　进步号飞船运往礼炮 6 号空间站、礼炮 7 号空间站、和平号空间站和国际空间站的所有货物质量见表 5－5。

表5-5　　　　　　　　　　　　　　　　　　　　　　　　　　　　　　　　　　　　kg

进步号飞船（1978年~1990年）						进步M号飞船（1989~2003年）					
礼炮6号		礼炮7号		和平号		和平号		和平号		国际空间站	
进步1号	2300	进步13号	2116	进步25号	2482	进步M-1号	2682	进步M-23号	2207	进步M-44号	2542
进步2号		进步14号	1981	进步26号	2405	进步M-2号	2726	进步M-24号	2355	进步M-45号	>2530
进步3号		进步15号	1969	进步27号	2406	进步M-3号	2643	进步M-25号	2380	进步M-46号	2580
进步4号	1902	进步16号	2136	进步28号	2084	进步M-4号	2689	进步M-26号	2388	进步M-47号	2568
进步5号	2300	进步17号	1968	进步29号	2227	进步M-5号	2594	进步M-27号	2390		
进步6号		进步18号	1879	进步30号	18856	进步M-6号	2546	进步M-28号	2379		
进步7号		进步19号	2094	进步31号	2441	进步M-7号	2542	进步M-29号	2382		
进步8号		进步20号	2376	进步32号	2341	进步M-8号	2693	进步M-30号	2325		
进步9号		进步21号	2080	进步33号	2082	进步M-9号	2730	进步M-31号	2410		
进步10号		进步22号	2126	进步34号	2324	进步M-10号	2624	进步M-32号	2402		
进步11号		进步23号	2267	进步35号	2273	进步M-11号	2576	进步M-33号	2200		
进步12号	>1600	进步24号	1977	进步36号	2237	进步M-12号	2748	进步M-34号	2430		
		K1669	2254	进步37号	2305	进步M-13号	2752	进步M-35号	2425		
				进步38号	3393	进步M-14号	2532	进步M-36号	2501		
				进步39号	2242	进步M-15号	2558	进步M-37号	2492		
				进步40号	1993	进步M-16号	2598	进步M-38号	2377		
				进步41号	2238	进步M-17号	2604	进步M-39号	2437		
				进步42号	2409	进步M-18号	2192	进步M-40号	2552		
						进步M-19号	2249	进步M-41号	2438		
						进步M-20号	2210	进步M-42号	2419		
						进步M-21号	2385	进步M-43号	2174		
						进步M-22号	2363				

续表

kg

进步 M1 号飞船（2000 年～　）

和平号		国际空间站		国际空间站	
进步 M1－1	2576	进步 M1－4	2434	进步 M1－7	2468
进步 M1－2	2271	进步 M1－5	2420	进步 M1－8	2407
进步 M1－3	2500	进步 M1－6	2478	进步 M1－9	?

	总质量	平均质量
用于礼炮 6 号空间站的进步号飞船	10 232	2 046
用于礼炮 7 号空间站的进步号飞船	27 223	2 094
用于和平号空间站的进步号飞船	40 637	2 258
用于和平号空间站的进步 M 号飞船	106 299	2 472
用于和平号空间站的进步 M1 号飞船	7 347	2 449

5.10　小　结

在过去的 25 年中，由联盟号飞船改造而成的进步号飞船通过运送固体货物、气体和液体、协助抛弃不需要的设备和垃圾，维持了 4 个空间站的运行。它同样支持了多次舱外活动和单独的试验，并与美国航天飞机一起在维持国际空间站的运行方面（提供补给和组合体推进），继续扮演着十分重要的角色。与联盟号飞船一样，在未来的 10 年甚至在整个国际空间站的寿命中，它将继续为载人航天作贡献。

目前一次进步号任务的费用是 2 300 万美元（飞船 600 万美元、运载 1 700 万美元），每一艘飞船制造期为 18 个月，但进度能够加快。在哥伦比亚号航天飞机失事后，为了确保给国际空间站运送补给，进步号飞船发射的频度加快了。

参 考 文 献

〔1〕　David S. F. Portree，*Mir Hardware Heritage*，NASA RP－1357，March 1995：Part 3，'Space Station Modules'，pp. 155－161.

〔2〕　Hall，Rex D. and Shayler，David J. ，*The Rocket Men*，Springer－Praxis (2001)，pp. 265－275.

〔3〕　Shayler，David J. ，*Skylab：America' s Space Station*，Springer－Praxis (2001) .

〔4〕　Glushko，Valentin P. ，*Kosmonavtika Entsiklopedia*，Soviet Encyclopaedia，1985.

〔5〕　Linenger，Jerry M. *Off the Planet*，McGraw Hill (2000)，pp. 154－162.

〔6〕　See *Spaceflight*，August 1990，p. 255.

〔7〕　Oberg，James，*Pioneering Space*，Newkirk，p. 360.

〔8〕　*Aviation Week and Space Technology*，10 June 1991，p. 44.

〔9〕　RKK Energiya history，1，p. 345－349.

〔10〕　　Harland，David，*The Mir Space Station*，Wiley－Praxis，{year?}，p. 168.

〔11〕　Burrough，Bryan，*Dragonfly*，Harper Collins，New York，1998，pp.
　　　　156—165.

〔12〕　RKK Energiya history，1，p. 419.

〔13〕　Hendrickx，Bart，'From Mir 2 to the ISS Russian Segment'，*The In-
　　　　ternational Space Station：from Imagination to Reality*，British Inter-
　　　　planetary Society，2002，pp. 30—34.

〔14〕　*Space News*，2 July 2001.

第6章　联盟T号飞船（1979年～1986年）

1979年12月，作为服务于第二代礼炮号空间站的下一代载人运输飞船，联盟家族的新成员出现了，即被称为联盟T的运输飞船。联盟T号飞船比前期的运输飞船有多处改进，对支持空间站计划中的长期飞行任务具有更强的灵活性和可靠性。

6.1　联盟T号飞船的作用

设计这个联盟家族新成员是为了将其作为在轨空间站的运输器。由于增加了太阳电池阵，可使飞船进行更长时间的独立飞行，因此如果初始对接失败，可以进行再次尝试；它还可以承载3人乘员组，这对于在较大的空间站上进行有效的操作是必需的（乘员在每次飞行的发射与返回阶段，将继续穿着Sokol航天服）。

6.2　联盟T号飞船的起源

联盟T号飞船的设计可追溯到1968年批准的7K－S项目，7K－S是与联盟VI军用空间站进行对接的载人运输飞船。尽管该项目在1970年2月被撤销，但运输飞船幸免于此。这种运输器有两种类型，即两人空间站运输飞船和单独的探测器。S意味着"专用的"，用那个年代的术语来说，就是军用的意思。7K－S引人关注就在于它是第一艘带有内部运输通道的探杆/靶标对接机构的联盟号飞船，后来研制的7K－T（"联盟10型"）沿用了该设计。为了国防部的利益，在联盟VI计划被取消后，焦点似乎转移到单独任务上来，运输类型的计划被搁置下来。在联盟VI计划未被撤销时，虽然优先考虑的是运输类型，但已经有了 7K－S"单独"类型的多种方案，即为短期飞行的 7K－S－I（11F733）和为长期飞行的 7K－S－II（11F734）。

1972 年 8 月 11 日，公布了 7K－S 运输飞船最初设计的补充方案，该计划由一系列的飞行试验和试验船组成，即先是多达 4 次的无人飞行试验，然后是 2 次载人飞行和 2 次"涉及军事行动的"飞行试验。1972 年 8 月，计划中的一个变化是将飞行人员的数量由 3 人减少到 2 人。这是由于联盟 11 号飞船的事故直接影响到了安排 7K－T 和 7K－S 飞行的航天员人数。到 1974 年 5 月为止，新型飞船的 3 艘试验飞船已经装配完成并进入了最后的生产阶段。

由于面临重组，1974 年夏天的那几个月对于苏联的航天计划是一个考验。5 月 19 日，N1 月球探测器的所有发射被中止，接着 6 月 25 日中止了 N1－L3 的工作，令人失望的苏联载人月球计划实际已告结束。此外，在 1974 年 5 月 22 日，TsKBEM 与 KB EnergoMash 合并，组建了被称为 NPO 能源联合体（NPO Energiya）的新组织，由 V·格卢什科接替 V·米申成为总设计师。

1974 年 6 月 21 日，负责检查整个国防工业和推行航天政策的政府部门——军事工业委员会颁布了一条政令，要求成立国家委员会（主席 A·G·卡拉斯，副主席 G·季托夫），负责检查飞船的飞行试验情况，加速运输类型飞船的研制。这是航天计划的一个重大转折点。到了 1974 年，军方似乎对联盟 T 号飞船的单独探测飞行失去了兴趣，焦点又一次转移到将联盟 T 号飞船作为运输器的应用上来。一些为单独飞行计划进行的实验项目被转移到空间站项目中来，从此不再采用由 7K－S 计划开始使用的项目编号 11F732。新型飞船的内部系统进行了很大的修改，使它与最早的 7K－S 有了根本的不同，在旧有的外形下面实质已经是一个全新的飞船了。1975 年，对该设计进行了进一步的修改，使飞船的承载人数增加到 3 人，而且乘员要身穿 Sokol KV－2 航天服（这种航天服比 1973 年 9 月联盟 12 号飞船首次采用的航天服有所改进）。

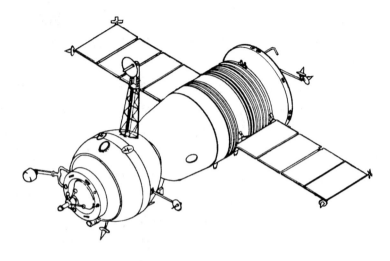

图 6-1　联盟 T 号飞船（1979 年～1986 年）

6.3　有关飞行试验（1974 年～1980 年）

　　20 世纪 70 年代，西方的分析家们尽可能地将宇宙号飞船的飞行与载人计划关联起来；但是直到 1979 年的第一艘联盟 T 号飞船，这些神秘的宇宙号任务才在这种新型联盟号上最终得以实现。因 7K-S 试验飞船已经建造完成并存储在拜科努尔，故决定发射 3 艘以宇宙为代号的飞船，用来测试一些将来在联盟 T 号飞船中工作的系统和技术。虽然 1974 年 6 月已将发展方向定位在运输类型，但仍然决定发射 3 艘现有的 7K-S 试验飞船。虽然决定发射它们是为了进行某些系统的测试，但当时这 3 艘已经研制完成的 7K-S 飞船并没有考虑到运输功能的需求变化。

　　第一艘试验飞船宇宙 670 号（7K-S（1L））于 1974 年 8 月 6 日发射，这艘苏联载人飞船采用了新的轨道倾角 50.6°，经过非计划的弹道式再入，历经了 3 天飞行于 8 月 8 日回收，未执行任何操作。这次飞行处在拜科努尔的发射繁忙期间，6 天后进入到第二艘联盟号飞船（宇宙 672 号）的最后准备阶段，该船对 ASTP 系统进行了试验；8 月 26 日发射了第三艘飞船（联盟 15 号）并与军用礼炮 3 号（钻石号）空间站进行了对接。第一艘试验飞船的飞行倾角为 $50.6°$，这对于载人飞船来说是全新的，这是因为联盟号运载火箭具有了更大的运载能力。

第二艘试验飞船宇宙 772 号（7K－S（2L））于 1975 年 9 月 29 日发射，也是在飞行 3 天后回收。这一次执行了一系列的轨道机动任务。最后一艘试验飞船宇宙 869 号（7K－S（3L））飞船于 1976 年 11 月 26 日发射。该项任务计划持续 8 天，但由于某些问题延长到 18 天（因此与联盟 9 号飞船的纪录持平）。宇宙 869 完成了更为复杂的机动，于 12 月 17 日回收。

飞船入轨后大约有两天的时间不能进行通信。分析结果表明，这是由于飞行开始时的某一个发往飞船的指令串使一个内置的专为军事应用设计的安全系统关闭了和地面的所有通信。按照预期，两天后飞船便"回复"了地面。但是，还存在一个红外垂直敏感器的问题，最后决定继续执行任务，按原先的计划完成飞行任务。第一艘联盟 7K－ST 飞船于 1978 年 4 月 4 日发射，即宇宙 1001 号（7K－ST（4L））。但该次飞行被许多问题所困扰，飞船于 4 月 15 日即 11 天后着陆。

最初，7K－ST 运输类型飞船计划有 3 次单独的飞行试验：2 次无人（4L 和 5L，L 表示与模型或测试样机不同，是可用于飞行的），1 次载人（6L）。1978 年，为了执行单独的飞行试验任务，3 个乘员组（马雷舍夫和阿克谢诺夫、基济姆（Kizim）和马卡罗夫、拉扎列夫和斯特列卡洛夫）开始了训练。但是，到了 1978 年年底（宇宙 1001 号（4L）之后的几个月），计划发生了一些改变。这与接替 K・布沙耶夫成为联盟 T 号飞船总设计师的 Y・谢苗诺夫（Y. Semyonov）的想法有关（布沙耶夫于 1978 年 10 月去世）。尽管研制 7K－ST 的目的是运送人员，但飞行试验的重点一直放在执行单独军事任务的能力上，谢苗诺夫想解决这个矛盾。因此他改变了飞行试验计划，即：一艘无人飞船单独执行任务，模拟长期对接状态（5L）；一艘无人飞船（6L）和礼炮6号空间站对接；两艘载人飞船和礼炮6号（7L和8L）空间站对接飞行。值得注意的是，尽管重心在1974年已经转移到运输功能上，但军方仍继续负责整个无人试验。1979年5月10日，军事工业委员会决定将联盟T国家委员会的掌控权由国防部移交到通用机械制造部，部长是K·克里莫夫。

宇宙1074号（7K－ST（5L））于1979年1月31日发射，是联盟T号飞船以宇宙号命名的第二次也是最后一次飞行。这艘飞船扩展了轨道保持试验，在轨连续飞行了60天。该次任务原计划飞行90天，但是由于技术上的原因被削减到了60天。

经过以上5次飞行后，1979年年底，接下来的一艘飞船（7K－ST（6L））和礼炮6号空间站（当时是无人的）协同完成了全系统和全过程的飞行试验。这艘飞船被冠名为联盟T号。下面介绍联盟T号飞船最初的飞行任务。

1979年8月19日，礼炮6号空间站的第三个驻留乘员组（利亚霍夫和留明）结束了破纪录的175天飞行离开空间站，乘联盟34号飞船返回地球。9月，K·费奥季斯托夫汇报说，应该对礼炮6号空间站的状态进行一次评估，以确定其是否还能支持进一步的载人飞行。在轨两年后，它已经支持了96天、140天、175天的长期驻留任务和4次短期访问任务，7次进步号货运任务和3次舱外活动任务，成为迄今为止最为成功的礼炮号空间站。除了一个全新的联盟号飞船即将问世外，新的乘员组成员也正在受训，以期在春季登上礼炮号空间站。

1979年12月16日，在无人的礼炮6号空间站飞过发射基地上空73分钟后，联盟T号飞船离开发射台准备进行最后的无人飞行试验。两天后，飞船逼近了礼炮6号空间站，但它越过了目标，飞行到礼炮6号空间站的上前方，而不是预计的"后下方"。在联盟T号飞船机动到正确位置并进行再次对接前，将会有24小时的时间。12月19日的再次尝试对接准确无误，联盟T号飞船与礼炮6号空间站

的前端对接口对接。6 天后，在圣诞节的那一天，联盟 T 号飞船的
发动机点火，将空间站的轨道高度由 342 km×362 km 提升到
370 km×382 km。联盟 T 号飞船与礼炮 6 号空间站保持对接达 95
天，进行了系统和存储能力的试验，同时还进行了接收新乘员组的
试验。3 月 24 日飞船与空间站分离，接着进行了 48 小时的独立飞行
试验，飞船的返回舱于 3 月 26 日在哈萨克斯坦被回收，从而确认了
飞船可以进行载人飞行。

6.4 联盟 T 号飞船的升级

表面看来，联盟 T 号飞船和以前的飞船类似，有包含对接和内
部传输装置的轨道舱、供 3 名穿航天服的航天员居住的返回舱、实
现轨道机动的推进舱和为飞行提供电能的一对太阳电池阵。如果在
前两天对接失败而能源没有完全丧失的情况下，联盟 T 号飞船的设
计工作寿命为 14 天，在更换下一艘飞船前有 180 天的在轨存储寿
命。发射这些飞船的运载火箭是联盟 11A511U，而从联盟 T－12 号
飞船开始都用 11A511U2 发射。

6.4.1 轨道舱

轨道舱和以前相比改动很小，尽管据报道它可以留下来继续与
礼炮号空间站对接，以用作额外的存储空间（5 m³）。这一点在至少
两次飞往礼炮 6 号空间站的任务中得到了验证（联盟 T－3 号和联盟
T－4 号）。当时，脱离了飞船的轨道舱附着在礼炮号空间站的对接
口上有几个小时，然后才被丢弃，通过美国的测控网可以确认这些
情况。作为选择，轨道舱可以在离轨点火前被抛掉，因此可以减少
10% 的推进剂携带量，在任务末期大约有 250 kg 的推进剂就够了。
也就是说，这就允许自 1971 年以来首次搭载 3 名航天员（包括生命
支持系统和航天服），或两名航天员并携带 100 kg 的额外货物。对
接设备仍是一个质量较小的杆－锥式组件，采用 Igla 交会系统。

有报道说，联盟 T－3 号和联盟 T－4 号飞船的轨道舱在与返回舱/推进舱分离后仍暂时停留在礼炮 6 号空间站，但这点从未被俄罗斯确认。当参与那些飞行任务的航天员在某些场合被问及这些报道是否属实时，他们对此都加以否认。这些报道的一个可能的解释是，北美防空联合司令部在返回舱返回后追踪轨道舱，并认为它们已经与礼炮 6 号空间站分离；但事实上是它们在制动点火前不久就已经与返回舱/推进舱分离了。这就提出了一个问题，即何时开始有了此项技术。一些西方言论表明，联盟 T 号飞船的几次无人宇宙号试验飞行已经验证了这种能力。如果这项技术在联盟 T－3 号飞船上被采用，那么这个误解就完全可以解释了，因为在那之前，北美防空联合司令部从未看到过轨道舱在制动点火后仍停留在轨道上。

1981 年的联盟 T－4 号任务中，在联盟 T－4 号飞船返回前，宇宙 1267 号飞船于 1981 年 4 月 25 日发射。但是俄罗斯人会冒在宇宙 1267 号飞船已经起飞将与礼炮号空间站对接时而让联盟 T－4 号飞船的轨道舱留在同一对接口的险吗？是否轨道舱在制动点火前分离就是因为 3 人乘员组的原因（也许不是唯一的原因），答案并不清楚。似乎主要采用轻的船载系统就可以达到这一点，还有一些其他的因素，比如采用联盟 U 运载火箭和返回舱的重新配置。在联盟 12 型飞船上，第三个座位被在失压情况下的应急供氧系统所取代，而在联盟 T 号飞船上，则配置了第三个座位。《能源联合体史志》中有对联盟 T 号飞船的详细描述，但是没有提到制动点火前飞船轨道舱的分离。最后，在 1988 年联盟 TM－5 号飞船失事后，引进了制动点火后分离轨道舱的老技术，但这并没有阻止 3 人乘员组在后续的联盟 TM 号任务中的飞行。

6.4.2　返回舱

联盟 T 号飞船的返回舱的一个显著特点是有一个新的窗口外层玻璃，它可以在再入后被抛掉，以使在降落伞下降和着陆后提供更清晰的窗口。以前乘员就曾报告过，返回舱的窗口从再入烧蚀开始便会变黑。改进后的 Sokol 航天服质量只有 8 kg，采用了更多的塑料，它变得更轻和更加富有弹性，还有一个增强了可视性的头盔。虽然这种航天服不是专门为舱外活动而设计的，但它仍可以在从联盟号飞船的轨道舱出舱到另一艘飞船的应急情况下保护航天员（尽管这种情况从未在联盟 T 号任务中发生过）。

其他为乘员组而做的准备包括为加大安全裕度和应付更多的货运能力而改进的逃逸塔。这个逃逸塔比原来的要重，但它会更早地被抛掉（是在发射后 123 秒，而不是 160 秒）。它采用改进的固体火箭发动机，在发射出现故障的情况下能把返回舱/轨道舱推到更高的高度。也就是说，这使得在返回舱下降过程中采用主降落伞而不是备份伞（可靠性差一些）成为可能。设计逃逸系统自动装置时甚至考虑了风向，以确保返回舱着陆时不会落在发射台附近。此外，飞船的返回舱上还采用了一组 6 台软着陆发动机，而不是早期联盟号飞船的 4 台发动机。

Chayka（海鸥）飞行控制系统以集成电路芯片为特色，在体积和质量上都减小了。该系统还包含了 1 台 BTSVK 数字计算机，比早期联盟号飞船的自动化程度要高，尽管实际上在某些场合乘员组不得不从采用自动系统而改为手动操作。这种 Argon 16（有16kbyte 的内存）计算机，曾在礼炮 4 号空间站上使用过，在正常飞行条件下可以减少对地面计算机和测控站的依赖（但乘员组需要有飞行数据手册作为备份支持）。Argon 16 在返回舱和飞行控制中心同时显示数据，而且在可靠性、容量和速度方面都有所增强。

另一个新增加的部分是乘员舱的控制面板，它包含阴极射线管显示器。星下点轨迹显示器（飞船相对地球的位置被绘制出来）从控制面板的左手边移到右手边，在控制面板左边箱子里存放的模拟程控器连同许多压力计的刻度盘一起被取消了。它们被成行的按键或信号显示面板所取代。当乘员们穿着航天服或被束缚在坐椅上的时候，可以利用"操作棒"对控制面板进行操作。当联盟 T 号飞船出现时，西方新闻界将这些改进和真实的"驾驶"能力与更复杂的双子星座号飞船和阿波罗号飞船相比较。联盟号飞船仍靠 Vzor 潜望镜系统来确定飞船的姿态，还没有像安装在美国飞船上那样的"8球"地平指示器。

6.4.3　推进舱

由于对联盟 T 号飞船的推进子系统进行了重大的改进，因此它类似于进步号飞船。小推力姿态控制推进器完全与主推进系统相结合，两个系统都由同一推进剂（N_2O_4/UDMH）源供给，这是因为导致某些早期的联盟号－礼炮号对接故障的原因是推进剂不能从姿态控制系统转移供应主推进系统。主发动机的推力已经被减少到3 090 N，能在真空中工作 305 秒。有一组 14 个约 137 N 推力和另一组 12 个约 25 N 推力的姿态控制发动机用于俯仰、偏航和滚转控制。集成 RCS 和主发动机的设计消除了对离轨中使用单独的备份发动机的需求，因为 RCS 可以实现这项功能。

早期的联盟号飞船的姿态控制推进器和主推进系统不仅采用不同的推进剂供给源，而且采用不同类型的推进剂。姿态控制推进器采用过氧化氢，主推进系统采用硝酸和偏二甲肼。在联盟 T 号飞船上，主推进系统靠压力供给，而不像早期联盟号飞船设计的那样靠涡轮泵供给。联盟 T 号飞船的主发动机的编号为 11D426，而不是 KTDU。

联盟 T 号飞船的推进舱也包括一对太阳电池阵，和 ASTP 中飞船的太阳电池阵类似。这种太阳电池阵的翼展为 10.6 m，比联盟 1号～联盟 11 号飞船的要小一些，$10\ m^2$ 的表面面积可产生 0.6 kW的功率。

6.5　联盟 T 号飞船的训练组（1973 年～1981 年）
　　　（为礼炮 6 号空间站）

到 1980 年夏天，在 6 次无人试验与评估飞行以及联盟 T－2 号

（7K－ST（7L））飞船的 1 次短暂的载人试验飞行之后，计划中的下一艘飞船（7K－ST（8L））将开始业务飞行，执行 1 次和礼炮 6 号空间站对接的短期载人任务。而接下来的联盟 T（7K－ST（10L））或联盟 T－4 号飞船被认为是首次业务飞行。

　　1974 年 1 月，为联盟 7K－S 的飞行组织了 4 个乘员组进行训练，每个乘员组由 1 名驾驶员和 1 名工程师组成：基济姆和阿克谢诺夫，利亚霍夫和沃罗诺夫，马雷舍夫和斯特列卡洛夫，波波夫和布尔达耶夫（Burdayev）。这些航天员一直训练到 1976 年 1 月，此时这个团队中的 4 名被分配在单独的联盟 22 号科学实验任务中工作，该任务受到短暂的关注。其余的 4 名航天员作为联盟 7K－ST 团队继续受训。由于这 4 名成员均为空军航天员，因此空军承受着压力。

　　1976 年 1 月被调到联盟 22 号任务的 4 名航天员是阿克谢诺夫、马雷舍夫、斯特列卡洛夫和波波夫，留下基济姆、利亚霍夫、沃罗诺夫和布尔达耶夫（都是空军）仍属于联盟 T 团队。1976 年春天，沃罗诺夫和布尔达耶夫未能通过能源联合体有关联盟 T 号飞船的考核，从联盟 T 团队中退出（他们后来声称他们是被有意通不过的，因为他们是空军航天员，而能源联合体想在联盟 T 号飞船上选用自己的工程师）。1976 年，利亚霍夫也被调到礼炮 6 号空间站的驻留乘员组受训。1976 年 9 月，联盟 22 号任务的 3 名航天员（阿克谢诺夫、马雷舍夫和斯特列卡洛夫）又重回联盟 T 团队，但是波波夫被调到礼炮 6 号空间站的驻留乘员组受训（不是国际乘员计划），他和安德烈耶夫一起被安排为联盟 25 号飞船的支援乘员组。因此，在 1976 年年底，联盟 T 团队由马雷舍夫、阿克谢诺夫、基济姆、马卡罗夫和斯特列卡洛夫组成。1977 年拉扎列夫加入。

　　1978 年，3 个 2 人乘员组被确定为联盟 T 号飞船的载人试验计划受训，他们是马雷舍夫和阿克谢诺夫、基济姆和马卡罗夫、拉扎列夫和斯特列卡洛夫。这些航天员被挑选到 7L 飞船执行一次单独的载人任务，但在 1978 年年底该任务被取消，这将有利于飞往礼炮 6

号空间站的两次载人飞行。马雷舍夫和阿克谢诺夫、基济姆和马卡罗夫被安排进行首次载人飞行，拉扎列夫和斯特列卡洛夫（加上波利亚科夫（Polyakov））被安排进行第二次飞行。

这些安排反映了当时的政策（1977年联盟25号飞船对接失败后制定），即乘员组中至少有一名乘员有过飞行的经验。同年，两名航天员医生，波利亚科夫和波塔波夫（Potapov）（有时被称为"Pol Pot"组），开始为获得联盟T号飞船上的研究席位而训练。这是首次出现可能利用第三个座位的迹象。

随后，在1979年宣布了两次飞行试验任务的乘员组名单。联盟T—2号飞船的首发乘员组成员是马雷舍夫和阿克谢诺夫，基济姆和马卡罗夫作为后备。联盟T—3号飞船，首发乘员组成员是拉扎列夫、斯特列卡洛夫和波利亚科夫，伊绍洛夫、鲁卡维什尼科夫和波塔波夫作为后备。

这两次任务都是要访问礼炮6号空间站，联盟T—3号任务中还将包括一项医学研究项目（乘员组中有两名医生）。但是，在1980年5月和6月，联盟T—3号飞船的乘员组有了变动，由于礼炮6号空间站的热控系统发生问题，使得该次飞行的任务改为维修。新的首发乘员组成员改为基济姆、马卡罗夫和费奥季斯托夫，拉扎列夫、萨维尼赫（Savinykh）和波利亚科夫作为后备。支持乘员组成员为伊绍洛夫、鲁卡维什尼科夫和波塔波夫，但他们于1980年9月即在该次飞行前两个月被解散。费奥季斯托夫开始被任命领导该次飞行的维修任务部分，但因1980年11月未通过体检而被斯特列卡洛夫所取代，他是联盟T号飞船训练组的最初成员。

在成功地完成了维修任务后，决定进行与礼炮6号空间站对接的最后一次飞行任务。这为联盟T号飞船的再次长期飞行和对这个空间站的更长远居住提供了一次机会，最后的两次国际乘员访问任务采用原来的联盟号飞船，也飞向这个老空间站。乘员组的安排情况为：祖多夫和安德烈耶夫为首发乘员组，科瓦廖诺克和萨维尼赫为后备乘员组，支持乘员组为伊绍洛夫和列别杰夫，他们已经被指定为新的礼炮号空间站的首发乘员组。飞行前由于体检问题，首发乘员组被替换。联盟 T－4 号飞船的飞行，标志着联盟 T 号飞船用于业务飞行的开始。

　　根据《宇航新闻》中的航天员名录，乘员组被替换的原因是由于礼炮 6 号空间站正接近它的寿命期限，于是决定采用有在礼炮 6 号空间站工作经验的航天员。在科瓦廖诺克的自传里也提到，这个决定是"测验的结果"，表面上是因为祖多夫和安德烈耶夫乘员组未通过测验或做得相对差一些，并没有提及体检问题。更换乘员组的决定由国家委员会于 1981 年 2 月作出，伊绍洛夫从支持乘员组落选，被 A·别列佐沃伊替换。

6.6　联盟 T 号飞船的训练组（1981 年～1986 年）（为礼炮 7 号空间站）

　　1981 年，苏联开始重新组建乘员组，准备乘坐新的联盟 T 号飞船飞往礼炮 7 号空间站。虽然这些乘员在联盟 T 号飞船的乘员组中受过训练，但他们主要的工作重点是在新空间站的运行上，因此重组是有道理的。

　　挑选和培训乘员组成员在方式上的一个变化是他们几个月就会被排序一次。苏联的任务计划者们发现，如果采用旧模式，乘员组成员会过早地达到顶点，因此花了好几个月的时间来组建训练组。1981 年 9 月，伊绍洛夫因体检不合格被别列佐沃伊所取代，因为并不希望解散现有的已经受过高级训练的乘员组。

　　根据《宇航新闻》中的航天员名录里伊绍洛夫的自传，他作为联盟 T－4 号飞船支持乘员组的成员，一直受训到 1981 年 2 月，然后由于体检问题被别列佐沃伊所取代。在别列佐沃伊的自传里写道，他从 1981 年 2 月到 6 月在"礼炮 7 号空间站的训练组"里受训。6 月他被任命和列别杰夫共同执行礼炮 7 号空间站的首次任务，他们于 1981 年 9 月开始参加训练。在列别杰夫的自传里，1981 年 9 月是提到的和礼炮 7 号空间站相关的最早的日期。最初执行 3 个任务的乘员组名单如下。

任务 1：A·N·别列佐沃伊和 V·V·列别杰夫

任务 2：V·季托夫和 G·斯特列卡洛夫

任务 3：V·贾尼别科夫和 A·阿列克桑德罗夫

由于新的空间站计划需要进行长期的飞行任务，所有访问的乘员要从联盟号飞船训练队伍中培养。任务 1 将由两个乘员组来完成。首次访问的首发乘员组是马雷舍夫和伊万琴科夫，基济姆和索洛维耶夫作为后备；第二次访问的首发乘员组是波波夫和谢列布罗夫，瓦休京和萨维尼赫为后备。计划者们将第三个座位分配给两名法国航天员（克雷蒂安（Chrétien）和博德里（Baudry））作为第一个访问乘员组（联盟 T－6 号飞船）。作为下一次的访问乘员组（联盟 T－7 号飞船），任务计划者们挑选了 3 名女性（萨维茨卡娅（Savitskaya）、普罗妮娜（Pronina）和库列绍娃（Kuleshova））为这次飞行受训。在这些飞行任务之前，马雷舍夫由于未通过体检被贾尼别科夫替换，在 1981 年 12 月，库列绍娃（联盟 T－7 号飞船的乘员的最早候选人）被普罗妮娜替换；在 1982 年 1 月的任务 3 中，贾尼别科夫被利亚霍夫替换。

执行任务 2 的乘员组（季托夫和斯特列卡洛夫还肩负沉重的舱外活动任务）中加入了一名载荷专家。因为当时又决定派一名女性参加长期飞行，普罗妮娜被指派参加该乘员组，谢列布罗夫作为她的后备，但由于苏联制定的内部政策，任务压力过重，不适合她飞行，1983 年 3 月（仅仅在发射前 1 个月）她被谢列布罗夫（Sere-brov）替换，萨维尼赫为后备。

一些西方言论表示，普罗妮娜应该参与舱外活动，但舱外活动被指派给了季托夫和斯特列卡洛夫（这是他们在联盟 T－8 号飞船对接失败后再次驾驶联盟 T－10 号飞船的原因）。斯特列卡洛夫在一次访问中提到，普罗妮娜被"调出"的原因是"中央委员会的某些人"担心，如果在舱外活动时遭遇困难，普罗妮娜则将独自留在礼炮 7

号空间站上，她会不知该如何返回。这体现出普罗妮娜所接受的联盟号飞船训练的局限性。《宇航新闻》中的航天员名录里陈述，军事工业委员会的成员反对女性进行太空飞行。20 世纪 80 年代早期的女性航天员计划，实际上是格卢什科的想法，但他并没有得到完全的支持。

1982 年 9 月，马雷舍夫和马纳罗夫（Manarov）被选为联盟T－8号飞船的后备乘员组之一（一起的还有季托夫和斯特列卡洛夫，利亚霍夫和阿列克桑德罗夫。最终把他们分配到任务 4 的首发乘员组）。

任务 3 乘员组计划进行一次访问任务，有 3 个乘员组被指定开始训练：基济姆、V·索洛维耶夫和沃尔克（Volk）组成首发乘员组，瓦休京（Vasyutin）、萨维尼赫和列夫琴科（Levchenko）作为后备乘员组，维克托连科（Viktorenko）、谢瓦斯季扬诺夫和斯坦基亚维丘斯（Stankyavichus）为支持乘员组。在暴风雪号航天飞机计划中，占据第三个座位的都是国内的航天员。他们的任务是获取飞行经验并测试他们的太空反应。着陆后，沃尔克将驾驶装备了暴风雪号航天飞机的飞行控制系统的图－154 飞机，从拜科努尔飞到莫斯科，然后驾驶米格－25 从莫斯科返回拜科努尔。但是，这个任务被取消，在联盟 T－8 号飞船飞行出现问题之后，这些乘员组被解散。

任务 2 乘员组进驻空间站失败以后，对乘员组进行了重组。利亚霍夫和阿列克桑德罗夫被分配到任务 2/1（联盟 T－9 号，EO－2/1），V·季托夫和斯特列卡洛夫轮换到任务 2/2（联盟 T－10 号，EO－2/2）。这是由于 EO－2（联盟 T－8 号）的最初目的被扩展到两次飞行中。其他受训的核心乘员组成员为已有的配对马雷舍夫和马纳罗夫，维克托连科和谢瓦斯季扬诺夫也加入进来，而基济姆和瓦休京被任命为候选指令长。由于在联盟 T－9 号飞船乘员组驻留期间没有安排访问计划，因此任务 2/2 的乘员组将去替换联盟 T－9 号飞船的乘员组。但这不会按计划进行了，因为联盟号运载火箭在发射时爆炸，乘员组成员通过逃逸塔从燃烧的火箭里逃脱出来。

1983 年，经验丰富的航天员费奥季斯托夫被要求为 1984 年的长期飞行任务进行训练。让他参与试验的目的是确定年龄较大的人长期在太空中的反应。他将作为一名医生参加飞行，为了这个目的，阿特科夫（Atkov）和波利亚科夫于 1983 年 6 月开始训练。但是，费奥季斯托夫得的一种"慢性疾病突然转变成急性"，因此从训练中退出。费奥季斯托夫执行任务的一个"宣传方面"的目的是将打破老年人的太空飞行纪录（当时由 D·斯莱顿保持）。格卢什科在 1979 年产生了"老年人在太空"的想法。

1983 年 9 月，任务 3 的乘员组人选为：基济姆、V·索洛维耶夫和阿特科夫作为首发乘员组；瓦休京、萨维尼赫和波利亚科夫作为后备乘员组；维克托连科和谢瓦斯季扬诺夫为支持乘员组。这次飞行任务在 1984 年进行，将由两个乘员组访问。第一个乘员组在任务 3 乘员组名单指定的同时也被指定为苏联－印度国际联合飞行乘员组。首发乘员组是马雷舍夫、鲁卡维什尼科夫和夏尔马（Sharma），别列佐沃伊、格列奇科和马尔霍拉（Malhotra）作为后备。第二个乘员组的马雷舍夫被贾尼别科夫替换，而在苏联－印度联合飞行任务中，鲁卡维什尼科夫由于体检原因被斯特列卡洛夫替换，格列奇科继续为后备。

12 月，第二个访问的首发乘员组确定为贾尼别科夫、萨维茨卡娅和沃尔克。这次任务将包含首次由女性完成的太空行走和暴风雪号航天飞机的长期飞行。1984 年 2 月，其后备乘员组成员确定为瓦休京、萨维尼赫和伊万诺娃（Ivanova）。马纳罗夫被调到了和平号计划，萨维茨卡娅的后备（作为飞行工程师）是萨维尼赫，伊万诺娃作为沃尔克的后备（作为载荷专家）。伊万诺娃没有接受过舱外活动训练。根据《宇航新闻》的记载，萨维茨卡娅被选定进行舱外活动不仅是因为她有飞行经验，而且还因为她有健壮的体格。萨维尼赫在他的太空日记里（1999 年在莫斯科私下出版）也证实，格卢什科有意识地要求女性参加舱外活动，是为了抢 K·沙利文（Sullivan）在 STS－41G 任务（计划在 1984 年 10 月飞行）中进行舱外活动的风头。

　　任务 4 的乘员组于 1984 年 9 月确定为：首发乘员组为瓦休京、萨维尼赫和 A·沃尔科夫，后备乘员组为维克托连科、阿列克桑德罗夫和萨雷（Salei），A·索洛维耶夫、谢列布罗夫和莫斯卡连科（Moskalenko）为支持乘员组。由于要将一个军事试验舱发射到空间站的原因，第三个座位由军事航天员占据，而一些军事工程师也被考虑为后备乘员。只计划了一次所有的乘员组成员萨维茨卡娅、伊万诺娃和多布罗克娃希娜（Dobrokvashina）都是女性的访问任务，她们于 1984 年 12 月开始工作。

　　但是，在 1985 年 2 月，礼炮 7 号空间站上发生了故障，飞行控制中心与空间站失去了联系。这是非常严重的问题，因此一个由 4 名航天员组成的团队（贾尼别科夫、别列佐沃伊、波波夫和利亚霍夫）被挑选出来为修理任务进行训练。该任务的乘员组于 3 月确定，由两名航天员（贾尼别科夫和萨维尼赫）执行这次任务，即乘联盟 T－13 号飞船飞行；波波夫和阿列克桑德罗夫是他们的后备。这次任务的标志为 Ex 4/1。

　　预料到首次飞行任务的成功，对任务 4/2 的乘员组也进行了任命，他们是：瓦休京、格列奇科和 A·沃尔科夫为首发乘员组，维克托连科、斯特列卡洛夫和萨雷为后备乘员组，A·索洛维耶夫、谢列布罗夫和莫斯卡连科为支持乘员组。在任务 4/2 迅速完成之后，引发了一场关于由联盟 T－14 号飞船的后备乘员组进行下次飞行的讨论，但最终决定由两人飞行，第三个座位用于从老空间站往新的和平号空间站运送货物。这次的乘员组（最后一次联盟 T 系列飞船的飞行）由基济姆和 V·索洛维耶夫组成，维克托连科和阿列克桑德罗夫作为后备。最后，在瓦休京生病前，曾计划由全部女性组成的乘员组乘联盟 T－15 号飞船于 1986 年 3 月访问瓦休京所在的乘员组，计划中不再有礼炮 7 号空间站的造访者，因为不再有联盟 T 系列飞船。

6.7 联盟 T 号飞船的飞行情况（1980 年～1981 年）

在 1980 年 6 月和 1986 年 7 月期间，有 14 艘载人联盟 T 号飞船到达地球轨道。前两艘飞船（一艘无人，一艘载人）用于验证计划；从第三艘开始执行业务计划，这些飞船先是飞往礼炮 6 号空间站，然后是飞往礼炮 7 号空间站，最后一次任务还完成了和平号空间站的首次有人访问。其中一次联盟 T 号飞船的发射在起飞前数秒被中止（首次采用发射台中止模式），然后启动了发射逃逸系统。

6.7.1 联盟 T-2 号飞船：首次载人任务

1980 年 6 月 5 日，第一艘载有航天员的联盟 T 号飞船飞离了拜科努尔的发射台。指令长 Y·马雷舍夫和飞行工程师 V·阿克谢诺夫开始前往礼炮 6 号空间站（已由第 4 乘员组的 L·波波夫和 V·留明驻留）。（最早的联盟 T 号飞船的设计图公布时，只有两名乘员的位置，当时并没有提到第三个座位。）驻留乘员组从 4 月就已经在空间站上了（已经接待了匈牙利的国际乘员的访问），他们将联盟 36 号飞船从空间站的尾部对接口重新移到前端的对接口，为联盟 T-2 号飞船在空间站尾部对接扫清了道路。

一旦联盟 T-2 号飞船与运载火箭分离并入轨，太阳电池阵展开，就开始进行与礼炮号空间站接近的一系列操作。在确认返回舱和轨道舱完好后，乘员们就解开坐椅上的束缚带，脱下航天服，打开内部的舱门，以便使联盟号飞船里有更多的空间。对接探杆伸出作好了对接准备，同时 Argon 计算机精确计算出需要推进脉冲的量，并把飞船引入到正确轨道。该信息通过显示器传给乘员组，然后由他们进行切换。接着，计算机命令主 ODU 发动机点火，分两个阶段修正轨道参数。此次任务的目的是在试验性的短期飞行中对新飞船及其系统继续进行试验。新系统可使乘员组将联盟号飞船的内部温度保持在一个舒适的范围——20℃左右，而且他们还能监视飞船的

内部压力 （787 mmHg），这是苏联飞船史上的第一次。

和礼炮 6 号空间站对接是飞行计划的一部分，不像先前的无人联盟 T 号飞船的飞行，这次是一个标准的 24 小时接近过程。随着飞船与空间站的接近，乘员组测试了联盟 T 号飞船的新系统，包括太阳能电池阵的性能。在收到允许继续的指令后，马雷舍夫使用 Argon 计算机，根据实时数据从一些选择方案中挑选出最佳的对接方法，然后实施轨道机动以获取正确的飞行路径。由于飞船距礼炮 6 号空间站只有 180 m，首次进行太空飞行的马雷舍夫对选择的方法并无把握（他此时的心跳为 130 次/分钟，而有经验的阿克谢诺夫的心跳最快为 97 次/分钟），这种对接方法是他和地面控制人员都没有训练过的。由于这是首次飞船上载有航天员的对接，指令长决定不采用自动对接方法，而由人工方式和礼炮 6 号空间站尾部的对接口进行对接，这显现出联盟 T 号飞船的设计能提供更多的灵活性。后来的分析表明，计算机程序选择了可以成功对接的飞行路径，而马雷舍夫也许有一点激动或过于小心。)

几个小时后，两名航天员加入到礼炮 6 号空间站上的同行中，进行了 3 天的联合操作，包括从联盟 T 号飞船上卸载供给物品和进行生物医学测试以及其他试验。这些供给物品可能放置在第三名乘员的座位上，这可能就是为什么只有两名乘员的原因，这也提供了一次评估第三名乘员的大概质量值的机会。

6 月 9 日，联盟 T-2 号飞船撤离了礼炮 6 号空间站，采用统一的推进系统给 RCS 系统供应燃料，并对空间站进行了拍照勘测。在以前空间站的运行中不得不靠驻留乘员组进行旋转操作。飞船在与空间站分离后，对 Argon 计算机再次进行编程，选择最佳方案降落。这是首次有两个乘员组从礼炮号空间站由同一着陆窗口返回（匈牙利乘员组仅在 6 天前乘联盟 35 号飞船着陆）。乘员组在离轨道前抛掉了轨道舱，然后由 Argon 计算机根据实时的飞行状况选择降落轨道，马雷舍夫则准备在必要时实施控制。这次一切都运转良好，在离开礼炮 6 号空间站的附近区域大约 3 小时后，联盟 T-2 号飞船踏上了成功返回之路。当飞船的返回舱通过黑障区后，乘员组抛掉了返回舱窗口的外罩，以便更清楚地看到着陆场。联盟 T－2 号飞船成功地完成了首航任务，共飞行了 3 天 22 小时。

6.7.2　联盟 T－3 号飞船：3 人维修任务

在第四次驻留礼炮 6 号空间站的后期，乘员组必须评估空间站的状况和它支持更长时间访问的能力。要确认一些系统是否需要引起注意，以及进行维修或更换，热控系统问题的严重性导致了飞行计划的改变。因此，联盟 T－3 号飞船的乘员组被分配进行了为期 13 天的维修和翻新任务，这也是一次对新的飞船系统进行较长时间测试的机会。

联盟 T－3 号飞船于 1980 年 11 月 27 日发射，令西方惊奇的是：这是自从 1971 年联盟 11 号飞船飞行以来联盟号飞船首次运送 3 名航天员上天。它证实了新的联盟 T 号飞船在设计上具有更大的灵活性，它给礼炮号空间站提供了更强的运送航天员的能力。苏联人还表示，在将来的飞行中乘员组的组成会多样化，不会总是包含没有驾驶作用的第三个人（载荷专家），而有时他们的位置将被额外的供给物品占据。

联盟 T－3 号飞船上的 Argon 计算机正确地运行（飞行控制中心称该系统为"第四乘员"），没有出现联盟 T－2 号飞船发生的任何问题，飞船从与礼炮 6 号空间站相距 5 km 开始完成全自动对接。3 名乘员完成了维修礼炮 6 号空间站的任务，以使它延长在太空飞行的时间。12 月 10 日联盟号飞船撤离了礼炮号空间站，几个小时后，轨道舱分离，于 1980 年 1 月 26 日坠入大气层烧毁（西方曾报道轨道舱被留下，仍与礼炮 6 号空间站对接，但没有得到苏方证实）。

6.7.3　联盟 T－4 号飞船：长期试验任务

由于礼炮 6 号空间站可以继续接受驻留访问，因此获得了在较长期的载人飞行任务中测试联盟 T 号飞船的机会。此外，由于国际乘员计划因联盟 33 号飞船对接失败而推迟，下两次飞行任务将延用老的联盟号运输飞船进行飞行。这些任务也是被分派在 1981 年访问礼炮 6 号空间站。

联盟 T—4 号飞船于 1981 年 3 月 12 日发射，第二天指令长科瓦廖诺克用他的潜望镜看到了距飞船 5 km 处的礼炮 6 号空间站。飞船由 Argon 计算机引导，由于两个飞行器都在飞行控制中心的测控区以外，因此飞船在离礼炮 6 号空间站 2 300 m 处停下。对接发生在轨道的阴影区，对接区域由礼炮 6 号空间站上的聚光灯照明。在两名乘员驻留期间，接待了最后的联盟号运输飞船——联盟 39 号和联盟 40 号。由于这两个访问乘员组都没有在联盟 T 号飞船训练组受过训，因此也就不可能进行飞船的交换。在礼炮号空间站上所进行的基本是常规的按程序编排的试验和活动项目。

5 月 12 日（飞行的第 61 天）的一篇报道说，乘员组拆除掉联盟 T—4 号飞船的主动对接部件，替换上被动对接部件，允许其他飞船与之对接。这起初被西方解释为是对将来在轨救援航天员的应用试验，可能是因 1979 年的联盟 33 号飞船失败而提出来的，尽管到目前为止，联盟号飞船没有执行过这样的任务。这表明 5 月 12 日的操作和后来宇宙 1267 号飞船的对接相关。A·西季奇在有关钻石号空间站的史料中写道："乘员在气闸舱穿好衣服，打开了前舱门，将一个装置放到前端对接口，允许宇宙 1267 号飞船与 DOS 型飞行器对接。礼炮 6 号空间站最早建于 20 世纪 70 年代中期，从没有被设计为能接受像 TKS 那么重的飞行器。"这源自《地球和宇宙》中的一篇文章，尽管还未确定是否这次操作包含气闸舱的卸压。这表明礼炮 6 号空间站的前端对接口可与宇宙 1267 号飞船兼容，这与决定联盟号飞船是否可以接受其他飞船无关。

联盟 T—4 号飞船就是 10L 飞船，而联盟 T—3 号飞船就是 8L 飞船。9L 飞船在拜科努尔待命，准备飞往礼炮 6 号空间站，解决 8L 在轨发生的问题（实行后备飞船待命以应对紧急情况的举措被引进到礼炮 6 号空间站项目，因为它是第一个有两个对接口的空间站，因此具备接受"救援联盟号飞船"的能力）。因为 9L 是 3 人配置，它不能用于联盟 T—4

号任务，1982 年 6 月，它被用于下次的 3 人任务（联盟 T−6 号）中。

当最后的国际乘员组完成了他们的试验和观测项目后，于 5 月 22 日离开了礼炮 6 号空间站；礼炮 6 号空间站最后的驻留乘员组在进行了 74 天飞行之后离开了空间站，于 5 月 26 日返回了地面。根据西方报道，当两名驻留乘员撤离空间站时留下了轨道舱。轨道舱于 5 月 31 日才被抛掉，但苏方没有证实这一点。苏联新闻报道称老的联盟号运输飞船在联盟 40 号飞船飞行后退役，从下一次任务开始，联盟 T 号飞船将成为有业务飞行的飞船，并证实了不会再有航天员飞往礼炮 6 号空间站。

6.8　联盟 T 号飞船的飞行情况（1982 年）

礼炮 7 号（DOS 5−2）空间站于 1982 年 4 月 19 日发射，虽然曾期望它有两个以上的对接口，但事实上它只是礼炮 6 号空间站的备份。礼炮 7 号空间站采用了同礼炮 6 号空间站相似的设计，前端和尾部都有对接口，只是它改进了船载系统，为了更易于和联盟 T 号飞船对接，改进了交会和导航设备。Delta 自动导航系统允许礼炮 7 号空间站在没有驻留乘员组介入的情况下进行轨道机动，同时 Kaskad 姿态控制系统具备了使空间站的定向精度小于 1°的能力。为了帮助联盟 T 号飞船找到礼炮 7 号空间站，在最后的交会阶段采用了一台远距离应答机（Mera）作为辅助，向飞船提供从转移轨道最近点到礼炮 7 号空间站进入 Igla 系统的锁定范围（只有几千米）时的数据。

西方分析家们一直监视礼炮 7 号空间站的运行，并能很快地确定是 2 人还是 3 人乘员组将被送往空间站，因为对于 3 人乘员组，空间站的轨道会被降低 35～45 km。低轨道的燃料储备为 110 kg（3 人），而高轨道的燃料储备为 175 kg（2 人），这种差别在于第三个乘员的大概体重。为了补偿第三个乘员所付出的代价，可以减少推进剂的装载量，也就限制了轨道高度，因此在发射前礼炮号空间站的轨道参数值将被减小。

6.8.1　联盟 T—5 号飞船：首次业务飞行任务

第一艘评价这个改进系统的飞船是联盟 T—5 号飞船，于 1982 年 5 月 13 日发射。飞船一入轨，乘员组成员就脱下他们的 Sokol 航天服，"将它们悬挂起来晾干"，因为他们在穿着航天服的这几个小时里出了汗。指令长别列佐沃伊发现在狭小的飞船里睡觉很冷，因此他又穿上航天服睡觉。飞行工程师列别杰夫试图在返回舱里睡觉，但很难保持舒适的姿态，首先要到"床"的上面去，然后再钻进去；他甚至在半空中把自己伸展成鹰状。航天服填满了本已经狭窄的轨道舱。在联盟 T 号飞船上睡觉是重要的（甚至是进步），因为要确保成功对接并登上空间站给乘员组施加的压力过大。

计算机传来的数据显示距离间隔为 457 km，但是直到转移轨道的最后阶段（250 km）Mera 才被激活。系统初次锁定失败，因此乘员组对该系统进行了测试。直到飞船与空间站相距只有 30 km 时 Mera 才搜寻到礼炮 7 号空间站，并以 45 m/s 的速度接近空间站。但是一旦捕捉到，Igla 系统便迅速锁定礼炮 7 号空间站，乘员从显示屏上看到了他们未来的家。由 Argon 计算机进行最后逼近与对接的控制。在距空间站 200 m 处，乘员组得到了对接许可，对接时没发生什么意外，这也大大缓解了地面控制人员的压力，据说他们过去一直是"和航天员一起经历对接过程"。但是，新的礼炮号空间站仍不能投入运行。当到了开始进入礼炮 7 号空间站的时候，却打不开其内部的转移舱门。列别杰夫因此采取将他的脚"倒挂"在舱门框两边的方式，达到牵引和稳定的目的，以便能够将舱门打开。他从非正常的角度进入到空间站中，因而没有立刻认出"地板"的样子——事实上它就是礼炮 7 号空间站的一面"墙"。

6.8.2　联盟 T—6 号飞船：手动对接

1982 年 6 月 24 日，礼炮 7 号空间站的新乘员组在等待他们的首批来访者（包括首位法国航天员克雷蒂安）乘联盟 T—6 号飞船到来。飞船已于前一天发射升空，在经验丰富的航天员 V·贾尼别科夫的指挥下（由飞行工程师 A·伊万琴科夫协助），正处在与礼炮 7 号空间站对接的最后阶段。按计划，在距空间站 900 m 处（处于正常地面测控覆盖区域以外），联盟 T－6 号飞船的船载计算机控制飞船转向，背向飞行方向对主发动机进行短暂的制动点火，以降低接近速率。然后，计算机控制飞船转回来，使得其对接单元朝向前方。在操作过程中，它感知到陀螺正在接近万向支架锁，于是停止了机动；当接近中止后，联盟号飞船仍处于翻转状态。

船载系统监视飞船的运行情况和船载陀螺的数据并向贾尼别科夫报告错误情况，他立即切换到手动控制状态并开始抑制突然的转动。由于不能目视定位礼炮 7 号空间站，他只能对联盟 T－6 号飞船进行三维调姿来确定飞船与空间站的相对位置。在礼炮 7 号空间站上，乘员组监视着接近过程并注意观察舷窗，以确保联盟 T－6 号飞船在接近过程中越过礼炮 7 号空间站而不会撞上。当联盟 T－6 号飞船在贾尼别科夫的控制下靠近礼炮 7 号空间站时，空间站上的乘员组可以清楚地看到联盟 T－6 号飞船"悬停"在 200 m 之外，当联盟 T－6 号飞船朝他们机动时，偶尔可以看见从推进器喷射出的 V 形火光。

当飞船位于直布罗陀海峡的测控船的测控范围内时，贾尼别科夫在报告了情况后，被允许实施和礼炮 7 号空间站尾部对接口的手动对接，比计划早约 14 分钟。当贾尼别科夫引导联盟 T－6 号飞船到对接口并完成硬对接时，对发动机可能的故障会影响对接的担心很快就消失了（该故障早在 3 年前联盟 33 号飞船上发生过）。在意外情况下完成全手动对接，对于联盟号飞船的指令长来说是一个重大的成就，同伴给予的赞扬可能对他在 1985 年被任命执行礼炮 7 号空间站的营救任务有所帮助。

在经历过如此高难度的对接和在空间站驻留了 1 周后，7 月 2 日的返回则显得相对平常，尽管克雷蒂安（他首次由太空返回）后来说着陆过程似乎比发射还恶劣。这次飞行之所以没有交换飞船，是因为联盟 T－5 号飞船在太空中仅飞行了 6 个星期。

图 6-2　联盟 T-6 号后备乘员组
在星城的联盟 T 号飞船模拟器中接受训练
（由苏联航天员索洛维耶夫、基济姆和法国航天员博德里组成）

6.8.3　联盟 T-7 号飞船：全新的飞船

　　8 月 20 日，联盟 T-7 号飞船顺利地与礼炮 7 号空间站对接。礼炮 7 号空间站上的乘员组记录了对接时出现轻微偏离中心的现象和产生 0.3(°)/s 的偏航角速度的情况。确认对接成功之后，乘员们急于打开舱门，并敲打舱门相互呼喊。为了尽快地打开舱门，他们还决定对两个飞行器之间进行更快速的压力补偿。当舱门打开时，联盟 T-7 号飞船的指令长 L·波波夫率先飘出，接着是飞行工程师 A·谢列布罗夫。第三名乘员 S·萨维茨卡娅意识到国家电视台正在直播，因此在飘进礼炮 7 号空间站前整理了一下仪表。她成为继 19 年前的 V·捷列什科娃（V. Tereshkova）之后第二位进入太空的女性，在她的首次太空飞行中，她成为首位进入空间站的女性。虽然联盟 T-7 号飞船的轨道舱给她提供了相对的私人空间，但她决定和其他的乘员一起，在礼炮 7 号空间站的主舱里睡觉。

在礼炮 7 号空间站驻留 1 周后，联盟 T－7 号飞船的乘员组于 8 月 27 日返回地面，但不是乘坐发射时的飞船。这是联盟 T 号飞船首次由不同的乘员组驾驶返回。联盟 T－7 号飞船的乘员组在他们驻留在礼炮号空间站的早些时候，已经把他们的坐垫更换到联盟 T－5 号飞船上，并在该飞船发射后的 106 天乘着它踏上了回家之路。两天后，8 月 29 日，联盟 T－5 号飞船的驻留乘员组解除了联盟 T－7 号飞船与空间站尾部对接口的对接，当无人的礼炮号空间站被命令旋转 180°时稍作后退，以便让空间站的前端对接口面对等待着的联盟 T－7 号飞船。之后，乘员组驾驶飞船与礼炮 7 号空间站重新对接，并重返空间站完成他们的任务，空出来的尾部对接口将用于进步号飞船的对接。

图 6－3　联盟 T－7 号乘员组成员萨维茨卡娅、波波夫和谢列布罗夫

6.8.4　在暴风雪中着陆

9 月 14 日，第一个礼炮 7 号空间站驻留乘员组的任务将延长 2 个月，计划在圣诞节的那个星期返回，导致飞行持续时间大约为 225 天。当别列佐沃伊在 11 月初生病时，有提前返回的传言，但他的身体状况转好后，飞行计划继续执行。他几乎用完了所有的便笺纸记录观察的事情，由于 Delta 自动导航系统一直存在问题，最后在 12 月初彻底失效，因此决定让乘员组于 12 月 10 日乘联盟 T−7 号飞船返回。这次飞行创造了 211 天的纪录。

由于这次返回比正常的返回窗口提前了两个星期，乘员组将不得不在夜间着陆，而且没有正常的药物处理计划，没有让乘员组为恢复对地球重力的再适应而进行增强锻炼。着陆区的天气预报情况是：风力为 21 km/h，温度为 15℃，能见度为 10 km。但实际的情况要恶劣得多，返回舱在暴风雪带来的低云层和雾里降落，温度只有−9℃。虽然飞船的返回舱按计划的轨道再入，但是变坏的天气导致了一些问题。大风拖拽着返回舱越过小斜坡，然后滚下山，给两名乘员带来了不适。虽然他们被束缚在坐椅上，但当返回舱停下来时，列别杰夫发现自己在别列佐沃伊的身上。

由于天气太坏，能见度很差，回收直升机根本找不到返回舱。当飞行员报告发现了返回舱上的信标时，他被告知根据自己的判断来尝试着陆。但是，他降落在一片干的河床上，左轮下陷，支撑杆折断。因此他通知其他的回收分队着陆太危险，然后他们开始在 150 km 范围内寻找其他更安全的着陆区。

在返回舱内，列别杰夫和别列佐沃伊还在用无线电与飞行控制中心联系。沙塔洛夫告诉他们仍然要穿着航天服，在回收队抵达之前不要打开舱门。尽管联盟 T 号飞船有诸多改进，但对于等待救援的乘员们来说它仍然不是一个舒适的地方（虽然返回舱内比−15℃的舱外要暖和一些）。

40 分钟后，回收队和医疗队乘车赶到，乘员们返回地面的第一个夜晚就在这些车辆中度过。休息过后，第二天他们将乘直升机到杰兹卡兹甘，然后去发射基地。

6.9　联盟 T 号飞船的飞行情况（1983 年）

尽管在飞行中出现了一些困难，但 1982 年的 3 次载人飞行都获得了极大的成功。新设计完全能满足执行长期的业务飞行和访问任务的需要，并且解决了对接和着陆中存在的问题。从 1983 年起，苏联开始扩展礼炮 7 号空间站的业务飞行任务，进一步延长在轨持续时间，并发射另一个宇宙号舱与空间站对接。对联盟 T 任务来说，要不断克服新的障碍（有些可预见，有些是不可预见的）。这些障碍之一就出现在这一年的首次任务中。

6.9.1　联盟 T-8 号飞船：被取消的一次对接

联盟 T-8 号飞船的乘员组计划在轨飞行 3 个月（1983 年 4 月至 7 月），其间要从宇宙 1443 号飞船上卸载货物，并进行两次舱外活动来安装由飞船运送的太阳电池阵。I·普罗妮娜（如果她飞行了）将成为进入太空的第三位女性，并且将创造新的女性飞行纪录。在空间站上短暂的无人阶段后，联盟 T-9 号飞船将在 1983 年 8 月到 9 月飞行，其上有利亚霍夫、阿列克桑德罗夫和第三名乘员。这个席位在普罗妮娜顶替前是谢列布罗夫，普罗妮娜的后备可能是萨维内赫（在联盟 T-8 号飞船的后备乘员组里他取代了谢列布罗夫）。利亚霍夫乘员组在 1984 年的某一时间前将一直在空间站驻留，并将在 1983 年年底接受基济姆、索洛维耶夫和沃尔克的访问。

V·季托夫通过他的同行了解到，航天员首次太空飞行的经历是最迷人的也是最富情感体验的，入轨后则会令人充满成功的喜悦。他不能再等了，想去亲身经历。从 1976 年 8 月被选为航天员后，季托夫已经训练了 6 年多，品尝了 530 秒轨道飞行和首次失重的滋味。他终于迎来了 1983 年 4 月 20 日的飞行任务，他作为联盟 T-8 号飞船的指令长与 G·斯特列卡洛夫、A·谢列布罗夫（他们之前都飞往过太空）一起飞行。

　　起初，飞行计划按进度进行，在轨道飞行的第 1 圈进行压力检查，展开太阳电池阵，并进行飞行参数检查。但是，在飞行第 2 圈时出现了问题。在检查 Igla 自动交会系统的过程中，乘员显示器上没有任何抛物面天线（发射时折叠在整流罩下面）的数据显示。最初 3 名乘员以为天线只是简单地不能展开，因此继续尝试启动开关。遥测表明天线杆已经展开，只是展开得不充分。斯特列卡洛夫认为天线杆被什么东西卡住了，建议用 RCS 推进器摇动天线使其舒展。飞行控制中心同意了这次行动，但（不希望暴露问题的真相）表示这只是姿态控制发动机的一次试验。

　　结果令人失望，仍然没有新的数据显示，因此飞行控制中心通知乘员组继续飞行，同时由地面对状况进行评估。预定的飞行完成之后（在经历了首次乘坐火箭时的颤动和失重状态后），季托夫对于联盟 T－8 号飞船接下来的几个小时的感觉与先前形成了强烈的反差。他后来写道："我们的心情发生了变化。说实话，我们没有感觉到欣喜。我们只是在平静而紧张地工作，就像我们所训练的那样。"

　　随着乘员组不断地工作，时间似乎一闪而过。好像是第 6 圈飞行结束了，是他们休息的时间了。谢列布罗夫第一次值班，待在返回舱里监视船上系统，季托夫和斯特列卡洛夫进到轨道舱里。他们休息了片刻，但问题一直萦绕在他们的脑海里。所有的乘员都接受过正常和紧急情况下的训练，但目前的问题是没有想到的。很清楚，没有 Igla 的数据，他们就没有距离和逼近速度数据来保证安全、可控的对接过程，无论是自动的还是手动的方式。但是，在第二天和地面控制人员讨论后，同意尝试完全的手动对接过程，依靠目视来判断飞船和礼炮 7 号空间站的距离和飞行速度。通过地面仿真（乘员睡觉时进行的）表明这样的对接是可能的，但成功的机会渺茫。

　　当飞船从第 19 圈的阴影区中显现出来时，在联盟 T－8 号飞船被定位在距离礼炮 7 号空间站尾部的对接口（前端对接口被宇宙

1443 号飞船占据）1 000～1 500 m 后，对接过程开始。一个原则性的问题是飞船漂移指示器的可靠性值得怀疑，该指示器用于评价空间站相对飞船的距离和速度。季托夫后来回忆，当他们接近空间站时，"很难判断速度。空间站在屏幕上的大小不变，看起来就是一个点。"他试图控制距离和速度，飞行控制中心要求汇报进展情况，并提供了地面估算的相对距离数据。季托夫意识到地面有比他们在轨看到的更为清晰的位置图像。当他报告礼炮 7 号空间站只在漂移指示器上占据半格大小的区域而且没有移动时，他被告知他们还距离太远，50 秒后应该进行发动机点火。他再看指示器时，礼炮 7 号空间站开始在屏幕上占据了一格。飞行控制中心提醒季托夫要"观察空间站和打开探照灯"，并注意飞船马上就要再次进入阴影区。伴随着飞行控制中心不要飞得太近太快的安全警告，他们飞出了无线电通信区域；由于失去了地面提供的与空间站接近距离的信息，乘员组现在只能靠自己了。

　　季托夫后来回忆，全手动对接并不是他这次飞行任务训练的项目，因此在判断接近速度时，他不能确定自己的感觉是否正确。随着礼炮 7 号空间站上指示灯的点亮，联盟 T－8 号飞船上的探照灯照亮了空间站，他唯恐发生碰撞："我们急速飞行，和空间站的距离是180 m。在屏幕上我们保持着与空间站的位置，但我们能感觉到交会速度太快，因此我启动了制动发动机。距离已是 160 m 了。"从这时起，他开始用手动对接，但他对状况感到不适应。"速度还是相当快。在晚上，交会的距离和速度很难用肉眼进行判断，碰撞的危险确实存在。我启动发动机使得飞船飞得低一点"，因而中止了逼近，飞船飞过了空间站。"在脱离黑暗后（我们停留了 35 分钟），联盟T－8 号飞船和礼炮 7 号空间站之间的距离已经增加到 3～4 km。因此这次对接操作失败了。"

　　只用肉眼对与空间站的距离和逼近速度进行判断的误差明显太大了，并且在飞船再次进入阴影区前不会有再次尝试的机会了。又等了 35 分钟后，在由飞行控制中心传来的下一次通信中，不可避免的消息到来了，即乘员组将准备返回地面。飞行控制中心在飞船飞离通信区时对此状况作出了全面的评估。由于没有任何可靠的对于两个飞行器速度和距离的测量手段，加之飞船上燃料不多（可能归咎于初始尝试时用得过多），没有再试的机会了。虽然这次不能进行长期飞行，但在这艰难的 24 小时里，所发生的事情给每一个人提供了有价值的经验（尽管对于乘员来讲并不舒适）。

塔斯社的官方报道称："由于背离了计划的接近区域，联盟 T－8 号飞船和礼炮 7 号空间站的对接被取消。航天员季托夫、斯特列卡洛夫和谢列布罗夫开始准备返回地面。"但是，并没有提到飞行控制中心团队 15 个小时的"极度紧张"的工作和稳定联盟 T－8 号飞船的姿态并返回地面的乘员组。

为了节省剩余的燃料用于离轨，联盟 T－8 号飞船被设置为自旋稳定模式，并在尝试着陆前关闭了姿态控制推进器以保存燃料（这是自从 1970 年联盟 9 号飞船以来从未采用的一种应急措施）。4 月22 日，联盟 T－8 号飞船采用了正常再入轨道，乘员组安全返回地面。苏联新闻报道都没有提及这次的对接尝试，并将有关这次飞行的消息列为次要新闻。但是，当苏联国防部长 D·乌斯季诺夫在接受一次电视采访时，一封短信被传递到他手中，这次飞行的紧张状态还是被表现了出来。当被告知航天员安全返回时，他和其他几名政治局委员明显地松了一口气，这次任务终于成功地结束了。

很显然这个问题要在下次发射前加以解决，下次发射不会在 6月中旬进行。同时，礼炮 7/宇宙 1443 号组合体继续无人在轨运行。后来的报告表明，在这次任务初期联盟号的整流罩分离时，天线就被扯开了，只不过是在乘员组试图展开天线时才发现。

联盟 T－8 号飞船对接失败后，利亚霍夫和阿列克桑德罗夫被分配执行卸载宇宙 1443 号飞船的联盟 T－9 任务。季托夫和斯特列卡洛夫要到联盟 T－10 号飞船上实施舱外活动，还将与利亚霍夫和阿列克桑德罗夫一起执行首次在轨乘员组交换（在联盟 T－8号飞船对接失败前从未计划）。他们的任务将持续大约 3 个月。他们准备在宇宙 1443 号飞船返回后不久的 8 月份发射，但发射推迟了近 1 个月。这可能是由于联盟 T－10 号飞船采用的舱不是 15L（原先计划的），而是 16L。在 14L/联盟 T－9 号飞船的太阳电池阵失效不能展开后，15L（为利亚霍夫和阿列克桑德罗夫任务而待命的营救飞船）不得不从拜科努尔运回到能源联合体。15L 飞船需要额外检查，在 1984 年 2 月前将无法飞行，当时 16L 在为季托夫和斯特列卡洛夫执行任务作准备。季托夫和斯特列卡洛夫将在乘员组交换期间实施舱外活动，而利亚霍夫和阿列克桑德罗夫（他们将提供支持）仍在船上。但是，当联盟 T－10 号飞船不能入轨时，这些计划不得不再次改变。

6.9.2　联盟 T－9 号飞船：太阳电池阵失效

　　1983 年 6 月 28 日，联盟 T－9 号飞船与礼炮/宇宙号组合体对接。该次任务原本要搭乘 3 名乘员，但由于给联盟 T－9 号飞船装载了额外的推进剂，只有 2 名乘员执行新的飞行任务（他们仍然被要求完成 3 人联盟 T－8 号飞船要完成的任务）。据将近 20 年的"官方统计"，联盟 T－9 号飞船的发射和与礼炮 7 号空间站的对接没有什么问题。但是，在 2002 年 5 月的《宇航新闻》上发表的一篇文章中揭露了鲜为人知的事实，即联盟 T－9 号飞船在入轨后不久发生了两个太阳电池阵中有一个不能展开的故障，这是自 1967 年 4 月联盟 1 号飞船遭厄运以来从未发生过的。显然这个故障不能阻止利亚霍夫将飞船与礼炮 7 号空间站进行成功对接。

　　对于利亚霍夫和阿列克桑德罗夫来说，这将是一次漫长而忙碌的任务，在各方面都超出了他们的想象。他们将在空间站一直工作到 9 月，到时季托夫和斯特列卡洛夫将前往礼炮 7 号空间站实施舱外活动。为此他们曾在联盟 T－8 号飞船上受过训练，并将换回联盟 T－9 号飞船乘员组，但事情没有这样发展。9 月，在进步 17 号飞船给礼炮号空间站补给燃料的过程中，从进步号飞船到礼炮 7 号空间站 ODU 贮箱的氧化剂输送管线破裂了。因此 32 个推进器中只有一半能用，礼炮 7 号空间站很有可能不得不废弃；但飞行控制中心决定解决该问题，使得飞行任务能继续下去。

6.9.3　联盟 T－10－1 号飞船：短期飞行

无论是在发射台上还是在上升段的第 46 km 处（最高点 Q），所有的联盟号飞船都可以利用逃逸塔来实现飞船与运载火箭的紧急分离。训练时，所有的航天员都利用逃逸系统模拟过发射异常中止的情况（在发射台上或飞行中），但没有人想过会在真实情况下用到它。从 1961 年开始，通过弹射椅（东方号飞船和双子星座号飞船）或逃逸塔（水星号飞船、阿波罗号飞船和联盟号飞船）应急逃逸的弹道就已经提供给所有的航天员（除了两名上升号飞船的乘员外）。虽然 1975 年 4 月 5 日发射的联盟 18 号飞船在与发射塔正常分离后由于火箭故障，乘员组不得不执行应急弹道式再入，但从 1961 年 4 月到 1983 年 6 月期间的 83 次载人飞船发射中（苏联 52 次，美国 31 次）从未在起飞后使用发射逃逸系统。此外，除了联盟 4 号飞船和联盟 10 号飞船的发射台异常外，还没有乘员组利用逃逸系统逃离他们的飞船。

1983 年 9 月 26 日，季托夫和斯特列卡洛夫在新的联盟 T 号飞船发射倒计时的最后阶段再一次入选，这艘飞船一旦入轨便成为联盟 T－10 号。作为预期的第 94 次载人发射，这次发射没有被看做是一次航天史上的突出事件，但如能得知此乃"首次"，航天员们将毋庸置疑地乐意居先。

当天晚上大约 9 点，在计划的发射时刻 0 时 38 分（拜科努尔）前约 3 个半小时，两名乘员登上了联盟 T 号飞船。本次计划是由季托夫和斯特列卡洛夫与利亚霍夫和阿列克桑德罗夫（代号为 Proton）共度两个星期，之后他们将接替驻守礼炮 7 号空间站。

在发射前两分钟，所有的准备活动都在按计划进行。发射台区域的温度白天为 27℃，但到了晚上下降为 10℃，风力为 40～43 km/h。飞船的舱内，乘员组成员和他们之前的许多乘员一样听着收音机传送的音乐。在火箭发射防护室内,监视发射情况和担当地面支持航天员的是后备乘员组的基济姆和 V·索洛维耶夫。

发射前 90 秒,在将要点火时,供应第一级捆绑助推器燃料的阀门不能关闭,并将推进剂泄漏在助推器底部周围。1 分钟内,火烧了起来,火焰开始吞噬到装有 270 t 高爆炸性推进剂的 R−7 火箭的旁边。从附近一个安全掩体,通过潜望镜观察发射台的是发射指挥 A·舒米林(A. Shumilin),他注意到火箭底部的火焰。在飞船内,虽然季托夫和斯特列卡洛夫可以听到从火箭发射防护室传来的紧急广播,但因整流罩上没有窗口,他们看不见火焰。

发射逃逸系统可以立即分离发射塔和整流罩并带出轨道舱和返回舱,通过爆炸切断其与 EP(留在火箭的顶部)以及火箭的其他部分的连接。但在当时的情况下,火势蔓延太快,以至于已经烧到了启动逃逸系统的配线。对于发射控制人员来说,他们显然要在数秒内启动逃逸系统,挽救航天员。他们有备用无线电系统,但指令必须要通过两个独立的控制人员(A·莫恰洛夫(A. Mochalov)和 M·谢夫琴科(M. Shevchenko))手动完成,他们在同一幢楼(人造卫星发射基地的 23 区"土星"站,距离发射台约 30 km)的不同房间里,同时启动放弃指令(这是一种安全性防范,避免正常情况下的意外启动)。一起在掩体里的有舒米林和索尔达坚科夫(Sol-datenkov)(火箭技术指导),他们每一个人都必须发送代码(这种情况是 Dnestr)到"土星"站。在那里,一个控制人员和舒米林联系,另一个和索尔达坚科夫联系。发射指令时,这两名控制人员必须在 5 秒以内各自按下他们的按键;但是所有这些要在 10 秒内完成,到时整个火箭将被火焰吞没发生爆炸。一旦指令给出,测量中心应急救援系统的值班人员就启动相应程序,通过发射逃逸系统将航天员撤出发射台。

从检测到火情开始,已经经过了数秒钟,但在指令发出的 1 秒钟内,飞船的火工品执行分离,位于发射塔顶端的推力为 784 800 N 的固体火箭立即点火,将飞船高速推出,并给予飞船里的乘员很大的过载。在舱内，季托夫感觉到推进器在风中摇摆，以及当飞船与整流罩上下分离所产生的两次爆炸的冲击。强大的推力将他们顶在坐椅上（没有发动机噪声），季托夫知道逃逸火箭已经点火，而且在经历过 5 个月前联盟 T−8 号飞船失望之后，他将再次无法访问礼炮 7 号空间站了。观测人员注意到一团呈黄色、红色、黑色和橙色的烟雾围绕在火箭的顶部，还观察到一个物体突然向上射出并带有火花，这表示发射逃逸系统正在工作。3 秒钟后，乘员的垂直速度达 $1Ma$。加速仅持续了 5 秒，但将飞船带到了 950 m 的高度，乘员们不得不忍受几秒 14～17 g 的过载。1 秒后，即舱体被拉出来后 6 秒，火箭在发射台上的球形火焰中爆炸。

根据能源联合体的官方史料（其中的言论可能基于档案，而不是个人回忆）记载，从一开始注意到火情到应急逃逸系统被激活，共历时了 11.2 秒（舒米林和索尔达坚科夫意识到发生了什么事情并发出代码需要 6 秒，两名控制人员在"土星"站发出指令需要 4 秒，飞船船载自动系统执行指令需要 1.2 秒）。最初的爆炸发生在发射逃逸系统激活前 1 秒，那时，火箭就已经开始倒下。发射逃逸系统被激活后火箭倒塌的时间有 3～4 秒。在后来的访问中，斯特列卡洛夫说他们在被拉出时所受的最大过载为 10 g。

在固体助推器烧尽后，位于整流罩底部的 4 个栅格翼像花瓣般开启，并减缓上升。然后，第二组火工品点燃（被乘员组听到），切断整流罩内返回舱和轨道舱的连接。分离后，在 1 km 高度，返回舱从仍在上升中的整流罩底部落下。备份降落伞随即打开，防热底分离后暴露出返回舱底部的软着陆发动机，它们在离地面 1.5 m 时点火实现软着陆，这比一般从轨道着陆要困难。季托夫后来回忆到，在整个自动中止过程中，他试图通过仪器面板上的数据记录下他对于飞船性能的观察结果，但飞行太短，又受到如此高的过载，以至于他无法做到。

返回舱在离发射台 4 km 处着陆，发射台那时还在着火。着陆后很快就建立了无线电通信，搜救队马上赶到这里。作为地面支持航天员的基济姆通知乘员组中止系统已经启动，实际上他们刚刚遭遇生死劫难，而且看到发射台正在燃烧，也就不用再说什么了。季托夫后来回忆，这次运载火箭没有发射联盟 T－8 号飞船时那么平稳，并且在那很短的时间内他感觉到一阵阵的异常振动，这可能就是发射最终夭折的前兆。他说，他们并没有感到恐惧，但有一种幸免于难的欣慰以及这次飞行所付出的努力都付之东流的痛苦与失望相交织的情感。

在后来的采访中，斯特列卡洛夫说搜救队大概在着陆后半小时到达，他和他的同事的第一个请求是要香烟。（具有讽刺意味的是，就在当天早些时候，他给母亲打电话，母亲请求他不要飞了。）搜救队发现两名航天员在经历了这番考验后都没有受伤，在进行了简单的体检后，虽然他们都喝了一杯伏特加酒，但结论是他们都不需要留院观察。该发射台（曾用于发射伴侣－1 号卫星和加加林乘坐的东方－1 号飞船）在爆炸后共燃烧了 20 小时。虽然该次飞行任务异常中止，但至少是一次对于联盟号飞船在载人情况下紧急中止能力的验证。

苏联人直到一个月后在布达佩斯举行的 IAF 大会上才披露了这次异常中止事件。莫斯科电台最终表示这是联盟计划中的"另一事件"和安全系统的一次成功的运行，有两名乘员生还。这次飞行被认为是联盟 T－10－1 号（西方用 A）。直到 1983 年 11 月联盟 T－9 号飞船返回，苏联公众才开始了解这次事件。在 1986 年 1 月美国挑战者号航天飞机失事之后，苏联人才以一系列报道和言论的形式揭开了他们自己航天事故和灾难的详细事实。一名苏联官员说，这是"一次非常严重的事故……是一个 6 秒钟的苏联挑战者号事故"。

6.9.4　与联盟 T－10－1 号飞船故障有关的其他信息

对于发射中止事件，有几个因素必须要强调。首先，虽然乘员组成员不需要医疗救护，但他们停止飞行休息了一段时间。第二个问题是损失了一个发射台，尽管还有第二个发射台可为后续的联盟

T 号飞船和进步号飞船的发射作准备。美国媒体报道，苏联修复受损发射台、推进剂管路、支持结构的花费预计为 2.5～5 亿美元。

联盟 T－10 号飞船（16L）飞行的目的是和联盟 T－9 号飞船进行交换。原定在不超过 100 天后进行交换，而在这次发射中止时，联盟 T－9 号飞船在轨停留已经超过了这个期限。西方新闻界开始报道说，礼炮 7 号空间站乘员组"在轨搁浅"（由于发射台异常中止而孤立无援），苏联人请求 NASA 的航天飞机救援。很多富有经验的苏联航天关注者们将这归于谣言，并注意到联盟 T 号飞船的 100 天期限和一罐食品某某日期前"使用最佳"相比有点儿类似，没有什么可以阻止它在超出该日期后的合理使用。联盟 T 号飞船的设计在轨停留时间至少为 180 天，联盟 T－9 号飞船仍在这个期限以内，甚至可以有所延长。

空间站上，展开附加的太阳电池阵的工作（原打算由季托夫和斯特列卡洛夫完成）将不得不改由当前的乘员组执行，该任务在 11 月 1 日和 3 日完成。同时，由于环境控制系统的故障引起的坏名声（使人想起 1976 年礼炮 5 号空间站出现的问题），使得礼炮 7 号空间站上的系统进一步引起关注，并且由于太阳能电池阵能源系统的减少使得其内部温度降到了 18℃，湿度也将增加到 100%。明显地，下一个礼炮 7 号空间站驻留乘员组的主要工作将要以空间站上的系统为主。

联盟 T－9 号飞船停靠在礼炮 7 号空间站时一个未揭露的情况是，飞船失去了一个太阳电池阵，这将影响飞船超期服役的能力。11 月 14 日，利用联盟 T－9 号飞船的发动机把空间站的轨道高度从 324 km×340 km 降低到 322 km×337 km，这也测试了发动机进行离轨点火的可靠性。这之后不久就到了联盟 T－9 号飞船执行任务的末期，装满了垃圾的轨道舱在再入过程中烧毁；其返回舱在飞行了 149 天后于 11 月 23 日平安着陆（呈侧躺状态），又一次验证了联盟 T 号飞船的能力，以及其为增加乘员人数而进行的改进。

6.10　联盟 T 号飞船的飞行情况（1984 年）

在联盟 T—9 号任务的末期，苏联人指出，在对这次飞行结果进行评估以前，要暂停对礼炮 7 号空间站的载人业务飞行。这次评估的范围包括长时间在轨之后回收的返回舱的状况、联盟 T—10—1 故障调查的结果、礼炮 7 号空间站的状态、下一艘联盟号飞船和运载火箭的有效性、下次执行空间站系统修理任务的乘员额外培训情况等。1984 年 2 月要发射的飞船（15L），已在 1983 年 6 月作好了飞行准备，但是该飞船由于某种和联盟 T—9 号飞船的太阳电池阵失效相关的原因被运回到能源联合体。飞船在那里进行所需的各项修理后，很快就返回了拜科努尔。

6.10.1　联盟 T—10 号飞船：修理和记录

1984 年 2 月 8 日，联盟 T—10 号飞船载 3 名乘员成功入轨。这次飞行主要有 3 个目的：维修破裂的推进剂输送管道、创造新的持久飞行纪录、进行长时间飞行过程中的医学试验和观测。其重点是通过一系列的舱外活动修理礼炮 7 号空间站，指令长基济姆和飞行工程师 V·索洛维耶夫已经在 TsPK 的水槽中接受了舱外活动训练。一旦完成维修，他们的任务就是试图打破 211 天的持续飞行纪录，这需要将礼炮 7 号空间站首个乘员组的纪录提高 IAF 所规定的 10%（22 天），这样创造的新纪录才能被承认。因此，233 天或更长时间的飞行是乘员组（代号为 Mayak）的目标。乘员组的第三名成员是 O·阿特科夫医生，他监视乘员们在长期飞行过程中的健康状况。虽然他不参与舱外活动，但他是飞行计划里的第一位医学专家，将陪伴每一名破纪录的乘员（这个计划后来被搁置）。

在与礼炮 7 号空间站接近的过程中一切工作正常，但是当基济姆操纵飞船与空间站进行对接时，强烈的阳光使对接目标变得模糊，因此飞船与空间站又分开了。此后不久，当飞船移到阴影处时对接

成功。检查完对接是否完全后，乘员组移开对接装置并进入礼炮 7
号空间站，他们注意到从对接装置的锥形接头发出一种烧焦的金属
气味。在空间站上，飞行的主要目的是通过 6 次舱外活动对空间站
进行维修，并在一个太阳电池阵（共有 3 个）上安装第二套电池阵。

6.10.2　对空间站的访问及联盟 T－10 号飞船的着陆

1984 年 4 月 4 日，执行苏联－印度联合访问任务的乘员组乘坐
联盟 T－11 号飞船抵达空间站，和驻留乘员进行了为期 1 周的联合
试验。4 月 11 日，国际乘员组乘坐联盟 T－10 号飞船返回地面，让
崭新的联盟 T－11 号飞船留在了空间站。联盟 T－10 号飞船的着陆
给人留下了深刻的印象，它比计划提前 1 分钟着陆，与预计的着陆
点仅相差 1 km，并且是返回舱的底部着陆，而不是侧面着陆。两天
后，联盟 T－11 号飞船从礼炮号空间站的尾部对接口转移到前端对
接口。

3 个月后，联盟 T－12 号飞船再次载 3 人乘员组飞往空间站。
指令长是贾尼别科夫，萨维茨卡娅在她的第二次飞行中担任飞行工
程师。I·沃尔克为载荷专家，这次 12 天的短期飞行是作为（当时
在建的）暴风雪号航天飞机的准备工作的一部分（当时暴风雪号航
天飞机还属于国家机密，因此沃尔克的这部分任务还是相当含糊
的）。贾尼别科夫和萨维茨卡娅将指导礼炮 7 号空间站的乘员组运用
新开发的技术维修空间站，并指导他们进行自主舱外活动。飞船与
空间站对接于 7 月 18 日顺利完成，但比正常的 3 人乘员组轨道高出
30 km。联盟 T－12 号飞船是首次采用了大型运载火箭联盟 U－2 发
射的载人飞船。该火箭的芯级采用称为 sintin 或 tsiklin 的混合燃料，
比用煤油产生的推力更大。（质子号火箭的 Blok D 上面级也用过 sin-
tin。到 20 世纪 90 年代中期，它变得非常昂贵，于是再次启用联盟
U 运载火箭。西方太空分析家 P·克拉克曾表示，早期联盟 T 号飞
船的飞行高度为大约 300 km 的原因就在于运载火箭的能力有限，或
者是采用了安全性措施。）7 月 29 日，在完成了他们在礼炮 7 号空间

站的工作后，3 名联盟 T－12 号飞船的乘员顺利地返回了地面。联盟 T－11 号飞船继续停靠在礼炮 7 号空间站，完成余下的破纪录的飞行任务。在经过 236 天 22 小时 50 分的飞行后，Mayak 乘员组于 10 月 2 日顺利结束飞行。由于 Mayak 乘员组通过了一系列的舱外活动成功地完成了对燃料泄漏故障的修复，并且还创造了新的持久飞行纪录，1983 年的挫折被遗忘了。联盟 T 号飞船与礼炮 7 号空间站的下次飞行操作，有望在 1985 年进行。

6.11　联盟 T 号飞船的飞行情况（1985 年～1986 年）

最初的 1985 年到 1986 年的飞行计划（在 2 月问题之前）如下：

4 月　　　　　发射 TKS－4（后来成为宇宙 1686 号）。

5 月 15 日　　发射联盟 T－13 号（19L）飞船；瓦休京、萨维尼赫和沃尔科夫；任务大概持续 6 个月。

11 月　　　　发射联盟 T－14 号（20L）飞船；萨维茨卡娅、伊万诺娃和多布罗克娃希娜；进行为期两周的访问飞行，时间配合 10 月革命胜利周年纪念；在 TKS－4 解除对接后及联盟 T－13 号飞船驻留乘员组返回前不久发射。

1986 年　　　发射联盟 T－15 号（21L）飞船；维克托连科、阿列克桑德罗夫和萨雷；是礼炮 7 号空间站的最后一次任务。

1984 年年底，礼炮 7 号空间站似乎状态良好。到 1985 年年初，状态报告表明空间站各系统在自主飞行中工作正常，而且内部条件适合接纳下一个乘员组。但是在 2 月 11 日，情况发生了改变。空间站无法遥测，进入自由漂浮状态。由于当时 Igla 系统的应答器在自动模式下不能识别正在接近的飞船，因此飞船不能和空间站对接，也无法使乘员组登上空间站对它再次进行维修。当时，礼炮 7 号空间站实质上是"一潭死水"。到 3 月 1 日，来自苏联的报告表示，礼炮 7 号空间站的主要任务正在终结；但由于以前花费了那么多的力量去修复礼炮 7 号空间站，他们不打算放弃它，并决定再次尝试救援，以阻止礼炮 7 号空间站进入不可控再入的状况（像天空实验室那样）。为了和不受控的空间站进行对接，需要一个非凡的乘员组。贾尼别科夫（有 4 次值得赞扬的飞行经历的经验丰富的指令长）的技能已经在克服联盟 T－6 号飞船的障碍中得到了证实。经验丰富的礼炮 6 号空间站的飞行工程师萨维尼赫加入进来，他是下一个驻留乘员组的成员并已经进行过舱外活动训练。

6.11.1　联盟 T－13 号飞船：一次救援任务

联盟 T－13 号飞船于 1985 年 6 月 6 日发射，执行空间站的救援任务。该任务可与 1973 年天空实验室 OWS 救援中由天空实验室 2 号的乘员组执行的某些任务相比。为了抵达空间站，决定将由贾尼别科夫和萨维尼赫进行两天的交会飞行以节省飞船上的推进剂。最后的接近在没有 Igla 雷达系统下进行，以前联盟 T－8 号任务的一个计划之外的收获是，季托夫已经证实了在不采用雷达的情况下将飞船移动到空间站附近是可能的。联盟 T－8 号飞船接近过程中的问题在于，虽然地面雷达已经将飞船置于离礼炮号空间站 1 km 的范围内，但它依赖季托夫对于速度和距离的判断，这影响到交会的最后阶段，而这一点被证明是很困难的。而且，联盟 T 号飞船没有为延长的站保持飞行作准备，季托夫没有剩下充足的推进剂保持姿态和进行重复对接，他也没有接受过这样的训练。

得知了这一点，联盟 T－13 号飞船的燃料保存方法也给地面跟踪系统提供了额外的时间，以便更精确地确定飞船的轨道参数。乘员组的训练重点在对接过程，包括从 30 km 处的接近飞行，因此他们最后的选择将依赖联盟 T－13 号飞船定轨的精确程度。联盟 T－13 号飞船还配备了附加的设备，以辅助乘员组进行对接。6 月 8 日，乘员们看到距他们 10 km 的礼炮 7 号空间站。贾尼别科夫控制着联盟 T－13 号飞船的方向，透过舷窗仔细地观察礼炮 7 号空间站。飞船大概以 0.3(°)/s 的速度缓慢滚动，他可以容易地操纵联盟 T－13 号飞船经过改进的姿态控制系统，该系统增加了用于接近和保持操作的控制杆。很庆幸，空间站没有歪斜，尽管太阳电池阵已经不能正确定向，产生了 75°的偏离，但这表明是能源系统故障而不是可怕的通信故障。空间站明显不行了，它没有对 Igla 信号作出反应，没有旋转过来面对联盟 T－13 号飞船。没有能源，内部将变得阴冷、黑暗，危机四伏。尽管如此，乘员组也必须使飞船与礼炮 7 号空间站对接。

采用一台微光影像增强器，乘员组可以看见地球阴影区背景中的礼炮 7 号空间站，这台仪器可以显现出它的位置和方位（比季托夫能看到的还要清楚）。乘员组还有一台仪器可以判断他们离礼炮 7 号空间站的准确距离。一旦他们开始最后的逼近，一台激光测距仪就开始获取距离和接近速度信息。贾尼别科夫在光学可视系统的帮助下控制飞船方位和接近速度，萨维尼赫（由于他出色的计算技能，在队里被认为是"人工电脑"）报出接近距离和速度，并将数据输入船载计算机。当他们接近到距空间站 200 m 时，开始进行站保持飞行，然后评估了当前的形势并与地面的控制人员共同协商（通过描述对空间站的目视情况）。收到允许继续接近的指令后，指令长将飞船带到空间站前方，并将联盟 T－13 号飞船的前端与礼炮 7 号空间站的前端对接口对齐；之后他开始进行缓慢滚动以配合空间站，慢慢地将两个飞行器集合在一起（当时他们已飞进地球阴影区）。在黑暗中成功地完成了首次对接，这充分证明了两名乘员的娴熟技能。这让一直和他们联系的飞行控制人员欢呼雀跃，大大地舒了口气。

虽然飞船与空间站安全地对接了，但两名乘员的工作仅仅是刚刚开始。接下来还要进行对接气密性测试，并判断空间站上是否有空气。因为没有电力，所以无法进行检查，除非打开对接匹配阀门来平衡两个飞行器之间的压力。礼炮 7 号空间站上有空气，但为了测试空气质量他们不得不打开舱门取样。幸运的是，检测结果表明空间站上的空气无毒无害，因此两名乘员可以进入空间站。他们报

告礼炮 7 号空间站一片黑暗，空气有霉味，微重力的冰柱在到处
"生长"，估计其内部温度为 −10℃。

　　修复礼炮 7 号空间站的工作花费了该乘员组几天的时间，但一
个系统接一个系统都恢复了操作状态，并可以恢复科研工作了。

　　K·费奥季斯托夫描述联盟 T−13 号的任务和乘员组的努力为
"一次技术上的成功，为进一步发展载人飞行作出了巨大贡献。它使
得靠近卫星进行测试或进行修理与维护操作成为可能。这项技术在
援救因飞船发生故障而不能返回地面的乘员组时显得更为重要。"

　　格卢什科提议贾尼别科夫应该获得第三枚金星奖章，因为他相
信这次任务中体现出来的勇气远超出以往任何一次太空飞行。贾尼
别科夫已经被授予了两枚金星奖章，萨维尼赫在他首次飞行后也已
获得了一枚金星奖章。但是，格卢什科的建议被拒绝了。他被告知
科罗廖夫只获得过两个奖，而这对于一名航天员来说已经足够多
的了。

　　联盟 T−13 号飞船的飞行证明，在"非正常情况下"对定型的
联盟号飞船进行改进是有利的，而且随着更进一步的升级，它在苏
联载人太空飞行的角色将更为重要。1985 年，费奥季斯托夫提出，
联盟号飞船未来的角色是作为空间站乘员组的救援飞船，而且这个
预测最近已在国际空间站上实现。但是它不能够预见的是，这个角
色将需要多久才能被证实。

6.11.2　联盟 T−14 号飞船：首次部分乘员交换

　　礼炮 7 号空间站的科学项目按计划进行。1985 年 9 月 17 日，由
联盟 T−14 号飞船携带 3 名乘员飞往空间站；次日，飞船与空间站
尾部的对接口对接；在空间站的工作项目中允许进行首次部分乘员
的交换。以前，乘员组要么交换联盟 T 号飞船，要么在两组驻留乘
员交换期间，空出空间站进行自主飞行。联盟 T−14 号飞船证明了
乘员交换的能力，表现苏联已经开始为长期有人驻留的空间站作准
备。指令长瓦休京和载荷专家 A·沃尔科夫继续与萨维尼赫（在被

指派执行礼炮号空间站的救援任务前，萨维尼赫就已经是最初长期乘员组的一员）一起待在空间站，而贾尼别科夫在他的任务完成后，与联盟 T－14 号飞船的飞行工程师 G·格列奇科（他是执行过 3 次不同空间站飞行任务的老手）一起，于 9 月 25 日解除了联盟 T－13 号飞船与空间站的对接。

和以往的任务不同，他们没有在当天着陆，联盟 T－13 号飞船要继续在太空中完成 30 小时的机动试验。首先，他们撤离到一个地点，此时空间站上所有的对接系统都暂时停止工作，然后他们对仅使用光学可视装置将飞船移动到距礼炮号空间站 1 000 m 处的交会过程进行了评估。这次试验所获得的经验和信息将被用于将来乘员计划的训练和飞行中，在从最终转移轨道到最后的接近点之间的过渡只采用光学装置。本质上，这是贾尼别科夫在 6 月 8 日完成的对接过程的重演，以提供和原始数据对比的补充信息。这次试验没有安排对接，但在离开和围绕空间站飞行前，他们运用联盟 T 号飞船的新功能进行了一段时间的站保持飞行，拍摄对接的联盟 T/礼炮 7 号组合体。贾尼别科夫总共有 3 次将联盟 T－13 号飞船带到离礼炮 7 号空间站 5 km 之内，然后靠近空间站，将距离保持在 1 km 以内，并以站保持模式飞行。这次练习（被认为完全成功）结束后，乘员组为最后的返回作准备，于 9 月 26 日降落在位于杰兹卡兹甘东北方向的新着陆场。

由于礼炮 7 号空间站在 1985 年发生了问题，为实现 1985 年最初计划的驻留任务的目的，迫使苏联发射了两艘联盟 T 号飞船（联盟 T－13 号负责维修，联盟 T－14 号完成试验项目）。因此，在 1985 年 9 月发射联盟 T－14 号飞船之后，只余下一艘联盟 T 系列飞船（21L），用于乘员组全部为女性的飞行，不安排长期飞行。乘员组全部为女性的联盟 T－15 号飞船原计划在 1986 年 3 月初执行飞行任务（时间和 3 月 8 日的国际妇女节相符）。这些妇女们出发后，瓦休京乘员组将在 3 月末乘联盟 T－14 号飞船离开无人的礼炮 7 号空间站，并且让萨维尼赫创造新的太空飞行纪录。

　　但是在 1985 年 11 月间，瓦休京病倒了，经过地面讨论，决定提前终止任务，让所有的 3 名乘员于 11 月 21 日返回地面——这是下一个着陆窗口中最合适回收的。萨维尼赫被命令乘联盟 T－14 号飞船返回地面。一直有一艘联盟飞船作为应急飞船对接在空间站上是明智的，在当时的情况下，这一点清楚地得到了验证。尽管在离开前礼炮 7 号空间站将被封存，但是还有几个项目要保留。乘员组也无法完成他们着陆前的调整和锻炼科目来达到最佳状态。

6.11.3　联盟 T－15 号飞船：一个时代的结束，另一个时代的开端

　　由于过早离开了礼炮 7 号空间站，一些实验结果没有被带回地面，苏联在联盟 T 系列飞船硬件上的准备也有些跟不上了。21L（联盟 T－15 号飞船，最后由基济姆和索洛维耶夫驾驶）采用翻新过的 16L 的返回舱（它曾用于在发射台中止的联盟 T－10A 号飞船）。在联盟 T 号飞船仍可用于空间站的飞行而替代它的联盟 TM 号飞船仍未作好飞行准备之际，苏联人把握时机运送了一个乘员组到新的和平号空间站的核心舱，然后重访礼炮 7 号空间站，完成联盟 T－14 号乘员组未完成的任务。苏联在礼炮号空间站出现问题和瓦休京生病以后，没有继续礼炮号空间站的工作，而是决定加紧新空间站的工作，尽管只有核心舱作好了发射准备而其他的舱段落后于预定计划。

　　3 月 15 号，基济姆和索洛维耶夫在他们第二次共同执行任务的第二天驾驶联盟 T－15 号飞船正在接近新的空间站——和平号。和平号空间站核心舱的尾部对接口集成了老的 Igla 交会和对接系统，该系统与进步号和联盟 T 号飞船兼容。但是，其前端的对接口是新设计的，有多个对接适配器，其特点是具有 1 个前向对接口和 4 个径向对接口，径向对接口的设计是为了接受大一些的科学实验舱段。这些前端的对接口采用了为即将飞临的联盟 TM 号飞船设计的新的 Kurs 对接系统，联盟 TM 号飞船是联盟 T 号飞船的改进型。

　　由于基济姆和索洛维耶夫使用的是老的联盟 T 系列飞船，不能

与和平号核心舱前端的对接口自动对接，因此他们从距它 200 m 处就开始进行手动接近，此时 Igla 关闭。然后基济姆通过利用距离修正装置，类似于贾尼别科夫在联盟 T—13 号飞船上采用的装置，手动控制飞船对接到前端的对接口。这是比较复杂的机动，但凭着他在联盟 T 号飞船发展和训练过程中的经验，以及指挥过联盟 T—3 号和联盟 T—10 号飞船的经历，再加上联盟 T—8 号和联盟 T—13 号飞船的数据，在和平号空间站稍微转动以提供最佳光照条件之后他取得了初次尝试对接的成功。这为进步号飞船在 4 月 27 日抵达和平号空间站留出了尾部对接口。历史上，联盟 T—15 号（该系列的最后一艘飞船）成为第一艘也是唯一的一艘装备有 Igla 系统的与和平号空间站对接的联盟号飞船。所有后来的飞船都将采用新的 Kurs 对接系统。

随着和平号空间站计划的逐步推进，飞行控制人员同时也监视着闲置的礼炮 7 号空间站，它离和平号空间站大约 2 500 km，在提前 1 分钟的相似轨道上运行。到 5 月 4 日，为了完成飞往礼炮 7 号空间站的短途飞行，乘员组在联盟 T—15 号飞船的轨道舱上装载了 500 kg 的设备。他们还进行了系统加电、电池充电和推进舱发动机测试。尽管在接近和平号空间站时（只用了两天）节省了燃料，但联盟 T—15 号飞船还是没有充足的推进剂来完成和平号与礼炮号空间站之间的往返，以及任务末期的离轨，而且联盟 T—15 号飞船没有在轨补给燃料的能力。计划者们考虑到这种情况，通过利用进步 26 号飞船的发动机来调整和平号空间站的轨道以帮助实现到礼炮号空间站的转移。

乘员组于 5 月 5 日解除了飞船与和平号空间站的对接，但是由于担心损害全新的空间站，没有立刻启动发动机。他们一旦到达安全距离，便开始了首次空间站之间的飞行。加里宁格勒的 3 个控制室进行了监测：一个监测礼炮 7/宇宙 1686 号组合体，一个监测和平号空间站，第三个监测联盟 T—15 号飞船。乘员组利用有效推力的方法接近礼炮 7 号空间站，花了 29 个小时才完成。他们使用了 Igla

系统并在距离礼炮 7 号空间站 200 m 处停住，礼炮 7 号空间站的方位由地面通过对接的宇宙号飞船来进行控制。然后基济姆驾驶联盟 T－15 号飞船与礼炮 7 号空间站的尾部对接口进行手动对接。他们在礼炮 7 号空间站（1984 年他们在那里已度过了 8 个月）上完成了最初计划由瓦休京乘员组进行的两次舱外活动，并使空间站停止了活动。他们在礼炮 7 号空间站工作了 50 天后，为了在 29 小时内重返和平号空间站，乘员组又给联盟 T－15 号飞船的轨道舱装载了 400 kg 的设备和实验结果。他们于 6 月 25 日撤离了礼炮 7 号空间站，并到达了和平号空间站（采用与其首次对接时同样的方式），度过了他们任务期的最后 20 天。由于额外增加了在太空的停留时间，7 月 3 日基济姆打破了由留明创造的 363 天的太空逗留总时间的纪录；两天后他成为首位（几个航天员之中的）在轨总时间长达 1 年的航天员。

　　由于没有舱段来补充核心舱里的为数不多的实验，在完成了为期 124 天（其中 50 天在和平号空间站，50 天在礼炮 7 号空间站，20 天在和平号空间站）的任务之后，乘员组最后于 7 月 16 日离开了和平号空间站。这是一个显著的成就，证实了苏联航天计划的成熟性，即发展新的联盟号飞船去执行和平号空间站新的飞行任务的时机已经成熟。

6.12　小　结

　　联盟 T－15 号飞船标志着联盟 T 系列飞船的最后飞行。至此，总共有 21 艘联盟 T 系列（或与联盟 T 系列相关的）飞船（5 艘宇宙号、1 艘无人飞船和 15 艘载人飞船），累计飞行时间超过了 1 195 天（包含轨道存储状态和与空间站对接时的关机状态）。这说明该系列飞船已具备以自动和手动方式向空间站往返运送航天员的能力，具备无困难关机和在线恢复的能力，能担当营救和回收任务，而且在最后一次飞行任务中，还可以运送航天员往返于两个空间站之间。

参 考 文 献

〔1〕　Severin，G. I. ，Abrahamov，I. P. and V. I. Svertshek，'Crewman Res-
cue Equipment in Manned Space Missions：Aspects of Application'，
presented at the 38th Congress of the IAF，10—17 October 1987，Brigh-
ton，UK.

〔2〕　*Soviet and Russian Cosmonauts*，*1960—2000*，Novosti Kosmonavtiki，2001.

〔3〕　*Journal of the British Interplanetary Society*，January—February 2002，55.

〔4〕　Titov，V. ，'The Docking is Cancelled'，in *Orbits of Peace and Pro-
gress*，reprinted from *Red Star*，1984.

第7章 联盟 TM 号飞船 (1986 年～2002 年)

1986 年 2 月 19 日，苏联发射了新的和平号空间站的基础平台。这一平台具有多个对接口、改良的子系统及搭载设备，能够对接大型长期在轨的科研舱体，其再补给和飞行任务支持依靠小型的联盟号、进步号飞船或者大得多的暴风雪号航天飞机完成。和平号空间站的许多搭载系统都是升级和改良过的产品，因此要求联盟 T 系列飞船也进行相应的改进，被称为联盟 TM（运输、改进）。据苏联方面称，联盟 T—15 号飞船发射至和平号空间站是联盟 T 系列飞船的最后一次发射，而《真理报》则称：由于承载能力的限制，联盟 T—15 号飞船是最后一艘礼炮号空间站（服务）型飞船，和平号空间站需要新一代的适合于自己的运输飞船。

7.1 联盟 TM 号飞船的产生

1976 年 2 月，苏联政府批准了发展下一代空间站的计划。其主要特点是多舱对接和对早期的 DOS 结构设计（礼炮 1 号、礼炮 4 号、礼炮 6 号和礼炮 7 号）的改进，包括以下方面的改造升级：提高分系统能力进而提高空间站的工作寿命、用若干个"科技舱"拓展"核心舱"的功能、提高对接机构的可靠性、使用新的联盟号飞船以增加航天员的访问频率和次数。

发展下一代空间站所需改进的要点之一就是对联盟 T 系列飞船进行升级。随着新一代多舱体空间站的容量提高，需要运送一定量推进剂供空间站调姿，因此，比较实际的做法是对联盟 T 系列飞船进行改进，允许飞船围绕着空间站进行自由机动，随时可以与空间站的任何可用的对接机构完成对接。

20 世纪 80 年代初，在对新一代多舱体（组件）空间站（命名为

DOS 7（和平号）和 DOS 8（和平 2 号））的研制计划中，试图把它们的轨道倾角设置为 65°，而不是早期礼炮号和钻石号空间站的 51.6°，这样就能更好地覆盖苏联版图。由于轨道的变化，将乘员组送至空间站上需要联盟号飞船比联盟 T 系列飞船自重更轻，并且火箭的运载能力也相应提高（11A511U2，著名的联盟 U－2 火箭）。然而到 1984 年 11 月，人们发现能源联合体的工程师们在计算 DOS 核心舱的质量方面出现了严重的误差。减小飞船质量，提高火箭的运载能力还远远不够，于是在 1985 年 1 月，又决定把 DOS 7 空间站的倾角调回至 51.6°。然而，在接下去的 10 年里，提高倾角一直是 DOS 8（和平 2 号）空间站的研制目标。

图 7－1　联盟 TM 号运输飞船与国际空间站对接

（联盟号飞船作为空间站的乘员组运输工具已达 30 多年之久）

联盟 TM 号飞船的预研始于 1980 年，在 1981 年 4 月预研草案得以签署，新一代的飞船依旧保留原有的项目号 11F732、生产商（能源联合体）和设计代号（7K－ST）。项目总设计师是能源联合体的工程师 V·古津科（V. Guzenko）。

1982 年年底以前，设计蓝本已基本完成，第一艘联盟 TM 号飞船的总装出厂完全赶得上 DOS 7 空间站于 1986 年的发射。然而不久，测试人员就发现，核心舱的研制进度落后于计划时间表，按照正常进度，无法赶上 1986 年年底的发射任务，因此决定跳过通常在能源联合体 ZEM 工厂进行的电系统测试，把 DOS 7 空间站从赫鲁尼切夫工厂，直接运抵拜科努尔，在那里完成测试；并且决定尽快发射 DOS 7 空间站的核心舱体，然后等待其他舱体的完成。因为相对于留在拜科努尔而言，将其存储于预定轨道更为容易（也更经济）。然而，政治又一次介入了，苏联领导人需要一次新的航天成就。

DOS 7（和平号）空间站将于 1986 年 2 月发射，这个时间与莫斯科举行的苏共第 27 次代表大会的时间一致，这也是在苏联航天史上最后一次由政治干预的发射日期。尽管和平号核心舱入轨了，但其他一些舱体还在地上，甚至还在工厂里。联盟 TM 飞船的预计出厂日期也是在 1986 年年底，1986 年年底或 1987 年年初完成首次载人飞行。因此决定利用最后一艘联盟 T 系列飞船——联盟 T－15 号运送乘员组进入和平号空间站，对核心舱进行设置，由发射状态到在轨运行状态。在首个和平号空间站乘员组到达和平号空间站之前，也就是在新的联盟 TM 号飞船发射前几个月内，联盟 T－15 乘员组将要完成一系列的前期工作。

与以往的联盟系列飞船不同，这艘被命名为宇宙号的飞船不用进行无人飞行技术试验，大量载人状态的系统验证和性能评估在联盟 T 系列飞船的飞行中都得到了验证。但是，在实施载人飞行之前仍将进行一次无人飞行以对其整体系统进行评价。

7.2　联盟 TM 号飞船的改进

表面上，联盟 TM 号飞船与联盟 T 号飞船很相似，都能进行 14 天的独立飞行，能够在轨存储 180 天。把联盟 TM 号飞船送入轨道的是联盟 11A511U2 运载火箭，在性能上进行了改进，能与新一代的联盟 TM 号飞船相匹配。其逃逸塔上装有轻型的发动机，使携带有效载荷进入倾角为 51.6°的轨道的能力增加了 200～250 kg，并且使携带有效载荷返回的能力增加了 70～90 kg。逃逸塔在发射后 115 秒而不是在 123 秒分离，这样便可以承担更多的有效载荷。联盟 TM 号飞船和联盟 U－2 火箭的改进可以把 3 人乘员组送入轨道高度为 325～350 km 的和平号空间站，而不用耗费巨大的成本使空间站的轨道降低。然而，在最初的联盟 TM 号任务计划中，和平号空间站的轨道倾角是 65°，即使提高运载能力和进行了减重，联盟 TM 号飞船也无法携带 3 名航天员进入如此高倾角的轨道。所有的这些改变使联盟 TM 号飞船在执行飞行程序方面具有更大的灵活性，可以实时跟踪定位，改变原有的飞行程序。

7.2.1　交会和对接系统

在新型飞船的设计中，最具有意义的改进之一是交会和对接系统。在联盟 TM 号飞船中用新型的 Kurs 系统取代了老式的 Igla 系统。在无需空间站主动调姿的前提下，Kurs 系统也能够使飞船与空间站完成对接并锁定，从而可使空间站节省许多推进剂。联盟 TM 号飞船在与目标空间站相距 200 km 时，可对目标空间站进行跟踪测量，在相距 20～30 km 时，可锁定目标空间站。联盟 TM 号飞船的天线是全向天线，因此 Kurs 系统不需要初始化瞄准就能对准目标空间站。船载的计算机可引导飞船靠近空间站，根据设定的对接口，计算机可控制联盟 TM 号飞船绕着空间站飞行并接近预定对接口。Kurs 系统的优势在于可以定位于和平号空间站前端侧向对接口，而不是像以前的 Igla 系统那样必须在空间站的尾部对接。在 1987 年，量子号舱成功停靠在和平

号空间站尾部的对接口，其对接系统便融合了 Kurs 与 Igla 系统，联盟
TM 号飞船既可以在空间站的前端也可以在其尾部对接，从而具有更
大的灵活性。装载着 Kurs 系统的晶体号舱在 1990 年成功与空间站对
接。由于量子号舱原来是准备与礼炮 7 号空间站进行对接的，因此装
载的是 Igla 系统，这也是和平号空间站尾部对接口保留 Igla 系统的原
因。当礼炮 7 号空间站延期且和平号空间站重新设计时，在和平号空
间站尾部对接口安装 Igla 系统来与量子号舱对接是非常容易的，而在
量子号舱上安装 Kurs 系统却相当困难。

图 7-2　航天员 F·卡尔伯特森（F. Cullbertson）
正从位于星城的联盟 TM 号飞船模拟器的舱门中出来

图 7－3　在莫斯科飞行控制中心，TsPK 的控制和管理人员正在监控对接操作

7.2.2　轨道舱

　　除了在联盟 TM 号飞船的轨道舱外部装载 Kurs 系统硬件外，对飞船的轨道舱本身也进行了大量修改。最大的变化之一是增加了一个舷窗用以改善观察对接时的状态。舷窗的位置紧贴着对接单元，用以更加直观地观察对接时的接近状态，而不是通过飞船返回舱的潜望镜来观察。通常，乘员组的所有成员都在返回舱中等待对接，只有指令长能用潜望镜观察接近状态。但是如果有了轨道舱舷窗，一名乘员可以进入轨道舱直接观测对接状态。根据 Y·谢苗诺夫所述，不仅在返回舱可以控制飞船，在轨道舱也可以进行控制，这将会使得对接机动更加容易，乘员组观察视野更加直接，并且能够提供备份对接控制机构作为冗余。

7.2.3　着陆系统

　　在联盟号运输飞船上，另一个主要的改进（自 1973 年首创以来）在于着陆救生系统——飞行任务末期要使用的主、备份降落伞得到了显著改进。减小伞舱的总质量，利用合成纤维加固伞舱结构和伞舱盖，这是减小伞舱质量、节省返回舱空间的主要原因。也为其他设备的改进提供了空间，最终，新的降落伞系统的设计节省了140 kg 的质量。

结合新的降落伞系统，通过改进控制软着陆发动机点火的高度计以及乘员坐椅的设计，使得着陆更安全、更舒适。（大部分联盟号飞船的返回舱在强风中着陆后都会发生翻滚。）

7. 2. 4　推进系统

根据苏联飞行控制中心弹道单元主任 V・波乌奇卡耶夫（V. Pouchkayev）所述，在飞船任务完成前 208 秒精确地启动制动发动机，这样可使其速度减少至 115.2 m/s。5 m/s 的偏差都可能导致落点偏差几百千米，但是在极端的环境下，如果发生误差，则着陆采用"特殊系统"，从而导致乘员的过载从 3g 增加到 11 g。

推进舱的改进在于采用新式的推进组件，包括燃料贮箱、燃料供给系统、主发动机，以及利用金属隔膜隔离氧化剂和燃料。以前的隔膜是有机物制作的，长时间放置会腐烂，会污染燃料，甚至影响燃料的燃烧效果。解决的办法包括利用氦作为排出气体、区分燃料供应，一套备份的燃料系统和一套喷射系统。联盟 TM 号飞船的平均推进剂储备为 800 kg，其中 150 kg 用于交会和对接，200 kg 用于任务末期的制动点火，还有 200 kg 用于紧急情况。

联盟 TM 号飞船的主发动机为 KTDU－80（S5.8），与联盟 T 号飞船的发动机（11D426）相似，其推力约为 2 943 N，尺寸相同，质量稍大。联盟 TM 号飞船的发动机系统还包括 14 个 132.4 N 大推力接近与定向发动机（DPO－B）、1 个 24.5 N 小推力接近与定向发动机（DPO－M）。大推力接近与定向发动机用于对接前最后的轨道机动和定向，并在 KTDU－80 出现故障时作为备份。小推力接近与定向发动机用于飞船定向。

7.2.5　船载子系统

整船中主电路的设计特点是三机冗余，每条备用管路都有水、气循环回路。生命保障系统提供了另一套冗余，当主系统彻底瘫痪时，它能为乘员组在下一个有效的返回窗口返回地面提供支持。飞船上安装了现代化的电源，太阳电池阵与可重复充电的电池相连，为整船提供能源，其翼展为 10.6 m，面积为 10 m²，功率为 0.6 kW。

7.2.6　乘员组准备

和平号空间站仍旧保留 3 人乘员组的标准。苏联宣称：在执行长期任务时，没有特殊原因就没有必要在和平号空间站上驻留超过 3 人。对 10 kg 的航天服又进行了一次改进，以便能够用于紧急情况下的舱外活动。对通信装置也进行了改进，使得每位乘员（最多 3 名）都具有独立的话音通道，同时提高了船载接收机的通话质量。改进的通信设备（Rassvet）可以借助射线（Lcuh）卫星网络与地面进行延时通信（与和平号空间站类似），而不必受测控站的限制。以前，苏联不得不派遣大量的测控船分布在世界各地，以建立测控区域，从而支持重要操作（对接、再入），这样做要耗费巨大的财力和人力。（由于这些测控船大多是以已故的航天员和科罗廖夫的名字命名的，因此，一些航天员称就像与死去的人对话一样。）

飞船控制采用新的惯性控制系统，以船载计算机为基础，不仅可以自动执行指令，也可以接收乘员组的指令工作。控制系统配备了高精度的角速度和加速度传感器，这些都是为联盟 TM 号飞船专门设计的，从而能够进行更加精确的导航计算。对升级的计算机程序也进行了冗余设计。

通过减小伞舱的体积和改进坐椅，节省出了更多的空间可以为乘员组成员存放个人物品提供方便。

7.3　和平号空间站的首次驻留任务：联盟 TM — 1 号～联盟 TM — 7 号

在联盟 T — 15 号飞船执行任务期间，有两名航天员正在礼炮 7 号空间站上执行任务（从 5 月 5 日到 6 月 26 日），此时和平号空间站和进步 26 号飞船正进行联合自主飞行。利用此间歇时间，苏联人打算发射第一艘新型联盟 TM 号飞船，为的是在它进行首次载人运输前，通过飞行试验考核其系统，也为 1987 年第一个乘员组驻留和平号空间站增加经验作好准备。

7.3.1　联盟 TM 号飞船的乘员组

1985 年 9 月成立的最初的乘员组延续了礼炮 7 号空间站乘员组的建立模式，航天员要集中在一起进行为期 4 个月的训练。第 1 乘员组为季托夫和谢列布罗夫，第 2 乘员组为罗曼年科和马纳罗夫（后者因未通过体检被拉韦金（Laveikin）代替），第 3 乘员组为沃尔科夫和叶梅利亚诺夫（Yemelyanov），于 1986 年 3 月开始训练；这种模式一直持续到选拔出合格的飞行经验丰富的乘员。由于舱段结构问题，联盟 T — 15 号飞船延期发射，其乘员组的训练又延长了。由于谢列布罗夫生病，第 2 乘员组的乘员取代了第 1 乘员组，因为他们的状态更好。首个进入和平号空间站的 2 人乘员组的主要任务是打破纪录，马纳罗夫（恢复了状态）取代了谢列布罗夫，与季托夫一起组成了一个新的第 2 乘员组。

有 3 艘联盟 TM 号飞船被分配执行出租车式的飞行任务。飞船上的第三个座位由一名执行国际乘员任务的载荷专家占据，叙利亚航天员参加联盟 TM — 3 号的飞行，保加利亚航天员参加联盟 TM — 5 号的飞行，阿富汗航天员参加联盟 TM — 6 号的飞行，斯洛伐克的航天员贝拉（Bella）参加 1999 年的一个驻留乘员组的飞行。

联盟 TM — 2 号飞船载着罗曼年科和拉韦金于 1987 年 2 月发射

升空，它将要执行 300 多天的飞行任务，为的是迎接一个访问乘员组：维克托连科和阿列克桑德罗夫，由 A·索洛维耶夫和萨维内赫作为后备，这其中各有一名会说流利俄语的叙利亚空军军官。后来拉韦金心脏出了点问题，因此决定由阿列克桑德罗夫代替他完成后一半的远征任务。

下一个驻留乘员组（EO－3，在轨飞行 1 年）由季托夫和马纳罗夫组成，沃尔科夫和叶梅利亚诺夫作为后备。在 1987 年 5 月，叶梅利亚诺夫由于健康原因被卡列里（Kaleri）取代，卡列里又在 1988 年 3 月被克里卡列夫（Krikalev）取代。苏联决定联盟 TM－4 号飞船的第三个座位由暴风雪号航天飞机的飞行员占据。列夫琴科被选中，什丘金（Shchukin）作为后备。由于在任务期间季托夫和马纳罗夫要接待两个乘员组的访问（第一组由 A·索洛维耶夫和萨维内赫组成，利亚霍夫和宰特谢夫（Zaitsev）作为后备，1988 年 3 月宰特谢夫又被作为工程师的谢列布罗夫取代），他们将会和保加利亚的航天员一起飞行（这是第二次保加利亚任务）。然而，由于 1979 年的技术问题，原定的飞行时间不得不缩短。

为了增强营救能力，1985 年 9 月苏联挑选了一大批飞行员进行训练，准备单独执行联盟号飞船任务。这个想法最初来源于礼炮 7 号在 1985 年发生的故障。1988 年，为了验证营救能力，苏联决定发射一艘飞船，把随船工程师换为航天员－医生。波利亚科夫和阿尔扎马佐夫（Arzamazov）被训练成为航天医生；利亚霍夫被指定为指令长，别列佐沃伊作为其后备；剩下的第三个座位由阿富汗航天员占据。波利亚科夫将会待在空间站中监测航天员的生理情况。

破纪录任务完成后，为了进行乘员组轮换，苏联准备发射联盟 TM－7 号飞船，第 4 驻留乘员组（EO－4）由沃尔科夫和克里卡列夫组成，维克托连科和谢列布罗夫作为后备，根据和法国之间的协议一名法国的空军飞行员克雷蒂安占据第三个座位。有半年的时间空间站没有访客。因此他们这 6 个月正常工作。这样既可以长久地利用第三个座位，也减少了联盟号飞船运输的次数。联盟 TM－8 号飞船的首发乘员组由维克托连科和谢列布罗夫组成，A·索洛维耶夫和巴兰金（Balandin）为后备；第三个座位由暴风雪号的飞行员斯坦基亚维丘斯（Stankyavichus）占据，扎博洛茨基（Zabolotsky）为后备。

　　维克托连科和谢列布罗夫曾被安排在 1989 年 4 月出发，他们的主要任务之一是从量子 2 号舱进行 SPK（载人机动装置，也称MMU）的飞行，然而 1989 年 2 月该任务由于量子 2 号舱的延期而取消，并决定由巴兰金取代谢列布罗夫（SPK 专家），维克托连科和巴兰金预计在 4 月 19 日登上联盟 TM－8 号（58 号）飞船，但在1989 年 3 月，联盟 TM（59 号）飞船（是维克托连科和巴兰金任务的后备/救援飞船）在一次低压试验中被严重损坏（由于压力过大，推进舱被部分损坏），只好运回莫斯科能源联合体修理，计划不得不延迟，直到另一艘后备飞船（60 号）准备好运往拜科努尔。这使得和平号空间站无人飞行时间长达数月。损坏的联盟号飞船装上了新的推进舱，最后作为联盟 TM－10 号飞船发射（新编号为 61A）。

7.3.2　联盟 TM 号飞船处女航

　　联盟 TM 号飞船的首次发射在 1986 年 5 月 21 日进行，其目的是用无人飞船验证系统的工作性能，工作模式是自主控制，最后与和平号空间站对接。两天后，飞船靠近无人的空间站，并于 23 日利用 Kurs 系统与和平号空间站前端的对接口对接。在此次飞行和对接过程中，飞船的控制系统、仪器设备、结构单元均表现良好，被评估为优秀。

　　对接后的 6 天中，对控制系统和结构单元进行了全面的评估和测试，同时也考验了船载发动机的性能。5 月 29 日，飞船与空间站解锁、分离；第二天，进行了一系列的系统测试后，轨道舱分离，制动发动机在预定点点火；随后推进舱和返回舱分离，飞船的返回舱自动沿预定下落轨道降落在苏联境内。这是这艘新型飞船的一次成功的无人飞行试验，为载人飞行提供了验证。

7.3.3 长期服役的开始

　　进步27号飞船在首次载人的联盟TM号飞船飞行之前于1月16日发射至和平号空间站。它在3月26日离开，以备量子号舱的到来。3周后，罗曼年科（指令长）和拉韦金（飞行工程师）成为了首批驾驶联盟TM号飞船（联盟TM－2号）进入空间站的航天员。他们要完成为期10个月的任务（代号为Tamyr），主要是初始化设置空间站长期工作的参数。不同寻常的是，在1月28日，他们的名字被提前公布出来，这与苏联的以往的做法不一样，发射时间也提前公布，2月6日，电视还现场直播了发射过程。这仅仅是人类历史上第三次现场直播载人飞行，这也成为"空间公开化"的范例。发射两天后，经过50个小时的不断接近，在人工干预下飞船对接在和平号空间站前端的对接口，开始了长时间的在轨飞行。到4月，经过乘员组在空间站上的工作，和平号空间站的第一个量子号舱可以准备发射了。

图7－4　完成训练项目后，联盟TM－2号乘员组成员向航天员
训练中心的首长报告他们已准备就绪
（左起为列昂诺夫、罗日杰斯特文斯基、沙塔洛夫、罗曼年科和拉韦金）

量子号舱于 4 月 5 日靠近了和平号组合体，为了安全起见，两名乘员撤至相对安全的联盟 TM－2 号飞船的返回舱，以防在对接过程中发生意外。有些西方观察员认为：这是一种浪费时间的过程，以后没必要再采用，苏联对于对接已经很有经验了，例如联盟号和进步号飞船曾成功与礼炮 6 号和礼炮 7 号空间站对接。然而，由于 11 t 的量子号舱比其他运输飞船要大得多，因此撤至返回舱的预防措施还是有必要的。

在接近和平号组合体的过程中，Igla 系统锁定了尾部的对接口。可是在距离和平号组合体 200 m 的时候，锁定突然丢失，导致量子号舱偏离航向 10 m，这一点使乘员非常震惊。不久，苏联人找到问题所在并很快加以解决，准备进行第二次对接尝试。事故发生后 90 分钟，飞船又恢复了与地面的通信，空间站内的罗曼年科表示了他的不满。

4 月 9 日，量子号舱终于停靠在和平号组合体的尾部。为防止进步号飞船丢弃在对接机构上的垃圾袋引起硬对接，4 月 11 日，罗曼年科和拉韦金通过 3 小时 40 分的舱外活动移开了障碍物，并且监视了量子号舱的自动对接（其推进单元于 4 月 13 日解除了对接）。量子号舱成为和平号空间站的第一个永久跟随舱。10 天后，4 月 23 日（联盟 1 号飞船发射 20 周年纪念日）进步 29 号飞船对接在量子号舱的尾部。其后的几天，乘员组对和平号组合体的 4 个部分（联盟 TM－2/和平号核心舱/量子号舱/进步 29 号）进行了全面检查，就像 1978 年 1 月罗曼年科检查联盟 26/礼炮 6/联盟 27 号组合体一样。这是将联盟 TM 号飞船（和进步号飞船及后续舱体）驻留在空间站的必要条件之一，这样可以确保生活舱和整个组合体的安全。

Tamyr 乘员组在和平号上继续进行科研工作，并为在接下来的 3 个月中的两次舱外活动作准备。在这段时间里，拉韦金的心跳记录显示出了轻微的紊乱，这使地面的医保人员非常担心。引起心脏毛病的原因很多：首飞前的严格训练、首飞的兴奋、争取好的表现的愿望、对量子号舱对接出现问题的担心、处理紧急故障时的压力等。

尽管他暂时没有危险，但管理部门决定由预定乘联盟 TM－3 号飞船到空间站执行 7 天任务的 A·阿列克桑德罗夫取代他。在 1983 年参加联盟 T－9 号飞船飞行的经验弥补了阿列克桑德罗夫缺乏对于在和平号空间站驻留时间长达 5 个月上训练的不足。

联盟 TM－3 号飞船于 6 月 22 日发射，两天后飞船对接在量子号舱的尾部，这是首次尝试这么做。该乘员组由指令长维克托连科、飞行工程师阿列克桑德罗夫和叙利亚载荷专家法里斯（Faris）组成。提升轨道和对接过程中没有遇到什么大问题，可是在打开联盟TM－3 号飞船前舱门的密封时出了些麻烦，其原因是向里开门就要克服内部压力，经过调整压力，问题得以解决。1 周以后，失望的拉韦金把工作移交给阿列克桑德罗夫（后者将继续完成 10 个月的飞行任务），随后与维克托连科和法里斯搭乘联盟 TM－2 号飞船一同返回地球。在此期间，罗曼年科的坐垫被换下装入联盟 TM－3 号飞船的返回舱，维克托连科和法里斯的坐垫被装在联盟 TM－2 号飞船的返回舱上。尽管只承载了两名乘员上天，但联盟 TM－2 号飞船完全有能力带 3 名乘员返回。当 6 月 29 日乘员组将自己密封在联盟 TM－2 号飞船后，被告知由于着陆点的天气是雨夹雪，联盟 TM－2 号飞船需要延迟两圈（3 小时）分离。下落过程中的大风把返回舱吹得离目标落点很远，落入一个小村庄，不过返回还是安全的，没有发生意外。提前返回令拉韦金非常失望，心律不齐只是生理上的表现，他很快休养好，准备执行下一次任务。在联盟 TM－2 号飞船撤离和平号空间站以后，Tamyr 乘员组从空间站尾部的对接口移开了联盟 TM－3 号飞船，并经过 30 分钟的站保持飞行后把飞船重新对接到和平号空间站前端的对接口上。

7.3.4　为期 1 年的太空生活

联盟 TM 号飞船下一次的发射任务定在 1987 年 12 月。这个乘员组代号为 Okean，其指令长季托夫是第三次飞行，而飞行工程师马纳罗夫则是首次飞行。他们将替换阿列克桑德罗夫和罗曼年科在空间站上进行为期 1 年的飞行，预计于 1988 年 12 月返回地面。12 月 21 日，联盟 TM－4 号飞船发射升空，仅在发射后 8 天，Tamyr 乘员组就返回了地面，为的是给飞行员 A·列夫琴科提供一次锻炼机会，他将是已列入计划的暴风雪号航天飞机的驾驶员。

联盟 TM－4 号飞船与和平号空间站对接后两天，开始进行乘员组交换，这也是历史上首次在空间站上进行整个驻留乘员组的交换。苏联的计划师和设计师们一直梦想在 Okean 乘员组之后，能建立一个在太空多次更迭、长期驻留的空间站工作模式。根据这一构想，未来和平号空间站上所有乘员组都会进行全部或部分交换，以保证和平号空间站上长期有人驻守。12 月 29 日，载着罗曼年科、阿列克桑德罗夫和列夫琴科的联盟 TM－3 号飞船与和平号空间站分离。这 3 人是乘不同的联盟 TM 号飞船进入空间站的，却乘同一艘联盟 TM 号飞船返回地球。其中罗曼年科已经在太空飞行了 326 天，阿克桑德罗夫在太空飞行了 160 天，列夫琴科仅飞行了 8 天。

由于着陆场的能见度为 4 km，气温为－12℃，给着陆造成了一些麻烦。天气预报显示，着陆场会大面积结冰，这严重影响了搜救飞机和地面搜救部队车辆的搜救行动。正如 5 年前联盟 T－5 号飞船那样，返回舱下落过程中进行了拍摄，影片显示舱体在迷雾中下落，有评论说风速达 25～30 m/h 可将舱体吹跑，大风也增加了医护人员来到着陆点的难度，因此航天员着陆后就上了直升机。罗曼年科和阿列克桑德罗夫被扶出返回舱，但是两人却扶着列夫琴科（他将要准备进行暴风雪号航天飞机的模拟飞行）步行进入直升机，返回机场。

12 月 30 日，Okean 乘员组对联盟 TM－4 号飞船与空间站的对接位置再次进行了调整，把飞船从量子号舱的对接口调整到了空间站前端的对接口。在以后的长时间太空飞行中，他们进行了 3 次舱外活动，接待了两个来访的国际乘员组。第一个是联盟 TM－5 号飞船的乘员组，指令长 A·索洛维耶夫、飞行工程师萨维内赫和保加利亚载荷专家 A·阿列克桑德罗夫。7 月 7 号，联盟 TM－5 号飞船从新命名的加加林航天中心发射升空。在这里，加加林开创了载人航天的新时代，这也是在此进行的第 290 次发射任务（包括载人的和无人的）。50 个小时后，联盟 TM－5 号飞船与和平号空间站成功对接，停靠在量子号舱尾部的对接口。由于飞船上的 Kurs 对接系统的错误，导致对接时间比预计的晚了一圈。其原因是 Kurs 系统发出了一个错误信号，使得联盟 TM－5 号飞船偏离了预定对接轨道。最后，索洛维耶夫不得不启动了手动控制，停止了对接，然后调整飞船至安全距离并进行站保持飞行，把对接数据传回地面进行分析。分析结果显示，对接口没有问题，可能是数据传输上错过了一段数据，因此决定 1.5 小时后再次进行对接。如果联盟 TM－5 号飞船对接不成功，联盟 TM－4 号飞船将达到安全存储期限，Okean 乘员组则不得不撤出和平号空间站乘联盟 TM－4 号飞船返回地球，和平号空间站上将无人值守。幸运的是，一切都很顺利，联盟 TM－5 号飞船成功对接。然而，联盟 TM－5 号飞船的船载系统的问题导致飞船将要在 3 个月后返航，这也是载人航天历史上最具有戏剧性的一幕。

联盟 TM－4 号飞船在太空中已飞行了将近 6 个月，联盟 TM－5 号飞船的乘员组必须离开新船而进入联盟 TM－4 号飞船，把新船留给驻留乘员以备在特殊情况下的紧急撤离。这次没有进行乘员组交换。为了提供一艘具有"良好生命力"的联盟 TM 号飞船以利主乘员组返回，第二个国际乘员访问任务比预计提前了 3 个月，这次将与联盟 TM－5 号飞船进行交换。作为 Okean 乘员组连续飞行 12个月后进行返回准备的一部分，一名医生将在其飞行的最后几个月中帮助他们保持良好的身体状态，同时进行自己的长期飞行医学试验。这名医生要在太空停留 1 年以上，与 3 个驻留乘员组（EO－3、EO－4 和 EO－5）一起工作。联盟 TM－4 号飞船载着 3 名返回的航天员于 6 月 10 日与和平号空间站分离，在和平号空间站附近飞行期间进行了一系列的拍照记录，于 3 小时之后着陆，一切正常。

7.3.5　环境的综合影响

联盟 TM－6 号飞船定于在 8 月 31 日发射，在经历标准的两天飞行后抵达和平号空间站，按计划进行为期 1 周的太空飞行。此次飞行的指令长是 V·利亚霍夫，他曾经乘 3 种不同的飞船（联盟 32 号、联盟 T－9 号、联盟 TM－6 号）进入 3 种不同的空间站（礼炮 6 号、礼炮 7 号、和平号），他最近的一次训练是参加一个独自驾驶联盟 TM 号飞船进行营救的小组，而此次乘联盟 TM－6 号飞船飞行是偶然的机会。因为经过了特殊训练，所以此次飞行不需要带工程师，原飞行工程师的位置由医生波利亚科夫取代，他将留在空间站中监视 Okean 乘员组最后 1 周的身体情况，然后继续留在空间站中观察下一任驻留乘员组的太空飞行适应情况。他希望能够在和平号空间站上待满 1 年，然后乘联盟 TM－8 号飞船返回地球。联盟 TM－6 号飞船的第三个座位由阿富汗航天员默罕默德（Mohmand）占据，6 天后，他将和利亚霍夫一起乘坐联盟 TM－5 号飞船返回地球。

9 月 5 日联盟 TM－5 号飞船与和平号空间站解除了对接，在既定时刻轨道舱分离。乘员组按程序使制动火箭点火，但点火的时间比预计提前了 30 秒，原因是主备两套水平光学敏感器都受到联盟 TM－5 号飞船遮住阳光的影响，引起读数混乱，从而使得导航系统无法确定飞船的姿态进行点火操作。尽管联盟 TM 号飞船进行了全面的升级，但是导航系统还是依赖于老式的光学敏感器，至少要花费 10 分钟敏感器才能确定飞船的姿态，从而进行调姿。由于决定联盟 TM－5 号飞船返回的时间是凌晨而不是下午，因而明暗交替变化严重干扰了计算机程序。

因此，计算机发出了指令取消了点火，但是允许发动机处于预热状态。当联盟 TM－5 号飞船飞出地面通信区以后，系统恢复正常，又发出点火指令，然而此时已经比预计时间晚了 7 分钟，飞船在轨道上飞行了 3 500 km，这将导致着陆区远离预计的着陆点，给搜救工作带来很大的麻烦（1965 年 3 月，类似的故障发生在上升 2 号飞船的飞行任务末期，导致其着陆于大雪覆盖的西伯利亚森林）。点火后仅 6 秒钟，利亚霍夫手动停止了点火，因为他预报落点将位于中国东北北部地区。莫斯科每日早间新闻把联盟 TM－5 号飞船推迟返回的消息公布给全世界。当敏感器恢复正常，发动机正常点火时，没有人再去怀疑航天员的安全是有保证的。

在飞行了两圈以后开始进行第二次再入尝试，红外敏感器已恢复，惯性测量单元控制发动机点火。在点火瞬间，飞船的自动驾驶仪启动了备份的计算机以进行轨道机动，但这些控制程序是于 6 月在和平号空间站设置好的，乘员组忘记清零或重新设置程序，原计划 230 秒的点火时间缩短至 6 秒，主控机由于无法与备份机兼容，因此又立即关闭了发动机。程序设计人员已经对此故障有应对策略，但是的确不希望在真实飞行任务中发生。指令长此时清楚地认识到，发动机没有按照正常的程序工作，飞船的落区也偏离了预定轨迹。他手动开启了发动机再次点火的控制按钮，希望落点距离原落区不太远。然而 50 秒后，飞船的导航系统又一次检测到其定向错误，第三次自动关闭了系统。

由飞行控制中心发出的第二次尝试的指令没有考虑到发动机已经进行了一次 6 秒钟的点火，从而导致了系统计算机的内存进行了数据清除，把原本预设的 115.2 m/s 的脉冲换成了飞行程序中的 3 m/s。这一次红外敏感器工作正常了，可是发动机仅仅点火了 7 秒就关闭了。利亚霍夫在 7 时 35 分 50 秒再一次手动开启了发动机，但是 14 秒后又自动关闭了。随后他在 7 时 36 分 06 秒又进行了一次手动点火，发动机工作了 33 秒。第二次再入尝试中共进行了 3 次手动点火，发动机一共工作了 54 秒。

更糟糕的是，在发动机最后一次关闭后 10 秒，系统启动了定时器，20 分 58 秒后将使推进舱与返回舱分离，利亚霍夫试图关闭定时器，但没有成功。在 7 时 57 分 47 秒，系统启动一个 2 分 14 秒的推进舱与返回舱分离初始化程序，利亚霍夫向地面申请发送 ODR 指令，但是没有得到回应。利亚霍夫决定私自发送此指令，如果他不发送该指令，推进舱 1 分钟后就会分离，乘员组也就会陷入进退两难的窘境了。

西方分析家认为：利亚霍夫在悲剧发生前几秒钟停止了程序。如果继续点火，乘员组将被送入更低的轨道，大气的阻力将会再次启动再入程序。如果他们不能调整好飞船的姿态，返回到合适的高度，尝试下一次正确的点火，混乱的导航系统将会迫使飞船的返回舱分离并且继续下降。轨道太高，无法立即变轨，这样再入轨道与设计的不可能一致。再入角度太大，将会使舱体受热和受压超过预定极限，最终会导致舱体烧毁。

船载计算机子系统取消了点火毫无疑问避免了一次危及生命的灾难，使飞船保持在一个稳定的轨道上，周期为 24 小时。通过一整夜对计算机数据的分析，发现了老的交会程序里面的错误。这是一个软件错误，而不是发动机故障，这多少缓解了一些紧张的局面。虽然联盟 TM－5 号飞船具有足够的推进剂返回空间站，但是经过这样的飞行后，由于抛弃了轨道舱（包括其上的 Kurs 设备和对接硬件）要进行手动交会是非常困难的，对接更不可能，而利用 Sokol 航天服通过舱外活动实现两个未对接的航天器间的人员转移是极端危险的。Okean 乘员组在和平号空间站中亲眼目睹了这一切，但是无能为力。理论上，联盟 TM－6 号飞船可以下降去接联盟 TM－5 号飞船，但是没有适当的对接机构和相应的舱外活动装备，不能完成人员的转移。接下来，各种建议被提出，包括一体化的对接、航天员紧急出舱，甚至美国未来的一些计划，但毫无用处。

联盟 TM－5 号飞船的乘员组所能做的就是等待下一天的来临，当他们在不规则的轨道绕地球飞行时，媒体开始关注他们的处境，甚至计算出给养能够维持的时间。6 月，两名乘员和保加利亚航天员一起进入和平号空间站，这次与 1979 年联盟 33 号飞船送一名保加利亚航天员进入礼炮 6 号空间站的情形相像，在对接的过程中因推进舱发动机的原因也发生了故障。更巧的是，当时利亚霍夫就在礼炮号空间站中。在联盟号飞船访问礼炮 7 号空间站的时候，利亚霍夫也在礼炮 7 号空间站中，那一次联盟号运载火箭爆炸。如今，利亚霍夫自己处于悲剧当中，这一系列事故都和他扯上了关系。

在返回舱中，乘员组度过了一个特殊的夜晚，气温很低只有10℃，返回舱里面非常寒冷。尽管他们穿着航天服但还是无法御寒。虽然通知他们脱下航天服，但他们仍然穿着它靠在侧壁上。在返回舱中，脱下航天服很困难，并且会耗费很多氧气，所以他们仍然穿着。他们所能做的就是调整飞船的姿态，使得推进舱的太阳电池阵能够对着阳光，从而使蓄电池充电，恢复船载系统。飞船（仅有返回舱和推进舱）从来没有像这样手动飞行过，以往总是沿着最后的轨道飞行和着陆。

由于已经分离的轨道舱带着给养独立飞行，使得返回舱中乘员组的行动受到了很大的限制，而且他们不允许使用最后3天的应急物资，他们已经没有热食物了。他们非常后悔盥洗中的浪费，只能利用睡袋将就着维持盥洗。

在发动机点火后，联盟TM-5号飞船开始从364 km×338 km的轨道下落，通过轨道计算，他们可以进行再入，但在没有发动机的前提下，这个过程需要几周时间，而在此期间他们的氧气早已用尽。乘员组申请播放莫斯科广播电台的音乐，所有的准备工作在严格地进行着，第二天早上将尝试进行再入操作。他们的应急物资只够维持两天的了。每一条轨道都具有应急落区，但这些落区大部分都不在苏联境内。

第二天清晨，在返回通信区内时，利亚霍夫启动了程序，他将手动处理降落程序，他们选择了一条美国人多次用过的1970年阿波罗13号飞船的轨道，尽管出现了微小的偏差，但是一直到最后制动火箭点火，整个过程还是非常顺利的，他们比计划提前一天落入主着陆区。

在后来的新闻发布会上，利亚霍夫解释说："当我发现发动机第二次熄火以后就打算手动控制下落。尽管我很清楚地知道这样做的后果，但还是亲自去操纵发动机了。当计算机自动发送关闭指令后，我曾错误地认为可以手动设置计算机信号。当两次关闭发动机后，我必须在瞬间做出决定，当时最大的愿望就是可以安全返回地面。"

西方媒体头版头条的报道称，利亚霍夫在飞船上争分夺秒地采取了一系列的操作，避免了更严重的事故发生。利亚霍夫还建议在以后的飞行中在制动火箭点火前不要抛弃轨道舱，尽管这样会耗掉一些宝贵的推进剂。

默罕默德后来解释说，尽管当时情况危急，他们感到更多的是紧张而不是害怕。联盟 TM－5 号飞船的一系列事件再次证明太空飞行充满着危险，也说明任何飞行任务都远不是例行程序。

7.3.6　和平号空间站暂时无人看管

联盟 TM－5 号飞船戏剧性地返回地面后，和平号空间站在太空中继续执行任务。9 月 8 日，Okean 乘员组的 3 名乘员进入联盟 TM－6 号飞船，把它从和平号空间站尾部对接口移至前端对接口。10 月 10 日，在季托夫和马纳罗夫进行舱外活动的时候，波利亚科夫留在飞船中，以防在舱外活动时对接器出现意外。舱外活动的乘员需把轨道舱作为气闸舱，然后脱离空间站。这成为了 3 人乘员组实施 2 人舱外活动的标准操作程序。

1988 年 11 月 28 日，联盟 TM－7 号飞船与和平号空间站对接，船上载着由沃尔科夫和克里卡列夫组成的乘员组（代号为 Donbass），他们将接替季托夫和马纳罗夫的；在接下来的 5 个月中，将与波利亚科夫一起在和平号空间站中工作。一同飞行的还有法国航天员克雷蒂安，这是他的第二次太空飞行。他与沃尔科夫配合完成了舱外活动，于 1 个月后同 Okean 乘员组一起返回了地球。

1988 年 12 月 21 日，季托夫、马纳罗夫（他们已在轨飞行了 1 年）和克雷蒂安解除了联盟 TM－6 号飞船与和平号空间站的对接，按照吸取联盟 TM－5 号飞船的教训而重新修改的飞行程序，在制动火箭点火前一直保留轨道舱。虽然船上的推进剂多带了 10％的储备，但乘员组不得不在飞行过程中改变了飞行程序，这表明实际飞行的工况比从前预计的要复杂得多。新程序与计算机从前的软件不匹配，发动机点火的时间比预计的提前了一点，计算机检测到过载，中止了操作。乘员组随即启动了备份设备，重新设置程序，预计在 3 小时后的下一个着陆窗口着陆。这一次一切顺利，发动机点火 270 秒后，飞船的返回舱竖直着陆。12 月 22 日，Donbass 乘员组把联盟 TM—7 号飞船调整到和平号空间站前端的对接口。他们在基地接受的训练一直是为在驻留期间接受到更大型的舱体作准备，但是在 1989 年 2 月，由于下一个舱段（如晶体号舱）研制缓慢，导致量子 2 号舱延期发射。而当 59 号飞船出事故后，苏联不希望和平号空间站只有一个侧向对接口可以用作对接，最后决定让 Donbass 乘员组于 1989 年 4 月返回地球，此后的几个月间，和平号空间站上将无人值守。

1989 年 4 月 26 日，联盟 TM—7 号飞船离开了和平号空间站，这是 1987 年 2 月以来的首次无人看管和平号空间站。在着陆过程中，克里卡列夫的膝盖撞到一个显示面板上，尽管不严重，着陆后他仍需要接受特殊照顾。

7.4　苏联解体：联盟 TM—8 号～联盟 TM—13 号任务

从 Donbass 乘员组返回地面到 1992 年春天的 3 年内，先后发射了 6 艘联盟 TM 号飞船到和平号空间站，每艘都有新的驻留乘员组，其中的 3 艘上还有国际乘员。这段时间也是苏联国内动荡时期，一个大国分裂为多个独立的小国，国家政体巨大的变化对苏联国内的建筑、交通以及空间探测影响颇深。这段时期内，经费不能及时到位，导致了很多次发射任务的延期甚至取消，虽然可以出卖太空飞行的座位，但是还是不能解决经费短缺的问题。

在其他的空间探测领域，生产线处于半停滞状态，多次发射被取消。比较有意思的是，克里卡列夫乘联盟号飞船从苏联的拜科努尔发射升空，等他完成了任务返回地面的时候却是乘坐俄罗斯联邦的飞船落入了哈萨克斯坦。西方媒体称他为苏联最后的公民。

这段时间对俄罗斯的航天事业的影响是长远的。下面简要介绍 1989 年到 1991 年间联盟 TM 号飞船的乘员组。

　　1989 年，和平号空间站即将重新投入使用，为了进行今后的一系列太空飞行任务，有 4 个长期驻留乘员组正在训练当中。首发乘员组是维克托连科和谢列布罗夫，其后备乘员组是 A·索洛维耶夫和巴兰金，两个支持乘员组是马纳科夫（Manakov）和斯特列卡洛夫、阿法纳西耶夫和谢瓦斯季扬诺夫。他们要一组接一组地轮换执行飞行任务。联盟 TM－8 号、联盟 TM－9 号、联盟 TM－10 号飞船没有安排第三个座位，乘员组由两名核心乘员组成。唯一的改变是由联盟 TM－9 号飞船的在轨问题引起的，别列佐沃伊开始接受训练以便在万一出现麻烦时准备进行营救飞行。

　　1990 年 6 月，谢瓦斯季扬诺夫未通过体检，被马纳罗夫取代，因此下三次任务的乘员组被确定为：联盟 TM－11 号乘员组由阿法纳西耶夫和马纳罗夫组成，联盟 TM－12 号乘员组由阿尔采巴尔斯基（Artsebarsky）和克里卡列夫组成，联盟 TM－13 号乘员组由 A·沃尔科夫和卡列里组成。由于出现了商机，为了争取更多的经费，苏联计划把这 3 次飞行的第三个座位卖给日本广播电视公司，以及英国和奥地利的两家私人公司。

　　联盟 TM－13 号飞船计划于 1991 年发射，并计划联盟 TM－14号飞船载一名哈萨克斯坦航天员对和平号空间站进行一次"访问性"的飞行，因为当时还没有哈萨克人进入过太空。首发乘员组为科尔尊、阿列克桑德罗夫和奥巴基罗夫（Aubakirov），后备乘员组为齐布利耶夫（Tsibliyev）、拉韦金和穆萨巴耶夫。奥巴基罗夫和穆萨巴耶夫都是哈萨克斯坦飞行员。由于经费的缘故变更了计划，联盟 TM－13 号飞船由沃尔科夫担任指令长，飞行按照联盟号飞船救援模式进行。该乘员组的另外两名乘员是哈萨克斯坦的奥巴基罗夫和奥地利的菲贝格（Viehbock），克里卡列夫与沃尔科夫留在了和平号空间站，阿尔采巴尔斯基与联盟TM－13号飞船的其他乘员一起返回地球。奥巴基罗夫被授予"苏联飞行员－航天员"称号，他是第 72位也是最后一位获得该荣誉称号的航天员。下一艘联盟号飞船将是俄罗斯的飞船，它承载的首位俄罗斯航天员是 A·卡列里。

7.5　新时期的开始

7.5.1　和平号空间站的再次启用

在和平号空间站无人看管之后 5 个月，苏联 1989 年 9 月 6 日发射了联盟 TM－8 号飞船，结束了和平号空间站的闲置状态，并且准备接收四大舱体之一的量子 2 号舱。这将使和平号组合体的总质量达到 140 t，给和平号空间站的操控带来了些麻烦。新一代的联盟 TM 号飞船能把 3 人乘员组送入更高轨道，这一优势给和平号空间站的操控带来了方便。这段时间里，在沃罗涅日生产的电子芯片出了问题，它应用于联盟 TM 号飞船和进步 M 号飞船。在地面测试中，出现了 4 次问题，原因归结到 1985 年的产品出现侵蚀老化，同一批次的芯片曾应用于量子 2 号舱中，这影响了 1986 年到 1987 年间各项飞船试验的进度，甚至联盟 TM－8 号飞船早期的地面测试。

联盟 TM－8 号飞船载 EO－5 乘员组（指令长维克托连科和飞行工程师谢列布罗夫，代号为 Vityaz）发射升空。9 月 7 号，他们设法接近和平号空间站，当联盟 TM－8 号飞船离和平号空间站的尾部对接口（新型的进步 M1 号飞船于 1989 年 8 月 25 日对接在和平号空间站前端的对接口）仅 4 m 时，突然引起组合体振荡，导致 Kurs 系统的自动接近失败，幸亏维克托连科认真监视着每一步操作的状态，他迅速切换至手动模式，使联盟 TM－8 号飞船与和平号空间站的距离保持在 20 m 左右化解了这次险情。经过简单检查后，准备进行第二次对接，这次没有出现问题，对接成功，舱内人员和地面人员悬着的心终于可以放下了。1 小时后，舱门打开，驻留乘员组第四次登上了和平号空间站。尽管希望并且需要和平号空间站能长期服役，但是 1991 年，和平号空间站只剩下 5 年的寿命了，当时没有人能预测到这些优秀的乘员组能使空间站维持工作到 1999 年 8 月。

1989 年 12 月 1 日，进步 M1 号飞船与和平号空间站分离，把空间站前端的对接口让给了于 12 月 6 日到达的量子 2 号舱（于 11 月 26 日发射），两天后，经过一系列精确的机动，量子 2 号舱由前端对接口提升至侧向的对接口，这一切归功于装在舱体上的 Lappa 机械臂。量子 2 号舱具有一个巨大的用于舱外活动的气闸舱和 SPK，并且经过 EO－5 乘员组的测试。9 月 12 日，联盟 TM－8 号飞船再次对接到和平号空间站的前端对接口上。

7.5.2　隔热层脱落

1990 年 2 月 11 日，联盟 TM－9 号飞船载 EO－6 乘员组（指令长 A·索洛维耶夫和飞行工程师巴兰金，代号为 Rodnik）发射升空，计划接替原有的 EO－5 乘员组控制空间站。当他们刚想离开原有轨道稍作提升时，发现有些东西连在返回舱外，通过潜望镜看不清楚。他们通过返回舱内的观测孔看，认为可能是贴在返回舱上的隔热层松动了，然而，这不会影响与和平号空间站的对接。两天后，当联盟 TM－9 号飞船向和平号空间站逼近时，量子号舱的相机拍摄到了飞船外很多松动的物体，由于问题不能忽视，因此决定让 EO－5 乘员组乘飞船绕行一圈近距离检查并拍摄飞船的状态。如果问题严重的话就返回地面。

2 月 19 日，EO－5 乘员组乘飞船解除了与空间站的对接，飞至空间站前端对接口，发现 3 片隔热层脱落，像羽毛一样飘在返回舱外，一个和返回舱成 90°夹角，另两个成 60°夹角，他们描述说就像盛开的花瓣。由于空气动力学的影响，如果这些附着物返回时在 165 秒、高度为 80 km 时脱落就会出现麻烦。飞行一圈后，乘员组开始为返回地球作准备。正在此时，他们接到通知，由于着陆区大风和低温（－30℃）他们将推迟 24 小时返回。但是庆幸的是，在他们正准备关闭联盟 TM－8 号时得到通知，有一个短暂的好天气可以允许他们在下一圈返回。他们返回时没遇到什么麻烦。

根据拍摄的联盟 TM－9 号飞船的照片和近距离观察的结果，决定让 EO－6 乘员组进行一次舱外活动把损坏的隔热层重新粘贴好，不能让它在返回过程中影响位于舱外的红外敏感器。如果粘贴不上就把它剪掉。为了完成这个任务，必须开发专用工具，并用计划于4月中旬发射的晶体号舱搭载上去。与此同时，在与飞行控制中心沟通后决定，一定要监视联盟 TM－9 号飞船的温度并操纵和平号空间站，让联盟号飞船进出地影以达到正常的温度。飞行控制中心的和平号空间站副指挥 V·布拉戈夫（V. Blagov）解释说不能让舱外表的温度超过±130℃，从而保证舱内的温度，不能让舱内出现冷凝现象影响电子设备正常工作（像阿波罗 13 号飞船那样）。

2月21日，EO－6 乘员组没费什么劲就把联盟 TM－9 号飞船转移至空间站前端对接口，与此同时，TsPK 的航天员进入水槽，练习舱外活动技巧。此时，苏联决定送一名救援乘员（可能是别列佐沃伊）到和平号空间站。4月20日，苏联决定6月以前不发射晶体号舱（尽管已经安排在4月7日对接）。5月28前，进步号飞船给空间站补充了两次给养，联盟 TM－9 号飞船又回到了空间站尾部的对接口，把前端对接口留给了晶体号舱。3天后，晶体号舱发射，于6月10日与空间站对接（6月6日进行了一次尝试），过了几天被机械臂移动至空间站最底部的对接口。现在和平号组合体的形状是 T 形，包括量子2号舱、晶体号舱、量子号舱、核心舱和联盟 TM－9 号飞船。因为晶体号舱的延迟到达和马上要进行的舱外活动，乘员组的工作还要延长 10 天。

7.5.3　出舱维修联盟 TM 号飞船

刚刚到达和平号空间站的晶体号舱内装有维修联盟 TM－9 号飞船所需的设备。自5月底以来，西方媒体一直津津乐道于此事，并宣称，航天员被困在太空中无法生还了。俄罗斯马上作出回击，如果需要，联盟 TM－9 号飞船可以手动返回，并且可以发射新的联盟 TM 号飞船取代联盟 TM－9 号飞船，脱落的隔热层在再入过程中会正常烧掉。

在空间站内，乘员组正在为出舱修复工作作准备。6月4日，他们首先把联盟 TM－9 号飞船放回前端对接口，不是为进步号腾位置，而是为使自己出舱修复工作更加方便。这时有两个出舱方案可供选择，第一个方案是和平号空间站有 4 个径向的对接口，其中两个用于停靠量子号舱和晶体号舱，可以通过另外空着的两个对接口出舱，然后移动很短的距离就可以到达联盟 TM－9 号飞船，但是他们不得不绕过轨道舱才能到达需要修复的区域，大家担心舱外的附着物会影响到乘员的活动，造成伤害，并且在舱外也没有可以支撑手脚的地方。因此选择了第二套方案，利用量子 2 号舱的气闸舱，乘员可以通过对舱体的再定位，搭个梯子越过轨道舱直接到返回舱，修复或去掉隔热层。

　　乘员组虽然没有为此进行过专门的出舱训练，但是他们都经历过通用的舱外活动训练，没有人指挥过这样的舱外活动，因此他们只能观看传过来的类似条件下的录像。6 月 17 日，他们准备出舱，但是由于缺乏训练经验，他们打开舱门的时间太早，剩下的 0.05％ 的气压使舱门承受了相当于 3 920 N 的压力而飞了出去，随即又被链子拉了回来。两名乘员被吓了一跳，但其影响没有马上显现出来。

　　乘员沿着长度为 13.73 m 的量子 2 号舱移动，尽管有折叠梯和固定踏板的帮助，但花费的时间比预期的（90 分钟）长了很多；他们又花了 3 个小时搭了一个 7 m 的梯子越过轨道舱，又搭了个小圆梯才到达目标区域，是隔热层和爆炸螺栓位置之间的热控涂层出现了脱落。由于距离实在太长，从量子号舱内部通过电缆给他们补充给养是不切合实际的，所以只能依靠随身携带物品维持舱外活动所需要的给养，因而限制了舱外活动的时间和范围。更为糟糕的是，直播录像电缆不够长，无法延伸至空间站，地面控制中心只能通过口头转述了解修复工作。

　　在进一步的检查中，乘员发现用于分离返回舱和推进舱的爆炸螺栓和返回舱隔热层都没有明显的损坏，看样子在上升段、船箭分离、在轨推进发动机工作过程中没有造成太大影响。当乘员试图粘贴脱离的涂层时发现它们已经萎缩了，无法粘贴牢靠。乘员只能把它们折好，防止在下落过程中影响飞船返回舱的敏感器。他们很快处理完两块，在处理第三块时遇到了点麻烦，由于损坏较严重，只能尽量绑紧它，比较幸运的是，它距离敏感器较远，不会影响其工作。

这项工作耗费了大约 6 个小时，而这正是航天服的安全极限。与前往工作地点不同的是在返回时，夜幕降临了，因此乘员必须尽可能迅速地返回舱内。他们把工具和梯子留在了原处，打开探照灯在夜幕中前行，最终到达了量子 2 号舱。此时他们才发现，由于在打开舱门时产生的压力使得航天服的密封条弯曲，不能完全合拢，从而无法给航天服放气。因此，他们进入了量子 2 号的中间隔离舱，把它当做一个紧急气闸舱使用，只有这样才能再次回到空间站。在此，他们终于可以打开面罩，呼吸空气了，至此他们已经依靠航天服装备呼吸了 7 个小时，几乎接近了设计极限。

7.5.4　把联盟 TM－9 号飞船送回家

录像回放显示，联盟 TM－9 号飞船已经恢复了正常可以返航。但是在解锁前必须把留在舱外的工具和梯子处理掉，而且量子 2 号舱的舱门问题也要解决。为此，乘员组进行了第二次舱外活动，共耗时 3 小时 31 分，把需要处理的东西从联盟 TM 号飞船上移开固定在了量子 2 号舱的舱体外壳上。后来证明这样做量子 2 号舱的舱门无法承受，后来的乘员组不得不对其进行修理。

联盟 TM－9 号飞船的修复工作完成，工作区已经清理干净，量子 2 号舱的舱门也修理好了，联盟 TM－9 号飞船乘员组终于可以准备把空间站控制权移交给联盟 TM－10 号飞船乘员组（G·马纳科夫和 G·斯特列卡洛夫，代号为 Vulkan）。联盟 TM－10 号飞船乘员组是 1990 年 8 月 1 日携带 4 只日本鹌鹑到和平号空间站进行 Inkubator 2 实验的。8 月 3 日，他们顺利对接在空间站尾部的对接口。在进入和平号空间站的途中，一只鹌鹑产下一个蛋，这个鹌鹑蛋将随联盟TM－9 号飞船返回地球。8 月 9 日，联盟 TM－9 号飞船离开了空间站。通常轨道舱和推进舱是先后分离，此次为了防止再入时初始定位受到松动的隔热层影响，推进舱和轨道舱同时分离。再入和着陆过程都很顺利。回到地球后，乘员组没有按照原计划继续进行训练，原因是在太空中进行了过长时间的舱外活动，使得他们回到地球后感觉不适。

7.5.5　国际访问者

乘员们在和平号空间站上度过了一段平静的日子，8 月 30 日，航天员进行了一次应急训练，模拟一些可能发生的事故（例如碰撞、火灾、低压），为的是对联盟 TM 号飞船的应急营救措施进行考核。1997 年，由于和平号空间站发生碰撞而失火，这些训练内容得以实用。联盟号飞船也被选为国际空间站的乘员避难所。进步号飞船送来的彩虹号回收舱也首次被驻留。

下一个驻留乘员组（代号为 Derbent）由阿法纳西耶夫和马纳罗夫组成，他们乘坐联盟 TM－11 号飞船于 12 月 2 日发射，两天后与和平号空间站对接，接替了 Vulkan 乘员组。另外一个乘员是日本广播电视台的记者秋山丰宽，他在两天的接近和平号空间站的过程中一直卧床不起，患了严重的空间适应综合征。在以后的 1 周内，他仍然无法克服疾病（一般来说，2～3 天就好了），不得不在 12 月 10 日与马纳科夫和斯特列卡洛夫一起乘联盟 TM－10 号飞船返回。他们安全地降落在地球上，秋山丰宽如释重负，他可能是最不情愿的太空旅行者了。

此后的一年，进步 M 号飞船的设备出现了问题。1991 年 3 月 21 日，进步 M－7 号飞船在距离和平号空间站尾部对接口 500 m 的地方停止了接近。23 日又尝试了一次，结果在距离空间站尾部对接口 20 m 的地方又停止了接近。进步号飞船滑过和平号空间站的时候二者之间距离只有 5～7 m，发生了摩擦，结果使进步号飞船失去了左侧太阳电池阵和天线。过后对 Kurs 系统进行分析表明没有问题，问题应归咎为操作失误，到底是进步号飞船还是和平号空间站的操作错误就不得而知了，唯一的办法就是让联盟 TM－11 号飞船测试一下空间站尾部的对接系统。

3月26日，乘员组解除了联盟 TM－11 号飞船与和平号空间站前端对接口的对接，把联盟 TM－11 号飞船移至和平号空间站尾部，并利用 Kurs 系统把联盟 TM－11 号飞船牵引至量子号舱的对接口，联盟 TM－11 号飞船也重复了几天前进步 M－7 号飞船的过程，但没有对接成功。最终发现是量子号舱的对接口的设备出了问题，只能进行手动对接操作。乘员组安全地把联盟 TM 号飞船停靠在对接口，两天后，进步 M－7 号飞船与和平号空间站前端的对接口自动对接。大家怀疑在前几次的舱外活动中撞坏了和平号空间站尾部天线。4月25日，乘员组进行的第四次舱外活动印证了大家的假设，空间站尾部的一个碟形天线丢失了。修复任务将由下一乘员组承担，而这段时间补给船不得不在和平号空间站的前端对接。

5月18日，联盟 TM－12 号飞船发射成功，两天后与和平号空间站对接。这次搭载的乘员组（代号为 Ozon）由阿尔采巴尔斯基和克里卡列夫组成，还有一名英国的载荷专家 H·沙曼（H. Sharman）。飞船的程序由苏联和英国共同开发。在飞船距离和平号空间站 200 m 时，联盟 TM－12 号飞船上的乘员发现飞船上的一个外部天线产生了错误信号，没有给乘员组提供对接所需要的运动参数。阿尔采巴尔斯基决定切换到手动对接模式，并与和平号空间站前端对接口对接。在接近的过程中，沙曼在返回舱中用摄像机（用广角镜头）记录了全过程，而克里卡列夫则在轨道舱前侧舷窗观察窗外的情况。

1周后，5月26日，沙曼与 Derbent 乘员组乘联盟 TM－11 号飞船一同返回地球。当阿法纳西耶夫离开空间站时，马纳罗夫试着从返回舱右手外上方的窗口拍摄分离状态和和平号空间站的状况，他穿着厚重的 Sokol 航天服，打开面罩，戴着手套，拍摄工作非常困难，最后比预计的拍摄时间要长一些。

再入和早期的降落过程很顺利，但当返回舱最终要落地时，起风了。舱体被风吹得不住地翻滚，舱内航天员完全丧失了方位感。

尽管胳膊、腿和躯干受到了很好的固定，但头没有固定。沙曼的头就被头盔镜的碎玻璃打了几次。

由于联盟 TM－12 号飞船与和平号空间站前端对接口对接，而尾部对接口的 Kurs 系统又无法使用，因此在通过舱外活动修好天线之前，联盟 TM－12 号飞船必须把空间站前端的对接口腾出来给进步号飞船。5 月 28 日，联盟 TM－12 号飞船离开前端的对接口，手动对接在空间站尾部的对接口。在 6 月 24 日乘员组通过舱外活动给 Kurs 系统安装了新天线，重新启用了空间站尾部的对接口。

联盟 TM－13 号飞船的发射是苏联解体后的首次发射。指令长沃尔科夫，将取代和平号空间站上的阿尔采巴尔斯基，与克里卡列夫一同组成 Donbass 乘员组。此次飞行采用独立营救模式，没有带飞行工程师。与沃尔科夫共同飞往和平号空间站又与阿尔采巴尔斯基一起返回的是哈萨克斯坦载荷专家奥巴基罗夫和奥地利的菲贝格，他们是在商业模式下进行为期 1 周的飞行。10 月 10 日，联盟 TM－12 号飞船与和平号空间站分离，经过一番波折后返回。5 天后，驻留乘员组把联盟 TM－13 号飞船从和平号空间站前端的对接口转移到尾部的对接口，并最后测试了一次 Kurs 系统。乘员组在将飞船最终对接在量子号舱的对接口之前进行了多次成功的接近尝试。

7.6 俄罗斯的航天活动

联盟 TM－13 号任务是苏联解体前进行的最后一次载人航天活动，距加加林的首次载人航天活动 30 年零 6 个月。苏联解体时还有两名航天员在和平号空间站工作，以后这将改为俄罗斯的项目。独联体取代了苏联。随着新的时代的开始，太空探索的责任落到了俄罗斯和全人类的肩上。

7.6.1 1990 年～1994 年联盟 TM 号飞船的乘员组

最初的设想是：在暴风雪号航天飞机进行载人飞行时，有一艘联盟号飞船处于待发状态。如果有必要，联盟号飞船可进行营救飞行。联盟号飞船带有一个救援导航系统，可以与暴风雪号航天飞机的 APAS-89 对接口对接，然后带着两名暴风雪号航天飞机的飞行员返回地球。1989 年，季托夫和别列佐沃伊开始为这一营救任务作准备，别列佐沃伊自从 1985 年以来一直是联盟号飞船救援大队的成员，而季托夫则是 1988 年 6 月替代马雷舍夫而加入的。他们为营救暴风雪号航天飞机而精心准备着，而利亚霍夫则留下来为和平号空间站的营救工作服务。

所有的计划均由于暴风雪号航天飞机的首飞推迟而改变，季托夫和别列佐沃伊又重新与利亚霍夫组成和平号空间站救援团队进行训练，1991 年，阿法纳西耶夫加入进来，但又于 1992 年离开。1992 年到1994 年，沃尔科夫和科尔尊先后完成了和平号空间站的营救训练，但在 1994 年解散了和平号空间站救援队。

图 7-5　联盟 TM-15 号乘员组成员与同他们一起工作的专家合影

由于载人暴风雪号航天飞机的推迟发射，决定在 1990 年发射一艘联盟号飞船在地球轨道上和暴风雪号航天飞机对接。飞行计划是先发射无人的暴风雪 2 号航天飞机（有对接舱的）与和平号空间站的晶体号舱对接；和平号空间站的乘员组可以进入暴风雪 2 号航天飞机，并进行一系列的远程控制试验；与和平号空间站对接后再过一天，暴风雪 2 号航天飞机（无人）与它分离；然后地面发射联盟号飞船与无人的暴风雪 2 号航天飞机对接，联盟号飞船的乘员组将要在暴风雪 2 号航天飞机上进行为期一天的试验；之后，两个航天器分离，无人的暴风雪 2 号航天飞机返回地球，联盟号飞船再次与和平号空间站的晶体号舱对接口对接。

有 3 艘带有能与暴风雪号航天飞机对接的 APAS－89 对接口的飞船（101 号、102 号、103 号）准备执行营救任务。101 号就是联盟 TM－16 号飞船，其他两艘为协作船。1990 年 12 月成立了训练组，包括 3 名飞行员（巴丘林（Bachurin）、博罗代（Borodai）和卡杰纽克（Kadenyuk）），他们都曾是参与暴风雪号航天飞机试飞计划的空军飞行员，3 名工程师（斯捷潘诺夫、伊尔拉廖诺夫（Illari-onov）和费费洛夫（Fefelov）），他们都是 TsPK 的空军航天员，还有一些非军人工程师（包括伊万琴科夫和拉韦金等）。由于没有经费，暴风雪号航天飞机的发射计划被取消，训练组于 1992 年解散。1993 年，发射了联盟 TM－16 号飞船，一个乘员组访问了和平号空间站。

在 1992 年前，有 3 个乘员组在为和平号空间站的飞行任务进行训练，即维克托连科和卡列里（联盟 TM－14 号飞船）、A·索洛维耶夫和阿夫杰耶夫（Avdeyev）（联盟 TM－15 号飞船）、马纳科夫和波列休克（Poleshchuk）（联盟 TM－16 号飞船）。在 1992 年 5 月，齐布利耶夫和巴兰金组成了一个新的乘员组。在联盟 TM－16 号飞船执行任务之前，一大批有经验的航天员体检不合格，这使得乘员组的乘员又有所改变。卡列里是被授予俄罗斯联邦航天员称号的第一人。

地面人员也发生了较大变动：航天员训练中心主任沙塔洛夫被克利穆克少将取代；与德国和法国签订了短期的访问和平号空间站的协议；随后与 ESA 签订两次访问和平号空间站的协议，第一次是将进行长期驻留，并在和平号上进行一系列的实验，这使得一大批的欧洲人在星城训练。于是，在接下去的日子里，德国人乘联盟 TM－14 号飞船，法国人乘联盟 TM－15 号飞船和联盟 TM－17 号飞船，ESA 航天员乘联盟 TM－20 号飞船执行短期飞行任务。

1992 年 10 月宣布了俄罗斯下几个乘员组的调整情况：联盟 TM－17 号飞船的乘员组为齐布利耶夫和谢列布罗夫；联盟 TM－18 号飞船的乘员组为阿法纳西耶夫和乌萨切夫；联盟 TM－19 号飞船的乘员组为马连琴科和穆萨巴耶夫（这是 1977 年以来第一个俄罗斯乘员组）；联盟 TM－20 号飞船的乘员组为 Y·康达科娃（Y. Kondakova）（她是第三位飞向太空的俄罗斯女航天员）和指令长维克托连科。

联盟 TM－18 号飞船上还有医学专家 V·波利亚科夫，这是他第二次参加飞行任务，其目标是打破原有的在太空驻留 437 天的纪录，他乘联盟 TM－20 号飞船与康达科娃一起返回。康达科娃也创造了妇女在太空驻留时间的最新纪录。波利亚科夫于 1993 年 1 月开始训练，阿尔扎马佐夫（Arzamazov）和莫鲁科夫（Morukov）作为后备。但在 1993 年的夏天真正开始组队的时候，莫鲁科夫没有被选中。1993 年 12 月，阿尔扎马佐夫也被调离了后备乘员组（他曾给国家委员会写信，申辩说他准备得比波利亚科夫好）。

后面的飞行任务将是美国进行和平号空间站工作的开始。

7.6.2 俄罗斯的国际合作任务

俄罗斯的首次载人飞行是 1992 年 3 月 17 日发射联盟 TM－14 号飞船，指令长是维克托连科，乘员是 A·卡列里（EO－11 乘员组，代号为 Vityaz）和德国航天员 K·弗拉德（K. Flade）（他对和平号空间站进行为期 1 周的访问并与 Donbass 乘员组一起返回）。联盟 TM－13 号飞船被移动至和平号空间站前端的对接口，以让出尾部对接口给联盟 TM－14 号飞船对接。3 月 19 日联盟 TM－14 号飞船的对接是自动进行的，一切顺利，这进一步证明了 Kurs 系统的天线已得到修复，特别是在远程上已无任何问题。1 周后，3 月 25 日，沃尔科夫、克里卡列夫和弗拉德乘联盟 TM－13 号飞船与和平号空间站前端对接口分离，准备返回。克里卡列夫是作为苏联公民乘联盟 T－12 号飞船发射升空的，可是返回的时候已经是俄罗斯人了。他是第二位和未经训练的同志们一起着陆的航天员（第一位是罗曼年科，于 1987 年），表现出了核心训练组成员的素质和适应性。

　　7 月 27 日，联盟 TM－15 号飞船发射，携带 EO－12 乘员组（A·索洛维耶夫和 S·阿夫杰耶夫，代号为 Rodnik）前往和平号空间站，同行的还有 1 名法国航天员 M·托格尼尼，他将执行为期 12 天的飞行任务，并与 EO－11 乘员组一起返回。联盟 TM－15 号飞船接近和平号空间站的前端对接口，但在靠近的最后阶段 Kurs 系统又一次失灵，迫使 A·索洛维耶夫只能手动对接。报告中并没有过多地提到有关这次事故的原因。托格尼尼和乘员组一起乘联盟 TM－14 号飞船与和平号空间站量子号舱的尾部对接口分离，并于 8 月 10 日安全返回地面。

　　1992 年年底，俄罗斯初步建立了一种新的联盟 TM 号飞船的飞行任务模式，联盟 TM 号飞船的乘员组中将包括两名飞往和平号空间站的驻留乘员和一名国际代表（属短期商业任务），国际代表通常将会和前任驻留乘员组一起乘坐前一艘飞船返回。这似乎是可以预见的和平号空间站未来的运作模式，但是在随后的一次飞行任务中，俄罗斯宣布他们仍在准备利用联盟 TM 号飞船拓展和平号空间站的项目，而不仅仅将联盟 TM 飞船看做是人员运输工具。

7.6.3　新的停靠点

　　1992 年 6 月 17 日，美国总统布什和俄罗斯总统叶利钦签订了一份深具历史意义的协议，拉开了美俄载人航天合作的序幕。随即将会有俄罗斯航天员搭乘美国的航天飞机，也会有美国航天员登上和平号空间站。一系列的航天飞机与和平号空间站将通过 APAS－89 对接装置对接，这一装置安装在和平号空间站晶体号舱的尾部，原计划是为暴风雪号航天飞机服务的。

　　和平号空间站的暴风雪号航天飞机对接口一直处于闲置状态，美俄协议给 APAS 带来了新的生命。联盟 TM－16 号飞船的任务是验证 APAS 的对接功能，为 1995 年美国航天飞机的首次对接作准备。下一个准备工作是 1992 年 9 月 15 日进行的舱外活动，这是 EO－12 驻留乘员组的第四次舱外活动，他们调整了晶体号舱前端的 Kurs 系统天线位置，将其移至舱后的混合对接单元，为联盟 TM－16 号飞船的接近和对接提供便利。

1993 年 1 月 26 日，联盟 TM－16 号飞船发射。这是自从 1975 年 7 月联盟 19 号飞船以来，首次在飞船上安装两种对接结构。联盟 TM－16 号飞船搭载的是 EO－13 驻留乘员组（马纳科夫和波列休克，代号为 Elbrus），这是自 1990 年 8 月以来首次进行的两人飞行，原计划的以色列商业飞行任务取消了，这也是联盟 TM 号飞船的 15 次飞行任务中的第五次两人飞行。马纳科夫和波列休克在使飞船接近到距离和平号空间站 150 m 时关闭了自动交会系统。联盟 TM－16 号飞船随后靠近到距晶体号舱对接口 70 m 处，对系统进行了最后的测试，联盟 TM－16 成功停靠在一个晶体号舱的新的停靠点上。这次使用 APAS 对接装置的成功，为美国航天飞机与和平号空间站的对接扫清了道路，也为航天器和目标之间的纵向对接活动提供了参考数据。

这一对接过程曾经列入过计划，那是在 20 世纪 70 年代，其目的是为了进行天空实验室的 CSM 救援（尽管没有实际操作过）。如果对接在纵向对接口的 CSM 失效不能分离，那么载两人的 CSM 与多端口适配器上的第二个径向端口对接，从而去营救天空实验室的轨道试验室（Orbital Workshop）中的乘员组，这样就使 3 种飞行器处于对接状态。随着联盟 TM－16 号飞船的成功对接，和平号空间站就处于 7 个飞行器（联盟 TM－16 号飞船、联盟 TM－15 号飞船、和平号空间站核心舱、量子号舱、量子 2 号舱、晶体号舱和进步 M－15 号飞船）对接的状态了，其质量已经达到史无前例的 100 t。在 1 月 28 日，对整个组合体进行了系统测试，通过振动试验考核了组合体结构和动态特征。和平号空间站最初的轨道由于不同质量的联盟 TM 号飞船及其他大得多的舱体的对接活动而偏移了，这使得新的联盟 TM 号飞船发射至和平号空间站存在一定的危险性。经过验证，联盟号飞船具备与和平号再次对接的能力，但是俄罗斯不打算再派遣安装 APAS 对接装置的飞行器与和平号空间站对接。这将是唯一一次联盟号飞船停靠在晶体号舱，这个位置以后将为美国航天飞机服务。然而，有些观点认为俄罗斯应该继续开发升级的联盟 TM 号飞船，作为美国自由号（Freedom）空间站的乘员营救飞船。

2 月 1 日，EO－12 驻留乘员组将和平号空间站的控制权移交给 EO－13 乘员组，乘联盟 TM－15 号飞船返回地球。在返回过程中，低云笼罩着着陆场，返回舱落到一座小山丘上，并翻滚到 150 m 外的冰面上。

7.6.4　联盟 TM－17 号飞船撞击和平号空间站

尽管俄罗斯的航天事业按计划正常发展，但由于各方面都处于变革状态，也出现了一些问题。在 7 月 1 日联盟 TM－17 号飞船发射前，乘员组已经进舱。就在此时出现了能源不足，而发射后 1 小时，基地附近的列宁斯克城全城停电。

7 月 3 日，联盟 TM－17 号飞船到达和平号空间站。但此时所有的对接口都占满了。装有 APAS 对接装置的联盟 TM－16 号飞船还停靠在晶体号舱上，也不能与其他对接口对接。进步 M－17 号货运飞船对接在量子号舱尾部的对接口，进步 M－18 号飞船对接在前端对接口。联盟 TM－17 号飞船上是 EO－14 驻留乘员组（齐布利耶夫和谢列布罗夫，代号为 Sirius）和法国航天员恩耶尔（J. -P. Haignere），他将在太空中停留 3 周。当进步 M－18 号飞船从量子号舱前端的对接口分离并移开时，在联盟 TM－17 号飞船中的俄罗斯航天员在距和平号空间站 200 m 的站保持过程中抓住机会拍下了和平号组合体的照片。26 分钟后，齐布利耶夫驾驶联盟 TM－17 号飞船顺利地与和平号空间站前端的对接口对接。

　　3 周里，5 名航天员（4 名是俄罗斯人，1 名是法国人）进行了一系列的联合测试，检查了和平号空间站在较长的一段时间内支持多人居住的能力。7 月 22 日，联盟 TM－16 号飞船带着 EO－13 乘员组和法国航天员恩耶尔离开了和平号空间站返回了地球，把和平号空间站留给了新的乘员组。他们驻留期间正好遇到每年一次的英仙座（Perseid）流星雨（其峰值在 8 月 12 日），而且根据预报，1993 年的流星雨会非常大。NASA 推迟了 STS－51 发射 1 个月，但由于俄罗斯航天员已经在空间站内，因此只能采取了其他的预防措施。俄罗斯也准备了许多用于搜索和营救的航空器，以应对和平号空间站需要紧急撤离的情况。在流星雨高峰期，乘员组撤退到联盟 TM－17 号飞船的返回舱并关上了舱门，以防和平号空间站被损坏。尽管和平号空间站受到了比以往严重的撞击，但却没有发生太严重的问题，只是太阳电池阵被击穿了几个洞，窗格上也有数十个撞击坑。因此，俄罗斯决定让乘员组在 9 月 28 日进行一次舱外活动，仔细检查和观测一下和平号空间站组合体的外部情况。

　　1994 年 1 月 8 日，EO－15 驻留乘员组（阿法纳西耶夫、乌萨切夫和波利亚科夫，代号为 Derbent）乘联盟 TM－18 号飞船发射升空，两天后飞船与和平号空间站对接。这是自从联盟 T－14 号飞船访问礼炮 7 号空间站以来，首次 3 人驻留乘员组飞行。而对于波利亚科夫来说，这也是一个新的开始，他将打破在和平号空间站驻留 15 个月的纪录。1 月 14 日，交接工作完成，原驻留乘员组乘联盟 TM－17 号飞船返回地球，这一次并不是按照标准的返回程序进行，而是先让联盟 TM－17 号飞船朝向晶体号舱的 APAS 对接口，拍摄一些对接机构（包括已经在一次舱外活动中安装上的美国对接装置）和空间站在此角度上的外形结构的照片，为美国航天飞机驾驶员的训练提供图像资料，也为后续航天飞机的对接提供资料。

图 7-6　从联盟 TM-17 号飞船上拍摄的和平号空间站对接操作的珍贵照片

（照片展示了进步 M-18 号飞船正从和平号空间站前端的对接口分离，以便让
联盟 TM-17 号飞船与空间站对接。对接在晶体号舱底部对接口的是联盟
TM-16 号飞船，对接在量子号舱尾部对接口的是进步 M-17 号飞船）

　　然而，在飞船向晶体号舱上的对接单元移动后并没有及时退回到一个合适的拍摄距离，因此齐布列耶夫的联盟 TM-17 号飞船距空间站仅仅有 45 m。谢列布罗夫在轨道舱准备进行拍照，但是齐布列耶夫发现飞船并没有按照预设程序飞行。虽然他立即采取了避免碰撞的措施，但是联盟 TM-17 号飞船还是斜撞在和平号空间站的球形对接适配器上，庆幸的是发生撞击的区域没有其他的附属仪器。此次碰撞实际上不是很剧烈，和平号空间站里面的乘员没有感觉（不像 1997 年的那次碰撞）。空间站的姿态控制系统迅速进行补救，但由于与射线号（Luch）卫星的通信中断，致使飞行控制中心的人

员很紧张。据报道，是齐布列耶夫高超的驾驶技术避免了联盟
TM—17号飞船撞击和平号空间站的太阳电池阵，避免了更严重的
损坏。

碰撞发生后，联盟 TM—17 号飞船里的乘员检查了自己的飞船，
此时和平号空间站的驻留乘员组也对晶体号舱进行了检查，报告没
有明显的损坏。联盟 TM—17 号飞船状态良好，乘员组也和 4 小时
前一样安全。这次事故的原因是由于一个开关出了故障，它是控制
推进器处于待机状态和活动状态的，责任并不在于乘员组。1 月 24
日，和平号空间站驻留乘员组把联盟 TM—18 号飞船从尾部对接口
转移到前端对接口（飞行了大约 150 m）。在这个过程中，他们飞过
空间站的晶体号舱，发现这次撞击只给舱体表面留下了一些划痕。

7.6.5 硬件的短缺

1993 年 10 月，在资金匮乏的俄罗斯，和平号空间站的工作由于
缺乏硬件设施所带来的问题已经变得很明显。俄罗斯宣布由于需要
更为强劲的联盟 U—2 运载火箭将 3 人乘员组送入太空，联盟 TM—
18 号飞船的发射被推迟到次年的 1 月。最初定于 1994 年 6 月 20 日
发射的联盟 TM—19 号飞船由于整流罩短缺并延期交付，被推迟至
7 月 1 日发射。此时，日益增长的对美合作对资金匮乏的俄罗斯来说
是一个好消息，而美国也需要获得俄罗斯在空间站方面的先进经验
以用于国际空间站。

1994 年 7 月 1 日联盟 TM—19 号飞船的发射和两天后与和平号
空间站的对接并没有引起巨大反响。Derbent 乘员组的两名乘员乘联
盟 TM—18 号飞船在 7 月 9 日返回了地球，而空间站上留下了 EO—
16 乘员组（Y·马连琴科和 T·穆萨巴耶夫，代号为 Agat）和波利
亚科夫。此次搭乘联盟 TM—19 的两名乘员全是新手，这也反映出
了俄罗斯对 Kurs 全自动系统和乘员组在必要时进行手动对接能力的
信心。这是一个为期 4 个月的短期任务，其目的是按照美国航天飞
机接回首位访问和平号空间站的美国人的时间表安排乘员轮换。

联盟 TM－20 号飞船于 1994 年 10 月 4 日发射，这一天是世界第一颗人造卫星伴侣－1 号发射成功 37 周年纪念日，也是波利亚科夫在和平空间站上第二次迎接新的驻留乘员组（A·维克托连科和 Y·康达科娃，代号为 Vityaz）。和该乘员组一起来到和平号空间站的还有作为 ESA 代表的已有两次航天飞机/空间试验室（Spacelab）工作经验的德国航天员 U·默博尔德（U. Merbold），他将在和平号空间站逗留 1 个月，进行 Euro Mir 94 科学计划的部分试验，并将在 1994 年 11 月初和 Agat 乘员组一起返回地球。

按照计划，10 月 6 日在和平号空间站前端对接口进行的对接为自动操作，但是在距离对接口 150 m 时，联盟 TM－20 号飞船上的 Kurs 全自动系统进行了一次偏航操作，使飞船偏离了预定的轨道。维克托连科很快采取了手动控制，加上康达科娃在轨道舱的协助，仅仅用了 6 分钟就安全地完成了对接。这次事故发生的时间距进步 M－24 号飞船在同一对接口出现问题仅有几周，说明经过 8 年的成功运转之后，前端对接口的 Kurs 交会系统似乎已经出现了故障。

这可能归咎为在空间站驻留了 1 个月的 6 名乘员引起的和平号空间站能源的不足。但实际上却是因为在 10 月 11 日核心舱的一次短路（当时乘员组正为联盟号飞船充电）造成了引导和平号空间站获取能源的主太阳电池阵的电脑失效，导致空间站储能电池放电。乘员组利用联盟 TM 号飞船的修正控制系统推进器使空间站对日重新定向，然后启动了备份计算机。到 10 月 15 日，和平号空间站上已经可以进行一些日常的工作了。

1 个月后，11 月 2 日，在完成了 Euro Mir 94 计划并将研究成果放置在联盟 TM－19 号飞船上后，马连琴科、穆萨巴耶夫和默博尔德解除了联盟 TM－19 号飞船与和平号空间站的对接，并到达距空间站尾部对接口大约 200 m 的位置。在与空间站分离后的 35 分钟内，他们在距离 190 m 时启动了 Kurs 系统完成了一次自动二次对接。这证明了只是前端对接口的系统有毛病而不是整个系统。由于联盟 TM－19 号飞船上已搭载了试验的成果，如果对接失败了乘员组可以直接返回地球，但对接试验进行得很顺利，于是乘员组离开联盟 TM-19 号飞船返回了和平号空间站，准备多待一天在第二天返回。11 月 4 日的着陆是在强风中进行的，这使得联盟 TM-19 号飞船返回舱的落点比预定落点偏离了 9 km。着陆时返回舱反弹了一下才停下来，但幸好 3 名航天员都没有受伤。

有关前端对接口 Kurs 全自动对接系统出现问题的报告开始于量子 2 号舱和晶体号舱对接之后。很明显，是这两个舱发射的无线电信号干扰了 Kurs 系统对飞船滚转轴方向的测量，这也导致了进步 M-24号飞船在对接中产生了偏移。在进步 M-24 号飞船出现问题后，决定采用备份模式（包括最初改进的应用于暴风雪号航天飞机和和平号空间站对接的软件）来检测 Kurs 系统。原定由联盟 TM-20 号飞船进行检测，但是在检测之前却出现了问题，不得不采取了手动对接。然而，联盟 TM-19 号飞船在二次对接中成功地测试了备份模式，而备份模式也成了以后进步号和联盟号飞船与空间站进行自动对接的主要模式。

包括航天飞机/和平号空间站合作计划的联盟 TM 系列飞船的下一阶段工作开始于 1995 年 2 月，在 5 年内将有超过 10 艘的联盟 TM 系列飞船相继与和平号空间站对接。

7.6.6 1994 年～2000 年联盟 TM 号飞船的乘员组

根据美国和俄罗斯之间达成的协议，将有一连串的俄罗斯航天员搭乘航天飞机，而一名美国航天员也会搭乘联盟 TM 号飞船飞往和平号空间站。美国第一批被指派参加的航天员是富有航天飞机飞行经验的 N·萨加德（N. Thagard）和 B·邓巴（B. Dunbar），他们不久就在星城开始训练。此项任务主要是一名美国航天员和两名俄罗斯航天员搭乘联盟 TM 号飞船前往和平号空间站，并搭乘运送替换他们的乘员组的航天飞机返回地球。萨加德与杰茹罗夫和斯特列卡洛夫组队搭乘联盟 TM-21 号飞船升空，而其俄罗斯后备乘员组（A·索洛维耶夫和布达林）在晚些时候乘坐 STS-71 到达和平号空间站替换他们。萨加德乘坐航天飞机在美国安全着陆，他创造了美国人在太空停留时间的新纪录，打破了 20 世纪 70 年代初在天空实验室 4 号任务中创造的纪录。

联盟 TM－22 号飞船的乘员组由吉津科、阿夫杰耶夫和创造ESA 航天员在太空停留时间新纪录的赖特尔（Reiter）组成。赖特尔的这次飞行是基于俄罗斯和 ESA 签署的长时间太空驻留协议，而这次任务同时也为以后的乘员组提供了一个模板。此外，在新的商业协议下，法国和德国的航天员也要和这些核心乘员一起登上和平号空间站。法国航天员参与了两次任务——联盟 TM－24 号和联盟TM－27 号，德国航天员则参加了联盟 TM－25 号飞船的飞行。法国航天局（CNES）和 ESA 还共同签署了一系列的补充协议，其中包括由一名欧洲人进行一次长时间飞行，以及恩耶尔搭乘联盟TM－29号飞船。斯洛伐克也在这次任务中实现了他们的首次太空飞行。从 1996年 STS－76 飞往和平号空间站开始，当时联盟 TM－23 号飞船的乘员组正在空间站驻留，有 6 名美国航天员在和平号空间站上与俄罗斯航天员一起工作，创造了一个又一个在太空停留时间的纪录。

联盟 TM－29 号飞船在 1999 年 8 月 28 日返回地球，而这也是近 10 年来首次无人驻留在和平号空间站上。也是在 1999 年，曾计划让一位艺术工作者登上和平号空间站以完成一部长片的拍摄。虽然斯捷克洛夫（Steklov）是一名艺术工作者，但他也为此次任务接受了训练，他甚至出现在正式航天员的合影里。但是由于资金没有到位，该计划一直没有实施。2000 年 4 月 4 日，联盟 TM－30 号飞船载着 EO－28 乘员组（扎列京（Zaletin）和卡列里）完成了最后一次飞向和平号空间站的飞行。

7.7　国际空间站第一阶段任务的开始

当讨论将联盟号飞船继续用于自由号即后来的国际空间站问题时，在和平号空间站上继续进行着国际空间站第一阶段的工作（第二阶段工作以国际空间站开始运营为标志)。1994 年 2 月，S·克里卡列夫作为任务专家参加了 STS－60 发现号 (Discovery) 航天飞机飞行任务，成为首位乘坐美国航天飞机的俄罗斯人。1995 年 2 月，季托夫作为任务专家搭乘发现号航天飞机，参加了包括与和平号空间站进行交会的 STS－63 任务，与当时在和平号空间站的 EO－17 乘员组成员维克托连科、康达科娃和波利亚科夫一起进行实验。STS－63 任务也被称为"近和平号空间站"任务，由于没有计划对接，航天飞机评估了接近和平号空间站的操作 (交会)。对接将在那一年夏天的 STS－71 任务中尝试。

7.7.1 美国首位乘坐俄罗斯飞船的航天员

1995 年 3 月 14 日 11 时 9 分，已经有 4 次航天飞机飞行经验的美国航天员 N·萨加德开创了美国人乘坐俄罗斯飞船入轨的历史。萨加德在联盟 TM－21 号飞船上作为载荷专家，与 EO－18 乘员组 (指令长 V·杰茹罗夫和飞行工程师 G·斯特列卡洛夫，代号为 Uragan) 一起工作。这次发射也创造了同时有 13 人在太空工作的新纪录 (在和平号空间站上还有 3 名 EO－17 乘员组的乘员以及 7 名乘坐奋进号 (Endeavour) 航天飞机进行 STS－67 Astro 2 天文研究的乘员)。联盟 TM－21 号飞船的飞行任务是一系列美国航天员登上和平号空间站任务中的第一个，但是只有萨加德乘坐的是联盟号飞船，其他的美国航天员都是乘坐航天飞机，而所有的美国航天员 (包括萨加德) 都是乘坐航天飞机返回美国的。尽管每一位美国航天员 (包括后备航天员) 都受过联盟号飞船的应急着陆和求生技巧的训练，但没有人希望使用这些新技巧。

飞船离开发射台的那天，发射基地寒风凛冽。刚刚发射时，发射平台突然起了一股小火，大风使火箭喷出的废气排向了发射台而没有排进防火沟，尽管没有造成人员伤害，大火还是损坏了一些地面供给设施和电缆。本来像这样的着火在发射后很平常，但是这次事故对发射台造成了额外的损失，当时强劲的东北风将发射台周围的混合沥青撕成了碎片。萨加德回忆说这次发射和航天飞机的发射很相似，但是没有那么大的噪声和振动，整流罩分离后，他只能看到舷窗（在他的右手边）外的一两朵云。萨加德清楚地记得与他在航天飞机的飞行经历所不同的是，在与液体火箭助推器分离后若干秒内的飞行不如航天飞机平稳。萨加德还回忆，联盟 TM 号飞船的主发动机关闭时伴随着巨大的"咔啦"声，因为它的发动机是在满负荷运转时关闭的，而不是像航天飞机发射那样节流减速。

两天后联盟 TM－21 号飞船与和平号空间站顺利对接。萨加德后来回忆在这次任务的对接期间他的行为："在交会和对接期间我的职责是控制无线电和电视摄像机，辅助工作……系统检查。"萨加德通过杰茹罗夫的潜望镜向外观看，发现看到的与电视摄像机看到的没有什么不同，因此他可以直接观察外面而不会妨碍到指令长的视野。关于对接，他回忆道"并不猛烈。事实上，我可以这样形容，就像你倒车进入一个有橡皮垫子的车库那样……有一点颠簸，但是没什么可怕的，也没什么可惊慌的。"

3 月 22 日，完成交接工作后，EO－17 乘员组成功地将他们的联盟 TM－20 号飞船与和平号空间站分离并着陆。维克托连科和康达科娃已经在太空停留了 169 天；而波利亚科夫，于 1994 年 1 月升空，创造了一次太空飞行 437 天 17 小时 58 分 31 秒的惊人纪录。

在替换他们的乘员组到达之前，萨加德和他的同伴将在空间站上待将近 4 个月的时间。他们在空间站停留期间，一个新的舱体——光谱号于 5 月 20 日发射升空，并在 6 月 1 日与和平号空间站一次对接成功。第二天它被移到正对着量子 2 号舱的对接口。6 月 29 日，STS－71 成功对接在和平号空间站晶体号舱的对接口，而替换萨加德他们的俄罗斯乘员组也随这艘美国航天飞机一起到达。这是自 1975 年 7 月以来，美国和俄罗斯的航天器首次在轨道上连接。在航天飞机与和平号空间站对接的 5 天期间，乘员们在两个航天器之间搬运给养和后勤物资。利用航天飞机带上来的空间实验室，萨加德同搭乘 STS－71 的 Mir 18 乘员组成员 E·巴克（E.Baker，一位医生）和曾作为萨加德的后备的 B·邓巴开展了广泛的医学测试和实验。按照原计划，邓巴将在和平号空间站上多停留一段时间，直到另一艘航天飞机与和平号对接为止，但这与一名欧洲航天员将在空间站上停留到 1996 年年初的计划相冲突了，因此邓巴的长期任务被取消了。官方的乘员轮换时间是指乘员们交换在联盟号飞船上的坐垫的时间，从那时起，Mir 18 乘员组的乘员就变成了航天飞机的乘员，而 Mir 19 乘员组（A·索洛维耶夫和 N·布达林，代号为 Rodnik）成为和平号空间站最新的驻留乘员组。

7 月 2 日，Rodnik 乘员组在将送他们返回地球的联盟 TM－21 号飞船上对他们的 Sokol 航天服进行了检漏测试，随后完成了联盟号飞船与空间站重新定位准备工作的通信测试。这也使得他们在 7 月 4 日将联盟 TM－21 号飞船从量子号舱的对接口分离且后退到距空间站 100 m 左右之后，首次拍摄下了航天飞机与和平号空间站分离的过程。大约 16 分钟后，阿特兰蒂斯号（Atlantis）航天飞机从晶体号舱分离。这个过程被联盟 TM－21 号飞船的乘员拍摄下来，而航天飞机上的乘员在他们绕空间站飞行和为 7 月 7 日着陆准备的制动之前，拍摄下了联盟 TM－21 号飞船的二次对接过程。EO－18 乘员组成员躺在航天飞机上专为长时间在太空生活的航天员设计的躺椅上安全着陆。

飞行计划要求联盟 TM－21 号飞船在大约 30 分钟后与和平号空间站前端对接口进行二次对接，但是二次对接早了几分钟，因为无人驻守的空间站上的姿态控制计算机（礼炮 5B）自动关机了。在航天飞机与空间站对接期间，空间站上的系统无法处理结构上的不对称（导致的扰动），因此空间站在自由飘浮。当阿特兰蒂斯号航天飞机与空间站分离时，计算机会自动重新工作，但当它启动预先设定的倾斜度时出现了混乱而迅速关机了。幸运的是空间站保持着平稳，使得联盟 TM－21 号飞船可以安全地与空间站二次对接。回到空间站后，乘员组的首要任务是检查计算机出错的原因。后来发现只是一个软件上的小问题，很容易纠正。

7.7.2　短期驻留和长期驻留

自从 3 月联盟 TM－21 号飞船升空以来就需要进行乘员交换，因此这次驻留任务是为期 75 天的短期驻留任务，直到新的乘员组来到空间站执行较长时间的驻留任务。在联盟 TM－22 号飞船于 1995 年 9 月 3 日发射之前，Rodnik 乘员组在和平号空间站上一直执行维护和修理任务。联盟 TM－22 号飞船载 EO－20 乘员组（指令长 Y·吉津科和飞行工程师 S·阿夫杰耶夫，代号为 Uran）和德国航天员 T·赖特尔（作为 Euro Mir 95 任务的 ESA 代表），于 9 月 5 日到达和平号空间站，随后进行了移交工作，Rodnik 乘员组于 9 月 21 日搭乘联盟 TM－21 号飞船返回。这一次任务原计划驻留 135 天，但当乘员组在轨飞行后又额外增加了 44 天来做一些附加实验；也是由于这些原因，联盟 TM－22 号飞船直到 1996 年 2 月其最佳设计寿命就要到期时才被替换下来。

1995 年 11 月，STS－74 交付了一个为美国航天飞机准备的对接模块。该模块永久附在晶体号舱上，可以和与之对接的航天器兼容。这是唯一一次没有在轨的美国人参加的航天飞机对接任务。

7.7.3　1B 阶段的工作

1996 年 2 月 20 日，和平号空间站的基本模块已经在空间工作了整整 10 年，第二天，联盟 TM－23 号飞船载 EO－21 乘员组发射升空，该乘员组由 Y·奥努弗连科和 Y·乌萨切夫（代号为 Skif，报道中也称他们为"二尤里"）组成。飞船在两天后正常对接在空间站尾部的对接口上，在经过 6 天的交接之后，Uran 乘员组于 2 月 29 日重新进入到他们的联盟 TM－22 号飞船，从和平号空间站前端的对接口分离并安全返回。着陆点异常寒冷，离开返回舱后，乘员组成员立刻被裹上厚厚的衣服。

下一个事件就是第二批美国航天员的到来，这次他们乘坐航天飞机。萨加德访问和平号空间站是在 1A 阶段，但是所有留在和平号空间站上的美国航天员都只能在 1B 阶段中返回。下一个航天员是 S·露西德（S. Lucid），她于 3 月 24 日乘 STS—76 到达和平号空间站。当她的坐垫从阿特兰蒂斯号航天飞机搬进联盟号飞船时，她就成为了和平号空间站 EO—21 乘员组的正式成员。阿特兰蒂斯号航天飞机于 3 月 29 日与空间站分离，露西德和"二尤里"计划在空间站驻留 4 个半月。然而无论是俄罗斯人还是露西德，任务时间都延长了，一方面是因为在萨马拉制造厂发现了联盟号火箭结构上的问题，另一方面是 NASA 决定替换阿特兰蒂斯号航天飞机（STS—79 任务）的固体火箭助推器，而 STS—79 任务正是计划于 9 月带露西德返回地面并将她的继任 J·布拉哈送往空间站。在露西德驻留期间，和平号空间站的最后一个舱体自然号（Priroda）于 4 月 23 日发射升空，并于 4 月 26 日与和平号空间站前端对接口对接。第二天其小型机械臂 Lyappa 把舱体移动到与晶体号舱相对的径向对接口。和平号空间站的核心舱发射距今已有 10 年了，但其整体构架到现在才完整。接下来的 3 年和平号空间站上将非常繁忙，俄罗斯、NASA 和 ESA 开始准备实施国际空间站计划。

在 8 月 11 日到 12 日，EO—22 的首发乘员组（G·马纳科夫和 P·维诺格拉多夫（P. Vinogradov），代号为 Vulkan）在发射前一周退出了飞行，主要是因为马纳科夫突然得了心脏病。由于指令长不能飞行，维诺格拉多夫也失去了机会，而其后备乘员组（指令长 V·科尔尊和飞行工程师 A·卡列里，代号为 Freget）代替了他们。第三名乘员是法国载荷专家 C·德谢斯（C. Deshays），她并不是驻留乘员组中的一员，将在两周后返回地球，因此对她也没有分配飞行任务。

联盟 TM—24 号飞船的准备工作和以前的任务相比存在更多的技术问题。由于联盟 U—2 运载火箭供应的延迟和最终决定用运载能力较低的联盟 U 火箭替换，已经使发射时间从 6 月延迟到 8 月。由于联盟号飞船超过运载火箭的运载能力 275 kg，为了帮助减少发射质量，乘员组成员不得不节食以减少 6 kg 的质量，也不允许在执行任务当中带上他们自己 4 kg 的个人物品。另外，据说飞船上还去掉了某些备份系统，船载燃料的总量也比通常情况少。为了协助飞船到达空间站，和平号空间站用已经对接的进步 M－31 飞船将轨道降低。联盟 TM－24 号飞船于 8 月 17 日发射，两天后与和平号空间站顺利对接，并将所有乘员送上了和平号空间站。9 月 2 日，在辞别了露西德之后（她现在成为 EO－22 乘员组的一员），"二尤里"和德谢斯随后搭乘联盟 TM－23 号飞船安全返回地球。

9 月 19 日，露西德打破了美国人的长期驻留纪录（从发射到着陆 188 天），阿特兰蒂斯号航天飞机第四次返回和平号空间站接走了她，并将替换她的 J·布拉哈送到了空间站。当 J·布拉哈与露西德在联盟 TM－24 号飞船的返回舱交换了坐垫后，J·布拉哈成为了 EO－22 乘员组正式的成员（NASA 唯一在空间站驻留的飞行员－航天员）。露西德与 STS－79 乘员组一起于 9 月 26 日安全着陆，而布拉哈将和 EO－22 乘员组停留在空间站直到 1997 年年初。11 月，从俄罗斯的报道中可以看出，除非再有新的资金注入，否则和平号空间站的运转将不得不停止，而俄罗斯为国际空间站所做的准备工作也将落后于计划。同时运载火箭的储备也严重不足，大家都开始怀疑，没有国际空间站项目的资源和平号空间站还能支撑多久。

7.7.4　"在飞船上一个下午的旋转"

和平号空间站上的新年随着 EO－22 乘员组再一次迎接阿特兰蒂斯号航天飞机的来访而开始。在 STS－81 飞行任务中，航天飞机于 1997 年 1 月 15 日与和平号空间站对接，送来了布拉哈的继任 J·利嫩格（J. Linenger）。1 月 20 日，布拉哈（现在是 STS－81 乘员组的一员）离开和平号空间站，并于两天后在佛罗里达安全着陆。随着 3 次长期驻留任务以及 1 次交会和 5 次对接的完成，航天飞机/和平号空间站项目大约完成了一半，这些过程都完成得相当顺利，为美国和俄罗斯提供了非常有价值的经验，而这些经验可以直接应用于预计在下一年开始的国际空间站项目。

2月7日，利嫩格成为了首位未乘联盟号飞船发射而乘联盟号飞船返回的美国航天员。联盟 TM－24 号飞船不得不重新部署，从和平号空间站前端的对接口转移到尾部的对接口，以免受辐射和微流星的轰击，同时释放和平号空间站前端的对接口为 3 天后联盟 TM－25号飞船的到来作准备。利嫩格有机会参与了这次被他称之为"在飞船上一个下午的旋转"的任务，他后来描述这段经历时揭示了具体的操作程序，而不像一般新闻报道中那样隐藏细节。

首先，在他们出发时，和平号空间站上所有的非关键设备都要断电；然后 3 名乘员互相帮助对方穿上 Sokol 航天服，并转移到返回舱中。利嫩格个子较高，但是仍然能够坐进坐椅，尽管他的膝盖不得不贴在自己的下巴上。在离开了和平号空间站相对宽敞的舱内后，联盟号飞船看上去就像一个装满沙丁鱼的罐头。在分离前他们完成飞行前的全系统检查，然后按照程序启动联盟号飞船。占据右手位置的乘员（载荷专家）负责通信系统、前面的电视摄像相机的控制、生命保障系统和压力阀，而在左手位置的飞行工程师卡列里负责激活推进器、监视导航系统、监视电源使用，在中间的位置的指令长科尔尊负责控制计算机和飞船实际飞行状态。

联盟 TM－24 号飞船的轨道舱与和平号空间站对接环连在一起的挂钩自动解开，然后弹簧在对接环上产生一个平稳的推力将对接环向后推开。科尔尊可以通过膝盖之间的潜望镜间接观看他们飞行的路径，并启动小推力器使飞船后退并与和平号空间站分开。对利嫩格和卡列里来说，在地球进入他们的视线前他们几乎不看飞船外面。当推进器点火后，窗外后退的对接口逐渐被自然号舱所取代；而当联盟 TM－24 号飞船绕空间站飞行时，整个空间站都进入到了乘员的视野里。正如后来利嫩格回忆的："你在空间站内部飞行时，尤其当你不看外面时，感觉不到空间站也在飞行；但是在飞船上，感觉就像在一辆卡车或飞机上，坐在座舱内飞行……窗外的空间站改变着位置，而你只感觉到柔和的推力。"

15 分钟以后，量子号舱的对接口进入到他们的视野，科尔尊启动了推进器进行了硬对接，"（你）可以感觉和听到撞击声"，利嫩格回忆说，"……感觉你的飞船好像被猛然拉了缰绳，但没那么可怕。"当允许再次进入到空间站后，感到非常欣慰，"就像度过了一个假期之后回到家里，所有的灯都亮了，感觉非常熟悉，但又不太熟悉，在里面感觉很好。"

7.7.5　着火和碰撞

2 月 10 日，3 名航天员在拜科努尔搭乘联盟 TM－25 号飞船离开了发射台。其中两名俄罗斯航天员 V·齐布利耶夫和 A·拉祖特金（代号为 Sirius）将和利嫩格一起组成和平号空间站的 EO－23 乘员组，而德国载荷专家 R·埃瓦尔德（R. Ewald）将在空间站上度过 18 天，然后与科尔尊和卡列里一起返回地球。在接近的过程中，Kurs 系统再一次在最后时刻出现了故障，迫使齐布利耶夫手动进行二次对接。

在和平号空间站内部，利嫩格在量子 2 号舱监视飞船对空间站前端的对接口的接近，而此对接口正是最近由联盟 TM－24 释放出来的。当他看到联盟 TM－25 号飞船接近的时候，他屏住呼吸，然而飞船消失了。这次对接失败了，只能等它再次出现。当停下来开始第二次接近时，联盟 TM－25 号飞船上似乎没有任何问题。科尔尊（可通过一个电视摄像机观察接进过程）飘进量子 2 号舱内，看上去闷闷不乐，询问利嫩格是否能确定飞船为什么会后退。利嫩格说他显然看不出飞船为什么未对接，但他们都感觉到联盟 TM－25 号飞船与空间站硬对接到时产生的碰撞，而 NASA 的加速计也记录到了微小的碰撞。此时科尔尊轻松了许多，匆忙回到主舱迎接他的继任。

1998 年 4 月，拉祖特金详细描述了科罗廖夫有关对接尝试的计算。很显然，当飞船离空间站只有 2.5 m 的距离时，Kurs 在首次接近过程中失败，由于惯性的原因，联盟 TM－25 号飞船在被拉回之前距和平号空间站只有 50～60 cm。乘员组在 10 秒钟之内决定再试一次，然后离开了 12 m，齐布利耶夫只能实施手动控制（尽管训练时他从来没有这样接近目标）将联盟 TM－25 号飞船对接到和平号空间站。

为了进一步减少项目的开支，俄罗斯决定停止使用日益昂贵的 Kurs 系统（在乌克兰建造），尽管它已经连续完成了 70 多次的联盟号以及进步号飞船的对接。在联盟号和进步号飞船上，它将被俄罗斯的 TORU 系统所代替，对接将由空间站内的控制台控制。在对这套新系统的试验任务中充满了戏剧性。

1996 年，在从联盟 U－2 火箭换到联盟 U 火箭后，为了减小发射质量，针对从联盟 TM 号飞船（但不是从进步号飞船）上取消 Kurs 系统的问题进行了研究，但这个建议没有被采纳。然而，Kurs 系统硬件由航天飞机带回地球而被重复使用。从联盟 TM－25 号飞船开始，陀螺稳定的 Kurs 系统的天线被一个质量更小的固定天线代替，尽管这样做不得不更改飞船上的软件。

两个乘员组在和平号空间站内进行了交接，并完成了埃瓦尔德的科学研究。2 月 23 日，随着一团火焰从量子号舱中喷出，计划被戏剧性地打断了。起火的原因是一个小型氧气发生器内的一个氧"蜡烛"，这个氧气发生器每隔 20 分钟清洁一次空气。喷射状的火焰使和平号空间站的舱内产生了长达 1 分钟浓烈的黑烟。乘员们马上戴上面具和护目镜，并在随后的几分钟内试图熄灭火焰。90 秒之后，火自动熄灭了，但是对和平号空间站上的 6 名乘员来说似乎经历了很长时间。

幸运的是烟没有毒，但由于它已经渗透进了联盟号飞船，因此在紧急撤退中使用飞船就存在了一些问题。关于这场火的新闻（最初不是 NASA 报道）很快传遍各大媒体，并被报道成为威胁航天员生命的事故。美国人见识还不够广，因此感到非常不安，而有多年在空间站操作经验的俄罗斯人知道他们可以处理好意外事件。随着和平号空间站上的浓烟被排除，医学博士利嫩格给他自己和同事们进行了基本的检查，以确定他们没有受伤和受到影响。在已经逐渐老化的空间站上的这场火让美国人很担心，当火势无法控制时，因为有两艘联盟号飞船停靠在空间站上，从理论上讲乘员组可以很容易地逃离空间站，但他们能吗？

永久对接在和平号空间站的联盟号飞船仅仅是为了应付紧急事件，这对国际空间站的其他合作伙伴来说也是一个卖点。幸运的是，乘员组没有把这种理论付诸于实践，他们控制了火势。然而，在这次事件中也暴露出一个问题，即乘员组在主舱段和量子号舱时，火焰暂时封闭了通往联盟 TM－24 号飞船的通道。对接完成后不久，乘员组交换了坐垫。在前端对接口，联盟 TM－25 号飞船上有齐布利耶夫、拉祖特金和利嫩格的坐垫，联盟 TM－24 号飞船有科尔尊、卡列里和埃瓦尔德的坐垫，但它却在量子号舱火源的另一边。

另外，联盟制动火箭的程序表（由于地面轨迹改变，在任务中不断更新）可以传送到打印机上，由乘员组下载并设置在返回舱里。因此大多数最近的程序表可能用于手动控制联盟号飞船的朝向，通过将程序输入到再入计算机当中，在任务的最后阶段可控制制动火箭点火。在正常状况下，这些信息将被存储在下一个要分离的联盟号飞船上。在着火时乘员立刻明白需要两份这样的资料，当飞船充满浓烟时卡列里匆忙复制了一份。

他们没有马上明白两艘飞船使用了同一个程序表，如果他们在同一时间分离（他们在紧急情况下有这样做的可能），那他们将沿着大致相同的轨迹降落。从来没有人考虑过为两艘不同的联盟号飞船同时再入分别设置两组不同的数据。先前也没有要提供这样数据的需求，因此当两艘飞船再入的朝向和模式一样的时候，理论上还是存在碰撞的危险。

火熄灭后乘员组重新恢复了对空间站的控制，科尔尊、卡列里和埃瓦尔德解除了联盟 TM－24 号飞船与空间站的对接（带上了着火后的空气样本以备分析），于 1997 年 3 月 2 日返回了地球。舱段分离后联盟 TM－24 号飞船的返回舱的舱门朝前进入了大气层，直到分离后 160 秒也没调整到正常姿态。显然，必须采取措施使防热底从返回舱分离，联盟 TM－23 号和联盟 TM－25 号飞船都遇到了类似的问题。还有在联盟 TM－24 号飞船再入期间，推进舱在分离后非常接近返回舱是很危险的，其原因是对分离后的姿态稳定而言，必须要应用大推力接近与定向发动机（DPO－B）而不是小推力接近与定向发动机（DPO－M）。乘员组报告说再入过程颠簸不平、晃来晃去（这对联盟号飞船来说显然是正常的）。

替换利嫩格的是 M·福尔，他于 5 月 17 日乘阿特兰蒂斯号航天飞机（STS－84）到达和平号空间站。在办理了交接手续之后，5 月 22 日利嫩格兴高采烈地乘阿特兰蒂斯号航天飞机离开了和平号空间站。

如果着火被认为是突发事件，那么 6 月 25 日的事件以及进步 M－34 号飞船的碰撞事件就是对和平号空间站未来运行的更大威胁。当拉祖特金（监视进步号飞船的接近，接近过程由齐布利耶夫通过 TORU 系统控制）看到进步号飞船就要撞上空间站时，他朝从量子号舱过来的福尔大喊："迈克尔，快去联盟号飞船，快去！"当进步号飞船撞上光谱号舱和太阳电池阵时，福尔本能地作出反应，迅速通过节点舱门进入到联盟号飞船里。当空气泄漏到刺破的舱体外面时，乘员组马上感觉到了压力的变化。拉祖特金和福尔很快切断了连接电缆，并密封了光谱号舱的舱门以保证他们的安全。幸运的是，他们的快速反应拯救了和平号空间站和他们的生命，但要使和平号空间站恢复到全部电力和正确朝向将需要一段时间。幸运的是进步号飞船没有撞上节点舱，否则破裂问题将更加严重，很可能使乘员组无法进入到对接在空间站前端对接口上的联盟号飞船里。如果发生这一情况，他们则只能逃进主舱段中，那么逃生的希望非常小。联盟号飞船拥有独立的电源供应，更重要的是乘员组可以操控飞船再一次对接到和平号空间站上，利用其发动机帮助遭受碰撞的和平号空间站重新定向并使太阳电池阵对电池充电。齐布利耶夫在联盟号飞船里面控制点火，而福尔则利用几颗恒星来帮助空间站重新定向。他们特别注意节约燃料，仅用了 10 kg 推进剂就完成了重新定位。

7.7.6　和平号空间站上最后一个美国人

经过了多事的 6 个月，8 月 7 日 EO－24 乘员组的替换者搭乘联盟 TM－26 号飞船发射升空，对接在和平号空间站尾部的对接口。1 周后，在经历令人感动的告别之后，齐布利耶夫和拉祖特金搭乘联盟 TM－25 号飞船从和平号空间站分离并于 8 月 14 日安全着陆（但也不是没有意外）。1998 年 4 月，拉祖特金在联盟 TM－26 号飞船着陆期间才详细阐述了事情的经过。最初，在进行分离前检查时所有系统都运行良好，但当联盟 TM－25 号飞船分离时，他们试图激活在轨记录器，这个记录器用于记录船上发生飞行故障时的对话和问题分析。但是，记录器却无法工作了。

图 7－7　经历了一次长期任务之后，三位航天员在
哈萨克斯坦着陆场参加着陆后的活动中放松下来

再入点火准时开始，虽然有过多次训练和模拟，以及联盟号飞船先前被证明的飞行历史，但这毕竟是齐布利耶夫的第二次降落，

是拉祖特金的首次降落，仍然非常紧张。在遭受一次挫折之后，他希望在着陆时能一切顺利。在降落伞张开后，仪表板上的指示器仍持续显示过载超过 1 g，这使拉祖特金变得很焦虑，尽管他们很快认识到是显示器出了问题。和飞行控制中心的通信也出现了故障，乘员组只能和搜救飞机进行通话，报告说一切正常。虽然如此，乘员组仍问他们将落到何处，回答是："降落在哈萨克沙漠……飞向盐湖滩……飞向正确位置。"等待最后的撞击使乘员们变得非常紧张；撞击的感觉好像被踢到背部和胃部一样。当恢复过来的乘员们打开舱门时，他们被问及是否意识到软着陆发动机没有工作，仅仅是坐椅缓冲装置救了他们。很显然有什么东西没有工作，只是这次飞行中故障重重，这也只不过是在故障表中又多加了一条。原计划安排坐在第三个坐椅上的是法国航天员 L·埃阿尔茨（L.Eyharts），但他的任务因为在和平号空间站上的碰撞而延期。如果他在舱里，那将遭受严重的创伤，因为他的坐椅在着陆冲击下被撞了个洞。后来确定软着陆发动机在 5.8 km 的高度点火，而着陆速度是 7.5 m/s。

在联盟 TM－25 号飞船着陆后的第二天，当乘员组将联盟 TM－26号飞船从和平号空间站尾部的对接口移动至前端的对接口后，福尔重新安置了联盟号飞船。在飞船绕和平号空间站飞行期间，福尔对空间站进行了拍照，而且还拍下了光谱号舱和太阳电池阵的破坏情况。回到和平号空间站上，EO－24 的乘员组（A·索洛维耶夫和 P·维诺格拉多夫，代号为 Rodniks）试图使和平号空间站恢复业务运行，与福尔一起通过舱外活动永久密封了光谱号舱并尝试找到舱体的漏洞。在 8 月 22 日的舱内活动（IVA）期间，福尔留在了联盟号飞船的返回舱中，而由他的同事完成了舱内活动任务，他们将轨道舱泄压，并封闭了轨道舱和返回舱之间的内部舱门，以备万一他们从空间站紧急撤退。

图 7-8　这次着陆的返回舱的再入气动烧蚀现象非常显著

（返回舱的伞舱盖打开着）

Rodniks 乘员组还接待了两次航天飞机的来访，一次是福尔的继任沃尔夫（Wolf）（STS-86，1997 年 9 月到 10 月），另一次是最后一个驻留在和平号空间站上的美国人 A·托马斯（A. Thomas）（STS-89，1998 年 1 月）。10 月 20 日，A·索洛维耶夫和维诺格拉多夫执行了第二次舱内活动，美国乘员代表（这次是沃尔夫）再一次留在密封的联盟 TM-26 号飞船的返回舱内。尽管有时遇到过困难，但和平号空间站正在恢复正常，因此当托马斯于 1 月 24 日到达和平号空间站时，媒体报道活动已经少了很多。有人担心托马斯不能完全完成在和平号空间站上最后的美国任务，因为他的 Sokol 航天服的尺寸是按照地面上的尺寸做的（现在他在太空中，衣服已经不再适合他）。如果不能调整服装，那么他就不能在联盟号飞船紧急撤退时穿着航天服，因此他也就不能继续留在空间站上。幸运的是，在 A·索洛维耶夫的帮助下调整了服装，托马斯按计划留在了空间站上。在经过 7 天的访问后，奋进号航天飞机载着沃尔夫从和平号空间站分离。仅仅 23 分钟后，下一个和平号空间站驻留乘员组从拜科努尔发射台发射升空并飞向和平号空间站。

联盟 TM－27 号飞船载着 EO－25 乘员组（指令长穆萨巴耶夫和飞行工程师 N·布达林，代号为 Kristal）和法国载荷专家 L·埃阿尔茨于 1 月 31 日对接在和平号空间站尾部的对接口上。就在同一天，奋进号飞机返回了地球。埃阿尔茨在空间站上度过了 20 天，然后和 Rodniks 乘员组一起于 2 月 19 日搭乘联盟 TM－26 号飞船从和平号空间站分离，返回地球。为了避免在大风雪中直升机和返回舱可能发生的碰撞，只有一架 Mil－18 直升机被派去搜寻乘员组。塔斯社报道说万一乘员组降落在预定的着陆区以外，他们携带了"马卡罗夫手枪来对付野兽或不愿见到的两足动物"。恶劣的天气使得无法用空中交通控制系统锁定返回舱，但直升机的驾驶员 A·米哈利舍夫（A. Mikhalishev）还是在 4 500 m 的高空从飞机雷达上跟踪到了他们。联盟 TM－26 号飞船着陆在大雪中，直升机通过螺旋桨不停地工作来阻止大雪冻住返回舱。3 名航天员被吊起放到恢复担架/躺椅上，随后进入到直升机中，离开了条件恶劣的着陆场。

依靠和平号空间站，美国航天员托马斯和新同事们一起对联盟号飞船进行了调整。2 月 20 日，联盟 TM－27 号飞船从和平号空间站尾部的对接口分离，乘员组等和平号空间站旋转后再将飞船对接在其前端的对接口上。在 45 分钟飞行的后半段时间里通过牵牛星（Altair）通信转播卫星的通信突然中断，与联盟 TM－27 号飞船失去了通信联系。在没有飞行控制中心支持的情况下，乘员组经历了一次艰难的再对接。

1998 年 6 月 4 日，最后一架航天飞机（STS－91，发现号航天飞机）对接在和平号空间站，接走了托马斯，随后结束了航天飞机/和平号空间站项目。在航天飞机的乘员组中有联合项目中俄罗斯方面的负责人——前礼炮 6 号空间站的航天员 V·留明，他在离开太空 18 年后重返了太空。他的官方身份，使他有资格评价在美国人离开后和平号空间站的应用前景。国际空间站的第一个组件将于当年年底发射，而所有的资源将很快用来支撑新的空间站的建设。

7.7.7　最后的居住者

1998 年年底，在 NASA 和美国政府的压力下，俄罗斯（许诺将重点放在国际空间站上）将尽快终止和平号空间站的运作。俄罗斯提出将脱离轨道的日期从 1999 年 11 月提前到 1999 年 6 月。在这个期限之前，至少还计划了一到两次载人飞行，但是用于维持空间站的资金已经大幅度减少。食物和卫生用品还有足够的储备，但有用的研究就是最后的故障。

8 月 13 日，联盟 TM－28 号飞船载 EO－26 乘员组（指令长 G·帕达尔卡（G. Padalka）和飞行工程师 S·阿夫杰耶夫，代号为 Altair）和俄罗斯载荷专家、前总统助理 Y·巴图林（Y. Baturin）发射升空（巴图林在太空逗留 12 天，然后和 EO－25 乘员组一起返回）。两天后，在距离和平号空间站对接口 12 m 处，由于 Kurs 系统发生故障，帕达尔卡被迫采取手动方式控制联盟 TM－28 号飞船的对接口。在以前的测试中，发现和平号空间站上的两套 Kurs－P 硬件都有问题。虽然在整个 Kurs 系统中这个硬件起什么作用并不是很清楚，但它们显然是用于连接和平号空间站内部的电子箱和 Kurs 系统的天线。它们非常重要，因为这一问题威胁到和平号空间站上的载人操作。因此，不得不紧急通过联盟 TM－28 号飞船将备份的 Kurs－P 运送到和平号空间站；但是由于该设备的质量为 63 kg，其他设备（包括科学实验设备、食物配给、水，甚至一个备份控制棒）

不得不从飞船上卸下，同时发动机的燃料加到最少的水平。其间还决定激活一个量子号舱上的 Kurs－P 设备，该设备已经 11 年没有用过了。8 月 12 日进行的进步 M－39 号飞船的分离测试非常成功，但在联盟 TM－28 号飞船的接近过程中却有很多问题，迫使乘员组在大约 50 m 的距离时切换到手控方式。在抵达空间站之后，乘员组把新交付的 Kurs－P 设备连接到空间站的 Kurs 天线上，该系统在两天后的联盟 TM－28 号飞船的再对接中工作正常。联盟 TM－28 号飞船还测试了新的卫星导航系统，并使用全球导航卫星系统（GLO-NASS）和 GPS 数据修正了大推力接近与定向发动机（DPO－B），使其消耗更少的推进剂。

在办理了交接手续之后，EO－25 乘员组与巴图林搭乘联盟 TM－27 号飞船于 8 月 25 日与和平号空间站分离，并于当天晚些时候安全着陆。两天后，Altair 乘员组重新调整了联盟 TM－28 号飞船，使其从尾部量子号舱的对接口转移到前端的对接口，整个操作过程历时 23 分钟，没有发生任何意外。乘员组在空间站上恢复了在轨活动。9 月 25 日传出了如果资金充足，和平号空间站的寿命可能延续到 1999 年 6 月之后的传闻。5 天后俄罗斯宣布将在 2000 年前为国际空间站发射俄建造的星辰号服务舱（它将无须对接美国的航天飞机而能独立操控）。从 11 月 17 日到 18 日夜间，乘员组采取正常的预防措施躲避在联盟号飞船的返回舱内等待预报的狮子座流星雨，但当他们返回核心舱时报告说没有看到或听到任何异常情况。

两天后，空间站运行的新时期随着首个国际空间站组件的发射而宣告开始。曙光号功能舱被发射入轨，首次执行国际空间站的往返运输任务的航天飞机于 12 月发射，因此和平号空间站从新闻中逐渐消失。在此背景下，潜在的金融投资家进行了讨论，希望为和平号空间站进行一次可靠的完全出于商业目的的飞行，"出售"联盟 TM 号飞船上的第三个座位，而每位飞行的"观光客"要支付 2 000 万美元。

1999 年 2 月 22 日，EO－27 乘员组（代号为 Derbent）搭乘的

联盟 TM－29 号飞船对接在和平号空间站上（两天前发射）。乘员组成员是指令长 V·阿法纳西耶夫、法国资深航天员飞行工程师 J·－P·恩耶尔和斯洛伐克人 I·贝拉（I.Bella）。贝拉执行一个短期科学任务，将和帕达尔卡一起返回，而阿夫杰耶夫（飞行工程师 1）将继续和阿法纳西耶夫以及恩耶尔（飞行工程师 2）组成 Derbent 乘员组，他们将完成预期的和平号空间站上最后的任务。

1999 年 2 月 28 日，联盟 TM－28 号飞船载帕达尔卡和贝拉在从和平号空间站分离仅 3 小时 22 分钟后安全着陆。1999 年 6 月 1 日，莫斯科发布的新闻称，当时在轨的乘员组将在 8 月 23 日回家，和平号空间站在做组合体离轨准备工作的乘员组被发射之前，将有 6 个月无人值守。这是"我们心灵的悲伤"，乘员组离开了和平号空间站——在电视摄像机前关闭了舱门，这是近 10 年来首次离开它而没留下一个乘员。飞船从空间站前端的对接口分离后，在制动火箭点火之前乘员组进行了两圈轨道飞行。当火热的返回舱降落后，它在翻滚的过程中烧着了周围的草；15 分钟后，航天员从固定坐椅上被吊了出来了。

7.7.8　Mir Corp 和最后到和平号空间站的联盟 TM 任务

在 2000 年 1 月之前，为和平号空间站的任务争取经费的努力取得了一定的成功，如果有经费支持而且空间站状况良好，和平号空间站将有可能多运行 5 年。EO－28 乘员组（指令长 S·扎列京，飞行工程师 A·卡列里，代号为 Yenisey）被指派评估和平号空间站是否真的还能再支持更多的任务。原计划这次将有第三名乘员（斯捷克洛夫（Steklov），俄罗斯演员，参与制作一部关于一名孤立无援的航天员的影片），但是其资助者不能支付飞行费用，他错过了这次飞行。

在 2000 年 4 月 4 日，联盟 TM－30 号飞船载 EO－28 乘员组从拜科努尔发射，在经过两天正常的飞行后，接近了无人的和平号空间站。船载的 Kurs 系统记录在距和平号空间站 9 m 处有 1°～2°的姿态偏差，并向和平号空间站的姿态控制系统发出了故障报告。因此，扎列京采用手动控制，将联盟号飞船顺利对接在和平号空间站前端的对接口。直到 EO－28 乘员组返回地球之后，才计划进一步的任务。6 月 16 日早些时候，EO－28 乘员组返回了地球，卡列里谈到这是他三次返回中最恶劣的一次，返回舱在停下来之前在地面上反弹了好几次。

虽然对和平号空间站进行了清理以备将来再用，但再也不会用了。由于经费不能立即到位，俄罗斯迫于压力将联盟 TM 号飞船和进步 M 号飞船转向已经开始构建的国际空间站。因此，也就没有乘员组冒险去和平号空间站了。在无人的进步号飞船完成离轨点火离开之后，2001 年 3 月 23 日，服役了 15 年的和平号空间站再入地球大气层并坠毁。

为了防止和平号空间站在再入过程中出现问题，俄罗斯组建了另一个乘员组（由帕达尔卡和布达林组成，沙里波夫（Sharipov）和维诺格拉多夫为后备）去处理，但是没有用到他们。

7.8　执行国际空间站任务的联盟 TM 号飞船：联盟 TM－31 号～联盟 TM－34 号

1993 年年底，国际空间站新的设计开始形成，其轨道倾角改为 51.6°。这样，联盟 TM 号飞船就可作为乘员组运输工具以及当空间站上有 3 人乘员组时的营救飞船使用。2002 年后，当美国的生活舱按计划交付时，需要有 6 人固定乘员组在空间站上（由航天飞机或联盟号飞船运送，三人一循环），因此就要求有两艘联盟 TM 号飞船作为营救乘员组的飞船长期与空间站对接，直到更先进的"确保乘员返回飞船"（ACRV）研制成功。联盟号飞船在 30 年来一直承担这一任务，完全适用于国际空间站。而且，由于修改了轨道倾角，如果生产飞行器的经费能维持，进步号飞船也将能为空间站提供后勤服务。

图 7—9　返回后的联盟 TM—32 号乘员组

（季托夫、穆萨巴耶夫和巴图林）

7.8.1　国际空间站的救生船

尽管联盟 TM 号飞船立即就可以投入国际空间站的使用当中，但是仍然存在着如何提供一艘可供 6 人一次性逃离的可靠飞船的问题，欧洲、美国和俄罗斯一直都在研究着这种返回飞船。俄罗斯在 1995 年提出恢复到曙光号舱的类型，由能源联合体、罗克韦尔公司和赫鲁尼切夫工厂联合设计（在能源联合体的史料中曾有过记载），它有一个像联盟号飞船那样的标准的降落伞系统，优于曙光号舱上的软着陆发动机。

质量 8 t、长 7.2 m、直径 3.7 m 的返回舱，可以支持 8 名乘员进行一次短期飞行返回地球。它可作为航天飞机的有效载荷舱发射，能在国际空间站上停留 5 年（1 825 天），其中包括一个固体制动发动机（这一发动机在轨存储时具有保护盖）和一个用于定向的冷气推进器，其能源由船载电池供应。

1996 年 6 月 1 日，在对所有逃离设计方案进一步权衡之后，认为 NASA 的 X－38 宇宙飞行及高空飞行两用机方案优于源自联盟号飞船的国际空间站大救生船方案。2001 年，由于 X－38 经费的滞后，只好要求对联盟 TM 号飞船的设计进行一些适应性的改进，因此就发展了联盟 TMA 号飞船，以便在未来为国际空间站提供乘员救生能力。

图 7－10　对接在国际空间站上执行乘员营救任务的联盟 TM 号飞船
（注意其轨道舱和返回舱上覆盖的隔热层。1990 年联盟 TM－9 号飞船
返回舱上的部分隔热层脱落，乘员通过舱外活动对其进行了修补）

1996 年，能源联合体开始为国际空间站制造联盟 TM 号飞船。因为是从 201 开始分配序号，所以这些飞船被称为"200 系列"。最初的 5 艘飞船是 201～205 号。201～203 号飞船上有一个混合的对接口（APAS 和杆－锥式的结合），因此它们能与星辰号舱底部的混合对接口相容；204～205 号飞船具有杆－锥式系统。在 1996 年开始工

作的是 201 号飞船和 204 号飞船。1997 年，决定将曙光号舱底部对接口改造成杆－锥式（而不是混合式），这样可使联盟号飞船永久性停靠在空间站上而不需要混合式对接口。因此在 1997 年下半年，决定不建造 202 号飞船和 203 号飞船，将 201 号飞船改装成杆－锥式对接口（后来它被再次命名为 206 号）。204 号飞船原计划运送首个国际空间站乘员组，但是当 1999 年任务明确后，和平号空间站又承担了一项新任务，204 号则作为联盟 TM－30 号飞船被发射至和平号空间站。第一个飞向国际空间站的是 205 号飞船（联盟 TM－31 号飞船）。206 号（以前为 201 号）飞船准备承担帮助和平号空间站离轨的救援任务，但是后来这项任务变得没有必要，206 号飞船就作为联盟 TM－32 号飞船飞向国际空间站。

7.8.2　联盟 TM 号飞船/国际空间站的乘员组

　　联盟 TM 号飞船用作国际空间站 3 人乘员组的营救飞船。为了尽快登上空间站，成为第一批主人，决定首个任务乘员乘联盟号飞船飞行。任务的最初乘员由 A · 索洛维耶夫、克里卡列夫和 W · 谢泼德（W. Shepherd）组成，在他们经历了几个星期的训练后，宣布谢泼德将成为空间站的第一位指令长。被任命为联盟号飞船指令长的索洛维耶夫反对没有飞行经验的人担任空间站的指令长，这使他被迫离开了乘员组（他被吉津科取代）调到联盟 TM－26 号飞船乘员组飞往和平号空间站。谢泼德乘员组的后备乘员组成员是杰茹罗夫、秋林和鲍尔索克斯（Bowersox）。

　　国际空间站成功的关键基于 2000 年 7 月发射的俄罗斯星辰号服务舱。该舱能与曙光号舱完成自动对接，而且在没有航天飞机的支援下可以让一个驻留乘员组持续在空间站上工作。由于没有可用的备份舱，如果星辰号舱对接失败，俄罗斯的国际空间站"零"乘员组的帕达尔卡和布达林将乘联盟 TM 号飞船飞到星辰号舱，并且使用 TORU 系统手动对接两个空间站组件。同时他们还将在星辰号舱引入 FGB（它将是一个主动飞行器）。如果一切都按计划顺利进行，那么"零"乘员组将被撤销。

　　取代联盟号飞船的需求来自于每 6 个月就有乘员组要到国际空间站进行短期的访问。乘员组已经完全受到俄罗斯由于资金短缺要求提高费用的计划影响。因此俄罗斯航天局（RSA）和能源联合体与 ESA 签署了协议，前 6 次飞行中每次"出租"一个飞行工程师的座位。资金来自于该航天员的祖国，ESA 也提供赞助。克劳迪娅·恩耶尔（Claudie Haignere）乘联盟 TM－33 号飞船飞行（这是她的第二次的飞行），意大利飞行员 R·维托里（R. Vittori）乘联盟 TM－34 号飞船飞行。俄罗斯也提出了太空旅游的设想。将飞船上第三个位置以 2 000 万美元出售给太空飞行参与者（SFP）。两位富翁购买了他们的"座位"，一位是美国商人 D·蒂托（D. Tito），乘联盟TM－32 号飞船飞行；另一位是一南非"dot com"富翁 M·沙特尔沃思（M. Shuttleworth），乘联盟 TM－34 号飞船飞行。从空军航天员选拔出指令长和飞行工程师，他们拥有良好的英语指挥能力和丰富的飞行经验。

7.8.3　"我们出发！"

　　首个国际空间站的驻留乘员组于 1995 年就开始了训练，但国际空间站的第一个组件却多次延期发射，特别是俄罗斯的星辰号服务舱到 2000 年才发射升空。在此期间，国际空间站要在没有航天飞机对接的情况下作好支持乘员组的准备。星辰号服务舱包括了支持 3人乘员组的硬件设施和软件系统，由进步号飞船提供补给，由航天飞机进行补充，这种组合飞行既扩展了空间站的设备组成和功能，也有利于往返于空间站提供大量的后勤保障。对于一个长期驻留在空间站的乘员组而言，至少需要一艘长期停靠在空间站的联盟号飞船以备不时之需，因此从逻辑上讲，首个驻留乘员组应搭乘最初的营救飞船从拜科努尔发射升空。

　　新联盟号飞船每 6 个月的循环在当时还不能适应乘员组每 4～5个月轮换一次的计划（俄罗斯医学专家认为最适宜的长期驻留时间

是 4～4.5 个月左右)。然而，由于现实的经济状况，许多和平号空间站上的乘员在太空停留了 180～190 天，恰恰和联盟 TM 号飞船的设计寿命一致。虽然计划在国际空间站上驻留 4～5 个月，但是由于任务的延迟导致某些任务期被延长。这也使使用航天飞机提供后勤保障和轮换乘员组更加合理，而按照设计寿命，联盟号飞船可以一年提供两次短期访问的"出租"飞行任务。

图 7-11　首个国际空间站乘员组成员在进入
联盟 TM-31 号飞船前向人们挥手告别
(中间者为美国的第一任空间站指令长，前者为联盟号
飞船指令长 Y·吉津科，后者为飞行工程师 S·克里卡列夫)

在延迟了数月之后，首个乘员组 (ISS-1，代号为 Uran) 于 2000 年 10 月 31 日乘坐联盟 TM-31 号飞船飞往国际空间站。联盟 TM-31 号飞船的指令长是 Y·吉津科，他是驻留在和平号空间站的经验丰富的老航天员；飞行工程师是 S·克里卡列夫，他曾在和平号空间站上执行过两次长期驻留任务，他也是在 1994 年首位乘航天飞机 (STS-60) 执行国际空间站第一阶段任务的俄罗斯航天员，

并在两年前参加了国际空间站的首次组装任务（STS－88）。乘员组一旦进入空间站，任务的指挥权将移交给美国航天员 W·谢泼德，他是具有 3 次航天飞机飞行经验的老航天员，也是第二位乘联盟号飞船发射升空的美国人。

在发射的准备过程中，谢泼德和他的同事注意到大量的"航天员传统"源于 40 年前的加加林。在联盟号火箭点火的时刻，谢泼德借用了加加林在任务开始时说过的名言："我们出发！"（"Poyekha-li!"）9 分钟后，联盟号飞船入轨并向国际空间站飞去。接着进行了标准的两天接近飞行，在前两圈的轨道飞行中展开了太阳电池阵、天线和对接机构，在第 3 圈和第 4 圈进行了变轨点火。虽然这艘飞船被俄罗斯人称作联盟 TM－31 号，但是美国人针对这次任务称它为联盟 '1' 号（因为它是第一艘飞向国际空间站的联盟号飞船，他们显然忽视了官方的联盟 1 号飞船早在 1967 年 4 月就飞向太空了）。这种方式延用在每艘飞向国际空间站的联盟号飞船上。

在联盟 TM－31 号飞船上进行了一夜休整之后，乘员组对飞船的整套系统进行了检查以便为明天的对接作准备。与此同时在国际空间站，进步 M1－3 号飞船从星辰号舱尾部的对接口分离，给联盟 TM－31 号飞船让出了它从 8 月 8 日起就占据了的对接口。第二天，联盟 TM－31 号飞船在进行了一次大的轨道机动后其发动机第三次点火，3 名乘员在距空间站约 8 500 km 处开始追踪空间站，并以每 90 分钟 1 148 km 的速度接近空间站。

11 月 2 日早晨，乘员们早早醒来，完成了 9 个小时与国际空间站的最后接近。Kurs 系统的自动交会系统在对接前 2 小时 15 分启动，对接后 35 分钟结束。吉津科完成了 9 分钟的在空间站周围的局部绕飞，在开始最终接近之前使联盟 TM－31 号飞船保持在距星辰号服务舱的对接口 500 m 处。当飞船越过俄罗斯东南边界、哈萨克斯坦、蒙古和中国后，联盟 TM－31 号飞船与空间站完美对接。9 分钟后，乘员组进入了星辰号舱，开始了在空间站上的长期驻留。

联盟 TM－31 号飞船在接下来的 15 个星期中一直停靠在星辰号

舱尾部的对接口，而另一艘运送补给的进步 M1－4 号飞船则停靠在曙光号底部的对接口。2001 年 2 月 24 日，联盟号飞船将要为进步号飞船进行标准对接而让出对接口。两名有和平号空间站工作经验的俄罗斯乘员努力抓紧时间安排船载绕飞系统，在长时间的压力检查等待期间，乘员们用新款便携式 DVD 机看电影。飞船与空间站分离之后，吉津科将联盟 TM－31 号飞船飞离约 30 m，在断断续续的通信中绕空间站组合体周围飞行。在分离 31 分钟后飞船与曙光号舱底部对接口对接，之后，乘员组被告知要保持联盟 TM－31 号飞船的状态直到必要的锁定和压力检查完毕。乘员们不希望浪费这 90 分钟，欣赏了第二部电影。那天剩下的时间用来再次给空间站加电用以升温（当他们再次进入组合体时，空间站内温度较低）。

3 月 10 日，发现号航天飞机（执行 STS－102 任务）对接在国际空间站组合体美国一方的压力适配器 2 号（PMA－2）上。在此后的 9 天时间内，ISS－1 乘员组和航天飞机的乘员组一起搬运补给品和设备，与 ISS－2 乘员组（指令长为 Y·乌萨切夫（代号为 Flagman），飞行工程师 1 为 J·沃斯（J. Voss），飞行工程师 2 为 S·赫尔姆斯（S. Helms）搭乘 STS－102 抵达）进行了目标空间站指挥权的交接。

这次交接有些变化，从 3 月 10 日舱门一打开，交接工作就开始进行了。乌萨切夫与吉津科交换了联盟号飞船的坐垫，使新的空间站指令长能够在与谢泼德一起在轨工作的一周中获得经验。如果联盟号飞船过早分离，吉津科将回到航天飞机中，乌萨切夫将待在国际空间站。3 月 12 日上午，沃斯和克里卡列夫进行了交换，两天前赫尔姆斯和谢沃德也进行了交换。虽然谢泼德是正式的航天飞机的乘员，但在两个飞行器之间的舱门关闭之前，他将一直对空间站负责。舱门关闭于 3 月 19 日，恰好在发现号航天飞机撤离空间站前两个小时，航天飞机于 3 月 21 日着陆。这是驻留乘员组轮换的开始，后来成为国际空间站运行的标准模式。

7.8.4 出租飞行和旅行者

虽然空间站的主要乘员组已经进行了轮换，运送乘员组去空间站的联盟 TM－31 号飞船仍然停靠在曙光号舱底部的对接口。到 4 月底，联盟 TM－31 号飞船将被一艘新的飞船替换以便在接下来的 6 个月为乘员组提供营救能力。为了到国际空间站替换旧的联盟号飞船，联盟 TM－32 号飞船的乘员组已准备就绪，联盟 TM－32 号飞船将被重新安置在国际空间站上。

图 7－12　联盟 TM－32 号乘员组成员在进行 Sokol 航天服气密性测试，
他们将首次执行联盟出租飞行任务飞向国际空间站
（左起为美国商人 D·蒂托、联盟号飞船
指令长 T·穆萨巴耶夫和飞行工程师 Y·巴图林）

2001 年 4 月 12 日，是 Y·加加林驾驶世界上第一艘飞船上天 40 周年纪念日，也是第一架航天飞机的升空 20 周年纪念日，正在环球飞行的空间站上的全体乘员向莫斯科和休斯敦的控制中心发出祝词。乌萨切夫强调，加加林的首次上天只在轨飞行了 1 圈，而 40 年后航天员都能在太空中花很长时间吃早餐了。

从 4 月 14 日到 16 日，乘员组对联盟 TM－31 号飞船进行了系统检查，为 4 月 18 日的重新调整作准备。这次的调整飞行与以往不同，要将飞船从曙光号舱底部的对接口移动到星辰号舱尾部的对接口。移动空间站的组件就像天际棋子的一场大游戏，曙光号舱和星辰号舱对接位置的灵活性能给联盟号飞船和进步号飞船提供更多的轨道机动机会。ISS－2 乘员组进入了联盟 TM－31 号飞船后，用了 41 分钟绕飞就将飞船对接在星辰号舱尾部的对接口。联盟 TM－31 号飞船从曙光号舱底部的对接口移到星辰号舱尾部的对接口为与 STS－100 上的 MPLM 对接扫清了道路。联盟 TM－31 号飞船将在出租飞行任务的后期从星辰号舱尾部的对接口分离，为进步号飞船腾出该对接口。

4 月 28 日，联盟 TM－32 号飞船（或称为联盟'2'号）发射升空，指令长为穆萨巴耶夫（代号为 Kristal），飞行工程师为巴图林，还有美国的富翁 D·蒂托。蒂托兴奋地在照相机前摆着大拇指朝上的姿势，但穆萨巴耶夫认为这未免太过分了，他示意蒂托放下胳膊远离控制面板。

在国际空间站上，新安装上的 Canadarm 2 计算机出现了问题。由于 STS－100 还停靠在空间站上，于是决定延长两天航天飞机的任务，以协助乘员组使计算机恢复正常。NASA 要求俄罗斯延迟 24 小时发射联盟 TM－32 号飞船。俄罗斯决定仍将在 4 月 28 日发射，但是如果 NASA 需要帮助，他们将使联盟号飞船保持在一个停泊轨道 24 小时。4 月 28 日，计算机的问题被解决了，飞船将在第二天飞往空间站，一切都在顺利进行。4 月 30 日，联盟 TM－32 号飞船与国际空间站曙光号舱底部的对接口对接。据报告，蒂托不太适应空间的环境，他在飞向空间站的这两天内，大多数时间一直生病。在空间站上，他有些矛盾地声称他"爱太空"。由于蒂托缺乏训练，

NASA 禁止他进入空间站的美国部分，因此蒂托只能待在空间站的俄罗斯部分。

　　出租飞行乘员组在空间站上的 1 星期中并没有太多的事可以做，大多时间在为联盟 TM－31 号飞船返回地球作准备。据报道，乌萨切夫在 5 月 1 日改造了联盟号飞船上的盥洗室，可能是为了满足乘员交换的需要。在为期 1 周的"3 名载荷专家的联合纪念活动"之后，他们交换了他们的坐垫为乘坐联盟 TM－31 号飞船返回地球作准备。穆萨巴耶夫在巴图林的帮助下，在空间站的俄罗斯部分进行了对地观察和晶体试验，蒂托进行了一些象征性的活动并进行了业余水平的摄影和录像。

　　5 月 6 日，联盟 TM－31 号飞船从星辰号舱尾部的对接口分离，并在 3 小时后着陆，但落点超出预定着陆区的 56 km，据说是由于垂直红外敏感器工作不正常所致。据报道，着陆环境非常恶劣，以至于指令长穆萨巴耶夫怀疑他那位 2 000 万美元的乘客是否还活着！不管对于为一次短暂的太空飞行支付数百万美元的辩论如何，这次任务确实占领了"卖座位"的先机。此外，这次飞行证实了，通过短期的专业乘员组的飞行可以周期性地替换联盟号飞船并执行特殊试验，却并不会打断空间站的主要运行程序。

　　8 月 12 日，STS－105 发现号航天飞机与国际空间站对接。ISS－3 乘员组在第二天把他们的坐垫从航天飞机上转移到联盟 TM－32 号飞船上，ISS－2 乘员组将他们的坐垫搬回到航天飞机，标志着乘员轮替的正式进行。发现号航天飞机于 8 月 20 日分离，并于两天后着陆。

7.8.5　Andromède：法国的出租飞行任务

　　9 月 17 日，进步 M－SO1 号货运飞船对接在国际空间站星辰号舱底部的对接口，交付了 Pirs 对接和舱外活动舱（气闸舱）。1 个月后，10 月 19 日，ISS－3 乘员组用 16 分钟将联盟 TM－32 号飞船从曙光号舱底部的对接口转移至 Pirs 舱尾部的新对接口。俄罗斯人要求联盟号飞船停靠在 Pirs 舱而不是曙光号舱，因为这样如果一旦基于 Pirs 舱的舱外活动中发生什么问题，待在国际空间站中的 ISS－3 乘员组的成员仍能使用联盟 TM 号救生船。

联盟 TM－33 号飞船（或称联盟‘3’号）乘员组的成员是：指令长 V・阿法纳西耶夫（代号为 Derbent），这是他第四次执行联盟 TM 号飞船任务；飞行工程师 2 K・科泽耶夫（K. Kozeev），他是能源联合体的年轻的测试工程师；飞行工程师 1 克劳迪娅・恩耶尔（以前叫 C・A・德谢斯），这是她负责的第二次太空飞行，她是 CNES 的代表，为法国空间局的 Andromède 计划进行试验。两天后，10 月 23 日，联盟 TM－33 号飞船与曙光号舱底部的对接口对接。

与蒂托不同，克劳迪娅・恩耶尔是一个完全合格的航天员（1996 年曾在和平号空间站上工作了两周），因此她完全融入到国际空间站主要乘员组的工作中，尽管她承担的只是分离研究项目。杰茹罗夫和阿法纳西耶夫办理了联盟 TM 号飞船的移交手续。在他们完成了工作，并将个人的坐垫转移到联盟 TM－32 号飞船后，10 月 31 日联盟 TM－32 号飞船从国际空间站 Pirs 舱的对接口分离，并在当天晚些时候安全着陆。

7.8.6　最后一艘联盟 TM 号飞船和首位南非航天员

在 STS－108 于 2001 年 12 月飞到国际空间站执行后勤任务时，ISS－3 乘员组与 ISS－4 乘员组进行了轮换。在新的一年里将进行联盟 TM 系列飞船的最后一次飞行，但在 4 月 20 日，必须先调整国际空间站上联盟 TM－33 号飞船的位置。

在关闭了国际空间站的美国和俄罗斯部分的非活动系统（包括压力传感器、C&W 电源面板、二氧化碳吸收器和星辰号舱的盥洗室）后，3 名 ISS－4 乘员组的成员转移到了联盟 TM－33 号飞船内。在 4 小时 16 分钟后，他们关闭了联盟号飞船的舱门（其间他们进行了飞船飞行设置、分离泄露检查和压力检查,解除了与空间站的对接)。当飞船从 FGB 对接口后退了较短距离后,奥努弗连科将联盟 TM－33 号飞船向下调转了一段距离再次与 Pirs 舱对接,整个过程历时 21 分钟。在乘员组回到国际空间站继续生活和工作前,他们又花了 90 分钟在联盟号飞船上再次进行了压力检查,并关闭了飞船上的电源。

联盟 TM－34 号飞船(208 号)是最后一艘联盟 TM 号飞船(也称联盟‘4’号)载 3 人乘员组于 4 月 25 日在拜科努尔发射升空。指令长是 Y·吉津科(代号为 Uran),他曾是国际空间站首批驻留乘员之一,也是和平号空间站的前任驻留乘员。代表 ESA 的飞行工程师是意大利的 R·维托里,在空间站短暂的停留中,他像他的前任克劳迪娅·恩耶尔一样实施科学研究计划(他的任务代号为 Marco Polo)。第三乘员是南非富商 M·沙特尔沃思,所需费用全部由他个人支付,他是南非飞入太空的第一人。

4 月 27 日,联盟 TM－34 号飞船在绕国际空间站飞行之后,与星辰号舱底部的对接口对接。在空间站期间出租飞行乘员组再次调换了联盟 TM－34 号和联盟 TM－33 号飞船的坐垫,并把维托里和沙特尔沃思进行实验的科学设备搬到空间站上。与蒂托不同,沙特尔沃思在空间站上的日常安排非常科学有序。在蒂托飞行之后,国际空间站的合伙人们达成了一个协议,而所有通过联盟号飞船到空间站的个人飞行必须符合 NASA 和俄罗斯的安全标准。因此,沙特尔沃思更容易地融入主乘员组的活动中。5 月 4 日,联盟 TM－33 号飞船与 Pirs 舱分离,大约 3 小时后安全着陆,将最后一艘联盟 TM 号飞船留在空间站上。它将运送于 2002 年 10 月乘联盟 TMA－1 号飞船来国际空间站的出租飞行乘员组返回地球。

7.8.7　最后一艘联盟 TM 号飞船的返回

联盟 TM－34 号飞船在莫斯科时间 2002 年 11 月 9 日 23 时 44

分从星辰号舱分离，于第二天早晨 3 时 04 分在哈萨克大草原的阿尔卡雷克西北约 81 km 处着陆。乘联盟 TMA－1 号飞船升空却乘联盟 TM－34 号飞船返回的 3 名航天员是指令长扎列京、飞行工程师 1 F·涅维（F. De Winne，在 ESA 工作的比利时人）和飞行工程师 2 隆恰科夫（Lonchakov）。这次着陆标志着联盟 TM 号飞船时代的结束。

7.9 小 结

1986 年 5 月至 2002 年 11 月间，联盟 TM 系列飞船继承了联盟 T 系列飞船的经验，为和平号空间站提供了可靠的载人运输飞船，支持了最初的国际空间站的运转。更为突出的是，虽然 Kurs 系统出现过问题，但并没有影响任何一次联盟 TM 系列飞船与指定的目标空间站成功对接；这是联盟 TM 系列飞船设计者和任务计划者所取得的骄人成就。1 次无人和 33 次载人发射记载了联盟 TM 系列飞船的荣誉。在长达 16 年 6 个月的飞行计划中，联盟 TM 系列飞船累计飞行 5 500 余天——超过了 15 年。

参 考 文 献

〔1〕 *History of Energiya*，1946－1996，pp. 220－221.

〔2〕 Soviet Space Programs，1981－1987，US Library of Congress，May 1988，pp. 100－101；*Moscow News*，No. 23，8 June 1986；*Aviation Week and Space Technology*，5 December 1988，p. 32；*Ibid*.，23 October 1989，p. 49.

〔3〕 *Aviation Week and Space Technology*，23 October 1989，p. 49.

〔4〕 Hall，Rex D. and Shayler，David J.，*The Rocket Men*，Springer－Praxis（2001），pp. 248－251.

〔5〕　*Novosti Kosomnavtiki*，Nos. 19/20，1998.

〔6〕　Salmon，Andy，'Off-Nominal Situations'，*Spaceflight*，40，（September 1998），346—348.

〔7〕　Shayler，David J.，*Disasters and Accidents in Manned Spaceflight*，Springer—Praxis（2000），pp. 320—340.

第 8 章 联盟 TMA 号飞船 (2002 年～   )

2002 年 10 月，新型的联盟号飞船载着乘员组开始了它的首次轨道飞行。与被誉为"国际空间站救生艇"的联盟 TM 号飞船相比，这种新型联盟号飞船为运送更多的航天员、增设更多的设备提供了新的选择。联盟 TMA 号（T——运输，M——改进，A——人体对座舱设备的适应）飞船的改进在一定程度上是为了解决 20 世纪 90 年代中期的航天飞机/和平号空间站项目中遇到的乘员人数限制的问题。第一艘联盟 TMA 号飞船的飞行也是新联盟系列的首次载人飞行，在此之前并没有经过无人的飞行试验。在初始型联盟号飞船进行载人飞行之前都已经完成了一些无人的宇宙号飞行任务，而且第一艘联盟 T 号飞船飞往礼炮 6 号空间站和第一艘联盟 TM 号飞船飞往和平号空间站的任务都是无人的飞行试验。

8.1 联盟 TM 号飞船与和平 2 号空间站

在 20 世纪 80 年代的大部分时间里，空间站的核心舱 DOS 7K 8 号（序列号是 17KS 12801 号）上的硬件系统被设计成是 DOS 7K 7 号（于 1986 年成为和平号空间站）的后备系统。一旦和平号空间站到达预定轨道，其后备部件就会成为一个与和平号空间站相似的同步空间站，也就是和平 2 号空间站（Mir 2）。1984 年，计划有了改变，8 号核心舱被改变成为一个更大的轨道组合体的一部分，设计为轨道集合与操作中心（OSETS）。该组合体的特点是具有核心舱、太阳电池阵构架、各种不同的用于科学研究舱段、一个燃料贮藏库和一个卫星维修设备及能够进行一系列太空拖运的专用设备。这些巨型设备的后勤补给和服务是由暴风雪号航天飞机和曙光号大型货运飞船来承担的。曙光号飞船源自进步号飞船，由天顶号运载火箭发射，同时也可以用于人员的运输。它是一个表面覆盖着与航天飞机同类的防热材料的放大的联盟号飞船的返回舱。当时和平号空间站的备用飞船是标准型联盟 TM 号飞船，或者是由天顶号火箭发射的改进型联盟 TM 号飞船。可见 20 世纪 80 年代末就已出现了改进联盟 TM 号飞船基本设计的迹象。

图 8－1　联盟 TM 号飞船返回舱的内部

8.1.1　联盟 TM 号飞船的升级

1988 年 12 月，航天员训练中心的领导 V·A·沙塔洛夫指出，对联盟 TM 号飞船设计的改进不仅是计划中的，而且正在迅速成为现实。"这些飞船不仅存在于纸上，在硬件结构方面也已经成形。新型飞船是对现存的联盟号和进步号飞船的改进，但这并不代表对我们已经使用多年的飞船的设计进行重大改变。"在 1989 年 10 月的一次采访中，Y·谢苗诺夫曾表示，预计在 1990 年出现的升级后的联盟 TM 号飞船可能会有一些改进；但他可能指的是一些小的修改，这些小的修改几乎在每次飞行之后的乘员组报告和任务评估后都会有。或者，这只是一个被西方媒体错误引用的一段话。无论怎样，在和平号空间站之后，改进飞船，使之能运送更多的航天员以支持一个更大的空间站的计划是存在的。

8.1.2　曙光号：一个放大的联盟号飞船

20 世纪 80 年代末，苏联设计师提出了制造一艘更大的后勤保障飞船的建议。该飞船的设计源自于联盟号飞船，用于补充未来联盟号飞船和进步号飞船对巨大的和平 2 号空间站的支持。在这个"超级联盟号"（曙光号）计划中，提出了一个重复使用飞船的概念；但因为经费问题，该计划并没有进展下去，设计工作也于 1989 年 1 月中止。

1985 年 1 月 27 日苏联发布了一项对这一方案进行评估的政府法令（14F70 号）。能源联合体的设计局开始了初步的设计工作，1986 年 12 月 22 日，军事工业委员会批准了发展计划草案。这个项目分两个阶段开展。首先，要改进基本的载人运输飞船；然后，在第二阶段进行一些特定的改进以使曙光号飞船"在更广阔的轨道范围中和高达 97°倾角的情况下，在进行自主飞行和与其他飞船联合飞行中执行特殊的任务。"1987 年一季度，计划草案完成，并提交到通用机械制造部以待评估。由于提出了无数的修改建议，因此，计划草案直到 1988 年 5 月才修改完成。该计划草案被提交给通用机械制造部和 TsUKOS（军用航天部队的前身）的联合会议，会议正式批准了进一步发展曙光号的计划。然而，到了 1989 年 1 月，由于经费问题，曙光号项目被停止。也就是在这个月里，格卢什科去世了。和前航天员 K·费奥季斯托夫一样，格卢什科也是曙光号项目的主要支持者之一；设计局内部对这个项目的反对意见可能也是导致该项目下马的一个因素。

最初的计划是设计一个完全可重复使用的飞船，在再入之前不需要抛弃飞船的任何组成部分。这种设计的特点是：扩大联盟号飞船返回舱的结构和座舱空间，并使之具有往返运送除人员以外的更大有效载荷的能力。在飞船的前部有一个对接口，中部是可以容纳5～6名航天员的乘员舱，尾部是一个货舱。整个飞船覆盖着防热材料，所有的支持子系统都安排在 TPS 和乘员舱的压力舱壳之间。入轨后，可伸展的天线将从舱口伸出并装载好。然而，这些紧凑的设计都导致了乘员舱内空间非常狭小。因此，曙光号飞船就不得不用一个可抛弃的推进舱，如果这样，就不能像1987年的计划草案所表明的那样是"一个完全可重复使用的飞船"了。

曙光号飞船直径4.1 m，长5 m，最大质量15 t，运行在190 km高、51.6°倾角（接近天顶号火箭发射飞船的极限值）的轨道上，并能运送3 t的有效载荷（无人）。通常情况下，它可以载2～4名航天员。但是，在后来的发展计划中，预计这种飞船可以承载8名航天员。然而，这个建议只是在研究曙光号飞船的改型时被提出过（这也是后来国际空间站 ACRV 的载人能力）。在解决了很多问题（包括空军问题）之后又遇到了回收安全问题。按照设计，似乎曙光号飞船将使用一个单独的稳定的小降落伞，而不是像联盟系列那样用一个大得多的降落伞。返回时下落速度很快，要完全靠 24 台14 715 N推力的过氧化氢/煤油发动机（组合发动机——ODU）把着陆的速度降低到接近于零。

在提出的曙光号飞船的设计中，制动发动机系统取代了主降落伞。该系统可以把垂直的和水平的速度降低到接近于零，并可以防止返回舱在着陆时发生倾覆、拖移或翻转。这样能减少损坏，使飞船的重复使用成为可能，并提供了在没有空气阻力情况下降落在行星或月亮上的可能性（在这些地方降落伞是没有用的）。曙光号飞船的首次飞行还将包括一个制动火箭和弹射坐椅的备份系统，并把最大载员数限制在4人（在进行着陆系统评估以前是不可能超过这个数目的）。

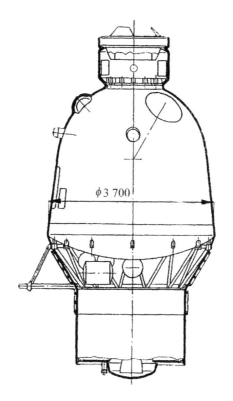

图 8－2　曙光号飞船——一个放大的联盟号飞船方案

　　飞船的对接系统要么是杆—锥式的，要么是混合式的，这取决于既定的任务和需要进行对接的飞行器，乘员组将通过一个内部通道进出。飞船有 16 台 608 N 的单组元推进剂的 ODU，以及同样的 24 台软着陆发动机。考虑到再入时的稳定性，可能使用过氧化氢（与联盟号飞船的返回舱的推力系统相似）。所有存储在乘员舱的推进剂都必须是无毒的，以防止在生活区发生意外的泄漏。曙光号飞船的外部将覆盖着类似于暴风雪号航天飞机上使用的防热材料，以保证每一个舱都可重复使用 30～50 次。

　　飞船非密封的推进舱比联盟系列飞船的推进舱要小得多。它有两台使用 N204/偏二甲肼的 2 943 N 发动机（多功能发动机——

MDU），可提供 5 886 N 的总推力。在飞船进行在轨接近、定向推进和制动火箭点火中可用它来实现轨道机动。该轨道舱是飞船中唯一不能再利用的部分，在再入前将被抛弃、烧毁。曙光号飞船设计的轨道存储时间是 195 天，以后达到 270 天。计划完成 4 项使命：

1）作为到达和平号空间站的货运飞船，发射到高度为 190 km 倾角为 51.6°的轨道。可承载 2～4 人乘员组，携带 2 000 kg 的货物和后勤补给并具有 1 500 kg 的回送能力。对于 2 人乘员组，可起运 1 500 kg 的有效载荷，返回时可携带 2 000 kg 的有效载荷。在不载人的情况下，可起运 3 000 kg 的有效载荷，返回时可携带 2 500 kg 的有效载荷。

2）在近地轨道上作业或维修飞船，配备一个 2～3 人乘员组，并可装备一种远程操作系统（RMS）。曙光号飞船的自主飞行将由科学院和国防部管理。没有迹象表明飞船上具有气闸舱或支持航天员舱外活动的能力。

3）作为乘员营救飞船或空间站救生艇（必须在确认了着陆系统和拆除了弹射坐椅以后）。曙光号飞船可以载 1～2 名航天员或不载人升空，并具有载 8 名航天员返回地面的能力，可以作为暴风雪号航天飞机乘员组的营救飞船。

4）作为不载人的货运补给飞船。曙光号飞船可以对空间站进行再补给，但它不具备补给燃料的能力，因此还需要进步号飞船。

与联盟号飞船或进步号飞船相比，曙光号飞船的优势在于提高了人员和货物的运送能力。另外，曙光号飞船的可再用性对任务的计划者来说有很大的优势，因为可以用很少的飞船向太空运送更多的设备和人员，从而节省发射和生产费用。但是，也有一些不利之处：对工厂来说订单将会减少，因为曙光号飞船没有像联盟号飞船那样的轨道舱，所有的乘员供给系统（比如废弃物系统）将不得不存放在乘员舱内，暂不需要的对接装置和离轨发动机也将不得不返回地面。这样虽然增加了着陆的质量，但也使得它们可以再次使用。

也有一些人担心软着陆发动机的噪声标准（这些发动机位于乘

员舱附近）和缺少备份系统支持的软着陆发动机的可靠性（这将威胁乘员组的安全）。再加上生产成本的问题和仍需要靠进步号飞船为空间站进行燃料再补给……所有这些都导致了曙光号项目的下马，尽管它还暂时作为自由号空间站的 ACRV 存在着。

8.2　联盟 TM 号飞船和自由号空间站

　　1992 年和 1993 年，为和平 2 号空间站所设计的新方案反映出俄罗斯在新的太空项目上将会增加国际合作，如与欧洲和日本的合作。在这些合作项目的研究中，逐渐形成了现代化的联盟号飞船和进步号飞船的方案。而最重要的进展是在 1991 年 10 月，在蒙特利尔召开的国际宇航联合会大会上，能源联合体的总设计师 Y・谢苗诺夫与波音公司（自由号空间站的主要承建者之一）副总裁 R・格兰特（R. Grant）之间的一次谈话中形成的。当时，以美国为首（加拿大、欧洲和日本共同参与）建造的空间站正面临巨大预算超支和严重延期，并处于很可能被总统取消的困境。在一项重要而及时的为减少自由号空间站预算以及确保俄罗斯项目得到更多外国投资的提案中，谢苗诺夫建议，在这项更先进的 ACRV 项目因耗资巨大而一再拖延时，俄罗斯应该将联盟 TM 号飞船作为一项有保证的乘员返回飞船提供给自由号空间站。在此后的几个月中，除了历经考验的更廉价的联盟 TM 号飞船之外，原有的曙光号"大联盟"的计划被重新启动，并且打算作为自由号空间站的营救飞船。

8.2.1　倾角与持续时间

　　1992 年 6 月 18 号，NASA 和能源联合体签署了一项 100 万美元的协议，其中包括用联盟 TM 号飞船作为自由号空间站的过渡救生艇的联合研究。用联盟 TM 号飞船作为自由号空间站的救生艇的主要不利因素是，当时计划空间站运行的轨道倾角为 28°，而这对于从拜科努尔发射的联盟号飞船而言是不易达到的。用天顶号火箭或带有附加 Blok－D 上面级的质子号火箭都可将载人的联盟 TM 号飞船发射到自由号空间站的运行轨道，但是总的发射质量要削减。俄罗斯要求NASA 考虑将自由号空间站的倾角提高到 33.5°，以使从拜科努尔发射基地发射的飞船更容易到达空间站。但是，这将严重妨碍从佛罗里达发射航天飞机的有效载荷的运送能力，所以 NASA 拒绝了。

其他的评估方案还包括使用大力神（Titan）或宇宙神（Atlas）运载火箭从卡纳维拉尔角航天发射场发射，或者使用 ESA 的阿里安（Airane）火箭从法属圭亚那的库鲁（Kourou）航天发射场发射。另一个计划是将无人的联盟 TM 号营救飞船放置在航天飞机的有效载荷舱内，并使用 RMS 系统将其转移到空间站上。这只需对基本的联盟 TM 号飞船的设计进行一些小的改进，并可以省去交会设备。联盟 TM 号飞船按照自由号空间站预定的 28°倾角运行的另一个问题是它难以胜任乘员救生艇的预定角色。按照那样的倾角，联盟 TM 号飞船将不能在哈萨克的大草原上着陆。因此，还对其他的备选着陆地点（包括澳大利亚境内的 3 个非常有希望的着陆区）认真地进行了考察评估。

8.2.2　联盟 TM/ACRV 可行性研究

从 1992 年起，几家美国的宇航公司就开始为美国的 ACRV 计划展开了激烈竞争。而当采用联盟 TM 号飞船作为一个权宜之计的计划刚刚形成时，两家公司（罗克韦尔公司和洛克希德公司）就开始与能源联合体接触，以期联合承担考察评估联盟 TM/ACRV 方案的工作，如果可能的话，进而从能源联合体获得许可证以便在美国境内改装俄造联盟 TM 号飞船。

1992 年 8 月，一个 ACRV 的可行性研究小组来到莫斯科，考察评估使用联盟号飞船的可行性。这个小组承担的任务是考察评估联盟 TM 号飞船当前设计的实际能力，而非将其与计划中的长期 AC-RV 的设计指标作直接对比。NASA CB（航天员办公室）任命航天员 R·格雷布（R. Grabe）不仅作为 NASA 的行政和工业代表，而且作为这次评估的乘员代表。通过研究，这个小组发现，如果这种临时或永久的载人结构（PMC）应用时期超过 5 年，联盟号飞船将会变得很适合，直到 PMC 能承载（或者超过）4 人（虽然他们承认，这一点至少在自由号空间站上存在着非常现实的可能性，即由于预算的限制，这一里程碑式的 4 人可能永远无法达到）。这个小组认为最主要的绊脚石是，对于空间站乘员组希望的 SSF 计划持续的时间来说，联盟号飞船只能是一个过渡，但它毕竟是一种已准备好的可使用的运载工具。这个小组还认为，另一问题在于 ACRV 的复杂设计将带来持续高额的生产费用，并使计划拖期，从而将其可用性退后很多年。因此，联盟号飞船作为唯一可行的乘员救生艇，将严重限制自由号空间站在轨驻留乘员组的人数。

一个 4 人乘员组需要两艘对接在空间站顶部或底部对接口的联盟号飞船，以确保其能安全脱离空间站。在研究过程中，自由号空间站的装配次序表明，在安装 PMC 之前，仅有两个节点可以利用。两个底部的对接口留给了有效载荷后勤舱（PLM），顶部的一个对接口被气闸舱占据。考察小组建议，若装配次序和间隙允许，可将气闸舱移至轴向对接口。另一种选择是设计一种不同的连接 PLM 的方式，改变成仅需要一个对接口。最后，这个小组得出结论："如果这两种方案都不可行，那么，关于联盟 TM/ACRV 运行的基本概念（即为在 PMC 上的自由号空间站的 4 人乘员组提供两艘飞船）是无效的。"

8.2.3　联盟逃逸轨道分析

这项分析回顾了各种备选场地和设施，并重点考虑了两艘联盟号飞船同时进行空间对接以支持 PMA（4 人乘员组）。对于联盟号飞船的逃逸轨道的位置减少为 3 种选择：$+Z$（最低点），$-Z$（最高点）和 $-X$（飞行速度反方向）。这项分析还要考虑到 6 个因素的影响：ΔV 的大小、分离方向、在轨跟踪太阳时太阳电池阵的构造、大气层的密度、空间站的姿态控制、将联盟号飞船连接到自由号空间站的对接适配器的尺寸。对于运行轨道的分析还包含了一整套假设：一个模拟对接适配器和一个"曲线形"对接适配器、两种大气密度、两种太阳电池阵位置结构和三种姿态控制模式，以及联盟号飞船的 12 cm/s 的额定分离速率。

当所有这些因素被界定以后，三种分离方案都由计算机进行了计算，最终得出一项包括 11 个个案研究的总结果。报告得出结论说，大气的密度或太阳电池阵的结构对从这三个位置的分离没有明显的影响，因为这三个位置中的任何一个，对 ΔV 的影响都小于 1 cm/s。但是，自由号空间站的附加姿态速率对 ΔV 的增加有较大影响，也影响了联盟号飞船能否安全地从空间站分离。这一速率主要取决于自由号空间站的俯仰和滚转速率。这表明从 $+Z$ 或 $-Z$ 方向分离，会对 ΔV 有轻微影响，是可取的；但从 $-X$ 方向分离则会受空间站俯仰速率的重大影响，从而导致分离受影响。这项分析为国际空间站的研究提供了必要的数据，它决定联盟号飞船可以用作自由号空间站的乘员救生船，但是分离的位置必须明确，以确保有效而安全地分离。为此，$+Z$ 最低点或 $-Z$ 最高点将是可取的选择。

8.2.4　乘员设施

有关联盟号飞船用于自由号空间站的一个关注点是：由于联盟号飞船的坐椅高度和质量的限制，乘员舱会将目前航天员队伍中的一些成员排除在外。根据俄方提供给考察小组的信息，尽管这些限制是坐高不超过 99 cm，身高不超过 187 cm，质量不超过 90 kg（适用于每一个位置），但俄罗斯方也承认中间的座位还可以承受一个身高稍微再高一点儿的乘员。

坐高是一个严格的限制指标，它由支撑特殊设计的坐椅的金属外壳的大小决定。这种特殊设计的坐椅在飞船着陆时对乘员的头部和脊椎可提供保护，使乘员的身体"不会跌倒在架子上"。体重的限制是由坐椅缓冲装置在万一制动火箭点火失败的情况下所能承受的冲击力决定的。任务小组表示，既然联盟号飞船仅仅是一个应急救生的返回舱，乘员的体重可以稍微放宽一些，但必须为此承担抗冲击着陆能力下降的风险。

然而，考察小组担心这些限制会使目前航天员队伍中的某些航

天员被排除在自由号空间站的驻留乘员组之外。他们会被限制参加
PMC 组装飞行和航天飞机乘员组的任务，而且 NASA 也必须在未来
选拔航天员时更严格限制其体重和身高。对于目前的联盟 TM 号飞
船来说，比前面提及的对乘员体形的限制放宽了 3 cm 和 10 kg，这
是因为"假设把联盟号飞船当做 ACRV 使用时，不需要乘员穿航天
服"。NASA CB 认可了这一假设，而且对能源联合体说明的确保压
力的措施印象深刻。这表明，当联盟号飞船仅仅被用在一个偶然的
情况时，在直接的简单操作下能够充分保证乘员组的安全。考察小
组要求能源联合体提供更多可靠的数据来支持该说法，从而让
NASA 正式接受这一观点。如果这只是一个航天服的问题，那么对
乘员组的任务分派将会产生很大的影响。

图 8-3　早期联盟 T/TM 号飞船的对接模拟器

8.2.5　医疗和紧急撤离

　　具有因乘员伤病而紧急撤离的能力也是必要的。联盟号飞船可以运回一名生病或受伤的乘员，只要将他/她固定在坐椅上，保持一个类似于胎儿的姿势（正如在 1985 年执行联盟 T－14 号飞船任务的最后阶段，瓦休京必须忍受的那样）。考察小组确证了腿或脊椎受伤的乘员无法乘坐联盟号飞船，但他们也承认发生这种损伤的概率微乎其微。

　　如果有 3 名乘员，联盟号飞船的返回舱上就没有放置医疗设备的空间了，所以作为一艘救护飞船，联盟号飞船上的第三个座位将改装上医疗设备。这就使得联盟号飞船在返回时只能载 2 人而不是 3 人。考察小组建议，可以先将医疗设备存放在联盟号飞船的 SSF 或轨道舱中，等需要的时候再安装到返回舱中，这样可保持 3 人撤离的灵活性。考察小组关心的另一个问题是，联盟 TM 号飞船处理开环氧气人工呼吸机的局限性。当返回舱没有携带氮气作为舱内的空气补给时，它就不可能净化人工呼吸机产生的富氧空气。要克服这一点，考察小组建议（能源联合体）研制一个共生的闭环人工呼吸机。此外，讨论中小组发现，能源联合体认为 40％的氧气浓度是可以接受的，允许联盟号飞船返回舱在只有氧气更新的情况下工作。考察小组因此问道：“我们对于可燃性很敏感，NASA 真的能接受 40％的氧气浓度吗？”即使在阿波罗 1 号飞船的发射台大火（1976 年 1 月 27 日）导致 3 名航天员丧生的 25 年后（其原因是在密封的指令舱内富氧空气中的一个火花），飞船火灾的阴影仍然笼罩着 NASA。

　　一个被考察小组预见的操作性问题是，在设计的操作程序中联盟 TM 号飞船在分离前有一个过长的泄漏检查期（1 小时）。这对于从自由号空间站的紧急撤离是不现实的，分离前仅仅是关闭舱门，在与空间站安全解除对接后乘员才能固定在座位上。考察小组还发现没有充足的时间来激活休眠的电池以确保分离时电池具有足够的温度。他们强调，把联盟号飞船的在轨寿命提高到一年的措施中一定不能增加启动电池的等待时间，否则这将使联盟号飞船不能作为 ACRV 使用。

将联盟号飞船用作营救飞船的最后一个缺陷是，乘员分配的座位要由预先定做的坐垫来决定。考察小组发现，当空间站发生灾难性紧急情况时，根本不可能准确地判断出哪一位乘员该跑向哪一艘联盟 ACRV。如果两艘飞船都能停靠在同一节点上，那这就不成问题了，但实际上飞船都停靠在不同的位置。因此，必须要找到解决发生故障时一艘联盟号飞船附近多了 1 名乘员（也就是有 1 名乘员找错了飞船的情况）的办法。有个建议：对于一个 4 人驻留乘员组，两艘联盟号飞船都保持载 3 人的配置，并在每个轨道舱中都存放第四个坐垫。这样就可以满足分离后任何一种乘员分配情况，而且在联盟 TM 号飞船的返回舱中附加一个新的坐垫是一项相对简单的工作，在自 1978 年以来的联盟号飞船以及和平号空间站上经常进行。它带来的影响只是后勤上的，由于对于每次 4 人乘员组的交换，8 个坐垫（每人两个）必须飞进飞出空间站，占用了轨道舱或航天飞机上宝贵的空间。如果所有 4 名乘员都在同一个三座位的联盟 ACRV 附近，问题将会更加严重。NASA 的报告没有提到这个问题。

8.2.6　对乘员和乘客的训练

最后，考察小组确定了对所有自由号空间站乘员组的训练要求，使之合乎联盟号飞船的标准：一个人操作或驾驶联盟号飞船，另几个是没有驾驶员技能的乘客。能源联合体预计训练一名航天员成为联盟号飞船的操作员（Soyuz Operator）要 200 小时（操作联盟号飞船从分离到脱离轨道和着陆），此外还包括掌握处理系统故障以及靠手动控制协助或代替自动控制系统操作飞船的技能。从理论上讲，飞机驾驶技能可能对联盟号飞船的操作人员有帮助，但这对于一个航天员并不是必需的（因而作为飞行工程师或 NASA 的任务专家的航天员也能胜任这个角色）。很多来自 ESA 的航天员已经把接受联盟号飞船的训练取得资格视为必要条件，并且已经作为飞行工程师 1

执行了许多任务。

联盟号飞船（作为 ACRV 时）的乘客将会被要求关闭舱门、启动分离程序、操作通信系统、掌握对于自动控制系统的知识，以及协助联盟号飞船的操作员。根据能源联合体的要求，总共有 20～30 小时的训练就足够了。在一个 4 人乘员组中，两人被训练成操作员，另两人是乘客。在发生意外情况时，万一只有一个乘客在紧急情况中能够回到联盟号飞船上，地面将上传所有非自动指令来帮助进行离轨和再入。如果发生通信事故，乘员组可以寻求船载档案记录的帮助。

能源联合体的训练分为课堂训练和模拟训练两部分，两部分的训练时间相等，不包括水上或远距离逃生训练。美国的考察小组认为有些训练时间可以缩短而且许多"熟知的联盟"的训练可以在 NASA 航天员候选人训练中完成，更新的课程可在具体任务训练时完成。考察小组还表示训练最好在美国（休斯敦）完成，使用英语作为主要语言，而且 NASA"无法忍受让乘员组成员学习一个原本适合俄国系统的课程，由母语不是英语的老师授课，从而带来的低效率"。

8.2.7 联盟 TM 号飞船作为自由号空间站的救生艇

考察小组的结论是，把联盟号飞船作为一个短期 ACRV 的困难主要在于"两艘飞船在目前自由号空间站设计中的位置和许多联盟号飞船力所不能及的地方。这些局限性使联盟号飞船只能作为一个短期方案"。1992 年 9 月，在经过两周的联合讨论和认真评估后，NASA 公开宣布，在把联盟 TM 号飞船改装为自由号空间站救生艇的问题上没有重大的障碍，但是在联盟号飞船被正式宣布成为自由号空间站的一部分之前，还有更多的工作要做。

1993 年 3 月，在 NASA 和能源联合体之间开始了扩展联盟 TM 号飞船的在轨"寿命"的新研究（从它在和平号空间站上保持 6 个月，扩展到 NASA 要求的在自由号空间站上运行 1～3 年）。当年 7

月 NASA 的官员现场观看联盟 TM 号飞船作为救生艇的着陆演习。
到 1993 年 12 月，联盟号飞船和自由号空间站合作的前景看好。但
在同一个月，NASA 与能源联合体的合同被取消了，俄罗斯转而成
为新的国际空间站的一个全面的合作伙伴，同时国际空间站的轨道
倾角调整到了 51.6°以利于俄罗斯运载火箭和美国航天飞机的发射。
根据该协议，联盟 TM 号飞船有了新的用途，即作为一艘能降落到
哈萨克斯坦的空间站的货运飞船和营救飞船。

8.3　联盟号飞船的乘员：资格问题

1992 年 10 月，NASA 和 RSA 签署了协议，启动了著名的航天
飞机/和平号空间站项目。它包括 1 名俄罗斯航天员执行为期 1 周的
航天飞机任务和 1 名 NASA 航天员执行 90 天的和平号空间站任务。
训练要求美国航天员取得联盟号飞船乘员组成员的资格，乘联盟
TM 号飞船飞往空间站，当完成了对接和具体任务后乘美国的航天
飞机返回地面。为和平号空间站选拔训练美国航天员的标准之一是
他们必须适合联盟号飞船狭小的返回舱。这既是为了发射的需要，
也是为了在没有航天飞机停靠的情况下紧急返回的需要。

8.3.1　航天飞机/和平号空间站，1A 阶段

1994 年 2 月 3 日，NASA 宣布了执行 1A 阶段任务的首发和后
备乘员的名单（见表 8—1）。

表 8—1

NASA 乘员组	首　发	后　备
Shuttle/Mir1	N·萨加德	B·邓巴

邓巴也被任命执行送萨加德返回地面的航天飞机任务（STS—
71）。虽然俄罗斯航天员的训练项目和文化上的差异对美国航天员来

说是一个额外的挑战，但以他们的身高和体形（萨加德 1.75 m，70.76 kg；邓巴 1.66 m，53 kg）来适应联盟号飞船的坐椅和返回舱是不会有什么困难的。

8.3.2　航天飞机/和平号空间站，1B 阶段

到 1994 年 12 月，进展到了 1B 阶段，有更多的美国航天员到和平号空间站执行任务。美国航天员在执行这些任务时都是乘航天飞机往返于空间站，这样就减少除应急撤离和回收训练以外部分的训练量。1995 年 3 月 30 日宣布的 6 人组（见表 8－2）将为执行 1996 年和平号空间站上的长期飞行任务开始进行驻留乘员组的训练。

表 8－2

NASA 乘员组	首　发	后　备
Shuttle/Mir2	S·露西德	J·布拉哈
Shuttle/Mir3	J·利嫩格	S·帕拉津斯基
Shuttle/Mir4	J·布拉哈	W·劳伦斯

按计划，帕拉津斯基（S. Parazynski）和劳伦斯（W. Lawrence）将轮流执行第五次和第六次飞行任务，与宣布的后备乘员一起熟悉他们的任务。尽管执行航天飞机任务比执行联盟号飞船任务对乘员的体形限制少得多，但是极个别的情况还是在训练时发生了。1995年 10 月 14 日，NASA 宣布帕拉津斯基由于个子太高（1.87 m）不适合联盟号飞船的返回舱，将不再继续训练。当帕拉津斯基被任命为后备乘员的时候仍有可能轮换为执行 Shuttle/Mir5 任务的首发乘员。NASA 和 RSA 都认为帕拉津斯基在联盟号飞船的返回舱中会稍有一点超高（在太空一段膨胀期过后，身体将会"长高"2 cm），但由于要求联盟号飞船应急返回的可能性微乎其微，于是双方代表之间进行了进一步的讨论以达成一致。

虽然初步的评估取消了帕拉津斯基的作为后备乘员的训练，但是双方代表围绕坐高和紧急着陆时减轻负载的更多细节展开了进一步的讨论。这表明在力求安全，防止伤害上是不可能妥协的。俄方表示联盟号飞船的坐椅系统不可能及时为帕拉津斯基执行任务而进行特殊修改，因此抱歉。尽管他训练的成绩很出色，也受到了其他俄罗斯训练者的尊敬，但他还是返回了 NASA JSC，准备执行一次航天飞机的任务。仅 10 天后，10 月 24 日，这个项目受到了第二次打击。经过了 1 年训练作为执行 Shuttle/Mir4 任务的后备乘员劳伦斯，由于无法达到联盟号飞船返回舱内安全的最小高度的要求（她的站高为 1.60 m）被取消了执行联盟号飞船任务的资格。她留在了 JSC，但后来又令人惊奇地恢复了在莫斯科的 NASA 训练队的训练。1996 年 1 月 16 号，NASA 宣布了对乘员组的调整，增加了 M·福尔和 J·沃斯（J. Voss）（见表 8－3）。

表 8－3

NASA 乘员组	首　发	后　备
Shuttle/Mir2	S·露西德	J·布拉哈
Shuttle/Mir3	J·布拉哈	J·利嫩格
Shuttle/Mir4	J·利嫩格	M·福尔
Shuttle/Mir5	M·福尔	J·沃斯

1996 年 8 月 16 号，NASA 宣布了修改后的 Shuttle/Mir6 和 Shuttle/Mir7 乘员组的名单（见表 8－4）。

表 8－4

NASA 乘员组	首　发	后　备
Shuttle/Mir6	W·劳伦斯	D·沃尔夫
Shuttle/Mir7	D·沃尔夫	A·托马斯

1997 年夏天，进步 M−34 号飞船与和平号空间站的光谱号舱的碰撞所带来的损伤需要乘员进行一系列的舱外活动。俄罗斯要求 NASA 送上 1 名有俄罗斯认可的舱外活动资格的航天员，帮助和平号空间站的驻留乘员组进行必要的维修。劳伦斯不适合穿 Orlan 舱外活动服而且没有受过舱外活动的训练，因此被沃尔夫（他适合）取代；但她收到一个"安慰奖"，先执行飞往和平号空间站的 STS−86 任务（帕拉津斯基也被任命为该乘员组的成员）；随后执行最后一次访问空间站的 STS−91 任务。1997 年 10 月 10 日，NASA 在指定最后的航天飞机/和平号空间站乘员组时遇到了阻力，因为很难说服航天员承担不飞行的最后一次任务；幸好已经作为福尔的后备乘员接受训练，并且被任命为 ISS−2 乘员组成员的沃斯愿意承担。"帕拉津斯基太高，劳伦斯太矮，沃尔夫正好"这段话在乘员组再次调整后的一段时间内流传开来。再次调整的 Mir6 和 Mir7 乘员组的名单见表 8−5。

表 8−5

NASA 乘员组	首　发	后　备
Shuttle/Mir6	D·沃尔夫	A·托马斯
Shuttle/Mir7	A·托马斯	J·沃斯

由 ASTP 的指挥、前 NASA 航天员 T·斯塔福德领导的 NASA 特别小组负责调查美国航天员在年久失修的和平号空间站上飞行的安全问题。在与福尔（发生碰撞时他就在和平号上）、沃尔夫、托马斯（即将飞行）一起进行了进一步的讨论后，NASA 管理层决定，倘若对安全问题不能有更多的折中方案的话将结束该项目。但是 NASA 并不乐意这样，因为这将严重限制未来国际空间站上的乘员组，而且在计划中的 X−38 可以使用之前，联盟号飞船将一直作为空间站乘员组轮换的运输工具和短期驻留乘员组的救生艇。

8.3.3　联盟 TMA 系列飞船的开始

由于劳伦斯和帕拉津斯基在航天飞机/和平号空间站项目中遇到了一些问题，NASA 对联盟号飞船上的坐椅进行了更加深入的评估与调查，发现联盟 TM 号飞船对美国现有的 40％的航天员都不适合。这对 NASA 为国际空间站挑选执行长期任务的航天员的训练有重要的影响，因此，NASA 要求俄罗斯能够在返回舱内部的整体安排上进行一些改进，以满足更多的美国航天员能够参加训练的要求。1996 年 1 月，双方就此达成初步的改进协议，所需费用由美国支付。

联盟 TM 号飞船乘员的体形限制标准见表 8—6。

表 8—6

测量项目	改进前 （1999 年 6 月前）	改进后 （1999 年 6 月后）
最大站高/cm	182	190
最小站高/cm	164	150
最大坐高/cm	94	99
最小坐高/cm	80	80
最大体重/kg	85	95
最小体重/kg	56	50
最大脚长/cm	未定义	29.5
最大上臂宽度/cm	未定义	52
最大袖口宽度/cm	未定义	45
最大臀部宽度（坐时）/cm	未定义	41
最大双腿（大腿）宽度/cm	未定义	41
最大胸围/cm	112	未定义
最小胸围/cm	96	未定义

新改进后的联盟号飞船将取代曙光号再入式航天器（原为自由/阿尔法（Freedom/Alpha）空间站设计的新救生艇系统）。在 X—38

问世之前，新改进后的联盟 TM 号飞船将作为国际空间站的短期营救飞船。1996 年 9 月 19 日，NASA 与 RSA 签署了关于将联盟 TM 号飞船改进为联盟 TMA 号飞船（项目代号为 11F732，设计代号为 7K－STMA）的协议。不幸的是，20 世纪 90 年代末，由于俄罗斯政府未给该飞船的主要承包商（能源联合体）提供资金，联盟 TMA 号飞船的生产计划被迫延期。因此，NASA 决定在俄罗斯确保生产进度并按时交付飞船样机以前拒绝为飞船升级改造付款。最初，计划有 4 艘飞船于 2004 年完成并发射，却无确定的承诺或资金支持。

8.4 联盟 TMA 号飞船在设计上的改进

从外表来看，联盟 TMA 号飞船与联盟 TM 号飞船并无太大的区别。其全长为 6.98 m，最大直径仍为 2.72 m。可居住的舱体直径为 2.2 m，体积为 9 m^3；太阳电池阵展开长度为 10.7 m，面积为 10 m^2，提供的平均功率为 0.60 kW。联盟 TMA 号飞船携带有为轨道机动及变轨所需的推进剂 900 kg（N204/UDMH），主发动机推力为 3 924 N，工作时间为 305 秒，能使飞船产生 390 m/s 的速度增量；能支持 3 人乘员组飞行 14 天，留轨时间增加到 180 天（或 6 个月），其他的灵活性配置也可能将使留轨时间延长至 200 天。联盟 TMA 号飞船的舱体质量与联盟 TM 号飞船相似：返回舱 2.9 t，轨道舱 1.3 t，推进舱 2.6 t。

在设计上主要对坐椅安排及其支持结构等方面进行了改进。首先，扩大了空间，增大了乘员（站高为 150～190 cm，坐高为 50～95 cm）的特制坐椅；其次，为了与新的坐椅配套，对乘员放脚的区域也进行了相应改进。

为了放置新的计算机并在 3 个坐椅下重新布置乘员设备，对乘员的显示和控制面板也进行了相应改进。同时，为了满足新的乘员体重标准（从联盟 TM 号飞船的 56～85 kg 提高到 50～95 kg）对坐椅缓冲装置也要进行升级。乘员的体重不可能是完全一样的，同一舱里的两人体重差异最大可达 45 kg，这将对再入大气层后下落的返回舱的质心产生重要的影响。因此，为适应将来飞行中的这种质量差异，对飞船的自动着陆系统也要进行相应改进。

较重的返回舱在软着陆时也存在问题，6 个缓冲火箭在距离地面 1.5 m 时点火，起到着陆缓冲的作用。在联盟 TMA 号飞船中，将 6 台发动机中的 2 台改为由返回舱的着陆质量决定在不同的高度点火，此质量范围大约在 2 980～3 100 kg。总体上，联盟 TMA 号飞船的最大质量约为 7 200 kg，比联盟 TM 号飞船增加了约 200 kg。质量的增加，要求采用改进了第一级和第二级火箭的大推力 R－7 运载火箭（联盟 FG 号）来发射联盟 TMA 号飞船，甚至需要采用最新的 R－7 火箭的改进型（联盟 2 号）发射联盟 TMA 号飞船。

8.4.1　对联盟 TMA 号飞船的具体改进

联盟 TMA 号飞船的改进之处包括坐垫尺寸的加大、总长度的增加，以及为适应不同体重的乘员对坐椅缓冲装置的改进；另外，为了满足高个子乘员的需要，对飞船的内部结构也进行了相应的调整；为了满足乘员的舒适度、可见度和便于操作的要求，对面板以及一些硬件的安装位置也进行了调整。具体包括：

1）减小尼普顿显示面板的尺寸，调整显示面板的布局及操作位置。

2）用固态装置代替机械记录器，以节约空间并减小质量。

3）减小冷凝干燥器的尺寸，为身材高大的乘员提供更多的空间。

4）升级控制返回舱降落系统的计算机及其软件，使其能对重心的变化进行补偿计算，在载有不同乘员的情况下都能正常工作。

5）改进着陆程序装置并缩减其尺寸。这只是降落系统（软着陆发动机、高度表、着陆程序装置）的一部分。

6）将可视系统由黑白画面（联盟 TM 号飞船）改为彩色画面，并减小了其质量。

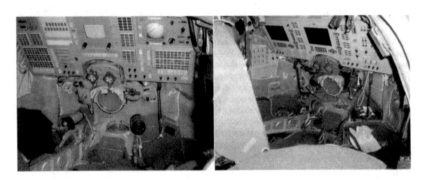

图 8—4　联盟 TM 号飞船和联盟 TMA 号飞船的座舱

7）对电话通信系统进行升级，并减小其质量。

8）对传递控制指令的船载复合控制系统进行升级，并与其他升级的系统兼容。

9）这些改进的保证期为 1 年。

有关分系统设计方案的修订版于 1997 年 1 月 30 日公布，关于改进方面的初步设计报告于 1997 年 2 月 5 日发布。联盟 TMA 号飞船的模型评估报告于 1997 年 3 月 18 日发布，最后总装报告于 1997 年 12 月 8 日发布。

在接下来的几个月当中，将通过一系列的试验来检验联盟 TMA 号飞船所进行的整体改进。这些试验包括对一些新增的和改进的装置（如仪器仪表、坐椅、缓冲装置、软着陆发动机以及一些相关的部件）进行的一些试验，也包括对一些改进的系统（如显示系统、降落控制系统以及降落伞系统等）进行的试验，还包括一系列与之相配套的试验（如力学结构试验（也称地面试验）、地面投放试验以及空投试验）。

（1）地面试验（ground tests）

地面试验是利用联盟 TMA 号飞船的结构模型验证附加的人体测量，包括坐椅改进以及硬件设备的放置位置。在联盟 TMA 号飞船的模型中，解决了重新安排硬件设备位置的问题，验证了乘员在未来的飞行中进出舱门的方便性。同时进行了结构模型的振动试验，确定了结构所能承受的动力负载。保证结构、部件以及其他的一些附件均能够承受振动负载，其中所包括的管路和电缆均按照一次性飞行器设计。有关返回舱模型（3D）动力学强度试验的最终报告于 1998 年 4 月 30 日发布。

（2）地面投放试验（ground-based drop-tests）

地面投放试验是用一组 3 次投放试验来验证飞船的强度特性。在此之后，为验证返回舱改进之后负载对乘员组的影响，还模拟正常着陆进行了 8 次投放试验。同时验证改进坐椅及返回舱结构后的最大着陆速率，确定乘员区域的过载以及在不同着陆情况下的冲击载荷的程度。有关返回舱模型投放试验的最终报告于 1999 年 3 月 30 日发布。

（3）空投试验（airborne drop-tests）

利用 4 次空投试验评估正常模式及备用模式下的降落伞展开情况。在降落伞展开的过程中验证了改进后的各个系统，以及在着陆过程中舱体下降速率和过载对乘员的影响情况。同时也验证了改进后各系统间的相容性及其在降落伞展开过程中的工作情况。有关返回舱模型空投试验的最终报告于 2000 年 4 月 30 日发布。

在 1997 年 3 月 20 日到 1999 年 9 月 27 日期间，发布了一系列关于试验出现的问题及其改进情况的报告。2000 年 11 月 26 日发布了一份着陆影响评估报告和经修正和批准的联盟 TMA 号飞船危险性试验的附件，以及一系列更新的联盟 TMA 号飞船培训手册。

在这些试验与改进计划完成之后，负责评估和监控联盟 TMA 号飞船的改进工作的 NASA 小组认为对坐椅、显示与控制仪表、命令及数据处理等国际空间站技术项目的评估应该在交会、对接、在轨运行及解除对接的试验中完成。尽管有了关于 NASA 计划之外的分系统改进的补充说明，但该小组仍未对再入导航与着陆系统作出评估。

另外，该小组对运动控制系统的软件改进也进行了评估，并在进步'7'号（M1－8）任务中进行了三轴加速度计的试验。NASA

联盟 TMA 号飞船乘员训练队对联盟 TMA 号飞船的各系统、乘员程序以及联盟 TMA 号飞船模拟器也都有了一定的了解。俄罗斯航天器小组针对联盟 TMA 号飞船改进进行了技术论证，内容包括用于新的降落控制及着陆系统的空投试验的可视化设备。

8.4.2　联盟 TMA－1 号飞船的乘员组

联盟 TMA（TMA－1）号飞船的首次飞行任务采用了新的乘员组运送模式。由于这种改变主要是内部的，因此并未对主要的操作系统产生影响。然而，从乘员组的安排情况也能反映出时代的变化以及俄罗斯载人飞船所面临的经济现状。

首发乘员组的指令长是来自于空军的 S·扎列京中校，他于1991 年被选为航天员，曾在 2000 年最后一次和平号空间站 EO－28 乘员组中担任指令长；飞行工程师是来自 ESA 的航天员 F·涅维中校，他在 2000 年 1 月加入 ESA 的航天员队伍之前是一名比利时空军的试飞员。RSA、EPA（能源生产联合体）与 ESA 达成协议，欧洲的航天员将参加联盟号飞船的一系列飞行任务。涅维的飞行是这一协议框架下 6 次系列飞行中的第三次。这些任务的费用由航天员所在的国家和 ESA 共同负担，其中包括坐椅的订制费用以及为联盟号飞船和进步号飞船提供的一系列试验经费。被选定参加这些飞行任务的欧洲航天员必须参加俄罗斯的训练以取得联盟号飞船飞行工程师的资格。

联盟 TMA－1 号飞船的第三个乘员坐椅希望留给另一名旅客（俄罗斯系列飞船中的第一艘通常都没有任务编号，但是这次有）。这种飞行的费用约 2 000 万美元，很多人筹措资金希望参加。费用主要包括初选体检费用、航天员在 TsPK 的培训费、医疗和保健费用、（Sokol）航天服的制作费用、发射费用、在国际空间站 9 天所需费用、回收费用以及飞行后的体检及医护费用。完成所有的训练大约需要 6 个月的时间，这其中包括去位于美国休斯敦附近的 NASA 约翰逊航天中心接受国际空间站安全教育、在多国乘员组操作面板上进行训练，并就考察乘员组（expedition crew）和访问乘员组（visiting crew）的原则达成一致所需的时间。

　　23 岁的 L·巴斯（L. Bass）是这次太空旅行的热门人选，他是美国 N'Sync 摇滚乐团的一名歌手，其主要赞助商是一家国际唱片公司和好莱坞电影公司。以前两位参与者 D·蒂托和 M·沙特尔沃思都是富翁。不幸的是，到 9 月底巴斯的赞助商没能力继续支付所需费用，巴斯因此无缘太空旅行。如果他参加了这次太空飞行，那么他将是进入太空的年纪最小的人，将打破 G·季托夫于 1961 年 8 月创造的纪录，当时季托夫只有 25 岁零 11 个月。

　　联盟 TMA－1 号飞船的后备乘员组成员均为俄罗斯人。指令长 Y·隆恰科夫中校在 2001 年作为 STS－100 的任务专家飞往国际空间站，他同时也是计划中联盟 TMA－2 号飞船的指令长，直到 2002 年 10 月 1 日在莫斯科召开的 GMVK 会议暂时任命他为联盟 TMA－1 号飞船第三个座位的乘员。后备乘员组的飞行工程师是 A·拉祖特金，他于 1992 年成为航天员，曾在 1997 年执行过和平号空间站的长期驻留任务。9 月底，决定联盟 TMA－1 号飞船将正式进行载人飞行，后备乘员组的指令长隆恰科夫任飞行工程师 2，涅维任飞行工程师 1。

8.4.3　联盟 TMA 号飞船的首航

　　联盟 TMA－1 号飞船载 3 人乘员组（扎列京、涅维和隆恰科夫）于 2002 年 10 月 30 日发射升空。这次任务被命名为 Odissea，飞船于两天后与国际空间站安全对接。在这次短暂的任务末期，Odissea 乘员组乘坐联盟 TM－34 号飞船返回地球。在哥伦比亚号（Columbia）航天飞机失事之后，联盟 TMA－1 号飞船作为营救飞船运送 ISS－6 考察乘员组按照预定计划安全返回地球。

8.4.4　2003 年执行联盟 TMA 号任务的乘员组

　　2002 年年底，国家委员会任命了联盟 TMA－2 号和联盟

TMA－3号飞船的乘员组；联盟 TMA－2号飞船将由 G·帕达尔卡上校指挥，另一名乘员组成员是 ESA 的航天员 P·杜克（P. Duque，西班牙工程师）；联盟 TMA－3号飞船将由来自能源联合体的工程师 P·维诺格拉多夫指挥，另一名乘员组乘员是 A·凯珀斯（A. Kuipers，荷兰医生）。这将是凯珀斯的首次太空飞行，而杜克在 1998 年曾参加过STS－95 的飞行（John Glenn 任务），并作为 1994 年 Soyuz—ESA's Euro Mir'94 任务的后备乘员完成了训练任务。第三个座位是留给那些太空旅行者的。许多人在生物医学问题研究所（IBMP）进行了初选体检和评估，但都不合适。"Big Brother"体格竞赛（美国电视台播出的一个竞赛者通过完成任务而优胜劣汰的节目）也许能为 2003 年秋天的飞行计划挑选出合适的人选。联盟 TMA－3号和联盟 TMA－2号飞船的后备乘员组均为俄罗斯人。

在哥伦比亚号航天飞机于 2003 年 2 月 1 日失事后的几天内，所有乘员组的工作都停了下来，并决定联盟 TMA 号飞船作为国际空间站考察乘员组轮换的运输飞船。下一艘联盟 TMA 号飞船将于 2003 年 5 月发射至国际空间站，乘员组由一名美国人和一名俄罗斯人组成，他们将负责维护空间站直至其恢复正常运行或是等待下一艘于深秋发射的联盟 TMA 号飞船飞到国际空间站。在航天飞机恢复飞行以前，原定的 3 人驻留乘员组也被暂时替换，这进一步限制了其他的国际空间站的参与者。

8.5　展望未来

虽然联盟 TMA 号飞船作为联盟系列中最新型的载人飞船刚刚开始飞行不久，但是具有更多改进的"新一代"联盟号飞船已经在计划当中了。1995 年 11 月能源联合体的总裁 Y·谢苗诺夫签发了开始进行联盟号飞船和进步号飞船升级研究的命令，这个时间早于批准研发联盟 TMA 系列飞船的时间。

图 8-5　在轨飞行的联盟 TMA 号飞船

最初的原因是为了保证新的联盟号飞船质量更小，同时具有俄罗斯联邦独立开发的具有国际领先水平的分系统，以减少购买那些由前苏联加盟共和国提供的高价部件。同时也进行设计方面的研究，以确定返回舱的哪些部件可以重复利用，并努力将最长留轨时间延长至 1 年。这样就可以避免 1 年之内向国际空间站发射 2 艘联盟号飞船，不仅可以减少飞船的需求量，而且也可以不超过目前为期 6 个月的联盟号飞船寿命安全准则。

8.5.1　联盟 TMM 号飞船的改进

由于俄罗斯的项目缺少资金的支持，完成合同所规定的任务已经是很困难，所以直到 1997 年 6 月，能源联合体和 RSA 才就改进问题签署了相关协议。在 1998 年 8 月批准的后继计划草案中，联盟系列飞船的改进型被称为联盟 TMM（双改进型），该计划内容包括：

1）集联盟 TM 号飞船推进舱中的计算机功能与返回舱中的计算

机功能于一体，并将新的升级后的计算机安装在返回舱中。

2）整个飞船安装改进后的遥测系统。

3）安装卫星数据中继系统（命名为 Regul）。

4）安装自动卫星导航系统和改进后的 Kurs 交会和对接系统（命名为 Kurs－MM）。

5）在接近与对接发动机分系统中安装一对附加的制动发动机。这显然是吸取了执行和平号空间站任务过程中碰撞的经验。

6）改进自动着陆控制系统，并决定在较低海拔高度展开降落伞以提高着陆准确度。

7）为返回舱过氧化氢推进器加装热电冷却系统，改装新的蓄电池，对推进舱氧化剂贮箱的结构材料进行改进，以使飞船最长飞行时间延长到 380 天（或约 12.6 个月）。

俄罗斯在进行成本评估之后，认为同时启动所有的改进项目耗资巨大。因此，联盟 TMM 号飞船的设计大部分仍停留在图纸阶段。然而，到 1999 年夏天，出现了一个折中的升级方案，命名为联盟TMS（所包含的意义尚未明确），谢苗诺夫于 1999 年 11 月批准了这一方案。

8.5.2　联盟 TMS 号飞船：一个折中的方案

联盟 TMS 号飞船中仅仅增加了两个附加的制动发动机，并提高着陆精确度以便把俄罗斯载人飞船的着陆区从以往哈萨克斯坦的草原移至俄罗斯境内，这样可以节约一些成本。对过氧化氢冷却系统的升级将延长飞船的在轨停留时间，但只能延长到 180～210 天（6～7 个月），而不是所期望的 1 年。因此每年仍要向国际空间站发射 2 艘联盟TMS 号飞船，并不像联盟 TMM 号飞船的设计那样只发射 1 艘。

与联盟 TM 号飞船一样，仍然保留了两台独立的计算机以分别控制降落和推进系统，但是对其软件进行了改进与升级。另外，对飞行控制系统进行了改进，提高了对接的安全性与可靠性，也增强了飞船的营救能力（这是将联盟 TMS 号飞船出售给 NASA 的一个重要卖点）。联盟 TMS 号飞船投入实际飞行的计划需要足够的连续不断的资金以及政府政策的支持。联盟 TMS 号飞船将由 R－7 联盟 2 号火箭发射，可预期的首飞时间在 2006 年或 2007 年——恰好距 1966 年联盟号无人飞船或 1967 年联盟号载人飞船首飞 40 年。

8.5.3　供与求

　　处在不同研制阶段的联盟 TMA 号飞船共有 4 艘，其中第一艘已经于 2002 年 10 月发射升空，其他的将于 2003 年或 2004 年发射。这样，俄罗斯就履行了其合同义务——为国际空间站的 3 人驻留乘员组提供营救飞船。俄罗斯将不再制造联盟号飞船以供国际空间站使用。这样，如果空间站出现了碰撞或其他问题，将不再有立即可用的替代品，这也使得国际空间站上的常驻乘员们感到困惑而不安。

图 8－6　初始型联盟号飞船的轨道舱排列在生产线上

　　实际上，国际空间站上需要一个 6 人常驻乘员组来完成其日常的维护及实验工作，并开发其潜能。NASA 宣布，在可预见的未来之内，其乘员组成员不会超过 3 名。这就使美国与其合作伙伴有了冲突，合作伙伴为国际空间站开发硬件，与之交换的条件是飞行器能够在太空停留 180 天。除非重新审定乘员组的人数，不然长期飞行计划就将不得不被削减。美国空间联盟（United Space Alliance）提出了一个方案，即发射一个长期运行的轨道飞行器允许航天飞机上的科学研究乘员组进行为期 28～45 天的附加的科学研究。但是，这也不符合国际协议的规定，而且需要经费已经很紧张的 NASA 投入更多的资金。俄罗斯也提出了一种每年发射 4 次飞船的方案，但目前还没有得到资金支持。如果能保持 2 艘联盟号飞船与空间站对接，则可以将乘员组成员从 3 人增加到 6 人。目前，还没有找到一个稳妥的方法来解决航天员营救以及返回的问题。俄罗斯官方透露，如果没有更多的资金支持，对国际空间站的长期驻留可能会在 2004 年 5 月结束，因为那时已接近第三艘联盟 TMA 号飞船的设计寿命（第四艘联盟 TMA 号飞船已预定为营救飞船）。

　　如果出现其他新的航天器，没有人会感到意外。在 2003 年，联盟系列飞船经济可行并经过了飞行检验。在今后 20 年将很有可能出现新型的联盟号飞船继续为载人航天服务。

参 考 文 献

〔1〕　*Aviation Week and Space Technology*，5 December 1988.

〔2〕　*Aviation Week and Space Technology*，23 October 1989.

〔3〕　Soyuz feasibility as an ACRV. CB memo（CB－92－250）dated 28 August 1992，from Ron Grabe to the Manager of ACRV Projects Office，NASA JSC History Archive.

〔4〕　NASA Contractor Report 4508，May 1993，by Michael L. Heck，Contract NAS1－18935，BIS archives，London.

〔5〕　Principles Regarding Processes and Criteria for Selection，Assignment，

Training and Certification of ISS（Expedition and Visiting）Crewmembers，ISS　Multilateral　Crew　Operations　Panel，Revision　A，November 2001.

〔6〕　Hendrickx，Bart，'From Mir 2 to the ISS Russian Segment'，in，*ISS*：*the First four Years*，*1998－2002*，BIS，London，2002，pp. 36－40.

第9章 总 结

　　1966 年到 2002 年间，同联盟号飞船有关的任务统计数字揭示了一项惊人的飞行活动纪录。在这期间所有联盟系列飞船（包括无人试验飞行和 Zond 任务）在太空飞行累计超过了 8 050 天(193 200 小时，约 22.05 年)。尽管从 1971 年开始的大部分时间并非是联盟号飞船的自由飞行，而是和礼炮号空间站、和平号空间站以及国际空间站的对接飞行，这一数字仍表明了一项伟大的成就。

　　从 1967 年到 2002 年，总共有 86 艘联盟号飞船把航天员送上了地球轨道，包括 38 艘初始型联盟号飞船、14 艘联盟 T 号飞船、33 艘联盟 TM 号飞船和 1 艘联盟 TMA 号飞船（包括发射失败的联盟 18－1号飞船，但不含联盟 T－10－1 号飞船）。

　　在乘联盟号飞船进行过在轨飞行的 127 人中（包括 5 名女性），55 人飞行过 2 次，28 人飞行过 3 次，7 人飞行过 4 次，3 人飞行过 5 次执行不同的任务。87 名俄罗斯航天员曾乘联盟号飞船在地球轨道上遨游，还有 40 名国际航天员作为联盟号飞船的乘员进行过在轨飞行（尽管他们并不一定都经历过联盟号飞船的发射或着陆过程）。这些人中有 10 名来自美国，5 名来自法国，5 名来自德国，阿富汗、奥地利、比利时、保加利亚、古巴、捷克斯洛伐克、匈牙利、印度、意大利、日本、哈萨克斯坦、蒙古、波兰、罗马尼亚、斯洛伐克、南非、叙利亚、英国和越南各有 1 名。无人的进步系列飞船总计飞行了 5 800 多天（139 200 小时，约 15.89 年），其中的大部分时间是同礼炮 6 号空间站、礼炮 7 号空间站、和平号空间站和国际空间站的对接飞行。在 1966 年到 2002 年之间，包括所有载人和无人联盟系列飞船（含进步号飞船）在内的联盟家

族累计飞行超过了13 850天（332 400 小时，约 37.95 年，其中一
些是同时进行的）。

　　然而，当作者正在描述即将到来的联盟系列飞船的最新型（联
盟 TMA 号）到国际空间站的处女航的时候，从俄罗斯传来了令人
沮丧的消息。2002 年年底，能源联合体的权威人士宣布：由于资
金短缺，原计划在 2003 年 10 月发射的联盟 TMA 号飞船的建造已
经暂时停止，并且原计划 2003 年建造并发射的 6 艘进步号飞船也
将缩减为 3 艘。在给 NASA 的一封信中，V·留明（能源联合体的
一位副主任）称俄罗斯政府已经欠能源联合体 2 500 万美元，并且
只提供了整个计划所需 1 亿 3 300 万美元预算中的 3 800 万美元。
为此公司已经消耗掉了自己的利润，甚至不得不向银行借款来弥
补财政赤字。

图 9—1　保存在能源联合体设计局博物馆的联盟号飞船返回舱（被回收）

　　能源联合体建造 1 艘联盟号飞船耗时 2 年，每次飞行的花费为 6 500 万美元。这一数字是 NASA 计算或预计的，为发展国际空间站而需花费在额外飞行器上的预算的两倍。而且由于取消了 L·巴斯搭乘近期将发射的联盟 TMA 号飞船的飞行，又失去了 2 000 万美元的预算，使资金匮乏情况进一步恶化。

　　作者了解到能源联合体 2003 年预算是打算出租 4 个联盟号飞船的座位，虽然到 2002 年 11 月只和 ESA 签订了两人的合同，分别为西班牙和荷兰航天员，而且还有很多潜在搭载计划的传闻都没有确定下来。许多西方观察家认为这也许只是表明了俄罗斯人的一种策略，目的是为了说服 NASA 购买联盟号飞船和推动俄罗斯政府与 RSA 投入更多的钱，但是这一状况更明显地暴露了俄罗斯在航天项目资金方面存在的严重问题。

　　敞开花钱的日子已经一去不复返了。国家的自豪感是需要代价的，但是在俄罗斯的经济状况下，其价值已并不明显。联盟系列飞船以多种不同形式为完成各种任务已经飞行了 35 年以上，这一惊人的纪录如果因为国际合作的经济问题而终结，将会令人非常难过。

　　局面在 2003 年 2 月 1 日出现了戏剧性的转变。又一架航天飞机的失事和航天飞机暂时停止飞行使国际空间站的运行全部依赖于联盟号和进步号飞船。空间站目前最主要的问题是需要足够的新鲜用水，因此 2003 年至少要多发射一艘计划外的进步号飞船来解决这个问题。NASA 在对哥伦比亚号航天飞机事故进行调查时，宣布飞行计划搁置，并且要研究国际空间站继续进行载人飞行各方面的问题，包括联盟号和进步号飞船对空间站的支持问题。

　　联盟系列飞船的设计是一个简单而且经过实践检验的设计，它既可用于运送人员往返于空间站，也可作为长期在轨的乘员组的返回工具；其不足之处可以由美国更大的可以运输更多货物的航天飞机来补充。引人注意的是超级大国在人类太空飞行前 40 年的竞争中创造出的两种飞行器恰好互为补充。据说飞船还是最为人追捧的仿造对象。当中国决定进行载人航天时，他们显然为联盟号飞船的长盛不衰所打动。

本书的标题表达了我们对联盟号飞船的感情，我们希望它能够克服困难继续飞行。正是设计者、工程师、军事人员、训练员和航天员们的艰苦工作以及他们高超的技术、责任感和想象力使联盟号飞船成为通用的航天器。有关联盟系列飞船的详细情况请参阅附表H、附表Ⅰ、附表J。

图9-2 中国的神舟号飞船经过无人飞行试验后着陆

附 录

附表 A 月球任务和硬件

飞船系列编号和名称	设计代号	发射日期	国际代号	对接日期	分离日期	目标飞行器	着陆/坠毁日期	飞行持续时间 天:时:分:秒
11F91 (Zond 载人绕月飞船)								
(01)	7K-L1M	模样;用于1967年1月在拜科努尔的试验						
(02)宇宙146号	7K-L1P(无人)	1967.3.10	1967-021A	Blok D 高轨道试验;仍在轨(?)				
(03)宇宙154号	7K-L1P(无人)	1967.4.8	1967-032A				1967.4.10	02:05:23:??
(11) Zond 7号	7K-L1P(无人)	1969.8.8	1969-067A				1969.8.14	06:18:25:??
(04)	7K-L1(无人)	1967.9.28	质子号火箭第一级失败，SA借助SAS回收				1967.9.28	00:00:37＋
(05)	7K-L1(无人)	1967.11.22	质子号火箭第二级失败，SA借助SAS回收				1967.11.22	00:02:09＋
(06) Zond 4号	7K-L1(无人)	1968.3.2	1968-013A				1968.3.9	07:00:20:??

续表

飞船系列编号和名称	设计代号	发射日期	国际代号	对接日期	分离日期	目标飞行器	着陆/坠毁日期	飞行持续时间 天:时:分:秒
(07)	7K—L1（无人）	1968.4.23	质子号火箭第二级失败，SA借助SAS回收；整修后用于13号飞船				1968.4.23	00:00:03:14
(08)	7K—L1	1968.7.21（计划）						
(10)	7K—L1	可能用于载人飞行;构想(?)						
(09) Zond 5 号	7K—L1（无人）	1968.9.14	1968—076A				1968.9.21	06:18:26:??
(12) Zond 6 号	7K—L1（无人）	1968.11.10	1968—101A				1968.11.17	06:18:48:00
(13)	7K—L1（无人）	1969.1.20	质子号火箭发射失败，SA借助SAS回收。使用了7号飞船用经过整修后的舱体				1969.1.20	00:00:08:20
(15?)	7K—L1	可能用于载人飞行;构想(?)						
(14) Zond 8 号	7K—L1（无人）	1970.10.20	1970—088A				1970.10.27	06:18:00:00
11F92（分解 L1,通过两次 N1 飞行试验把 L1 送入月球轨道）								
(03)	7K—L1S（1）（无人）	1969.2.21	N1 火箭第一级失败，SA 借助 SAS 回收				1969.2.21	00:00:01:10 +
(05)	7K—L1S（2）（无人）	1969.7.3	N1 火箭第一级失败，SA 借助 SAS 回收				1969.7.3	00:00:01:10 +

续表

飞船系列编号和名称	设计代号	发射日期	国际代号	对接日期	分离日期	目标飞行器	着陆/坠毁日期	飞行持续时间 天:时:分:秒
(?)（分解配有设备的 L1，研究 Blok D 上面级推进剂的失重状态）								
(01)	7K—L1E (1)（无人）	1969.11.28	N1 火箭第一级失败，SA 借助 SAS 回收，碎片落在中国境内				1969.11.28	00:00:09:16
(2K) 宇宙 382 号	7K—L1E (3)（无人）	1970.12.2	1970—103A	仍在轨（?）				
11F93（L3月球组合体的 LOK 载人轨道母船）								
		1971.6.26	第一级失败，飞船坠毁				1971.6.26	00:00:00:52
		1972.11.23	第一级失败，SA 借助 SAS 回收				1972.11.23	00:00:01:47
11F94（L3月球组合体的 LK 载人登月舱）								
非联盟系列飞船								

附表 B　联盟系列飞船：对接任务和硬件

飞船系列编号和名称	设计代号	发射日期	国际代号	对接日期	分离日期	目标飞行器	着陆/坠毁日期	飞行持续时间天:时:分:秒
11F615 系列（用于飞行试验的基本的联盟号载人飞船）								
(1)? （无人）	7K-OK（被动）	1966.12.14	发射台爆炸				1966.12.14	
(2)宇宙 133 号*（无人）	7K-OK（主动）	1966.11.28	1966-107A				1966.11.30	01:21:21:??
(3)宇宙 140 号（无人）	7K-OK（被动）	1967.2.7	1967-009A				1967.2.9	01:23:29:??
(4)联盟 1 号	7K-OK（主动）	1967.4.23	1967-037A			联盟*2*号	1967.4.24	01:02:47:52
(5)联盟*2*号	7K-OK（被动）	1967.4.24 原计划被取消				联盟 1 号		
(5)宇宙 188 号（无人）	7K-OK（被动）	1967.10.30	1967-107A	1967.10.30	1967.10.30	宇宙 186 号	1967.11.2	03:01:38:??
(6)宇宙 186 号（无人）	7K-OK（主动）	1967.10.27	1967-105A	1967.10.30	1967.10.30	宇宙 188 号	1967.10.31	03:22:42:??
(7)宇宙 213 号（无人）	7K-OK（被动）	1968.4.15	1968-030A	1968.4.15	1968.4.15	宇宙 212 号	1968.4.20	05:00:56:??
(8)宇宙 212 号（无人）	7K-OK（主动）	1968.4.14	1968-029A	1968.4.15	1968.4.15	宇宙 213 号	1968.4.19	04:22:50:??
(9)宇宙 238 号（无人）	7K-OK（被动）	1968.8.28	1968-072A				1968.9.1	03:23:04:??

续表

飞船系列编号和名称	设计代号	发射日期	国际代号	对接日期	分离日期	目标飞行器	着陆/坠毁日期	飞行持续时间 天:时:分:秒
(10)联盟3号	7K-OK(主动)	1968.10.26	1968-094A	与目标飞行器对接失败		联盟2号	1968.10.30	03:22:50:45
(11)联盟2号(无人)	7K-OK(被动)	1968.10.25	1968-093A			联盟3号	1968.10.28	02:22:25:??
(12)联盟4号	7K-OK(主动)	1969.1.14	1969-004A	1969.1.16	1969.1.16	联盟5号	1969.1.17	02:23:20:47
(13)联盟5号	7K-OK(被动)	1969.1.15	1969-005A	1969.1.16	1969.1.16	联盟4号	1969.1.18	03:00:54:15
(14)联盟6号	7K-OK	1969.10.11	1969-085A				1969.10.16	04:22:42:47
(15)联盟7号	7K-OK(被动)	1969.10.12	1969-086A			联盟8号	1969.10.17	04:22:40:23
(16)联盟8号	7K-OK(主动)	1969.10.13	1969-087A	与目标飞行器对接失败		联盟7号	1969.10.18	04:22:50:49
(17)联盟9号	7K-OK	1970.6.1	1970-041A				1970.6.19	17:16:58:55
(18)(Kontakt)	7K-OK(主动)							
(19)(Kontakt)	7K-OK(被动)							
(20)无	7K-OK							
(21)无	7K-OK							

* 原计划的目标飞行器是7K-OK 1号，但当宇宙133号在轨道上发生问题时同时那艘飞船（将可能成为宇宙134号）的发射被取消了。原计划中的被动飞行器发射日期为1966年11月29日。

附表 C　联盟系列飞船：天地往返运输任务和硬件

飞船系列编号和名称	设计代号	发射日期	国际代号	对接日期	分离日期	目标航天器（对接口）	着陆/坠毁日期	飞行持续时间 天:时:分:秒
11F615 A8 系列(用于 DOS(礼炮号)空间站的联盟号载人运输飞船)								
(31)联盟 10 号	7K—T	1971.4.22	1971—034A	1971.4.24	不能硬对接	礼炮 1 号（前端）	1971.4.24	01:23:45:54
(32)联盟 11 号	7K—T	1971.6.6	1971—053A	1971.6.7	1971.6.29	礼炮 1 号（前端）	1971.6.30	23:18:21:43
(33)联盟*12A'号	7K—T	1971 年(计划)取消				礼炮 1 号（前端）		
(33A)宇宙 496 号(无人)	7K—T	1972.6.26	1972—045A				1972.7.2	05:23:02:00
(34)联盟*12B'号	7K—T	1972.7(计划)取消				礼炮号空间站发射失败		
(34)联盟*12D'号	7K—T	1973.5(计划)取消				宇宙 557 号		
(33)联盟 13 号	7K—T	1973.12.18	1973—103A				1973.12.26	07:20:55:35
(34A)宇宙 613 号(无人)	7K—T	1973.11.30	1973—096A				1974.1.29	60:00:09:??
(35)无	7K—T	用于 DOS 2 和 DOS 3 计划;适应于无人操作的测试飞行,但从未有飞过						
(36)宇宙 573 号	7K—T	1973.6.15	1973—041A				1973.6.17	02:00:04:00

续表

飞船系列编号和名称	设计代号	发射日期	国际代号	对接日期	分离日期	目标航天器（对接口）	着陆/坠毁日期	飞行持续时间 天:时:分:秒
(37) 联盟12号	7K-T	1973.9.27	1973-067A				1973.9.29	01:23:15:32
(38) 联盟17号	7K-T	1975.1.10	1975-001A	1975.1.12	1975.2.9	礼炮4号(前端)	1975.2.9	29:13:19:45
(39) 联盟18-1号	7K-T	1975.4.5	弹道轨迹(180km)，可以作为一次宇宙飞行			礼炮4号(前端)	1975.4.5	00:00:21:27
(40) 联盟18号	7K-T	1975.5.24	1975-044A	1975.5.25	1975.7.26	礼炮4号(前端)	1975.7.26	62:23:20:08
(41)	7K-T	作为联盟21号飞行						
(42) 联盟25号	7K-T	1977.10.9	1977-099A	1977.10.10	不能硬对接	礼炮6号(前端)	1977.10.11	02:00:44:45
(43) 联盟26号	7K-T	1977.12.10	1977-113A	1977.12.11	1978.1.16	礼炮6号(尾部)	1978.1.16	37:10:06:19
(44) 联盟27号	7K-T	1978.1.10	1978-003A	1978.1.11	1978.3.16	礼炮6号(前端)	1978.3.16	64:22:52:47
(45) 联盟28号	7K-T	1978.3.2	1978-023A	1978.3.3	1978.3.10	礼炮6号(尾部)	1978.3.10	07:22:16:30
(46) 联盟29号	7K-T	1978.6.15	1978-061A	1978.6.16	1978.9.3	礼炮6号(前端)	1978.9.3	79:15:23:49
(47) 联盟31号	7K-T	1978.8.26	1978-081A	1978.8.27 1978.9.7	1978.9.7	礼炮6号(尾部)	1978.11.2	67:20:12:47
(48) 联盟32号	7K-T	1979.2.25	1979-018A	1979.2.26	1979.6.13	礼炮6号(前端)	1979.6.13	108:04:24:37
(49) 联盟33号	7K-T	1979.4.10	1979-029A	联盟号飞船发动机故障，对接取消		礼炮6号(尾部)	1979.4.12	01:23:01:06

续表

飞船系列编号和名称	设计代号	发射日期	国际代号	对接日期	分离日期	目标航天器（对接口）	着陆（坠毁）日期	飞行持续时间 天：时：分：秒
（50）联盟'34A'号	7K—T	1979.6（计划）取消				礼炮6号		
（50）联盟34号（无人）	7K—T	1979.6.6	1979—049A	1979.6.8 / 1979.6.14	1979.6.14 / 1979.8.19	礼炮6号（尾部）	1979.8.19	73:18:16:45
（51）联盟35号	7K—T	1980.4.9	1980—027A	1980.4.10	1980.6.3	礼炮6号（前端）	1980.6.3	55:01:28:01
（52）联盟36号	7K—T	1980.5.26	1980—041A	1980.5.27 / 1980.6.4	1980.6.4 / 1980.7.31	礼炮6号（前端） / 礼炮6号（尾部）	1980.7.31	65:20:54:23
（53）联盟37号	7K—T	1980.7.23	1980—064A	1980.7.24 / 1980.8.1	1980.8.1 / 1980.10.11	礼炮6号（前端） / 礼炮6号（尾部）	1980.10.11	79:15:16:54
（54）联盟38号	7K—T	1980.9.18	1980—075A	1980.9.19	1980.9.26	礼炮6号（前端）	1980.9.26	07:20:43:24
（55）联盟39号	7K—T	1981.3.22	1981—029A	1981.3.23	1981.3.30	礼炮6号（尾部）	1981.3.30	07:20:42:03
（56）联盟40号	7K—T	1981.5.14	1981—042A	1981.5.15	1981.5.22	礼炮6号（尾部）	1981.5.22	07:20:41:52
（61）联盟20号（无人）	7K—T	1975.11.17	1975—106A	1975.11.19	1976.2.15	礼炮4号（尾部）	1976.2.16	90:11:52:00
（67）联盟30号	7K—T	1978.6.27	1978—065A	1978.6.28	1978.7.5	礼炮6号（尾部）	1978.7.5	07:22:02:59

续表

飞船系列 编号和名称	设计代号	发射日期	国际代号	对接日期	分离日期	目标航天器（对接口）	着陆/坠毁 日期	飞行持续时间 天:时:分:秒
11F615 A9（用于 OPS 钻石号空间站的联盟号载人运输飞船）								
（41）联盟 21 号	7K-T	1976.7.6	1976-064A	1976.7.7	1976.8.24	礼炮 5 号（尾部）	1976.8.24	49:06:23:32
（61）联盟 '12C' 号	7K-T	1973.4（计划）取消				礼炮 2 号（尾部）		
（61）宇宙 656 号	7K-T(U)	1974.5.27	1974-036A				1974.5.29	02:00:06:35
（62）联盟 14 号	7K-T	1974.7.3	1974-051A	1974.7.4	1974.7.19	礼炮 2 号（尾部）	1974.7.19	15:17:30:28
（63）联盟 15 号	7K-T	1974.8.26	1974-067A	没能和目标对接		礼炮 3 号（尾部）	1974.8.28	02:00:12:11
（65）联盟 23 号	7K-T	1976.10.14	1976-100A	没能和目标对接		礼炮 5 号（尾部）	1974.10.16	02:00:06:35
（66）联盟 24 号	7K-T	1977.2.7	1977-008A	1977.2.8	1977.2.25	礼炮 5 号（尾部）	1977.2.25	17:17:25:58
11F615 A12（用于 ASTP 的联盟号载人运输飞船）								
（71）宇宙 638 号	7K-TM(U)	1974.4.3	1974-018A				1974.4.13	09:21:35:30
（62）宇宙 672 号	7K-TM(U)	1974.8.12	1974-064A				1974.8.18	05:22:40:00
（73）联盟 16 号	7K-TM	1974.12.2	1974-096A	在轨道舱上试验 ASTP 的对接系统			1974.12.8	05:22:23:35
（74）联盟 22 号	7K-TM	1976.9.15	1976-093A				1976.9.23	07:21:52:17
（75）联盟 19 号	7K-TM	1975.7.15	1975-065A	1975.7.17　1975.7.19	1975.7.19	阿波罗 18 号　阿波罗 18 号	1975.7.21	05:22:30:51
（76）联盟 '19A' 号	这是尚未使用过的 ASTP 的机动飞行器。其返回舱后来被数 47 号飞船使用，而其轨道舱和推进舱作为联盟号飞船的样品被能源联合体博物馆收藏							

附表 D　进步号任务和硬件

11F615 A15（用于 DOS 空间站的进步号自动货运飞船）

用于空间站的不载人货船

飞船系列编号和名称	设计代号	发射日期	国际代号	对接日期	分离日期	目标航天器（对接口）	着陆/坠毁日期	飞行持续时间 天:时:分:秒
(101)进步 2 号	7K－TG	1978.7.7	1978－070A	1978.7.9	1978.8.2	礼炮号（尾部）	1978.8.4	27:14:04:51
(102)进步 1 号	7K－TG	1978.1.20	1978－008A	1978.1.22	1978.2.6	礼炮号（尾部）	1978.2.8	18:17:35:20
(103)进步 3 号	7K－TG	1978.8.8	1978－077A	1978.8.10	1978.8.21	礼炮 6 号（尾部）	1978.8.23	15:18:58:38
(104)进步 5 号	7K－TG	1979.3.12	1979－022A	1979.3.14	1978.4.3	礼炮 6 号（尾部）	1979.4.5	23:19:16:32
(105)进步 4 号	7K－TG	1978.10.3	1978－090A	1978.10.6	1978.10.24	礼炮 6 号（尾部）	1978.10.26	22:17:18:43
(106)进步 6 号	7K－TG	1979.5.13	1979－039A	1979.5.15	1979.6.8	礼炮 6 号（尾部）	1979.6.9	27:17:33:51
(107)进步 7 号	7K－TG	1979.6.28	1979－059A	1979.6.30	1979.7.18	礼炮 6 号（尾部）	1979.7.20	21:16:32:49
(108)进步 8 号	7K－TG	1980.3.27	1980－024A	1980.3.29	1980.4.25	礼炮 6 号（尾部）	1980.4.28	31:12:01:??
(109)进步 9 号	7K－TG	1980.4.27	1980－033A	1980.4.29	1980.5.20	礼炮 6 号（尾部）	1980.5.22	24:18:20:00
(110)进步 10 号	7K－TG	1980.6.29	1980－055A	1980.7.1	1980.7.17	礼炮 6 号（尾部）	1980.7.19	19:21:06:18
(111)进步 11 号	7K－TG	1980.9.28	1980－079A	1980.9.30	1980.12.9	礼炮 6 号（尾部）	1980.12.11	73:22:50:05

续表

飞船系列编号和名称	设计代号	发射日期	国际代号	对接日期	分离日期	目标航天器(对接口)	着陆/坠毁日期	飞行持续时间 天:时:分:秒
(112)进步15号	7K-TG	1982.9.18	1982-094A	1982.9.20	1982.10.14	礼炮7号(尾部)	1982.10.16	28:12:09:00
(113)进步12号	7K-TG	1981.1.24	1981-007A	1981.1.26	1981.3.19	礼炮6号(尾部)	1981.3.20	56:02:40:58
(114)进步13号	7K-TG	1982.5.23	1982-047A	1982.5.25	1982.6.4	礼炮7号(尾部)	1982.6.6	13:18:08:00
(115)进步16号	7K-TG	1982.10.31	1982-107A	1982.11.2	1982.12.13	礼炮7号(尾部)	1982.12.14	44:05:57:00
(116)进步21号	7K-TG	1984.5.7	1984-042A	1984.5.10	1984.5.26	礼炮7号(尾部)	1984.5.26	18:15:29:45
(117)进步14号	7K-TG	1982.7.10	1982-070A	1982.7.12	1982.8.10	礼炮7号(尾部)	1982.8.13	33:15:30:59
(118)进步18号	7K-TG	1983.10.20	1983-106A	1983.10.22	1983.11.13	礼炮7号(尾部)	1983.11.16	26:18:18:55
(119)进步17号	7K-TG	1983.8.17	1983-085A	1983.8.19	1983.9.17	礼炮7号(尾部)	1983.9.17	31:11:34:37
(120)进步19号	7K-TG	1984.2.21	1984-018A	1984.2.23	1984.3.31	礼炮7号(尾部)	1984.4.1	40:11:31:55
(121)进步20号	7K-TG	1984.4.15	1984-038A	1984.4.17	1984.5.6	礼炮7号(尾部)	1984.5.7	22:01:43:07
(122)进步22号	7K-TG	1984.5.28	1984-051A	1984.5.30	1984.7.15	礼炮7号(尾部)	1984.7.15	48:03:54:08
(123)未飞	7K-TG	未用(?)试验飞船,未上天或未制造						
(124)进步23号	7K-TG	1984.8.14	1984-086A	1984.8.16	1984.8.26	礼炮7号(尾部)	1984.8.28	13:18:59:10
(125)进步24号	7K-TG	1985.6.21	1985-051A	1985.6.23	1985.7.15	礼炮7号(尾部)	1985.7.15	24:23:20:00
(126)宇宙1669号	7K-TG	1985.7.19	1985-062A	1985.7.21	1985.8.28	礼炮7号(尾部)	1985.8.30	
(127)进步29号	7K-TG	1987.4.21	1987-034A	1987.4.23	1987.5.11	和平号(Aft-K)	1987.5.11	19:16:36:59

续表

飞船系列编号和名称	设计代号	发射日期	国际代号	对接日期	分离日期	目标航天器（对接口）	着陆/坠毁日期	飞行持续时间 天:时:分:秒
(128)进步30号	7K－TG	1987.5.19	1987－044A	1987.5.21	1987.7.19	和平号（Aft－K）	1987.7.19	61:00:57:50
(129)	7K－TG	未使用						
(130)	7K－TG	未使用						
(131)	7K－TG	未使用						
(132)	7K－TG	未使用						
(133)	7K－TG	未使用						
(134)进步25号	7K－TG	1986.3.19	1986－023A	1986.3.21	1986.4.20	和平号（尾部）	1986.4.21	32:03:51:35
(135)进步27号	7K－TG	1987.1.16	1987－005A	1987.1.18	1987.2.23	和平号（尾部）	1987.2.25	40:09:10:22
(136)进步26号	7K－TG	1986.4.23	1986－032A	1986.4.26	1986.6.22	和平号（尾部）	1986.6.23	60:23:00:56
(137)进步28号	7K－TG	1987.3.3	1987－023A	1987.3.5	1987.3.26	和平号（尾部）	1987.3.28	24:15:46:56
(138)进步31号	7K－TG	1987.8.3	1987－066A	1987.8.5	1987.9.21	和平号（Aft－K）	1987.9.12	50:03:37:49
(139)进步32号	7K－TG	1987.9.23	1987－082A	1987.9.26	1987.11.10	和平号（Aft－K）	1987.11.18	55:00:26:06
(140)进步33号	7K－TG	1987.11.20	1987－094A	1987.11.23	1987.12.19	和平号（Aft－K）	1987.12.19	28:03:08:48
(141)	7K－TG	未使用（见123号）						

129～133号最初是用于随大战计划部分中的飞行试验，飞船的部件并入后继的进步号飞船中

续表

飞船系列编号和名称	设计代号	发射日期	国际代号	对接日期	分离日期	目标航天器（对接口）	着陆/坠毁日期	飞行持续时间 天:时:分:秒
(142)进步34号	7K-TG	1988.1.20	1988-003A	1988.1.23	1988.3.4	和平号(Aft-K)	1988.3.4	43:07:53:06
(143)进步35号	7K-TG	1988.3.23	1988-024A	1988.3.25	1988.5.5	和平号(Aft-K)	1988.5.5	42:09:56:30
(144)进步36号	7K-TG	1988.5.13	1988-038A	1988.5.15	1988.6.5	和平号(Aft-K)	1988.6.5	23:19:57:35
(145)进步37号	7K-TG	1988.7.18	1988-061A	1988.7.20	1988.8.12	和平号(Aft-K)	1988.8.12	24:15:38:21
(146)进步38号	7K-TG	1988.9.9	1988-083A	1988.9.12	1988.11.23	和平号(Aft-K)	1988.11.23	74:18:52:20
(147)进步39号	7K-TG	1988.12.25	1988-114A	1988.12.27	1989.2.7	和平号(Aft-K)	1989.2.7	44:08:37:23
(148)进步40号	7K-TG	1989.2.10	1989-008A	1989.2.12	1989.3.3	和平号(Aft-K)	1989.3.5	22:16:14:08
(149)进步41号	7K-TG	1989.3.16	1989-023A	1989.3.18	1989.4.21	和平号(Aft-K)	1989.4.25	39:17:07:46
(150)进步42号	7K-TG	1990.5.5	1990-041A	1990.5.7	1990.5.27	和平号(Aft-K)	1990.5.27	21:14:55:59
11F615 A55（用于DOS空间站的进步M号改进型自动货运飞船）								
(201)进步M号	7K-TGM	1989.8.23	1989-066A	1989.8.25	1989.12.1	和平号(前端)	1989.12.1	100:07:02:28
(202)进步M-2号	7K-TGM	1989.12.20	1989-099A	1989.12.22	1990.2.9	和平号(Aft-K)	1990.2.9	51:03:36:10
(203)进步M-3号	7K-TGM	1990.2.28	1990-020A	1990.3.3	1990.4.27	和平号(Aft-K)	1990.4.29	58:00:39:03
(204)进步M-4号	7K-TGM	1990.8.15	1990-072A	1990.8.17	1990.9.17	和平号(前端)	1990.9.20	36:07:03:46
(205)进步M-6号	7K-TGM	1991.1.14	1991-022A	1991.1.16	1991.3.15	和平号(Aft-K)	1991.3.15	60:02:23:33

续表

飞船系列编号和名称	设计代号	发射日期	国际代号	对接日期	分离日期	目标航天器（对接口）	着陆/坠毁日期	飞行持续时间 天:时:分:秒
(206)进步 M−5 号	7K−TGM	1990.9.27	1990−085A	1990.9.29	1990.11.28	和平号（前端）	1990.11.28	61:23:46:46
(207)进步 M−8 号	7K−TGM	1991.5.30	1991−038A	1991.6.1	1991.8.15	和平号（前端）	1991.8.16	77:22:53:??
(208)进步 M−7 号	7K−TGM	1991.3.19	1991−020A	1991.3.28?	1991.5.6	和平号（前端）	1991.5.7	49:03:18:45
(209)进步 M−14 号	7K−TGM	1992.8.15	1992−055A	1992.8.18	1992.10.21	和平号（Aft−K）	1992.10.21	66:23:11:29
(210)进步 M−9 号	7K−TGM	1991.8.20	1991−057A	1991.8.23	1991.9.30	和平号（前端）	1991.9.30	40:21:22:??
(211)进步 M−10 号	7K−TGM	1991.10.17	1991−073A	1991.10.21	1992.1.20	和平号（前端）	1992.1.20	66:23:11:29
(212)进步 M−11 号	7K−TGM	1992.1.25	1992−004A	1992.1.27	1992.3.13	和平号（前端）	1992.3.13	48:07:57:??
(213)进步 M−12 号	7K−TGM	1992.4.19	1992−022A	1992.4.22	1992.6.27	和平号（前端）	1992.6.28	69:02:31:??
(214)进步 M−13 号	7K−TGM	1992.6.30	1992−035A	1992.7.4	1992.7.24	和平号（前端）	1992.7.24	23:15:21:??
(215)进步 M−15 号	7K−TGM	1992.10.27	1992−071A	1992.10.29	1993.2.4	和平号（Aft−K）	1993.2.7	102:13:23:??
(216)进步 M−16 号	7K−TGM	1993.2.21	1993−012A	1993.2.23	1993.3.26	和平号（Aft−K）		
				1993.3.26	1993.3.27	和平号（Aft−K）	1993.3.27	37:15:53:??
(217)进步 M−17 号	7K−TGM	1993.3.31	1993−019A	1993.4.2	1993.8.11	和平号（前端）	1994.3.3	336:23:54:??
(218)进步 M−18 号	7K−TGM	1993.5.22	1993−034A	1993.5.24	1993.7.3	和平号（Aft−K）	1993.7.4	43:10:41:??
(219)进步 M−19 号	7K−TGM	1993.8.10	1993−052A	1993.8.13	1993.10.12	和平号（Aft−K）	1993.10.13	63:02:00:??
(220)进步 M−20 号	7K−TGM	1993.10.11	1993−064A	1993.10.13	1993.11.21	和平号（Aft−K）	1993.11.21	40:12:03:??

续表

飞船系列编号和名称	设计代号	发射日期	国际代号	对接日期	分离日期	目标航天器（对接口）	着陆/坠毁日期	飞行持续时间 天:时:分:秒
(221)进步M—21号	7K—TGM	1994.1.28	1994—005A	1994.1.30	1994.3.23	和平号（Aft-K）	1994.3.23	54:03:01:??
(222)进步M—22号	7K—TGM	1994.3.22	1994—019A	1994.3.24	1994.5.23	和平号（Aft-K）	1994.5.23	61:23:58:??
(223)进步M—23号	7K—TGM	1994.5.22	1994—031A	1994.5.24	1994.7.2	和平号（Aft-K）	1994.7.2	41:10:14:??
(224)进步M—24号	7K—TGM	1994.8.25	1994—052A	1994.9.2	1994.10.4	和平号（前端）	1994.10.4	40:07:18:48
(225)进步M—25号	7K—TGM	1994.11.11	1994—075A	1994.11.13	1995.2.16	和平号（Aft-K）	1995.2.16	97:08:44:02
(226)进步M—26号	7K—TGM	1995.2.15	1995—075A	1995.2.17	1995.3.15	和平号（Aft-K）	1995.3.15	27:12:49:32
(227)进步M—27号	7K—TGM	1995.4.9	1995—020A	1995.4.11	1995.5.22	和平号（前端）	1995.5.23	43:07:06:03
(228)进步M—28号	7K—TGM	1995.7.20	1995—036A	1995.7.22	1995.9.4	和平号（前端）	1995.9.4	46:05:54:14
(229)进步M—29号	7K—TGM	1995.10.8	1995—053A	1995.10.10	1995.12.19	和平号（Aft-K）	1995.12.19	71:20:35:20
(230)进步M—30号	7K—TGM	1995.12.18	1995—070A	1995.12.20	1996.2.22	和平号（Aft-K）	1996.2.22	65:23:31:01
(231)进步M—31号	7K—TGM	1996.5.5	1996—028A	1996.5.7	1996.8.1	和平号（前端）	1996.8.1	88:12:40:12
(232)进步M—32号	7K—TGM	1996.7.31	1996—043A	1996.8.2 1996.9.3	1996.8.18 1996.11.20	和平号（前端） 和平号（Aft-K）	1996.11.21	112:02:42:19
(233)进步M—33号	7K—TGM	1996.11.19	1996—066A	1996.11.20 1996.3.4 失败	1996.2.6	和平号（Aft-K）	1997.3.12	112:04:03:??
(234)进步M—34号	7K—TGM	1997.4.6	1997—014A	1997.4.8 1997.6.25 失败，碰撞	1997.6.24	和平号（Aft-K）	1997.7.2	86:14:28:??

续表

飞船系列编号和名称	设计代号	发射日期	国际代号	对接日期	分离日期	目标航天器（对接口）	着陆/坠毁日期	飞行持续时间天：时：分：秒
（235）进步 M－35 号	7K－TGM	1997.7.5	1997－033A	1997.7.7	1997.8.6	和平号（Aft－K）	1997.10.7	94:14:12:??
（236）进步 M－37 号	7K－TGM	1997.12.20	1997－081A	1997.12.22　1998.2.23	1998.1.30　1998.3.15	和平号（Aft－K）	1998.3.15	75:14:19:??
（237）进步 M－36 号	7K－TGM	1997.10.5	1997－058A	1997.10.8	1997.12.17	和平号（Aft－K）	1997.12.19	73:22:12:??
（238）进步 M－39 号	7K－TGM	1998.5.14	1998－031A	1998.5.16　1998.9.1	1998.8.12　1998.10.25	和平号（Aft－K）	1998.10.29	167:06:02:??
（239）进步 M－40 号	7K－TGM	1998.10.25	1998－062A	1998.10.27	1999.2.4	和平号（Aft－K）	1999.2.5	101:04:33:??
（240）进步 M－38 号	7K－TGM	1998.3.14	1998－015A	1998.3.17	1998.5.15	和平号（Aft－K）	1998.5.15	61:23:41:??
（241）进步 M－41 号	7K－TGM	1999.4.2	1999－015A	1999.4.4	1999.7.17	和平号（Aft－K）	1999.7.17	105:23:51:??
（242）进步 M－42 号	7K－TGM	1999.7.16	1999－038A	1999.7.18	2000.2.2	和平号（Aft－K）	2000.2.2	201:13:32:??
（243）进步 M－43 号	7K－TGM	2000.10.16	2000－064A	2000.10.20	2001.1.25	和平号（Aft－K）	2001.1.29	103:05:31:??
（244）进步 M－44 号（3P）	7K－TGM	2001.2.26	2000－008A	2001.2.28	2001.4.16	国际空间站（星辰号舱尾部）	2001.4.16	47:05:14:??
（245）进步 M－45 号（5P）	7K－TGM	2001.8.21	2001－006A	2001.8.23	2001.11.22	国际空间站（星辰号舱尾部）	2001.11.22	93:??:??:??
（246）进步 M－46 号（5P）	7K－TGM	2002.6.25	2002－033A	2002.6.29	2002.9.24	国际空间站（星辰号舱尾部）	2002.10.14	108:??:??:??

续表

飞船系列编号和名称	设计代号	发射日期	国际代号	对接日期	分离日期	目标航天器（对接口）	着陆/坠毁日期	飞行持续时间天:时:分:秒
(247)进步 M—47 号 (10P)	7K—TGM	2003.2.2	2003—006A	2003.2.4		国际空间站（星辰号舱尾部?）		
(248)进步 M—48 号 (12P)	7K—TGM	2003				国际空间站		
11F615 A55（用于和平号与国际空间站的进步 M1号改进型自动货运飞船）								
(250)进步 M1—1 号		2000.2.1	2000—005A	2000.2.3	2000.4.26	和平号(Aft—K)	2000.4.26	84:12:40:??
(251)进步 M1—2 号		2000.4.25	2000—021A	2000.4.27	2000.10.15	和平号(Aft—K)	2000.10.16	174:??:??:??
(252)进步 M1—3 号 (1P)		2000.8.6	2000—044A	2000.8.8	2000.11.1	国际空间站（星辰号舱尾部）	2000.11.1	86:12:38:??
(253)进步 M1—4 号 (2P)		2000.11.16	2000—073A	2000.11.18	2000.12.1	国际空间站（曙光号舱底部）		
				2000.12.26	2001.2.8	国际空间站（星辰号舱底部）	2001.2.8	84:12:07:??
(254)进步 M1—5 号	7K—?	2001.1.24	2001—003A	2001.1.27		和平号(Aft—K)	2001.3.23	58:01:16:??
(255)进步 M1—6 号 (4P)		2001.5.20	2001—012A	2001.5.23	2001.8.21	国际空间站（星辰号舱尾部）	2001.8.21	92:??:??:??
(256)进步 M1—7 号 (6P)		2001.11.26	2001—051A	2001.11.28 (Soft)		国际空间站（星辰号舱尾部）		

续表

飞船系列编号和名称	设计代号	发射日期	国际代号	对接日期	分离日期	目标航天器（对接口）	着陆/坠毁日期	飞行持续时间 天:时:分:秒
				2001.12.3 (Hard)	2002.3.19	国际空间站（星辰号舱尾部）	2002.3.20	114:??:??:??
(257)进步 M1-8 号 (7P)		2002.3.21	2002-013A	2002.3.24	2002.6.25	国际空间站（星辰号舱尾部）	2002.6.25	96:??:??:??
(258)进步 M1-9 号 (9P)		2002.9.25	2002-045A	2002.9.29	2003.2.1	国际空间站（星辰号舱尾部）	2003.2.1	
(259)进步 M1-10 号 (11P)		2003.5	计划			国际空间站		
(260)进步 M1-11 号		2003.11				国际空间站		
(301)进步 M-SO1 号 (4R)	7K-?	2001.9.14	2001-041A	2001.9.17	永久对接	国际空间站		

12 天后于 2001 年 9 月 26 日进步(301)号的设备舱舱再入大气层

附表 E 联盟系列飞船：联盟 T 号任务和硬件

11F732（为 DOS 空间站改进的联盟 T 号载人运输飞船）

飞船系列编号和名称	设计代号	发射日期	国际代号	对接日期	分离日期	目标航天器（对接口）	着陆/坠毁日期	飞行持续时间 天:时:分:秒
(01L)宇宙 670 号	7K－S(无人)	1974.8.6	1974－061A				1974.8.8	003:01:28:00
(02L)宇宙 772 号	7K－S(无人)	1975.9.29	1975－093A				1975.10.2	003:10:00:46
(03L)宇宙 869 号	7K－S(无人)	1976.11.29	1976－114A				1976.12.17	017:18:34:30
(04L)宇宙 1001 号	7K－ST(无人)	1978.4.4	1978－036A				1978.4.15	010:20:05:42
(05L)宇宙 1074 号	7K－ST(无人)	1979.1.31	1979－008A				1979.4.1	060:01:11:00
(06L)联盟 T 号	7K－ST(无人)	1979.12.16	1979－103A	1979.12.19	1980.3.23	礼炮 6 号（前端）	1980.3.26	100:09:31:40
(07L)联盟 T－2 号	7K－ST	1980.6.5	1980－045A	1980.6.6	1980.6.9	礼炮 6 号（尾部）	1980.6.9	003:22:19:30
(08L)联盟 T－3 号	7K－ST	1980.11.27	1980－094A	1980.11.28	1980.12.10	礼炮 6 号（前端）	1980.12.10	012:19:07:42
(09L)联盟 T－6 号	7K－ST	1982.6.24	1982－063A	1982.6.25	1982.7.2	礼炮 7 号（尾部）	1982.7.2	007:21:50:53
(10L)联盟 T－4 号	7K－ST	1981.3.12	1981－023A	1981.3.13	1981.5.26	礼炮 6 号（前端）	1981.5.26	074:17:37:23
(11L)联盟 T－5 号	7K－ST	1982.5.13	1982－042A	1982.5.14	1982.8.27	礼炮 7 号（前端）	1982.8.27	106:05:06:12
(12L)联盟 T－7 号	7K－ST	1982.8.19	1982－080A	1982.8.20	1982.8.29	礼炮 7 号（尾部）	1982.8.27	
				1982.8.29	1982.12.10	礼炮 7 号（尾部）	1982.12.10	113:01:50:44

续表

飞船系列编号和名称	设计代号	发射日期	国际代号	对接日期	分离日期	目标航天器(对接口)	着陆/坠毁日期	飞行持续时间 天:时:分:秒
(13L)联盟 T-8号	7K-ST	1983.4.20	1983-035A	没有和目标飞船交接上		礼炮7号(尾部)	1983.4.22	002:00:17:48
(14L)联盟 T-9号	7K-ST	1983.6.27	1983-062A	1983.6.28	1983.8.16	礼炮7号(尾部)	1983.11.23	149:10:46:01
(15L)联盟 T-10号	7K-ST	1984.2.8	1984-014A	1983.8.16	1985.11.23	礼炮7号(前端)	1984.4.11	062:22:41:22
				1984.2.9	1984.4.11			
(16L)联盟 T-10—1号	7K-ST	1983.9.26	发射台异常中止,不作为太空飞行			礼炮7号(前端)	1983.9.26	000:00:05:13
(17L)联盟 T-11号	7K-ST	1984.4.3	1984-032A	1984.4.4	1984.4.13	礼炮7号(尾部)	1984.10.2	181:21:47:52
				1984.4.13	1984.10.2			
(18L)联盟 T-12号	7K-ST	1984.7.17	1984-073A	1984.7.18	1984.7.29	礼炮7号(尾部)	1984.7.29	011:19:14:36
(19L)联盟 T-13号	7K-ST	1985.6.6	1985-043A	1985.6.8	1985.9.25	礼炮7号(前端)	1985.9.26?	112:03:12:06
(20L)联盟 T-14号	7K-ST	1985.9.17	1985-081A	1985.9.18	1985.11.21	礼炮7号(尾部)	1985.11.21	064:21:52:08
(21L)联盟 T-15号	7K-ST	1986.3.13	1986-022A	1986.3.15	1986.5.5	和平号(前端)	1986.7.16	125:00:00:56
				1986.5.6	1986.6.25	礼炮7号(尾部)		
				1986.6.26	1986.7.16	和平号(前端)		

附表 F　联盟系列飞船：联盟 TM 号任务和硬件

飞船系列编号和名称	设计代号	发射日期	国际代号	对接日期	分离日期	目标航天器（对接口）	着陆/坠毁日期	飞行持续时间 天:时:分:秒
11F732（为和平号和国际空间站改进的联盟 TM 号载人运输飞船）								
(051)联盟 TM 号	7K-M（无人）	1986.5.21	1986-035A	1986.5.23	1986.5.29	和平号（前端）	1986.5.30	008:20:56:17
(052)联盟 TM-2 号	7K-M	1987.2.5	1987-013A	1987.2.7	1987.7.29	和平号（前端）	1987.7.30	174:03:25:56
1987.4.9，量子号天体物体舱与和平号核心舱尾部对接口永久对接；以后所有的对接都对接在量子号舱的 Aft-K 对接口								
(053)联盟 TM-3 号	7K-M	1987.7.22	1987-063A	1987.7.24 1987.7.30	1987.7.30 1987.12.29	和平号（Aft-K） 和平号（前端）	1987.12.29	160:07:16:58
(054)联盟 TM-4 号	7K-M	1987.12.21	1987-104A	1987.12.23 1987.12.30	1987.12.30	和平号（Aft-K）	1988.6.17	178:22:54:30
(055)联盟 TM-5 号	7K-M	1988.6.7	1988-048A	1988.6.9 1988.6.18	1988.6.17 1988.6.18	和平号（Aft-K） 和平号（前端）	1988.9.7	091:10:46:25
(056)联盟 TM-6 号	7K-M	1988.8.29	1988-075A	1988.8.31 1988.9.8	1988.9.5 1988.9.8	和平号（Aft-K） 和平号（前端）	1988.12.21	114:05:33:49
(057)联盟 TM-7 号	7K-M	1988.11.26	1988-104A	1988.11.28 1988.12.22	1988.12.21 1988.12.22	和平号（Aft-K） 和平号（前端）	1989.4.27	151:11:08:24

续表

飞船系列编号和名称	设计代号	发射日期	国际代号	对接日期	分离日期	目标航天器（对接口）	着陆/坠毁日期	飞行持续时间 天:时:分:秒
(058)联盟 TM-8号	7K-M	1989.9.5	1989-071A	1989.9.7	1989.12.12	和平号（Aft-K）		
				1989.12.12	1990.2.19	和平号（前端）	1990.2.19	166:06:58:16
(059)联盟 TM号	7K-M	在地面测试中服务舱被损坏；返回舱和轨道舱再次用于61A进行飞行（联盟 TM-10）						
(060)联盟 TM-9号	7K-M	1990.2.11	1990-014A	1990.2.13	1990.2.21	和平号（Aft-K）		
				1990.2.21	1990.5.28	和平号（前端）		
				1990.5.28	1990.7.3	和平号（Aft-K）		
				1990.7.3	1990.8.9	和平号（前端）	1990.8.9	179:01:17:57
(061A)联盟 TM-10号	7K-M	1990.8.1	1990-067A	1990.8.3	1990.12.10	和平号（Aft-K）	1990.12.10	130:20:35:51
(061)联盟 TM-11号	7K-M	1990.12.2	1990-107A	1990.12.4	1991.3.26	和平号（前端）		
				1991.3.26	1991.5.26	和平号（Aft-K）	1991.5.26	175:01:50:41
(062)联盟 TM-12号	7K-M	1991.5.18	1991-034A	1991.5.20	1991.5.28	和平号（前端）		
				1991.5.28	1991.10.10	和平号（Aft-K）	1991.10.10	144:15:21:50
(063)联盟 TM-13号	7K-M	1991.10.2	1991-069A	1991.10.4	1991.10.15	和平号（前端）		
				1991.10.15	1992.3.14	和平号（Aft-K）		
				1992.3.14	1992.3.25	和平号（前端）	1992.3.25	175:02:51:44

续表

飞船系列编号和名称	设计代号	发射日期	国际代号	对接日期	分离日期	目标航天器（对接口）	着陆（坠毁）日期	飞行持续时间 天:时:分:秒
(064)联盟 TM—14 号	7K—M	1992.3.17	1992—014A	1992.3.19	1992.8.9	和平号（Aft—K）	1992.8.10	145:14:10:32
(065)联盟 TM—15 号	7K—M	1992.7.27	1992—046A	1992.7.29	1993.2.1	和平号（前端）	1993.2.1	188:21:41:15
(066)联盟 TM—17 号	7K—M	1993.7.1	1993—043A	1993.7.3	1994.1.14	和平号（前端）	1994.1.14	196:17:45:22
(067)联盟 TM—18 号	7K—M	1994.1.8	1994—001A	1994.1.10	1994.1.24	和平号（Aft—K）		
				1994.1.24	1994.7.9	和平号（前端）	1994.7.9	182:00:27:02
(068)联盟 TM—19 号	7K—M	1994.7.1	1994—036A	1994.7.3	1994.11.2	和平号（Aft—K）		
				1994.11.2	1994.11.4	和平号（Aft—K）	1994.11.4	125:22:53:36
(069)联盟 TM—20 号	7K—M	1994.10.3	1994—063A	1994.10.6	1995.1.11	和平号（前端）		
				1995.1.11	1995.3.22	和平号（Aft—K）	1995.3.22	169:05:21:35
(070)联盟 TM—21 号	7K—M	1995.3.14	1995—010A	1995.3.16	1995.9.11	和平号（Aft—K）	1995.9.11	181:00:41:06
(071)联盟 TM—22 号	7K—M	1995.9.3	1995—047A	1995.9.5	1996.2.29	和平号（前端）	1996.2.29	179:01:41:45
(072)联盟 TM—23 号	7K—M	1996.2.21	1996—011A	1996.2.23	1996.9.2	和平号（Aft—K）	1996.9.2	193:19:07:35
(073)联盟 TM—24 号	7K—M	1996.8.17	1996—047A	1996.8.19	1997.2.7	和平号（前端）		
				1997.2.7	1997.3.2	和平号（Aft—K）	1997.3.2	196:17:26:13
(074)联盟 TM—25 号	7K—M	1997.2.10	1997—003A	1997.2.12	1997.8.14	和平号（前端）	1997.8.14	184:22:07:41

续表

飞船系列编号和名称	设计代号	发射日期	国际代号	对接日期	分离日期	目标航天器（对接口）	着陆/坠毁日期	飞行持续时间 天:时:分:秒
(075)联盟 TM—26 号	7K—M	1997.8.5	1997—083A	1997.8.7	1997.8.15	和平号（Aft—K）		
				1997.8.15	1998.2.19	和平号（前端）	1998.2.19	197:17:34:36
(076)联盟 TM—27 号	7K—M	1998.1.29	1998—004A	1998.1.31	1998.2.20	和平号（Aft—K）		
				1998.2.20	1998.8.25	和平号（前端）	1998.8.25	207:12:51:02
(077)联盟 TM—28 号	7K—M	1998.8.13	1998—047A	1998.8.15	1998.8.27	和平号（Aft—K）		
				1998.8.27	1999.2.8	和平号（前端）		
				1999.2.8	1999.2.27	和平号（Aft—K）	1999.2.28	198:16:31:20
(078)联盟 TM—29 号	7K—M	1999.2.20	1999—007A	1999.2.22	1999.8.28	和平号（前端）	1999.8.28	188:20:16:19
(101)联盟 TM—16 号	7K—M	1993.1.24	1993—005A	1993.1.26	1993.7.22	和平号（晶体号舱）	1993.7.22	179:00:43:46
(204)联盟 TM—30 号	7K—M	2000.4.4	2000—018A	2000.4.6	2000.6.15	和平号（前端）	2000.6.16	072:19:42:16
(205)联盟 TM—31 号	(1S)7K—M	2000.10.31	2001—070A	2000.11.2	2001.2.24	国际空间站（星辰号舱尾部）		
				2001.2.24	2001.4.18	国际空间站（曙光号舱底部）		

续表

飞船系列 编号和名称	设计代号	发射日期	国际代号	对接日期	分离日期	目标航天器 (对接口)	着陆/坠毁 日期	飞行持续时间 天:时:分:秒
(206)联盟 TM-32 号 (2S)	7K-M	2001.4.28	2001-017A	2001.4.18	2001.5.6	国际空间站 (星辰号舱尾部)	2001.5.6	186:21:48:41
				2001.4.30	2001.10.19	国际空间站 (曙光号舱底部)		
				2001.10.19	2001.10.31	国际空间站 (Pirs 舱)	2001.10.31	185:21:22:40
(207)联盟 TM-33 号 (3S)	7K-M	2001.10.21	2001-048A	2001.10.23	2002.4.20	国际空间站 (曙光号舱底部)		
				2002.4.20	2002.5.5	国际空间站 (Pirs 舱)	2002.5.5	195:05:07:42
(208)联盟 TM-34 号 (4S)	7K-M	2002.4.25	2001-020A	2002.4.27	2002.11.9	国际空间站 (曙光号舱底部)	2002.11.10	193:06:21:15

附表 G　联盟系列飞船:联盟 TMA 号任务和硬件

11F732(用于国际空间站的改进型载人运输飞船——联盟 TMA (Transport Modernised Anthropometric))

飞船系列 编号和名称	设计代号	发射日期	国际代号	对接日期	分离日期	目标飞行器	着陆/坠毁 日期	飞行持续时间 天:时:分:秒
(211)联盟 TMA-1 号	(5S)	2002.10.30	2002-050A	2002.11.1	在轨	国际空间站 (Pirs 舱)	2003.5	
(212)联盟 TMA-2 号	(6S)	2003.5				国际空间站	2003.11?	
(213)联盟 TMA-3 号	(7S)	2003.11				国际空间站	2004.5?	
(214)联盟 TMA-4 号	(8S)	2004				国际空间站		
(215)联盟 TMA-5 号	(9A)	2005				国际空间站		

附表 H 联盟系列飞船（1961 年~2000 年）

这张表格统计了过去 40 年苏联/俄罗斯开发的已知主要型号，并且包括公开名称和系统名称的差别。公开名称是发射后宣布的名称，而系统名称则用于那些从未发射过的项目（并不清楚当时后者将如何命名）。提到的质量仅限于飞行过飞行过的飞船，只是典型质量并且是变化的（特别对进步系列）。依赖于运载货量的多少

公开名称	设计代号	产品索引号	系统名称	开发时间	首发时间	最后发射	备注
	5K(?)	?	Sever	1961 年~1962 年			最早的空间站任返运输工具，直径 2.2 m
	7K(?)	?	东方 7*	1961 年~1962 年			第一型联盟号组合体·长 7 m，直径 2 m，质量 5 500~5 800 kg
	1L	?		1961 年~1962 年			第一型联盟号组合体绕月飞行器
	7K	?	联盟 A**	1962 年~1964 年			第二型联盟号组合体绕月飞行器；质量 5 500~5 800 kg，长 7.7 m
	9K	?	联盟 B**	1962 年~1964 年			第一型联盟号组合体的火箭配合模样·长 7.8 m，直径 2 m，质量 5 700 kg
	11K	?	联盟 V**	1962 年~1964 年			第二型联盟号组合体的贮箱·长 4.2 m，直径 2 m，加注后质量 6 100 kg
宇宙(Cosmos)	7K-L1P	11F91		1965 年~1966 年	1967.03.10	1967.04.08	L1 样机用来验证执行绕月任务的 Blok D 上面级
探测器(Zond)	7K-L1	11F91		1965 年~1967 年	1967.09.27	1970.10.20	绕月飞行器

续表

公开名称	设计代号	产品索引号	系统名称	开发时间	首发时间	最后发射	备注
	7K－L1S	11F92		1966年~1969年	1969.02.21	1969.07.03	N1发射的无人月球轨道器;并不清楚L1载人后将如何命名
	7K－L1E	?		?年~1969年	1969.11.28	1970.12.02	L1样机用来验证执行登月任务的Blok D
	T1K	?		1967年~1970年			用于在地球轨道飞行试验的月球轨道器
	7K－LOK	11F93		1964年~1972年	1972.11.23	1972.11.23	N1/L3载人登月组合体的月球轨道器
	7K－PPK	?	联盟 P	1963年~1964年			联盟号的ASAT系列
	7KR	11F71***	联盟 R	1963年~1966年			军用空间站
	7K－TK	11F72***		1964年~1967年			联盟 R 的往返运输飞船,最初还计划用作钻石号空间站的往返运输飞船
	7K－VI	11F73	星辰号(Zvezda)	1965年~1968年			军用研究飞船
	OB－VI	11F731		1967年~1970年			联盟 VI/OIK 军用空间站的轨道模块
宇宙	7K－S	11F732		1967年~1974年	1974.08.06	1976.11.29	联盟 VI/OIK 军用空间站的往返运输飞船;只单独飞行过
	7K－SI	11F733		1967年~? 年			用于短时间独立的军用飞行

续表

公开名称	设计代号	产品索引号	系统名称	开发时间	首发时间	最后发射	备注
	7K-SII	11F734		1967年~? 年			用于长时间独立的军用飞行
联盟(Soyuz)	7K-OK	11F615		1964年~1966年	1966.11.28	1970.06.01	用于对接和飞行研究的联盟号飞船;质量约6 600 kg,长约8 m(包括对接环),最大直径2.3 m
联盟	7K-T	11F615A8		1970年~1971年	1971.04.23	1972.06.26	礼炮1号空间站的运输飞船(可载3人,带太阳电池阵);质量约6 800 kg,长约7.5 m,最大直径2.72 m
联盟	7K-T	11F615A8		1971年~1973年	1973.06.15	1981.05.14	礼炮4/6号空间站的运输飞船(可载2人,无太阳电池阵);质量6 700 kg,长约7.5 m,最大直径2.72 m
联盟	7K-T	11F615A9		1971年~1974年	1974.05.27	1977.02.07	礼炮3/5(钻石号空间站)的运输飞船;质量6 700 kg,长约7.5 m,最大直径2.72 m
联盟	7K-TM	11F615A12		1972年~1974年	1974.04.03	1976.09.15	用于EPAS(ASTP)的飞船;质量约6 550 kg,长约7.5 m,最大直径2.72 m
联盟T	7K-ST	11F732		1974年~1978年	1978.04.04	1986.03.13	礼炮6/7号空间站的运输飞船,质量6 900 kg,长约6.98 m,最大直径2.72 m,航天员活动空间6.5 m^3
联盟TM	?	11F732		1981年~1986年	1986.05.21	2002.04.25	和平号/国际空间站的运输飞船;质量7 000 kg,长6.98 m,最大直径2.72 m

续表

公开名称	设计代号	产品索引号	系统名称	开发时间	首发时间	最后发射	备注
联盟 TMA	?	11F732		1996年~2002年	2002.10.30		国际空间站的运输飞船;长6.98 m,最大直径2.72 m,航天员活动舱段直径2.2 m,质量7 200 kg
	?		联盟 TMM	1979年~1999年			国际空间站的运输飞船
	?		联盟 TMS	1999年~			国际空间站的运输飞船
	?	14F70	曙光号(Zarya)	1985年~1989年			和平2号空间站的运输飞船
	7K-SG	11F735		1967年~1970年			联盟 VI 空间站的货运飞船
进步 (Progress)	7K-SG	11F615A15		1973年~1978年	1978.01.20	1990.05.05	礼炮6/7/和平号空间站的货运飞船;质量约7 020 kg,长7 m,最大直径2.72 m
进步 M	7K-TGM	11F615A55		1986年~1989年	1989.08.23		和平号/国际空间站的货运飞船;尺寸和7K-TG类似
	?	11F615A75	进步 MT	20世纪80年代中后期			和平2号的货运飞船
	?	11F615A77	进步 M2	20世纪90年代初到1996年			和平号/国际空间站的货运飞船
进步 M1	?	11F615A55		1996年~2000年	2000.02.01		具有更高补给能力的和平号/国际空间站的货运飞船,尺寸和7K-TG类似
	?		进步 M3	1999年			国际空间站的货运飞船

续表

公开名称	设计代号	产品索引号	系统名称	开发时间	首发时间	最后发射	备注
			进步 MM	1997 年~1999 年			国际空间站的货运飞船
			进步 MS	1999 年~			国际空间站的货运飞船
进步 M-SO1?		11F615A55		1990 年~2001 年	2001.09.14	2001.09.14	Prs 气闸舱加进步 M 号飞船的服务舱，最初为和平号 2 号空间站设计。发射时用于国际空间站；质量（载货）3 676 kg，长 4.9 m，最大直径 2.55 m
Gamma	19KA30	?		1974 年~1990 年		1990.07.11	基于进步号飞船的伽马射线天体物理研究卫星
Aelita	?			20 世纪 90 年代初?			基于进步号飞船的低温红外望远镜卫星
?	?			?			基于进步号飞船的地球观测和遥感飞船，质量 10 000 kg
?	?			1976 年~? 年			基于进步号飞船的反卫星导弹试验。随后取消并重新建造成采用不同系列号的常规货运飞船

* 严格地讲，东方 7 系列不属于联盟/进步家族。

** 1963 年下半年，当东方 7K 出现在绘图图板上的时候，它被定义为联盟号绕月飞行器。1980 年，当科罗廖夫的《创造性遗产》一书发表时联盟 A 被设计成一个"系列"。丁·瓦福洛梅耶夫在他的一篇文章中推测它还是东方 7 号装配飞船的编号，但是这些并没有被俄罗斯斯的资料所证实。联盟 A、B 和 V 作为系列的名字在 1980 年首次发表。

*** 在联盟计划取消后，编号 11F71 和 11F72 分别为钻石号空间站和 TKS 运输器循环使用。

附表 I　联盟系列飞船的乘员组任务列表（按飞行顺序）

注：CDR：指令长；FE：飞行工程师；RE：研究工程师；CR：航天员研究员；DR：医生研究员（Polyakov，联盟 TM—6 号船）；EO：驻留乘员组序列，SFP：太空飞行参与者

11F615 系列（用于飞行试验的基本的联盟号载人飞船）

联盟号 飞行任务	乘员 职位	乘员 （任务）	呼叫代号 Call-sign	后备乘员	发射日期	飞行时间 天：时：分：秒	着陆日期	备　注
1	CDR	Komarov(2)	Rubin (Ruby)	Gagarin	1967.04.23	001:02:47:52	1967.04.24	科马罗夫死于着陆事故；联盟 2 号任务取消
2	—	无人	—	—	1968.10.25	—	1968.10.28	联盟 3 号飞船的对接目标
3	CDR	Beregovoi (1)	Argon (Argon)	Shatalov	1968.10.26	003:22:50:45	1968.10.30	同联盟 2 号飞船的对接未成功
4	CDR	Shatalov (1)	Amur (Amur)	Shonin	1969.01.14	002:23:20:47	1969.01.17	同联盟 5 号飞船对接
5	CDR	Volynov (1)	Baikal (Baika)	Filipchenko	1969.01.15	003:00:54:15	1969.01.18	同联盟 4 号飞船对接；那利谢耶夫和赫鲁诺夫进行了 1 小时舱外活动(1 月 16 日)并再返回到联盟 4 号飞船；沃雷诺夫独自乘联盟 5 号飞船返回
	FE	Yeliseyev (1)		Kubasov	1969.01.17	001:23:45:50	1969.01.17	
	RE	Khrunov (1)		Gorbatko	1969.01.17	001:23:45:50	1969.01.17	

续表

联盟号飞行任务	乘员职位	乘员(任务)	呼叫代号 Call-sign	后备乘员	发射日期	飞行时间 天:时:分:秒	着陆日期	备注
6	CDR FE	Shonin (1) Kubasov (1)	Antey (Antaeus)	Shatalov Yeliseyev	1969.10.11	004:22:42:47	1969.10.16	和联盟7号,联盟8号三船编组飞行;最初是为获取太空焊接经验的单独联盟号飞船的飞行
7	CDR FE RE	Filipchenko (1) Gorbatko (1) Volkov V (1)	Buran (Snow-storm)	Shatalov	1969.10.12	004:22:40:23	1969.10.17	同联盟8号飞船对接;与联盟6号,联盟8号飞船编组飞行
8	CDR FE	Shatalov (2) Yeliseyev (2)	Granit (Granite)	Nikolayev Sevastyanov	1969.10.13	004:22:50:49	1969.10.18	同联盟7号飞船对接;与联盟6号,联盟7号飞船编组飞行;联盟8号飞船是飞船编组的指挥船
9	CDR	Nikolayev (2) Sevastyanov (1)	Sokol (Falcon)	Filipchenko Grechko	1970.01.01	017:16:58:55	1970.01.19	创造了在太空停留时间的世界纪录,打破了美国双子星座号飞船在1965年11月创造的飞行7天的纪录,是时间最长的非空间站飞行纪录;也是联盟号飞船的一次生物医学研究飞行

11F615 A8 系列(用于礼炮号空间站的联盟号载人运输飞船)

联盟号飞行任务	乘员职位	乘员(任务)	呼叫代号 Call-sign	后备乘员	发射日期	飞行时间 天:时:分:秒	着陆日期	备注
10	CDR FE RE	Shatalov (3) Yeliseyev (3) Rukavishnikov(1)	Granit (Granite)	Leonov Kubasov	1971.04.22	001:23:45:54	1971.04.24	同礼炮1号空间站对接,但没能进入空间站,原计划为30天的驻留任务

续表

联盟号 飞行任务	乘员 职位	乘员 (任务)	呼叫代号 Call-sign	后备乘员	发射日期	飞行时间 天:时:分:秒	着陆日期	备 注
11	CDR FE RE	Dobrovolsky (1) Volkov V (2) Patsayev (1)	Yantar (Amber)	Shatalov Yeliseyev Rukavishnik- ov	1971.06.06	023:18:21:43	1971.06.30	同礼炮1号(DOS 1)空间站对接;在太空驻留了24天,创造了新的驻留纪录;空间站的第一组乘员;在自主返回段乘员死于因压力密封故障导致的大气泄漏事故
12	CDR FE	Lazarev (1) Makarov (1)	Ural(Urals)	Gubarev Grechko	1973.09.27	001:23:15:32	1973.09.29	两人两天的空间站运输飞船试验飞行
13	CDR FE	Klimuk (1) Lebedev (1)	Kavkaz (Caucasus)	— —	1973.10.18	007:20:55:35	1973.11.26	联盟号飞船的科学试验飞行(带太阳电池阵),进行了天体物理学和生物学试验
17	CDR FE	Gubarev (1) Grechko (1)	Zenit (Zenith)	Lazarev Makarov	1975.01.10	029:13:19:45	1975.02.09	同礼炮4号空间站(DOS 4)对接,创造了苏联新的太空驻留纪录
18—1	CDR FE	Lazarev (2) Makarov (2)	Ural(Urals)	Klimuk Sevastyanov	1975.04.05	000:00:21:27	1975.04.05	原计划在礼炮4号空间站驻留60天;由于R-7火箭故障,任务在发射期间撤销

续表

联盟号飞行任务	乘员职位	乘员（任务）	呼叫代号 Call-sign	后备乘员	发射日期	飞行时间 天:时:分:秒	着陆日期	备 注
18	CDR FE	Klimuk (2) Sevastyanov (2)	Kavkaz (Caucasus)	Kovalyonok Ponomarev	1975.05.24		1975.07.26	同礼炮4号空间站对接；创造了苏联太空驻留63天的新纪录；本组乘员在礼炮4号空间站驻留期间，进行了ASTP联合飞行
20	—	无人任务	—	—	1975.11.17	—	1976.02.16	自动同无人的礼炮4号空间站对接；载有生物学实验设备；测试长时间轨道存储和进行步步号飞船补给试验
25	CDR FE	Kovalyonok (1) Ryumin (1)	Foton (Photon)	Romanenko Ivanchenkov	1977.10.09	002:00:44:45	1977.10.11	由于对接系统故障同礼炮6号(DOS 5)空间站的对接失败；原计划驻留90天
26	CDR FE	Romanenko (1) Grechko (2)	Tamyr (River)	Kovalyonok Ivanchenkov	1977.12.10	096:10:00:07	1978.05.16	同礼炮6号空间站对接，创造了新的驻留纪录，超过了美国天空实验室4号上的乘员组创造的84天的纪录(1974年)；乘员组乘联盟27号飞船返回
27	CDR FE	Dzhanibekov (1) Makarov (2)	Pamir (Pamirs)	Kovalyonok Ivanchenkov	1978.01.10	005:22:58:58	1978.01.16	同礼炮6号空间站对接；首个空间站访问乘员组，首次乘员组更换飞船；乘员组乘联盟26号飞船返回

续表

联盟号 飞行任务	乘员 职位	乘员 (任务)	呼叫代号 Call-sign	后备乘员	发射日期	飞行时间 天:时:分:秒	着陆日期	备 注
28	CDR CR	Gubarev (2) Remek (1) (捷克斯洛伐克)	Zenit (Zenith)	Rukavishnikov Pelczak (捷克斯洛伐克)	1978.05.02	007:22:16:00	1978.05.10	第一次国际乘员任务(捷克斯洛伐克);列梅克也是首位非苏联人和美国人的太空旅行者
29	CDR FE	Kovalyonok (2) Ivanchenkov (1)	Foton (Photon)	Lyakhov Ryumin	1978.01.15	139:14:47:32	1978.11.02	同礼炮6号空间站对接;创造了新的驻留纪录;乘员组乘联盟31号飞船返回
30	CDR CR	Klimuk (3) Hermaszewski (1)(波兰)	Kavkas (Caucasus)	Kubasov Jankowski (波兰)	1978.06.29	007:22:32:59	1978.07.05	同礼炮6号空间站对接;第二次国际乘员任务(波兰)
31	CDR CR	Bykovsky (3) Jahn(1) (东德)	Yastreb (Hawk)	Gorbatko Koellner (东德)	1978.08.26	007:20:49:04	1978.09.03	同礼炮6号空间站对接;第三次国际乘员任务(东德);乘员组乘联盟29号飞船返回
32	CDR FE	Lyakhov (1) Ryumin (2)	Proton (Proton)	Popov Lebedev	1979.02.25	175:C0:35:37	1979.08.19	同礼炮6号空间站对接;创造了新的驻留纪录;乘员组乘联盟34号飞船返回,联盟32号飞船于1979年6月13日作为无人飞船返回
33	CDR CR	Rukavishnikov(3) Ivanov (1) (保加利亚)	Saturny (Saturn)	Romanenko Alexandrov (保加利亚)	1979.04.10	001:23:01:06	1979.04.12	准备同礼炮6号空间站对接;第四次国际乘员任务(保加利亚);船上系统故障导致联盟号飞船被迫紧急返回

续表

联盟号飞行任务	乘员职位	乘员(任务)	呼叫代号 Call-sign	后备乘员	发射日期	飞行时间 天:时:分:秒	着陆日期	备 注
34		无人任务			1979.06.06		1979.08.19	在联盟33号飞船对接失败后不载人发射;替换与礼炮6号空间站对接寿命到期的联盟32号飞船;携带联盟32号飞船的乘员组返回
35	CDR FE	Popov (1) Ryumin (3)	Dneiper (Dnieper)	Zudov Andreyev	1980.04.09	184:20:11:35	1980.10.11	同礼炮6号空间站对接;创造了新的驻留纪录;乘联盟37号飞船返回
36	CDR CR	Kubasov (3) Farkas (1) (匈牙利)	Orion (Orion)	Dzhanibekov Magyari (匈牙利)	1980.0526	007:20:45:44	1980.06.03	同礼炮6号空间站对接,第五次载人乘员任务(匈牙利);原计划1979年发射;乘联盟35号飞船返回
37	CDR CR	Gorbatko (3) Tuan (1) (越南)	Terek (Terek)	Bykovsky Liem (越南)	1980.07.23	007:20:42:00	1980.07.31	同礼炮6号空间站对接,第六次国际乘员任务(越南);乘联盟36号飞船返回
38	CDR CR	Romanenko (2) Tamayo-Mendez (1) (古巴)	Tamyr (Tamyr)	Khrunov Lopez-Falcon (古巴)	1980.09.18	007:20:43:24	1980.09.28	同礼炮6号空间站对接,第七次国际乘员任务(古巴)

续表

联盟号飞行任务	乘员职位	乘员（任务）	呼叫代号 Call-sign	后备乘员	发射日期	飞行时间 天:时:分:秒	着陆日期	备注
39	CDR CR	Dzhanibekov (2) Gurraggcha (1)(蒙古)	Pamir (Pamirs)	Lyakhov Ganzorig (蒙古)	1981.3.22	007:20:42:03	1981.3.30	同礼炮6号空间站对接；第八次国际乘员任务（蒙古）
40	CDR CR	Popov (2) Prunariu (1)(罗马尼亚)	Dneiper (Dneiper)	Romanenko Dediu (罗马尼亚)	1981.05.14	007:20:41:52	1981.05.22	同礼炮6号空间站对接（罗马尼亚）任务；第九次国际乘员任务（罗马尼亚）；初始型联盟号飞船的最后一次飞行

11F615 A9系列（用于OPS 钻石号空间站的联盟号载人运输飞船）

联盟号飞行任务	乘员职位	乘员（任务）	呼叫代号 Call-sign	后备乘员	发射日期	飞行时间 天:时:分:秒	着陆日期	备注
14	CDR FE	Popovich (2) Artyukhin (1)	Berkut (Golden gle)	Sarafanov Ea-Dyomin	1974.07.03	015:17:30:28	1974.07.19	首次成功的礼炮号空间站任务；同军用空间礼炮3号（钻石2号）对接
15	CDR FE	Sarafanov (1) Dyomin (1)	Dunay (Danube)	Volynov Zholobov	1974.08.26	002:00:12:11	1974.08.28	同礼炮3号空间站对接失败
21	CDR FE	Volynov (2) Zholobov (1)	Baikal (Baikal)	Zudov Rozhdestvensky	1976.06.06		1976.08.24	同军用空间站礼炮5号（钻石3号）对接；在太空飞行了49天，因ECLSS（环控生命保障系统）故障和乘员组健康问题终止了本次飞行
23	CDR FE	Zudov (1) Rozhdestvensky (1)	Radon (Radon)	Gorbatko Glazkov	1976.10.14	002:00:06:35	1976.10.16	同礼炮5号空间站对接失败；乘员组紧急返回并在大风雪中溅落在湖里，但被安全营救

续表

联盟号 飞行任务	乘员 职位	乘员 (任务)	呼叫代号 Call-sign	后备乘员	发射日期	飞行时间 天:时:分:秒	着陆日期	备　注
24	CDR FE	Gorbatko(2) Glazkov (1)	Terek (Terek)	Berezovoi Lisun	1977.02.07	017:17:25:58	1977.02.25	同礼炮 5 号空间站对接;最后一次钻石号空间站载人任务
11F615 A12 系列(用于 ASTP 的联盟号载人运输飞船)								
16	CDR FE	Filipchenko (2) Rukavishnikov(2)	Buran (Snow-storm)	Romanenko Ivanchenkov	1974.12.02	005:22:23:35	1974.02.08	为 ASTP 对接硬件测试而进行的单独飞行
19	CDR FE	Leonov (2) Kubasov (2)	Soyuz (Union)	Dzhanibekov Andreyev	1975.07.15	005:22:30:51	1975.07.21	苏联 ASTP 飞船;同载有 3 名美国人的阿波罗 18 号飞船的 CSM 对接(7 月 17 日 19 时);首次执行国际任务
22	CDR FE	Bykovsky (2) Aksenov (1)	Yastreb (Hawk)	Malyshev Strekalov	1976.09.15	007:21:52:17	1976.09.23	用 ASTP 备用飞船执行的单独地球探测/照相任务
11F732 A9 系列(为礼炮号空间站改进的第二代运输飞船——联盟 T)								
T-1		无人任务			1979.12.16		1980.03.26	试验飞行;在前一天飞过目标之后,于 12 月 19 日同礼炮 6 号空间站成功对接
T-2	CDR FE	Malyshev (1) Aksenov (2)	Yupiter (Jupiter)	Kizim Makarov	1980.06.05	003:22:19:30	1980.06.09	联盟 T 号飞船的首次载人试验飞行;同礼炮 6 号空间站对接

续表

联盟号 飞行任务	乘员 职位	乘员 (任务)	呼叫代号 Call-sign	后备乘员	发射日期	飞行时间 天:时:分:秒	着陆日期	备　注
T—3	CDR FE RE	Kizim (1) Makarov (4) Strekalov (1)	Mayak (Lighthouse)	Lazarev Savinykh Polyakov	1980.11.27	012:19:07:42	1980.12.10	自1971年以来的第一艘3人联盟号飞船;同礼炮6号空间站对接,执行重新装备和评估任务
T—4	CDR FE	Kovalyonok (3) Savinykh (2)	Foton (Photon)	Zudov Andreyev	1981.03.12	074:17:37:23	1981.05.26	同礼炮6号空间站对接;寿命期将到的空间站的最后一次驻留任务
T—5	CDR FE	Berezovoi (1) Lebedev (2)	Elbrus (Elbrus)	Titov V. Strekalov	1982.03.13	211:09:04:32	1982.10.10	同礼炮7号空间站对接;创造了新的驻留纪录
T—6	CDR FE CR	Dzhanibekov (3) Ivanchenkov (2) Chrétien (1)(法国)	Pamir (Pamirs)	Kizim Solovyov V. Baudry(法国)	1982.06.24		1982.07.02	同礼炮7号空间站对接;法国参加的国际任务
T—7	CDR FE CR	Popov (3) Serebrov (1) Savitskaya (1)	Dnieper (Dnieper)	Vasyutin Savinykh Pronina	1982.08.19	007:21:52:24	1982.08.27	同礼炮7号空间站对接;访问任务;萨维茨卡娅成为进入太空的第二位女性(继捷列什科娃之后飞行9年之后)和第一位访问空间站的女性
T—8	CDR FE CR	Titov V. (1) Strekalov (2) Serebrov (2)	Okean (Ocean)	Lyakhov Aleksandrov Savinykh	1983.04.20	002:00:17:48	1983.04.22	同礼炮7号空间站对接失败;谢列布罗夫是第一位接连执行太空飞行任务的航天员

续表

联盟号飞行任务	乘员职位	乘员(任务)	呼叫代号 Call-sign	后备乘员	发射日期	飞行时间 天:时:分:秒	着陆日期	备注
T—9	CDR FE	Lyakhov (2) Alexandrov A (1)	Proton (Proton)	Titov V. Strekalov	1983.06.27	149:10:46:01	1983.11.23	同礼炮7号空间站对接;由于没有访问任务而独自在太空停留
T—10—1	CDR FE	Titov V. (—) Strekalov (—)	Okean (Ocean)	Kizim Solovyov A.	1983.09.26	000:00:05:13	1983.09.26	发射台异常中止;没有进行太空飞行;乘员组借助LES逃生并且忍受了14~17g的过载
T—10	CDR FE CR	Kizim (2) Solovyov V. (1) Atkov (1)	Mayak (Lighthouse)	Vasyutin Savinykh Polyakov	1984.02.08	236:22:49:04	1984.10.02	同礼炮7号空间站对接;创造了新的驻留纪录;进行了大量舱外活动,修复了太空间站的推进系统;阿特科夫是首位执行长期太空任务的苏联医生
T—11	CDR FE CR	Malyshev (2) Strekalov (3)(印度) Sharma (1)(印度)	Yupiter (Jupiter)	Berezovoi Grechko Malhotra(印度)	1984.04.03	007:21:40:06	1984.04.11	同礼炮7号空间站对接;印度参加的国际任务
T—12	CDR FE CR	Dzhanibekov (4) Savitskaya (2) Volk (1)	Pamir (Pamirs)	Vasyutin Savinykh Ivanova	1984.07.17	011:19:14:36	1984.07.29	同礼炮7号空间站对接;沃尔克是暴风雪号航天飞机的飞行员,来获取太空飞行经验;萨维茨卡娅是首位在太空飞行两次的女航天员,也是首位进行舱外活动的女航天员

续表

联盟号 飞行任务	乘员 职位	乘员 (任务)	呼叫代号 Call-sign	后备乘员	发射日期	飞行时间 天:时:分:秒	着陆日期	备注
T-13	CDR	Dzhanibekov (5)	Pamir (Pamirs)	Popov	1985.06.13	112:03:12:06	1985.09.26	同礼炮7号空间站对接;执行营救任务;贾尼别科夫乘联盟T-13号飞船返回,而萨维尼赫和联盟T-14号飞船乘员一同返回
	FE	Savinykh (2)		Alexandrov A.		168:03:51:00	1985.11.21	
T-14	CDR	Vasyutin (1)	Cheget (Cheget)	Viktorenko	1985.09.17	064:21:52:08	1985.11.21	同礼炮7号空间站对接;计划驻留天数不明;由于瓦休京生病,被迫中止任务;格列奇科乘联盟T-13号飞船返回,萨维尼赫代替他
	FE	Grechko (3)		Strekalov		008:21:13:06	1985.09.26	
	CR	Volkov A. (1)		Salei		064:21:52:08	1985.11.21	
T-15	CDR	Kizim (3)	Mayak (Lighthouse)	Viktorenko	1986.03.13	125:00:00:56	1986.07.16	同和平号空间站对接(52天);随后转移到礼炮7号空间站(51天),最后返回和平号空间站(21天)
	FE	Solovyov V. (2)		Alexandrov				

11F732系列(用于和平号和早期国际空间站的改进型载人运输飞船——联盟TM(现代化运输工具))

TM-1	—	无人任务	—	—	1986.05.21		1986.05.30	新的太空飞行器系统同和平号空间站的对接试验

续表

联盟号飞行任务	乘员职位	乘员（任务）	呼叫代号 Call-sign	后备乘员	发射日期	飞行时间 天:时:分:秒	着陆日期	备注
TM-2 EO-2	CDR FE	Romanenko (3) Laveikin (1)	Tamyr (Tamyr)	Titov. V Serebrov	1987.02.05	326:11:37:59 174:03:25:56	1987.12.29 1987.07.30	同和平号空间站对接；罗曼年科创造了新的太空驻留纪录；其间，拉韦金由于身体不适乘联盟TM-2号飞船返回，阿列克桑德罗夫代替他
TM-3	CDR FE CR	Viktorenko(1) Aleksandrov(2) Faris(1)（叙利亚）	Vityaz (Viking)	Solovyov A. Savinykh Habib（叙利亚）	1987.07.22	007:23:04:55 160:07:16:58 007:23:04:55	1987.07.30 1987.12.29 1987.07.30	同和平号空间站对接；叙利亚参加的国际任务；阿列克桑德罗夫代替法拉丰金完成太空驻留任务，并和罗曼年科一起乘联盟TM-3号飞船返回
TM-4 EO-3	CDR FE CR	Titov (2) Manarov (1) Levchenko (1)	Okean (Ocean)	Volkov A. Kaleri Shchukin	1987.12.21	365:22:38:57 365:22:38:57 007:21:58:12	1988.12.21 1988.12.21 1987.12.29	同和平号空间站对接，季托夫和马纳罗夫首次完成了1年的太空飞行，创造了新的纪录；列夫琴科是第二位暴风雪号航天飞机飞行员，执行联盟号任务，乘联盟TM-3号飞船返回
TM-5	CDR FE CR	Solovyov A. (1) Savinykh (3) Aleksandrov A.P (1)（保加利亚）	Rodnik (Spring)	Lyakhov Serebrov Stoyanov（保加利亚）	1988.06.07	009:20:09:19	1988.06.17	同和平号空间站对接；保加利亚第二次参加的国际任务；保加乘员组乘联盟TM-4号飞船返回

续表

联盟号 飞行任务	乘员 职位	乘员（任务）	呼叫代号 Call-sign	后备乘员	发射日期	飞行时间 天:时:分:秒	着陆日期	备注
TM—6	CDR	Lyakhov (3)	Proton	Berezovoi	1988.08.29	008:20:26:27	1988.09.08	同和平号空间站对接；阿富汗参加的国际任务；波利亚科夫和默罕默德在和平号空间站上度过了8个月；利亚霍夫和默罕默德再人程经验中止/推迟飞船再人程序，安全返回
	DR	Polyakov (1)	(Proton)	Arzamazov		240:22:34:47	1989.04.27	
	CR	Mohmand (1)（阿富汗）		Dauran（阿富汗）		008:20:26:27	1988.09.08	
TM—7 EO—4	CDR	Volkov A. (2)	Donbass	Viktorenko	1988.11.26	151:11:08:23	1989.04.27	同和平号空间站对接；法国参加的国际任务；沃尔科夫和克里卡列夫同波利亚科夫乘联盟TM—7号飞船返回，克雷蒂安同季托夫和马纳罗夫乘联盟TM—6号飞船返回
	FE	Krikalev (1)	(Donbass)	Serebrov		151:11:08:23	1989.04.27	
	CR	Chrétien (2)（法国）		Tognini		024:18:07:25	1988.12.21	
TM—8 EO—5	CDR	Viktorenko (2)	Vityaz	Solovyov A.	1989.09.05		1990.02.19	同和平号空间站对接；试验YMK（苏联的MMU）
	FE	Serebrov (3)	(Viking)	Baladin				
TM—9 EO—6	CDR	Solovyov A. (2)	Rodnik	Manakov	1990.02.11	179:01:17:57	1990.08.09	同和平号空间站对接
	FE	Balandin (1)	(Spring)	Strekalov				
TM—10 EO—7	CDR	Manakov (1)	Vulkan	Afanasyev	1990.08.01	130:20:35:51	1990.12.10	同和平号空间站对接
	FE	Strekalov (4)	(Volcano)	Manarov				

续表

联盟号 飞行任务	乘员 职位	乘员（任务）	呼叫代号 Call-sign	后备乘员	发射日期	飞行时间 天:时:分:秒	着陆日期	备注
TM－11 EO－8	CDR FE CR	Afanasyev (1) Manarov (2) Akiyama (1)（日本）	Derbent (Derbent)	Artsebarsky Krikalev Kikuchi	1990.12.02	175:01:51:42 175:01:51:42 007:21:54:40	1991.05.26 1991.05.26 1990.12.10	同和平号空间站对接；日本参加的国际任务；秋山丰宽随马纳科夫和斯特列卡洛夫乘联盟 TM－10 飞船返回；阿法纳西耶夫和马纳罗夫乘联盟 TM－12 号飞船返回
TM－12 EO－9	CDR FE CR	Artsebarsky (1) Krikalev (2) Sharman(1)（英国）	Ozon (Ozone)	Volkov A. Kaleri Mace（英国）	1991.05.18	144:15:21:50 311:21:01:54 007:21:14:20	1991.10.10 1992.05.25 1991.05.26	同和平号空间站对接；乘员组成员分乘不同的飞船返回；沙曼乘联盟 TM－11 号，阿尔采巴尔斯基乘联盟 TM－12 号，克里卡列夫乘联盟 TM－13 号
TM－13 EO－10	CDR FE CR	Volkov A. (3) Aubakirov (1)（哈萨克斯坦） Viehbock (1)（奥地利）	Donbass (Donbass)	Viktorenko Musabayev Lothaller（奥地利）	1991.10.02	175:02:52:43 007:22:12:59 007:22:12:59	1992.03.25 1991.10.10 1991.10.10	同和平号空间站对接；奥地利和哈萨克斯坦同时参加的国际任务；沃尔科夫留在和平号空间站，另外两人和阿乌巴基尔斯基一起乘联盟 TM－12 号飞船返回
TM－14 EO－11	CDR FE CR	Viktorenko (3) Kaleri (1) Flade (1)（德国）	Vityaz (Viking)	Solovyov A. Avdeyev Ewald（德国）	1992.03.17	145:14:10:32 145:14:10:32 007:21:56:52	1992.08.10 1992.08.10 1992.03.25	同和平号空间站对接；德国参加的国际任务

续表

联盟号 飞行任务	乘员 职位	乘员 (任务)	呼叫代号 Call-sign	后备乘员	发射日期	飞行时间 天:时:分:秒	着陆日期	备 注
TM—15 EO—12	CDR FE CR	Solovyov A. (3) Avdeyev (1) Tognini (1) (法国)	Rodnik (Spring)	Manakov Poleshchuk Haignere J.-P. (法国)	1992.07.27	188:21:41:15 188:21:41:15 013:18:56:14	1993.02.01 1993.02.01 1992.08.10	同和平号空间站对接;法国参加的国际任务;托格尼随维克托连科和卡列里乘联盟TM—14号飞船返回
TM—16 EO—13	CDR FE	Manakov (2) Poleshchuk (1)	Vulkan (Volcano)	Tsibilyev Usachev	1993.01.24	179:00:43:46	1993.07.22	同和平号空间站对接
TM—17 EO—14	CDR FE CR	Tsibilyev(1) Serebrov(4) Haignere J.-P. (1)(法国)	Sirius (Sirius)	Afanasyev Usachev André-De- shays (法国)	1993.07.01	196:17:45:22	1994.01.14	同和平号空间站对接;法国航天员参加的国际任务;恩耶尔随马纳科夫和波列什休乘联盟TM—16号飞船返回
TM—18 EO—15	CDR FE CR	Afanasyev (2) Usachev (1) Polyakov (2)	Derbent (Derbent)	Malenchenko Musabayev (哈萨克斯坦) Arzamazov	1994.01.08	182:00:27:02 182:00:27:02 437:17:58:31	1994.07.09 1994.07.09 1995.03.22	同和平号空间站对接;波利亚科夫留在和平号空间站达14个月,乘联盟TM—20飞船返回
TM—19 EO—16	CDR FE	Malenchenko (1) Musabayev (1)	Agat (Agate)	Viktorenko Kondakova	1994.07.01	125:22:53:36	1994.12.04	同和平号空间站对接;穆萨巴耶夫留在和平号空间站上;同博尔德尔一起返回
TM—20 EO—17	CDR FE CR	Viktorenko (4) Kondakova (1) Merbold (3) (ESA,德国)	Vityaz (Viking)	Gidzenko Avdeyev Duque (ESA,西班牙)	1994.10.03	169:05:21:35 169:05:21:35 031:12:35:36	1995.03.22 1995.03.22 1994.11.04	同和平号空间站对接;ESA任务;维克托连科和康达科娃一起返回;默博尔德(曾执行过两次美国的航天飞机任务)同波利亚科夫一起返回

续表

联盟号 飞行任务	乘员 职位	乘员（任务）	呼叫代号 Call-sign	后备乘员	发射日期	飞行时间 天:时:分:秒	着陆日期	备 注
								飞机任务）随马连琴科和穆萨巴耶夫乘联盟TM-19号飞船返回；康达科娃是第三位进入太空的俄罗斯女性
TM-21 EO-18	CDR FE CR	Dezhurov (1) Strekalov (5) Thagard (5)（美国）	Uragan (Hurricane)	Solovyov A. Budarin Dunbar（美国）	1995.03.14	115:08:43:02	1995.07.07	同和平号空间站对接；首次执行NASA任务；乘员组乘亚特兰蒂斯号(STS-71)航天飞机返回；索洛维耶夫和布达林乘STS-71航天飞机接管和平号空间站，于9月11日乘联盟TM-21号飞船返回
EO-19	CDR FE	Solovyov A. (4) Budarin (1)	Rodnik (Spring)	Onufrienko	1995.06.27 （航天飞机-和平号-联盟号）	075:11:20:21	1995.09.11	乘员组乘美国的STS-71号航天飞机升空，乘联盟TM-20号飞船返回
TM-22 EO-20	CDR FE CR	Gidzenko (1) Avdeyev (2) Reiter (1) （ESA,德国）	Uran (Uranus)	Manakov Vinogradov Fuglesang (ESA,瑞典)	1995.09.03	179:01:41:46	1996.02.29	同和平号空间站对接；ESA任务；是美国STS-74航天飞机对接任务的访问对象
TM-23 EO-21	CDR FE	Onufrienko (1) Usachev (2)	Skif (Scythian)	Tsibilyev Lazutkin	1996.02.21	193:19:07:35	1996.09.02	同和平号空间站对接；与美国航天员露西德以及STS-76号航天飞机的乘员组一起工作

续表

联盟号 飞行任务	乘员 职位	乘员 (任务)	呼叫代号 Call-sign	后备乘员	发射日期	飞行时间 天:时:分:秒	着陆日期	备 注
TM-24 EO-22	CDR FE CR	Korzun (1) Kaleri (2) André-Deshays (1) (法国)	Freget (Frigate)	— — Eyharts (法国)	1996.08.17	196:17:26:13 196:17:26:13 015:18:23:37	1997.08.14 1997.08.14 1996.09.02	同和平号空间站对接；ESA任务；德谢斯和 EO-21 乘员组乘联盟 TM-23 号飞船返回；EO-22 乘员组和 NASA 航天员露西德、布拉哈、利嫩格以及 STS-79 号航天飞机的乘员一起工作
STS-81								
TM-25 EO-23	CDR FE CR	Tsibilyev (2) Lazutkin (1) Ewald (1) (德国)	Sirius (Sirius)	Musabayev Budarin Schlegel (德国)	1997.02.10	184:22:07:41 184:22:07:41 019:16:34:46	1997.08.17 1997.08.17 1997.03.02	同和平号空间站对接；德国参加的国际任务；乘员组在和平号空间站上经历了一次火和一次碰撞事故；EO-23 乘员组和 NASA 航天员利嫩格、福尔以及 STS-84 号航天飞机的乘员一起工作；埃瓦尔德和 EO-22 乘员组乘联盟 TM-24 号飞船返回
TM-26 EO-24	CDR FE	Solovyov A. (5) Vinogradov (1)	Rodnik (Spring)	Padalka Avdeyev	1997.08.05	197:17:34:36	1998.02.19	同和平号空间站对接；和 NASA 航天员福尔、沃尔夫、托马斯以及 STS-86 号、STS-89 号航天飞机乘员一起工作

续表

联盟号 飞行任务	乘员 职位	乘员（任务）	呼叫代号 Call-sign	后备乘员	发射日期	飞行时间 天:时:分:秒	着陆日期	备 注
TM-27 EO-25	CDR FE CR	Musabayev (2) Budarin (2) Eyharts (1) （法国）	Kristall (Crystal)	Afanasyev Treshchev Haignere J.-P. （法国）	1998.01.29		1998.08.25 1998.08.25 1998.02.19	同和平号空间站对接；和托马斯以及 STS-91 号航天飞机的乘员一起工作；法国国际乘员，恩耶尔乘联盟 TM-26 号飞船返回
TM-28 EO-26	CDR FE CR	Padalka (1) Avdeyev (3) Baturin (1)	Altair (Altair)	Zaletin Kaleri Kotov	1998.08.13	198:16;31:20 379:14:51:10 011:19;41:33	1999.02.28 1999.08.28 1998.08.25	同和平号空间站对接；阿夫杰耶夫驻留在和平号空间站 1 年多；巴图林同 EO-25 乘员组一起乘联盟 TM-27 号飞船返回；帕达尔卡乘联盟 TM-28 号飞船返回
TM-29 EO-27	CDR FE CR	Afanasyev (3) Haignere J.-P. (2)（法国） Bella (1) （斯洛伐克）	Derbent (Derbent)	Sharipov André-Deshays （法国） Fulier （斯洛伐克）	1999.02.20		1999.08.28 1999.08.28 1999.02.28	同和平号空间站对接；法国和斯洛伐克国际任务；恩耶尔在和平号空间站上驻留了 6 个月；贝拉在任 8 天后乘联盟 TM-28 号飞船返回
TM-30 EO-28	CDR FE	Zaletin (1) Kaleri (3)	Yenisey (Yenisey)	Sharipov Vinogradov	2000.04.04	072:19:42:16	2000.06.16	在 MirCorp 资助下到和平号空间站的最后一次载人飞行任务

续表

联盟号 飞行任务	乘员 职位	乘员 (任务)	呼叫代号 Call-sign	后备乘员	发射日期	飞行时间 天:时:分:秒	着陆日期	备 注
TM-31 ISS-1 (3R-1S)	CDR FE FE-2	Gidzenko (2) Krikalev (5) Shepherd(4) (美国)	Uran (Uranus)	Dezhurov Tyurin Bowersox (美国)	2000.10.31	140:23:38:55	2001.03.21	首个国际空间站驻留乘员组;乘STS-102号航天飞机返回;同STS-97号,STS-98号乘员一起工作
TM-32 (2S)	CDR FE SEP	Musabayev (3) Baturin (2) Tito(1) (美国)	Kristall (Crystal)	Afanasyev Kozeev	2001.04.21	007:22:04:03	2001.04.30	首次出租飞行任务来换回老型的联盟TM号飞船;蒂托是首位"太空旅行者";乘员组乘联盟TM-31号飞船返回
TM-33 (3S)	CDR FE FE-2	Afanasyev (4) Kozeev (1) Haignere C. (2) (法国)	Derbent (Derbent)	Zaletin Kuzhelnaya	2001.10.21	009:20:00:25	2001.10.31	第二次出租飞行任务,携带1名法国航天员;乘员组乘联盟TM-32号飞船返回
TM-34 (4S)	CDR FE SEP	Gidzenko (3) Vittori (1) (ESA,意大利) Shuttleworth (1) (南非)	Uran (Uranus)	Padalka Kononenko —	2002.04.25	009:21:25:18	2002.05.05	第三次出租飞行任务;南非"太空旅行者"参加飞行,ESA的访问任务;最后一次联盟TM号飞船发射;乘员组返回,联盟TM-33号飞船返回;TM-34号飞船将运送首个联盟TMA号飞船的乘员组返回

续表

TKFJ1732 系列(用于国际空间站的改进型载人运输飞船——联盟 TMA)

联盟号 飞行任务	乘员 职位	乘员 (任务)	呼叫代号 Call-sign	后备乘员	发射日期	飞行时间 天:时:分:秒	着陆日期	备 注
TMA-1 (5S)	CDR FE FE-2	Zaletin (2) De Winne (1) Lonchakov (2)	Yenisey (Yenisey)	Lonchakov Lazutkin	2002.12.30	10:20:53:09	2002.11.10	第四次出租飞行任务;联盟 TMA 号飞船的首次飞行;执行 ESA 访问任务;乘员组乘联盟 TM-34 飞船返回
TMA-2 (6S)	CDR FE	Malenchenko (3) Lu (3)(美国)	Agat (Agate)	Kaleri Foale	2003.05		2003.11	ISS-7 乘员组
TMA-3 (7S)	CDR FE FE-2	Kaleri (4) Foale (6)(美国) Duque (2) (ESA,西班牙)		Tokarev McArthur	2003.11		2004.5(?)	ISS-8 乘员组;杜克执行访问任务,将随 ISS-7 乘员组返回

附表 J　联盟系列飞船飞行的乘员名单（1967 年～2002 年）

联盟号飞船飞行过的乘员名单表（单次飞行的乘员序号为 CDR、FE、RE/CR）按第一次飞行、第二次飞行、第三次飞行排序。表中不区分联盟号飞船飞行的类型，包括乘联盟号飞船发射或着陆的乘员

序号	航天员	序号	航天员	序号	航天员	序号	航天员	序号	航天员
第一次飞行									
01	Komarov	02	Beregovoi	03	Shatalov	04	Volynov	05	Khrunov
06	Yeliseyev	07	Shonin	08	Kubasov	09	Filipchenko	10	Volkov V.
11	Gorbatko	12	Nikolayev	13	Sevastyanov	14	Rukavishnikov	15	Dobrovolsky
16	Patsayev	17	Lazarev	18	Makarov	19	Klimuk	20	Lebedev
21	Popovich	22	Artyukhin	23	Sarafanov	24	Dyomin	25	Gubarev
26	Grechko	27	Leonov	28	Zholobov	29	Bykovsky	30	Aksenov
31	Zudov	32	Rozhdestvensky	33	Glazkov	34	Kovalyonok	35	Ryumin
36	Romanenko, Y.	37	Dzhanibekov	38	Remek（捷克斯洛伐克）	39	Ivanchenkov	40	Hermaszewski（波兰）
41	Jahn（东德）	42	Lyakhov	43	Ivanov（保加利亚）	44	Popov	45	Farkas（匈牙利）
46	Malyshev	47	Fam Tuan（越南）	48	Mendez（古巴）	49	Kizim	50	Strekalov

续表

序号	航天员	序号	航天员	序号	航天员	序号	航天员	序号	航天员
51	Savinykh	52	Gurragcha（蒙古）	53	Prunariu（罗马尼亚）	54	Berezovoi	55	Chrétien（法国）
56	Serebrov	57	Savitskaya（第一位女性）	58	Titov, V.	59	Alexandrov, A.	60	Solovyov, V.
61	Atkov	62	Sharma（印度）	63	Volk	64	Vasyutin	65	Volkov, A.
66	Laveikin	67	Viktorenko	68	Faris（叙利亚）	69	Manarov	70	Levchenko
71	Solovyov, A.（保加利亚）	72	Alexandrov, A.（保加利亚）	73	Polyakov	74	Mohmand（阿富汗）	75	Krikalev
76	Balandin	77	Manakov	78	Afanasyev	79	Akiyama（日本）	80	Artsebarsky
81	Sharman（联合国；第二位女性）	82	Viehbock（奥地利）	83	Aubakirov（哈萨克斯坦）	84	Kaleri	85	Flade（德国）
86	Avdeyev	87	Tognini（法国）	88	Poleshchuk	89	Tsibilyev	90	Haignere, J.-P.（法国）
91	Usachev	92	Malenchenko	93	Musabayev	94	Kondakova（第三位女性）	95	Merbold（德国）
96	Dezhurov[A]	97	Thagard（美国）[A]	98	Budarin[D]	99	Gidzenko	100	Reiter（德国）

续表

序号	航天员	序号	航天员	序号	航天员	序号	航天员	序号	航天员
101	Onufrienko	102	Korzun	103	Deshays（法国；第四位女性）	104	Lazutkin	105	Ewald（德国）
106	Linenger（美国）S	107	Vinogradov	108	Foale（美国/联合国）S	109	Thomas（美国）S	110	Eyharts（法国）
111	Paldalka	112	Baturin	113	Bella（斯洛伐克）	114	Zaletin	115	Shepherd, W.（美国）A
116	Voss, J. S.（美国）S	117	Helms（美国；第五位女性）S	118	Tito（美国）	119	Tyurin S	120	Culbertson（美国）S
121	Kozeev	122	Walz（美国）S	123	Bursch（美国）S	124	Vittori（意大利）	125	Shuttleworth（南非）
126	De Winne	127	Lanchenkov						

第二次飞行

包括1975年4月5日拉扎列夫和马卡罗夫参加的联盟18—1号飞船的发射中止逃逸弹道飞行，不含1983年9月26日 V·季托夫和斯特列卡洛夫参加的联盟 T—10—1号飞船的发射台异常中止逃逸飞行

序号	航天员	序号	航天员	序号	航天员	序号	航天员	序号	航天员
01	Shatalov	02	Yeliseyev	03	Volkov, V.	04	Filipchenko	05	Rukavishnikov
06	Lazarev（放射弹道）	07	Makarov（放射弹道）	08	Klimuk	09	Sevastyanov	10	Kubasov
11	Volynov	12	Gorbatko	13	Grechko	14	Gubarev	15	Kovalyonok
16	Bykovsky	17	Ryumin	18	Aksenov	19	Romanenko	20	Dzhanibekov

续表

序号	航天员	序号	航天员	序号	航天员	序号	航天员	序号	航天员
21	Popov	22	Lebedev	23	Ivanchenkov	24	Strekalov	25	Serebrov
26	Lyakhov	27	Kizim	28	Malyshev	29	Savitskaya（第一位女性）	30	Savinykh
31	Solovyov, V.	32	Alexandrov, A.	33	Titov, V.	34	Volkov, A.	35	Chrétien（法国）
36	Viktorenko	37	Solovyov, A.	38	Manarov	39	Krikalev	40	Manakov
41	Afanasyev	42	Polyakov	43	Avdeyev	44	Usachev	45	Kaleri
46	Tsibilyev	47	Musabayev	48	Budarin	49	Haignere, J.-P.（法国）	50	Gidzenko[A]
51	Baturin	52	Dezhurov[S]	53	Haignere, A.（法国；第二位女性）[F]	54	Onufrienko[S]	55	Zaletin

第三次飞行

序号	航天员	序号	航天员	序号	航天员	序号	航天员	序号	航天员
01	Shatalov	02	Yeliseyev	03	Makarov	04	Klimuk	05	Rukavishnikov
06	Ryumin	07	Kubasov	08	Gorbatko	09	Kovalenok	10	Dzhanibekov
11	Popov	12	Strekalov	13	Grechko	14	Kizim	15	Romanenko
16	Savinykh	17	Lyakhov	18	Serebrov	19	Solovyov, A.	20	Volkov, A.
21	Viktorenko	22	Avdeyev	23	Afanasyev	24	Kaleri	25	Krikalev[A]
26	Usachev[S]	27	Musabayev	28	Gidzenko				

续表

序号	航天员	序号	航天员	序号	航天员	序号	航天员	序号	航天员
第四次飞行									
01	Makarov	02	Dzhanibekov	03	Strekalov	04	Solovyov，A. [D]	05	Serebrov
06	Viktorenko	07	Afanasyev						
第五次飞行									
01	Dzhanibekov	02	Strekalov[A]	03	Solovyov，A.				
国际乘员（包括乘航天飞机和/或飞船升空、返回的单纯交换飞行）									
第一次飞行									
01	Remek（捷克斯洛伐克）	02	Hermaszewski（波兰）	03	Jahn（东德）	04	Ivanov（保加利亚）	05	Farkas（匈牙利）
06	Tuan（越南）	07	Mendez（古巴）	08	Gurragcha（蒙古）	09	Prunariu（罗马尼亚）	10	Chrétien（法国）
11	Sharma（印度）	12	Faris（叙利亚）	13	Alexandrov，A.（保加利亚）	14	Mohammad（阿富汗）	15	Akiyama（日本）
16	Sharman（联合国；第一位女性）	17	Viehbock（奥地利）	18	Aubakirov（哈萨克斯坦）	19	Flade（德国）	20	Tognini（法国）
21	Haignere，J.-P（法国）	22	Merbold（德国）	23	Thagard（美国）	24	Reiter（德国）	25	Deshays（法国；第二位女性）

续表

序号	航天员	序号	航天员	序号	航天员	序号	航天员	序号	航天员
26	Ewald（德国）	27	Linenger（美国）	28	Foale（美国/联合国）	29	Thomas（美国）	30	Bella（斯洛伐克）
31	Shepherd, W.（美国）	32	Voss, J. S.（美国）	33	Helms（美国）	34	Tito（美国）	35	Culbertson（美国）
36	Walz（美国）	37	Bursch（美国）	38	Vittori（意大利）	39	Shuttleworth（南非）	40	De Winne

第二次飞行

序号	航天员	序号	航天员	序号	航天员
01	Chrétien（法国）	02	Haignere, J.-P.（法国）	03	Haignere, C.（法国;第一位女性）

A 只乘联盟号飞船参加上升段飞行;乘美国航天飞机返回;

D 只乘联盟号飞船参加返回段飞行;乘美国航天飞机升空;

S 只进行了同联盟号飞船对接时的交换;乘美国航天飞机升空和返回(美国航天员露西德和布莱哈在他们执行和平号任务期间没有同联盟号飞船进行过交换);

F 法国航天员 C·A·德谢斯和 J.-P·恩那尔在她的第二次联盟号飞船飞行前结婚。